电机与电力拖动基础
（第2版）

肖倩华 杨 莉 编著

清华大学出版社
北京

内容简介

本书为"电机与拖动"课程的新编教材,主要论述电机原理与电力拖动基础知识。全书涵盖直流电动机、异步电动机、同步电动机、变压器、特种驱动电动机和控制电机等电机学内容,以及电力拖动系统动力学基础、直流电动机的电力拖动、三相异步电动机的电力拖动、电力拖动系统中电动机容量的选择等电力拖动的内容。

笔者还撰写并同时出版与之配套的学习指导书,书中除有针对性地对"电机与拖动"课程进行学习指导以及附有全书的习题解答外,还补充了不少课外习题,并附有全部解答。

本书可作为自动化专业中各专业方向的"电机与拖动"课程的教材,也可作为其他相关专业的"电机学"课程以及"电力拖动基础"课程的选用教材,还可供有关技术人员参考。

图书在版编目(CIP)数据

电机与电力拖动基础/肖倩华,杨莉编著.—2版.—北京:清华大学出版社,2023.4
ISBN 978-7-302-61177-6

Ⅰ.①电…　Ⅱ.①肖…②杨…　Ⅲ.①电机-高等学校-教材②电力传动-高等学校-教材
Ⅳ.①TM3②TM921

中国版本图书馆 CIP 数据核字(2022)第 110446 号

责任编辑:佟丽霞
封面设计:常雪影
责任校对:赵丽敏
责任印制:沈　露

出版发行:清华大学出版社
　　　网　　　址:http://www.tup.com.cn,http://www.wqbook.com
　　　地　　　址:北京清华大学学研大厦 A 座　　　　　邮　　编:100084
　　　社 总 机:010-83470000　　　　　　　　　　　　邮　　购:010-62786544
　　　投稿与读者服务:010-62776969,c-service@tup.tsinghua.edu.cn
　　　质量反馈:010-62772015,zhiliang@tup.tsinghua.edu.cn
印 装 者:三河市君旺印务有限公司
经　　销:全国新华书店
开　　本:185mm×260mm　　印　　张:17.75　　　字　　数:426 千字
版　　次:2012 年 1 月第 1 版　　2023 年 4 月第 2 版　　印　　次:2023 年 4 月第 1 次印刷
定　　价:55.00 元

产品编号:087063-01

前 言

  "电机与拖动"是自动化专业领域内各专业方向的一门重要的专业基础课。为了夯实基础,拓宽知识面,目前各专业课的学时数已大幅缩减。这样,便要求教材的篇幅也应进行相应的精简。

  "电机与拖动"专业基础课的相关教材虽已有多种版本,但就其中的"电机学"内容而言,一是在编写体系上一直沿用电机本专业教材的编写方法,致使具体的结构介绍过于繁杂,电磁现象的描述过于细致;二是过分强调"电机学"理论上的完整性,致使与"电力拖动"关联不大的内容讲述太多。例如,"变压器"的内容,几乎就是按照电机专业对这部分内容的要求来编写的,只讲述电力系统中运用的电力变压器,而自动化专业中运用得最多的变压器,如移相变压器、电源变压器、隔离变压器、仪表变压器、整流变压器、电焊变压器、电流变压器、感应变压器和实验变压器等,均未曾论及;三是自动化专业所需要的某些内容(不在电机本专业的"电机学"教学范围之内),例如特种驱动电动机等,在以往的"电机与拖动"的教材中又没有论及。

  此外,以往的"电机与拖动"教材,在讲述"电力拖动系统稳定运行的判据"时,均以直流拖动系统为例,由此得出拖动系统稳定运行的判据后,便直接推广至所有的拖动系统。我们认为,这种推论方法是不严谨的,也是不科学的,其结果也是不对的。

  正是由于以上种种原因,笔者尝试着撰写了本书。

  书中着重论述了直流电动机、异步电动机、同步电动机、变压器、特种驱动电动机,以及控制电机等与电力拖动基础关系紧密的电机学内容,并且对原有的"直流电机"和"变压器"的内容大刀阔斧地进行了删减。

  此外,本书对"电力拖动系统稳定运行的判据"问题给出了全新的论述,以求正本清源。

  本书由南昌大学肖倩华和杨莉两位老师共同编著,肖倩华撰写了绪论和第1~3、6~8章,第4、5章则由杨莉撰写。

  戴文进教授的研究生王凯、陈向杰、赵杰、刘海静、邓志辉、梁玲敏、田存建和梁斌等同学在本书的资料搜集、文字录入、图表和曲线的绘制及扫描等方面做了大量工作,在此一并致谢。

  本书作者虽然长期在"电机与拖动"课程的教学第一线,而且对该门课程的教学改革有一定体会。但是毕竟水平有限,加之本书在内容取舍上作了较大的改革,并对某些传统的结论提出了挑战,故书中谬误在所难免,敬请读者不吝赐教。

编著者

2021年12月于南昌大学

目 录

第0章

绪论

0.1 概述

电能这种能量形式,由于其易于生产、传输、变换、分配和控制,已成为使用最为广泛的现代能源,也是人们生产和生活中使用动力的主要来源。在电能的生产、传输、变换、分配、控制和管理过程中,要用到各种类型的电机作为其主要的机电能量转换装置。电机就是根据电磁感应原理实现机电能量转换或传递的电磁装置的统称。

电机的用途广泛,种类很多,按照电机的能量转换功能来分,电机一般可分为以下几类:

(1) 发电机:将输入的机械能转换为电能输出;

(2) 电动机:将输入的电能转换为机械能输出;

(3) 变换器:将电能转换为另一种形式的电能,如变压器、变流器、变频机、移相器等;

(4) 控制电机:用在自动控制系统中,实现信号的传递和变换,而不是以功率传递为主要职责。

此外,如果按供电电源的不同,电机可以分为直流电机和交流电机两大类。如果按运动方式来分,电机可分为静止电机和旋转电机,静止电机主要是变压器,旋转电机包括直流电机、交流异步电机和交流同步电机等。

电力拖动就是使用各种电动机作为原动机拖动生产机械运动,以完成一定的生产任务。由于电动机具有性能优良、高效可靠、控制方便等优点,因此在现代化生产和生活中,大多数生产机械都采用电力拖动。例如:在工农业生产和交通运输中,机床、轧钢机、起重机、卷扬机、鼓风机、抽水机、纺织机、印刷机、电动工具和电动车辆等都采用电力拖动;在人们的日常生活中,各种家用电器都使用微特电机作为驱动装置;在自动控制系统、计算机系统和机器人等高新技术中,大量使用控制电机作为检测、放大和执行元件。

电机与电力拖动系统已广泛应用到现代社会生产和生活的方方面面。由各种发电机生产大量的电能,由各种电动机实现电力拖动,带动相应的运动装置和设备实现运动和生产,变换器则实现用电系统中电能的传输和变换。

0.2 电机与电力拖动发展简史

人类社会生产源动力的发展主要经历了原始动力时代、蒸汽机时代和现在的电气化时代。

1831年,英国科学家法拉第发现了电磁感应现象,提出了电磁感应定律。此后,各种类型的电机被不断发明并广泛应用于人们的生产和生活中。

1834 年,德国人亚哥比制成了第一台可供实用的直流电动机。1871 年,凡·麦尔准发明了交流发电机。1878 年,亚布洛契柯夫运用交流发电机和变压器发明了简单的照明供电装置。1885 年,意大利物理学家费拉利斯发现了两相电流可产生旋转磁场。一年后,他与远在美国的特斯拉几乎同时制成了两相感应电动机的模型。1888 年,多里沃·多勃罗沃尔斯基提出了三相电制。当年,南斯拉夫裔美国人特斯拉便发明了三相感应电动机,这奠定了现代三相电路和三相电机的基础。随后,三相交流电便迅速发展起来。这时,电灯、电车、电钻、电焊等电气产品如雨后春笋般地涌现。

1902 年瑞典工程师丹尼尔森首先提出同步电动机的构想。同步电动机工作原理同感应电动机一样,其由定子产生旋转磁场,转子绕组由直流供电。其转速固定不变,不受负载影响,因此同步电动机特别适用于钟表、电唱机和磁带录音机。

到 20 世纪初,各种主要的现代电机均已设计制造成功。

但是,要将电力应用于生产,还必须解决远距离输送的问题。1882 年,法国人德普勒发明了远距离送电的方法。美国科学家爱迪生随后便建立了美国第一个火力发电站,并将输电线连接成网络,这便是现代电力网的雏形。

由电动机作为原动机组成的电力拖动系统,被逐渐应用于社会生产和生活,并成为最主要的拖动方式,这是因为:

(1) 电能的生产、输送和分配十分方便;

(2) 电动机的种类和规格众多,且具各式各样的工作特性,能最大限度地满足大多数生产机械的不同要求;

(3) 电力拖动系统的操作和控制最为简便,便于实现生产机械的自动化和远动操作。

20 世纪 60 年代,电力电子器件进入电力拖动领域,实现了通过电能变换装置来控制电机的运行方式。其后,自动化技术和计算机技术也不断应用于电机控制,使电力拖动系统发生了根本性改变。

在电力的生产,即电的发、配、输等方面,相继出现了许多现代发电方式,比如风力发电、水力发电、火力发电、原子能发电、磁流体发电、地热发电和潮汐发电,等等。此外,电力网络的建设也日新月异,电网规模不断扩大,输电距离越来越长,输电电压越来越高,配电网络技术越来越先进。

在电机的生产、研究和开发等方面,也取得了令世人瞩目的成就:发电机的构造日臻完善,效率越来越高,单机容量越来越大,电压等级越来越高;电动机的规格越来越多,品种越来越齐全,结合新材料、新元件的新型特种高性能的电动机层出不穷。

0.3　本课程的特点和学习方法

本课程是自动化专业的一门专业基础课,为后续学习"电力电子技术""电力拖动控制系统""PLC 控制系统"等课程准备必要的基础知识。本课程内容主要分为两部分,一部分为电机学;另一部分为电力拖动基础。

0.3.1　电机学内容的基本要求和学习方法

对于自动化专业来说,其对电机学内容的要求以其中的电动机为主。因此,其学习对象主要是直流电动机、异步电动机和同步电动机,此外再加上变压器、特种驱动电动机,以及控制电动机等。

对这部分内容的学习方法可概括如下:

(1) 了解上述电动机的基本结构;

(2) 掌握上述电动机的运行原理和分析方法;

(3) 熟练掌握上述电动机的工作特性、外特性、机械特性、调速特性和起动特性等运行特性,熟知其运用场合。

0.3.2 电力拖动基础内容的基本要求和学习方法

对这部分内容的学习方法可概括如下:

(1) 熟练掌握电力拖动系统及其动力学原理;

(2) 熟练掌握由直流电动机和异步电动机分别组成的直流和交流电力拖动系统的分析方法,以及系统的运行特性;

(3) 熟练掌握电力拖动系统中电动机容量选择的方法。

0.4 电机的基本理论

0.4.1 基本定律与定则

电机是实现能量或信号转换与传递的一种机械:发电机将机械能转换成电能,电动机将电能转换成机械能,变压器将电能从一个电压等级的电网传递到另一电压等级的电网,控制电机则实现电信号与机械量之间的相互转换或传递。在所有这一切过程中都伴随着各种电磁现象的发生,也必然遵循一些基本的电磁定律。下面,将介绍在电机运行分析过程中常用到的几个定律(这些定律在其他的相关课程中已有叙述)。

1. 电磁力定律

载流导体在磁场中会受到力的作用,由于这种力是磁场和电流相互作用而产生的,所以称为电磁力。若磁场与导体互相垂直时,作用在导体上的电磁力 f 为

$$f = Bli \tag{0-1}$$

式中,B 为磁场的磁通密度(也称为磁感应强度),单位为特[斯拉](T);l 为导体在磁场中的长度,单位为米(m);i 为导体中流过的电流,单位为安[培](A);电磁力 f 的单位为牛[顿](N)。

该电磁力的方向可由左手定则确定:将左手伸开,让大拇指与其余四指垂直,磁力线穿过掌心,四指指向电流方向,则大拇指所指方向便是导体所受电磁力方向,如图 0-1 所示。

2. 比萨定律

流动的电荷,即电流产生磁场强度 H(单位为安/米,A/m)。如图 0-2 所示,一长载流导体中流过电流 I,在距离该导体垂直距离为 R(单位为 m)的任意一点 A 处的 H 的大小,可由式(0-2)决定:

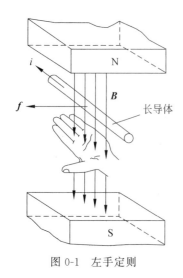

图 0-1　左手定则

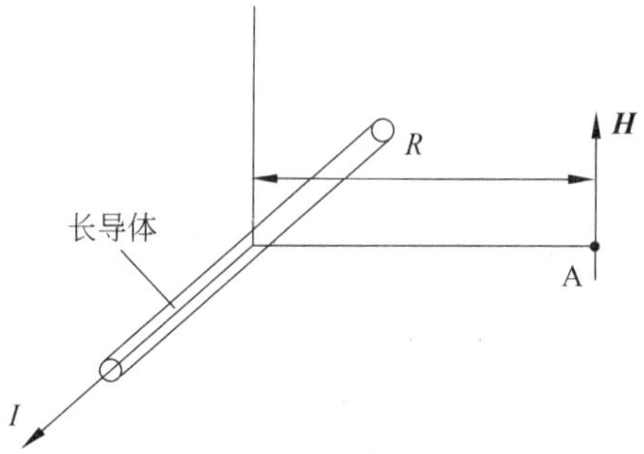

图 0-2　比萨定律

$$H = \frac{I}{2\pi R} \tag{0-2}$$

磁感应强度 B 和磁场强度 H 满足以下关系式:

$$B = \mu H \tag{0-3}$$

系数 μ(单位为亨/米,H/m)为磁导率,是衡量物质导磁性能的物理量,其值由处于载流导体和 A 点之间的材料特性决定。真空中的磁导率 μ_0 为常数,$\mu_0 = 4\pi \times 10^{-7}\,\mathrm{H/m}$。

3. 右手定则

根据比萨定律,运用右手定则的方法,可以判断载流导体周围磁场的方向。如果右手握着一载流导体,让大拇指的方向指向电流的方向,那么,微微握紧的四指所指的方向,便为 B 或 H 的方向。

磁通 Φ(单位为韦[伯],Wb)的大小由下式得出:

$$\Phi = \int B \cdot \mathrm{d}S \tag{0-4}$$

式中,$\mathrm{d}S$ 为 B 经过截面积的微分。如果 $\mathrm{d}S$ 所处的平面与 B 正交,则由右手定则可判断磁通 Φ 的方向。图 0-3 中给出了由已知电流 I 决定的磁场方向。

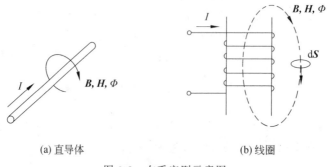

(a)直导体　　　　　　　　(b)线圈

图 0-3　右手定则示意图

4. 法拉第电磁感应定律

一线圈(匝数为 N)与交变磁通 Φ 交链,则线圈两端的感应电动势 e 的大小为

$$e = N \frac{\mathrm{d}\Phi}{\mathrm{d}t} \tag{0-5}$$

感应电动势 e 的单位为伏[特](V)。

5. 楞次定律

式(0-5)中电压的极性由楞次定律判断:如果由该感应电动势产生一电流,则该电流产生的磁通将阻碍原磁通的改变。

图 0-4 中说明了产生电动势 e 极性的两种情况。在这两种情况中,磁通的方向相同,前一种情况下磁通是增大的,后一种情况下磁通则是减小的。

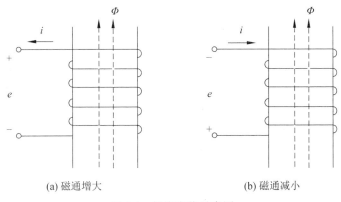

(a) 磁通增大　　　　　　(b) 磁通减小

图 0-4　楞次定律示意图

6. Blv 定则

在图 0-5(a)中,长为 l 的导体(单位为 m)与所连的导线形成一矩形区域,此处,一恒定的均匀磁感应强度 B 垂直进入纸面。此时,该导体以速度 v(m/s)沿着纸面向右运动切割磁力线。

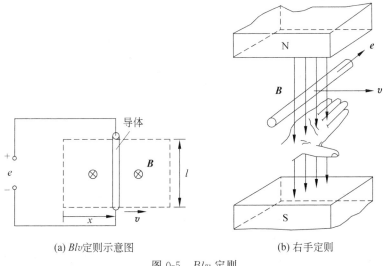

(a) Blv定则示意图　　　　　(b) 右手定则

图 0-5　Blv 定则

由式(0-4)可知,由导体与导线形成的一匝线圈两端感应电动势的磁通为

$$\Phi = BS = Blx \tag{0-6}$$

根据式(0-5),由于 $N=1$,因此有

$$e = \frac{\mathrm{d}\Phi}{\mathrm{d}t} = \frac{\mathrm{d}(Blx)}{\mathrm{d}t} = Bl\frac{\mathrm{d}x}{\mathrm{d}t} = Blv \tag{0-7}$$

注意: Blv 定则仅适用于恒定磁场。

图 0-5(a)电动势 e 的方向可由图 0-5(b)所示的右手定则来确定,也可利用楞次定律来检验其正确性。这时应注意,通过一匝线圈的磁通是增加的。

7. 安培电路定律(全电流定律)

通电的导体周围会产生磁场,电流与其所产生的磁场之间的关系为

$$\oint \boldsymbol{H} \cdot \mathrm{d}\boldsymbol{l} = 封闭电流 = \sum I = F \tag{0-8}$$

式中,$\mathrm{d}\boldsymbol{l}$ 为沿积分的闭合路径中的长度元,F 为磁动势(单位为安[培],A)。

虽然式(0-8)在一般情况下求解很麻烦,但如果沿积分路径上某一段的磁场强度是均匀的,那么方程就变得简单了。在图 0-6 中,假定磁场强度 H 在分别沿 l_1、l_2、l_3、l_4 的各段上都是均匀的,则由式(0-8)可得

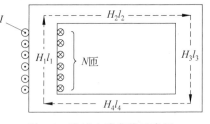

$$\oint \boldsymbol{H} \cdot \mathrm{d}\boldsymbol{l} = H_1 l_1 + H_2 l_2 + H_3 l_3 + H_4 l_4$$
$$= NI = F \tag{0-9}$$

图 0-6　安培电路定律示意图

8. 能量守恒定律

电机是实现机电能量转换的电磁装置。

机电能量转换,是指将能量从电能转换为机械能,或者将机械能转换为电能的过程。这种转换并不是直接的,而是首先将机械能或电能转换为媒介形式的磁场能,然后再转换成另一种形式的能量。这种转换又是可逆的,在转换过程中还伴随有电机发热所消耗的能量。

电机在能量转换或传递的过程中,必须遵循能量守恒定律。按电动机惯例,假定能量从电机的一对端口流进,并由机械负载吸收,即转化为运动,能量转换满足以下等式:

〈输入电能〉＝〈磁场储能的增加〉＋〈电机装置内部的能量损耗〉＋〈输出机械能〉

电机装置内部的能量损耗包括:绕组热损耗、铁芯损耗、机械摩擦损耗等。

0.4.2　铁磁材料

制造一台电机主要用到导电、导磁、绝缘、散热和机械支撑五种材料。电机中的机电能量转换需要以磁场为媒介,所以,电机中首先必须有构成磁路的导磁材料。为了提高电机中磁路的磁导率,能够在一定的励磁电流下产生较强的磁场,整个磁路几乎都是用铁磁材料构成的。下面,将着重介绍铁磁材料的有关特性。

从导磁性能方面看,自然界中所有的材料分为铁磁材料和非磁性材料两大类(铁磁材料包括铁、镍、钴及它们的合金,某些稀土元素的合金和化合物等),这两类材料的区别主要是它们的磁化曲线不同。磁化曲线描述的是磁感应强度 $\boldsymbol{B}$ 与磁场强度 $\boldsymbol{H}$ 之间的关系曲线,非

磁性材料的磁化曲线是线性的,其磁导率 $\mu \approx \mu_0$;而铁磁材料的磁化曲线则是非线性的,如图 0-7 所示,其磁导率 $\mu = (2000 \sim 6000)\mu_0$。

铁磁材料的 $B\text{-}H$ 磁化曲线通常用实验方法测取。

1. 磁饱和现象

图 0-7 中所示为典型的铁磁材料的 $B\text{-}H$ 特性曲线。该曲线通常分为线性段和饱和段,两者之间的转折点就是通常所说的膝点(如图 0-7 中的 a 点所示)。当磁场强度 H 由零逐渐增大时,在曲线的 Oa 段,磁感应强度 B 随 H 增加较快;过 a 点后,B 随 H 的增加变化缓慢。这种随磁场强度 H 的增加,磁感应强度 B 的增加趋于缓慢的现象,称为铁磁材料的磁饱和现象。

2. 磁滞现象及其损耗

磁性物质都具有保留其磁性的倾向,因而 B 的变化总是滞后于 H 的变化,这种现象称为磁滞现象。

对一铁磁材料样本反复施加一个对称的正向和反向的磁场,它的 $B\text{-}H$ 曲线上就会出现一个磁滞回线。图 0-8 为某种铁磁材料磁滞回线的特性形状。

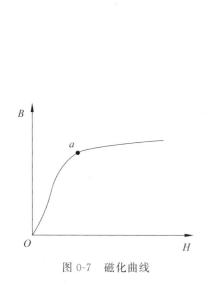

图 0-7　磁化曲线

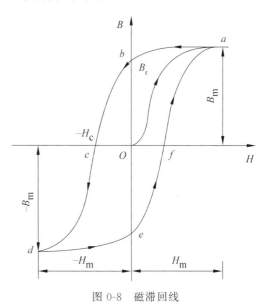

图 0-8　磁滞回线

当 H 降为零时,铁磁材料的磁性并未完全消失,它所保留的磁感应强度 B_r 称为剩余磁感应强度,简称为剩磁。永久磁铁的磁性就是由 B_r 产生的。当 H 反方向增加至 $-H_c$ 时,铁磁材料中的剩磁才能完全消失,使 $B = 0$ 的 H_c 称为矫顽磁力。

对同一铁磁材料,选取不同值的一系列 H_m 多次交变磁化,可得到一系列磁滞回线。由这些磁滞回线的正顶点与原点连成的曲线称为基本磁化曲线(或标准磁化曲线),它通常可用来表征物质的磁化特性,是分析计算磁路的依据。

按磁滞回线形状的不同,铁磁材料可分为软磁材料和永磁材料。软磁材料的磁滞回线很窄,B_r 和 H_c 都很小,如硅钢、铸铁、铸钢、玻莫合金和铁氧体等,常用来制造变压器、电机和接触器等的铁芯。永磁材料也称为硬磁材料,其磁滞回线很宽,B_r 和 H_c 都很大,如钴钢、铝镍钴合金和钕铁硼合金等,常用来制造永久磁铁。

由于铁磁材料在磁化中存在磁滞现象,所以在交变磁场作用下,铁磁材料被反复磁化,磁化的不可逆过程则会造成能量损失。这种由磁滞现象引起的损耗,称为磁滞损耗。磁滞损耗与磁滞回线的面积(由材料、磁感应强度的幅值 B_m 所决定)、磁通的交变频率 f 和铁磁材料体积 V 成正比。磁滞损耗 p_h 可用以下经验公式表示为

$$p_h \propto fVB_m^\alpha$$

对于电机中常用的硅钢片,一般 $\alpha \approx 2$。如前所述,硅钢片属于软磁材料,其磁滞回线的面积较小,这便是电机中普遍采用硅钢片的原因之一。

3. 涡流现象及其损耗

当通过铁磁材料的磁通发生变化,根据电磁感应定律,在铁磁材料中将产生感应电势和电流。图 0-9(a)为一圆柱形铁芯柱的截面积,设磁感应强度 B 的方向与纸面垂直,并将该圆柱形截面看成由图中虚线所示的若干同心短路线圈组成。当磁通交变时,与磁通相交链的这些短路铁线圈中将产生感应电势,并形成短路电流。此电流在铁芯内部围绕磁通沿短路铁线圈呈涡流状流动,故称为涡流。铁磁材料在交变磁通作用下产生的这种现象称为涡流现象,涡流在铁磁材料中引起电阻性损耗,称为涡流损耗。涡流损耗 p_ω 可由经验公式表示为

$$p_\omega \propto f^2 VB_m^2 d^2 / \rho$$

式中,d 为铁芯叠片厚度,ρ 为铁芯的电阻率。

由此可见,为了减小涡流损耗,通常可采用两种措施:一是减小钢片的厚度,电机整个铁芯通常用 0.5 mm(或 0.35 mm)的钢片叠制而成(每片之间必要时涂以绝缘层),如图 0-9(b)所示;二是增加涡流回路的电阻,因此电机采用硅钢片而不是普通钢片,硅钢片则是在普通的硅钢片中加入了 4% 左右的硅,这样便提高了铁磁材料的电阻率。

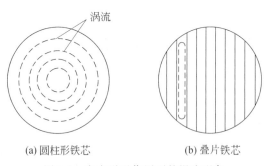

(a) 圆柱形铁芯   (b) 叠片铁芯

图 0-9   交变磁通作用下的涡流现象

在电机的分析计算中,通常把磁滞损耗和涡流损耗合计在一起,统称为铁芯损耗,简称铁耗,用 p_{Fe} 表示。其经验公式表示为

$$p_{Fe} \propto f^{1.3} B_m^2 G \tag{0-10}$$

式中,G 为铁磁材料的质量。

0.4.3   磁路与磁路欧姆定律

磁通流过的路径就是磁路。电机中主要由铁磁材料构成的主磁通路径(即“主磁路”),

是机电能量转换装置中重要的组成部分。所有的电动机、发电机、调节器和变压器等,都有一个或多个这样的磁通路径。由机电装置的物理功能决定,绝大部分电机的主磁路中存在着一个或多个气隙;只有变压器是一个特例,其整个磁路都是由铁磁材料构成的。

以图 0-10 所示的变压器磁路为例来说明。由于铁磁材料的磁导率比空气的磁导率大得多,所以磁力线主要集中在由铁磁材料构成的主磁路内部,即图 0-10 中的主磁通 Φ。

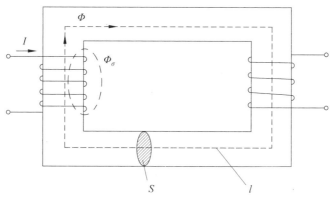

图 0-10　变压器的磁路

磁路与电路不同,电路由导电体组成,外面包有绝缘材料,导电体的电导率与绝缘材料的电导率相比要大 10^{20} 倍,所以电流总是在导体中流过,而通过绝缘材料泄露的漏电流是微不足道的,故分析电路时,通常不考虑绝缘材料的漏电流。但磁路中情况就大不相同,铁磁材料与非铁磁材料的磁导率一般只差 $10^3 \sim 10^4$ 倍,因此漏磁现象相比较于漏电现象严重得多。所以在对电机的磁路进行分析时,漏磁现象应给予足够注意。

我们认为,凡是部分或全部离开了主磁路的磁力线都属于漏磁通,在图 0-10 中,用 Φ_σ 表示之。漏磁通所经路径为漏磁路,由于漏磁路的大部分或全部由非铁磁材料组成,磁导率很小,故漏磁通量一般较小,基本上不考虑饱和现象。由于漏磁通的路径复杂,定量分析要用到磁场的概念,因此在电机学的理论分析中常常采用工程上的等效方法加以解决。

此处,为了更好地说明磁路的基本定律,先略去漏磁通作用,认为磁通都集中在主磁路内。与分析电路一样,认为磁力线在磁路横截面内的分布是均匀的。

设铁磁材料的横截面积为 S,并假设各段磁路的横截面积都相同,则主磁路内单位截面积上的磁感应强度 B(简称磁密)为

$$B = \frac{\Phi}{S}$$

设磁路的平均长度为 l,根据全电流定律得

$$\oint H \cdot \mathrm{d}l = NI = F$$

式中,N 为变压器左侧通电线圈的匝数。

由于积分是沿着中心线 l 进行的环路积分,中心线处磁场强度 $\boldsymbol{H}$ 的大小处处相等,方向又处处与积分路径上的长度 $\mathrm{d}l$ 一致,故

$$\oint H \cdot \mathrm{d}l = Hl, \quad Hl = NI = F$$

由于 $B=\mu H$,所以 ,$H=\dfrac{B}{\mu}=\dfrac{\Phi}{\mu S}$,代入上式得

$$\frac{\Phi}{\mu S}l = NI$$

所以有

$$\Phi = \frac{NI}{\dfrac{l}{\mu S}} = \frac{NI}{R_{\mathrm{m}}} = \frac{F}{R_{\mathrm{m}}} \qquad (0\text{-}11)$$

式中,$R_{\mathrm{m}}=\dfrac{l}{\mu S}$,是一个与磁路的长度 l 成正比、与磁导率 μ 和导磁面积 S 成反比的磁路参数,参数 R_{m} 称为磁路的磁阻,相当于电路的电阻。

式(0-11)称为磁路的欧姆定律,相当于电路的欧姆定律 $I=\dfrac{E}{R}$。其中磁路中的磁通量 Φ 相当于电路中的电流量 I,磁路中的磁动势 $F=NI$ 相当于电路中的电动势 E。

在磁路计算中,磁导 λ 比磁阻更为常用,根据磁阻和磁导的定义,有

$$\lambda = \frac{1}{R_{\mathrm{m}}} = \frac{\mu S}{l} \qquad (0\text{-}12)$$

磁动势 F 的单位为 A,磁导 λ 的单位与电感的单位相同,为 H,磁阻 R_{m} 的单位为 H^{-1}。

第 1 章

直流电动机

1.1 概述

直流电动机是利用电磁感应原理,实现将直流电能转变为机械能的电磁装置。对于直流电动机,需要基本了解和掌握的内容如下。

1. 直流电动机的用途

直流电动机具有良好的起动性能,能在宽广的范围内平滑而经济地调节速度,适用于对电动机的调速性能和起动性能要求较高的生产机械。例如在电力机车、无轨电车、轧钢机和起重机等设备中,就广泛采用直流电动机来拖动。此外,起重电动机、挡风玻璃擦拭电动机、电动窗用电动机,以及吹风机电动机等,都是直流电动机在工业自动控制中最为经济的选择。

2. 直流电动机的基本工作原理

图 1-1 所示为直流电动机的工作原理示意图。直流电动机定子上的励磁绕组通以直流电流励磁,产生恒定磁场。旋转的电枢绕组和旋转的换向器与静止的电刷相连,电机转轴与机械负载相连。

电刷两端接入直流电压,转子电枢绕组中就有电流流过。电流从电源的正极流出,经电刷 A 流入电枢绕组,然后经电刷 B 流回电源的负极。

当线圈的 ab 边在 N 极下、cd 边在 S 极下时,电枢绕组中的电流沿着 a—b—c—d 的方向流动。电枢电流与磁场相互作用产生电磁力 f,其方向可用左手定则来判断。由此电磁力所形成的电磁转矩,使电机逆时针方向旋转。当电枢绕组的 ab 边转到 S 极下、cd 边转到 N 极下时,通过换向器的作用,原来与电刷 A 相接触

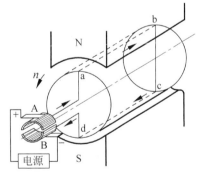

图 1-1　直流电动机的工作原理示意图

的线圈 a 端的铜片,现已变成与电刷 B 接触,因而电枢绕组中的电流变成沿 d—c—b—a 的方向流动。运用左手定则判断出,电磁力及电磁转矩的方向仍然使电动机逆时针旋转。

在同一方向的电磁转矩作用下,电动机拖动生产机械沿着与电磁转矩相同的方向旋转,向负载输出机械功率,电动机完成将电能转换成机械能输出的功能。这就是直流电动机的基本工作原理。

与此同时,由于电枢绕组旋转,线圈 ab 和 cd 边切割磁场产生了感应电动势。根据右手定则,其方向与电枢电流的方向相反,故称为反电动势。电源只有克服这一反电动势才能向电机输出电功率。

3. 直流电动机的基本结构

直流电动机主要由定子和转子两大基本结构部件组成。定子用来固定磁极和作为电机的机械支撑。转子中用来感应电动势从而实现能量转换的部件称为电枢,转子中的换向器可以实现外电路的直流电与绕组内的交流电之间的连接与转换。

1) 定子部分

直流电动机的静止部分称为定子,它的主要作用是产生磁场。直流电动机的定子由主磁极、换向极、机座和电刷装置等组成,各部分结构如图 1-2、图 1-3 所示。图 1-2 所示为一台直流电动机的剖面结构示意图。图 1-3 则为一台 4 极直流电动机的横截面图。

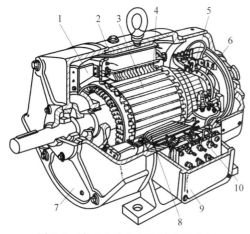

图 1-2　直流电动机剖面结构示意图

1—风扇;2—机座;3—电枢;4—主磁极;5—刷架;
6—换向器;7—端盖;8—换向极;9—出线盒;
10—接线板

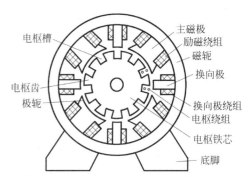

图 1-3　4 极($2p=4$)直流电动机的横截面图

(1) 主磁极

主磁极简称主极,用来产生气隙磁场。主极都是成对出现的,主极数用 $2p$ 表示。主极包括主极铁芯和套在铁芯上的励磁绕组两部分。主极铁芯一般用 $1\sim1.5\ \text{mm}$ 厚的低碳钢板冲片叠压而成,励磁绕组用导线制成集中绕组。

(2) 换向极

容量大于 $1\ \text{kW}$ 的直流电动机,在相邻两主极之间安装换向极(也称为附加极),其作用是用来改善换向。换向极铁芯一般用整块钢制成,换向极绕组与电枢绕组串联。换向极的数量一般与主极数相等。

(3) 机座

机座的主体部分作为磁极间的磁路,该部分称为磁轭。机座同时又用来固定主极、换向极和端盖,并通过底脚将电机固定在基础上。机座一般用铸钢或厚钢板焊接而成,以保证良好的导磁性能和机械性能。

(4) 电刷装置

直流电动机的电枢电流由旋转的换向器通过静止的电刷与外电路接通,电刷装置的结构如图 1-4 所示。电刷一般用石墨制成,放在刷握中,刷握再装于刷架上。电刷顶部有细铜丝编织成的引线(称为铜丝辫),以便引出电流。电刷装于刷握中时,还需有弹簧压住,以保证电枢转动时电刷与换向器表面有良好的接触。

2)转子部分

直流电动机的转动部分称为转子,通常也称为电枢,其作用是产生电磁转矩和感应电动势。转子部分由电枢铁芯、电枢绕组、换向器、风扇、转轴和轴承等组成。直流电动机的转子如图 1-5 所示。

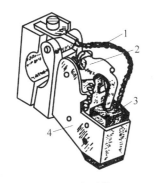 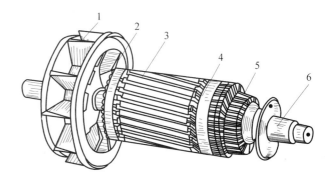

图 1-4 电刷装置　　　　　　　　　　　　图 1-5 直流电动机的转子

1—铜丝辫;2—压紧弹簧;3—电刷;4—刷盒　　　1—风扇;2—绕组;3—电枢铁芯;4—绑带;5—换向器;6—转轴

(1)电枢铁芯

电枢铁芯是主磁路的主要部分,由于电枢铁芯与主磁场之间有相对运动,为了减少涡流损耗,一般用 0.5 mm(或 0.35 mm)厚的涂有绝缘漆的硅钢片叠压而成。电枢表面有许多均匀分布的槽,用以嵌放绕组。为了利于电机的冷却,电枢铁芯上开有轴向通风孔,较大容量的电机有径向通风道,这时电枢铁芯沿轴向分数段,每段长约 4～10 cm,段间空出 10 mm 作为通风道。电枢铁芯冲片结构如图 1-6 所示。

(2)电枢绕组

电枢绕组由绝缘导线绕成一个个的线圈,嵌放在电枢铁芯槽中,各线圈按一定规律连接到相应的换向片上,全部线圈组成一个闭合的电枢绕组。电枢绕组的作用是通过电流和感应电动势,并产生电磁转矩,从而实现机电能量转换。电枢绕组的具体连接规律将在后续内容中介绍。

(3)换向器

换向器的作用是通过与电刷的配合,实现电刷端的直流电与电枢绕组内部的交流电之间的转换。转动的换向器与静止的电刷通过滑动接触,将旋转的电枢电路和静止的外电路相连接。换向器由许多互相绝缘的换向片组成,如图 1-7 所示。

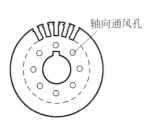　　　　　　　　　　　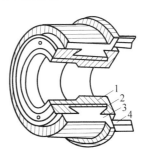

图 1-6 电枢铁芯冲片　　　　　　　　　　图 1-7 换向器

1—V 形套管;2—云母环;3—换向片;4—连接片

3)气隙

气隙是电机定子主极和电枢之间的间隙,是主磁路的重要组成部分。气隙磁场是电机进行能量转换的媒介,气隙的大小和气隙磁场的分布及其变化对电机的运行影响极大。在小容量直流电动机中,气隙约1~3 mm;在大容量直流电动机中,气隙可达10~12 mm。

4. 直流电动机的额定值

每一台电动机上都有一块铭牌,上面标明了电动机的一些额定值。额定值是电动机运行的基本依据,一般希望电动机按额定值运行。若运行时的功率超过额定功率,称为超负载或过载;反之,若小于额定功率称为轻载;恰好运行于额定功率时称为满载。

直流电动机的主要额定值如下。

(1) 额定电压 U_N:在额定工作条件下,电动机输入电压的值,单位为 V。

(2) 额定电流 I_N:在额定工作条件下,电动机输入电流的值,单位为 A。

(3) 额定容量 P_N:直流电动机在额定工作条件下运行时,电动机转轴上输出的机械功率,单位为 W 或 kW。它等于额定电压 U_N 和额定电流 I_N 的乘积,再乘以电动机的效率,即 $P_N = U_N I_N \eta_N$。

(4) 额定转速 n_N:额定转速是指电动机在额定工作条件下运行时的转子转速,单位为 r/min。

(5) 额定效率 η_N:在额定工作条件下,电动机输出功率与输入功率的百分比。

(6) 额定励磁电压 U_{fN}:在额定工作条件下,电动机励磁绕组两端的电压。

(7) 额定励磁电流 I_{fN}:在额定工作条件下,电动机励磁绕组上的电流。

5. 直流电动机的励磁方式

直流电动机工作时,由其励磁绕组中流过的直流励磁电流产生电动机的工作磁场。直流电动机的励磁方式是指励磁绕组和电枢绕组间的连接方式,不同的励磁方式使电动机具有不同的运行特性。

按励磁方式不同,直流电动机可分为他励和自励两大类,自励式又可分为并励、串励和复励三大类。图1-8分别给出了直流电动机不同励磁方式的接线图。

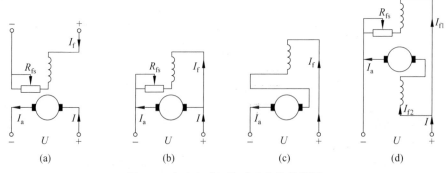

图1-8　直流电动机按励磁分类接线图

(1) 他励(见图1-8(a))

励磁绕组与电枢绕组不相连接,由一个独立的直流电源提供励磁电流。

（2）并励（见图 1-8（b））

励磁绕组与电枢绕组并联，两个绕组上的电压相等。

（3）串励（见图 1-8（c））

励磁绕组与电枢绕组串联，两个绕组中电流相同。

（4）复励（见图 1-8（d））

励磁绕组分为两部分，一部分与电枢绕组串联，另一部分与电枢绕组并联。若两部分励磁绕组产生的磁动势方向相同，称为积复励；若两部分励磁绕组产生的磁动势方向相反，则称为差复励。实际应用中通常采用积复励。

1.2 直流电动机的运行原理

1.2.1 直流电动机的电枢绕组和电枢反应

1. 直流电动机的电枢绕组

直流电动机电枢绕组的线圈在磁场中转动，并产生感应电动势，同时通电线圈在磁场中受到力的作用，产生电磁转矩，从而实现机电能量转换。电枢绕组是直流电动机的一个重要部件，设计和制造时应考虑以下要求：在一定的导体数下要能够产生足够大的电动势，并能通过一定大小的电流，产生足够的电磁转矩；尽可能节省金属和绝缘材料，并要求结构简单和运行可靠。

1）电枢绕组的构成

直流电动机的电枢绕组由若干个结构和形状相同的线圈构成。每个线圈两端分别与两片换向片连接，可以是单匝或多匝，如图 1-9（a）所示。线圈处于铁芯槽中的部分，能切割磁通产生感应电动势，称为有效边；线圈在槽外的部分，不切割磁通，没有感应电动势，仅起连接的作用，称为端部。

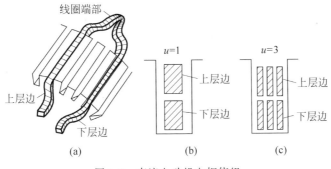

图 1-9 直流电动机电枢绕组

电枢绕组均为双层绕组，如图 1-9（b）所示。每个线圈的两个有效边分别处于不同极面下的电枢铁芯槽中，一个有效边放在槽上层位置，另一个必定在槽下层位置。

一般的小型电动机，每一槽中仅有上、下两个线圈边，而大型电动机每一槽的上层和下层并列嵌放若干线圈边。如图 1-9（c）所示，每层有 $u=3$ 个线圈边。将每一对上、下层边看成一个虚槽，这样，虚槽数 Z_i 和电枢实际槽数 Z 的关系为

$$Z_i = uZ \tag{1-1}$$

电枢绕组的特点常用槽数(虚槽数)、线圈数、换向片数及各种节距来表征。每个线圈有两个线圈有效边,每一换向片同时连接一个上层边和一个下层边,而每一虚槽也包含一个上层边和一个下层边。所以,线圈数 S、换向片数 K、虚槽数 Z_i 满足以下关系:

$$S = K = Z_i \tag{1-2}$$

2)电枢绕组的节距

(1)第一节距 y_1

一个线圈的两个线圈边在电枢表面所跨的距离,称为绕组的第一节距,常用所跨的虚槽数来表示,如图 1-10 所示。

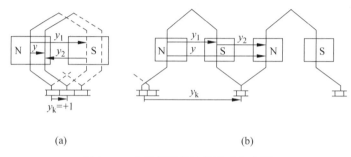

图 1-10 电枢绕组的连接形式和节距

为了使线圈中获得较大的感应电动势,y_1 应等于或尽量接近于一个极距 $\tau\left(\tau = \dfrac{Z_i}{2p}\right)$,即

$$y_1 = \tau \mp \varepsilon = \frac{Z_i}{2p} \mp \varepsilon = 整数 \tag{1-3}$$

式中,ε 为小于 1 的分数,用来把 y_1 凑成整数。

当 $y_1 = \tau$ 时为整距绕组;当 $y_1 < \tau$ 时为短距绕组;当 $y_1 > \tau$ 时为长距绕组。直流电动机一般采用整距或短距绕组。

(2)第二节距 y_2

连接在同一个换向片上的两个线圈边在电枢表面跨过的距离,称为绕组的第二节距,也常用虚槽数表示。

(3)合成节距 y

两个相串联的相邻线圈的对应边在电枢表面跨过的距离,称为绕组的合成节距,用虚槽数表示。y 与 y_1、y_2 的关系为

$$y = y_1 + y_2 \tag{1-4}$$

(4)换向片节距 y_k

一个线圈的两端所连接的换向片之间在换向器表面上所跨过的距离,称为换向片节距,用换向片数表示,且有 $y_k = y$。

3)单叠绕组

直流电动机电枢绕组构成复杂,形式较多,最常见的绕组连接形式为单叠绕组和单波绕组,分别如图 1-10(a)、(b)所示。以下仅以单叠绕组为例介绍绕组的基本构成原则。

单叠绕组是指绕组的一个线圈相对于前一线圈仅移过一个槽,同时每个线圈的出线端

连在相邻的换向片上,如图 1-10(a)所示。对于单叠绕组有 $y=y_k=1$。

下面以一台主极数 $2p=4$,电枢槽数 $Z_i=Z=16$ 的直流电动机为例说明单叠绕组的连接。

(1)计算节距

极距 τ 为

$$\tau=\frac{Z_i}{2p}=\frac{16}{4}=4$$

第一节距 y_1 为

$$y_1=\frac{Z_i}{2p}\mp\varepsilon=\frac{16}{4}=4$$

第二节距 y_2 为

$$y_2=y-y_1=1-4=-3$$

(2)绕组展开图

根据以上数据,可画出该单叠绕组的绕组展开图,如图 1-11 所示。绕组展开图就是将放在电枢铁芯槽里的电枢绕组单独取出来,画在一平面图上,用来表示槽内各线圈导体在电路上的连接情况。

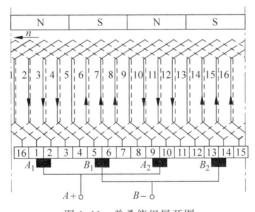

图 1-11　单叠绕组展开图

(3)并联支路图

按照图 1-11 的连接次序,可画出由相应线圈组成的并联支路图,如图 1-12 所示。由此可见,单叠绕组是一个闭合绕组,通过电刷与外部电路相连,并形成了几个并联支路。各并联支路的感应电动势大小相等,不会在闭合回路形成循环电流。单叠绕组的每一条并联支

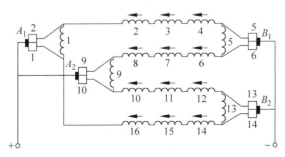

图 1-12　单叠绕组的并联支路图

路都是由同一个主极下的全部线圈串联而成,因此并联支路数、电刷数和主极数均相等,即 $2a=2p(a$ 为并联支路对数)。

当电枢旋转时,电刷位置不动,整个电枢绕组在移动,每个线圈不断顺次地移到它前面一个线圈的位置上,但总的支路情况不变。

2. 直流电动机的电枢反应

磁场是电动机产生感应电动势和电磁转矩从而实现能量转换所不可缺少的因素之一。电动机的运行性能很大程度上取决于电动机的磁场特性。

1)空载磁场

直流电动机空载时,电枢电流为零,直流电动机的气隙磁场由主磁极励磁绕组的励磁磁动势 F_f 建立。由于励磁电流为直流,所以气隙磁场是一个不随时间变化的恒定磁场。图 1-13 所示为一台 4 极直流电动机在空载时气隙磁场的分布情况。

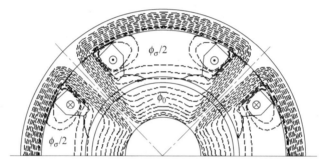

图 1-13　主磁通和漏磁通的分布

电动机主磁极产生的磁通分成两部分:主磁通 ϕ_0 通过气隙,同时交链电枢绕组和励磁绕组,是电动机中产生感应电动势和电磁转矩的有效磁通;另外,还有一小部分磁通经过磁极的侧面,直接通向相邻的磁极或磁轭形成回路,它只与励磁绕组交链,不与电枢绕组交链,这部分磁通称为漏磁通 ϕ_σ。

直流电动机的主磁路由以下几个部分组成:气隙、电枢齿、电枢磁轭、主磁极和定子磁轭。除气隙外,其他部分均由铁磁材料组成。主磁路和漏磁路如图 1-13 所示。

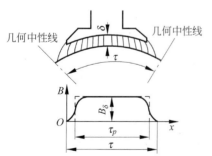

图 1-14　空载磁场一个极面下的磁通密度

空载磁场在一个极面下的气隙磁通密度空间分布如图 1-14 所示。磁极面下气隙 δ 小且较均匀,故磁通密度较高,幅值为 B_δ;从磁极边缘至两磁极间的轴线(几何中心线)处,气隙增加,磁通密度沿曲线快速下降。

2)电枢反应

当电动机带上负载后,电枢绕组流过电流,产生电枢磁动势。此时,电动机气隙磁场便由励磁磁动势和电枢磁动势共同建立。负载时电枢磁动势对主极磁场的影响,称为电枢反应。

为便于分析,以两极电动机为例,且认为电枢表面光滑(无齿槽),磁场分析略去换向器只画主磁极、电枢绕组和电刷。如图 1-15 所示,图 1-15(a)、(b)、(c)分别为电动机空载磁场、电枢磁场和两者的合成磁场分布图。

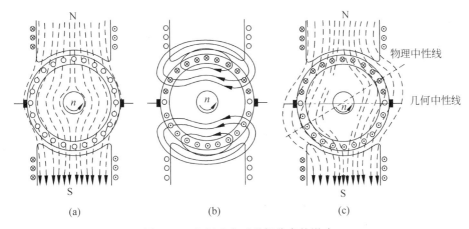

图 1-15   电枢反应对磁场分布的影响

直流电动机空载时,主磁极产生的气隙磁场如图 1-15(a)所示,其气隙磁通密度分布如图 1-16(a)表示,$B_0(x)$ 曲线的横坐标为沿圆周的距离,纵坐标为磁通密度。每极磁通 Φ 为一个极距内 $B_0(x)$ 曲线及横坐标间所包含的面积。$B=0$ 处的轴线称为物理中性线,两主磁极之间的轴线称为几何中性线。当电动机仅存在主极磁场时,物理中性线与几何中性线重合。

图 1-15(b)所示为仅由电枢电流产生的电枢磁场分布情况。以主磁极轴线处为横坐标原点,取一经过距原点 $+x$ 及 $-x$ 两点的闭合回路,如图 1-16 所示。则此回路所包围的电枢导体总电流为 $\dfrac{2x}{\pi D_a}Ni_a$,其中 N 为电枢导体总数,D_a 为电枢外径,i_a 为流过单根电枢导体的电流。假设磁动势全部消耗在两个气隙上(即忽略铁磁材料所消耗的磁动势),则每个气隙所消耗的电枢磁动势为

$$F_a(x) = \frac{1}{2}\frac{2x}{\pi D_a}Ni_a = \frac{Ni_a}{\pi D_a}x = Ax \qquad (1-5)$$

式中,$A=\dfrac{Ni_a}{\pi D_a}$,称为线负荷。

根据式(1-5)可画出电枢磁动势沿电枢圆周表面分布曲线,如图 1-16(b)所示。正磁动势表示磁通方向由电枢到主极,负磁动势则相反。由图可见,当 $x=\dfrac{\tau}{2}$ 时,即在几何中性线处,电枢磁动势为最大值 $F_a=\dfrac{1}{2}A\tau$。

由于直流电动机的空气隙不均匀,磁极的极面下磁阻小且均匀,$B_a(x)$ 与 $F_a(x)$ 成正比;而在极尖以外,磁阻增大很多,尽管 $F_a(x)$ 在此处较大,但是

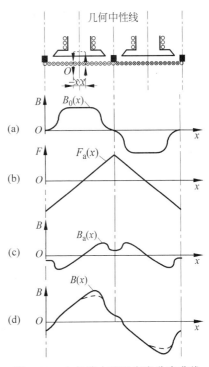

图 1-16   空气隙中磁通密度分布曲线

$B_a(x)$仍将下降,比极尖处低很多,故使$B_a(x)$曲线呈马鞍形。图 1-16(c)所示为电枢磁通密度$B_a(x)$的分布曲线。

电动机负载时空气隙中的合成磁场如图 1-15(c)所示,其磁通密度的分布如图 1-16(d)所示,该分布曲线即为$B_0(x)$与$B_a(x)$之和。由图可见,电枢磁动势使一半极面下的磁通增加,而使另一半极面下的磁通减少。若不考虑磁路的饱和现象,上述一半磁极增加的磁通正好等于另一半磁极减少的磁通,故每一极面下的总磁通仍将保持不变,合成磁场的分布如图 1-16(d)中实线所示。但是,实际上磁路通常有饱和现象存在,由于增磁部分的磁通密度很大,磁路饱和程度增加,使$B(x)$分布如图 1-16(d)中虚线所示。因此,一半极面下所增加的磁通小于另一半极面下所减少的磁通,使每一极面的总磁通略有减少。

根据图 1-15 和图 1-16,可以看出电枢反应的影响如下。

(1) 气隙磁场发生畸变,使磁场的物理中性线偏离几何中性线一个角度。这使被电刷短路的换向线圈中的电动势不为零,增加了换向的困难。

(2) 电枢反应的去磁作用将使每极磁通略有减小,并将影响电枢绕组中的电动势和电磁转矩随之减小。

(3) 电枢反应使极面下的磁通密度分布不均匀。

1.2.2 直流电动机的感应电动势和电磁转矩

直流电动机运行时,电枢绕组中有电流通过,电枢受到电磁力的作用从而产生电磁转矩。与此同时,电枢绕组在磁场中切割磁力线产生感应电动势。

1. 电枢绕组的感应电动势

直流电动机的感应电动势为电枢绕组一条支路中各串联导体电动势的总和。电机总的有效导体数$N=S×2×$每线圈匝数,绕组由$2a$条并联支路组成,则每条支路串联的有效导体数为$N/(2a)$。因此,电枢电动势便等于$N/(2a)$根串联导体的感应电动势之和。

当电动机空载运行时,电动机气隙磁通密度分布曲线如图 1-16(a)所示。当有一定长度的导体以一定速度切割磁场时,根据电磁感应定律,导体中的感应电动势为

$$e_x = B_x l v$$

式中,B_x为导体所在处的磁通密度,可见导体的电动势与磁通密度成正比。

每条支路中各串联线圈的有效边(即导体),总是分布在磁极下不同的位置上,导体的感应电动势$e_x = B_x l v$也不同,于是电枢绕组感应电动势可由下式决定:

$$E_a = \sum_{x=1}^{\frac{N}{2a}} e_x = lv \sum_{x=1}^{\frac{N}{2a}} B_x \tag{1-6}$$

当电枢导体数N很大时,式(1-6)中的$\sum\limits_{x=1}^{\frac{N}{2a}} B_x$可用平均磁通密度$B_{av}$乘以$N/(2a)$来代替。如果正、负电刷间的每极磁通$\Phi$已知,则根据$\Phi = B_{av}\tau l$,可求得$B_{av}$为

$$B_{av} = \frac{1}{\tau} \int_0^\tau B_x \, \mathrm{d}x = \frac{\Phi}{\tau l}$$

从电枢表面周长$2p\tau$(极距τ的单位为 m)和转速n(单位为 r/min),可求得电枢表面的导体运动线速度$v = 2p\tau n/60$(v的单位为 m/s)。将以上关系式代入式(1-6)可得

$$E_a = lv\frac{N}{2a}B_{av} = l \times 2p\tau \frac{n}{60} \times \frac{N}{2a} \times \frac{\Phi}{\tau l} = \frac{pN}{60a}\Phi n$$

即

$$E_a = C_e\Phi n \tag{1-7}$$

式中

$$C_e = \frac{pN}{60a} \tag{1-8}$$

式中,C_e 为由电动机结构决定的常数,称为电动势常数。每极磁通 Φ 的单位为 Wb,n 的单位为 r/min,E_a 的单位为 V。

由式(1-7)可知,若每极磁通 Φ 保持不变,则电枢电动势和转速成正比;若转速保持不变,则电枢电动势与每极磁通成正比。

电动势的方向由磁场的方向和转子的旋转方向决定。两者之中只要有一个方向改变,电动势的方向便随之改变。

以上分析计算的感应电动势为空载时的电枢电动势,采用如图 1-16(a)所示的空载气隙磁通密度曲线。若计算负载时的电枢电动势,则应利用负载时的气隙磁通密度曲线,如图 1-16(d)所示。

2. 直流电动机的电磁转矩

当直流电动机接通直流电源运行时,通过电枢绕组的电流与气隙中的合成磁场相互作用而产生电磁转矩。

根据电磁力定律,作用在电枢绕组每一根导体上的电磁力为

$$f_x = B_x l i_a$$

由该电磁力产生的转矩为

$$T_x = f_x \frac{D_a}{2} = B_x l i_a \frac{D_a}{2}$$

电动机的电磁转矩应为全部导体所产生的转矩之和。由于各个极距内的磁通密度变化规律是一样的,故可先求出一个极距内的 $N/(2p)$ 个导体的转矩,再乘以极数 $2p$,从而求得直流电动机的电磁转矩 T 为

$$T = 2p\sum_{x=1}^{\frac{N}{2p}} T_x = 2pli_a\frac{D_a}{2}\sum_{x=1}^{\frac{N}{2p}} B_x \tag{1-9}$$

如前所述,$\sum\limits_{x=1}^{\frac{N}{2p}} B_x$ 可用一个极距内的平均磁通密度 B_{av} 乘以 $N/(2p)$ 来代替,即

$$\sum_{x=1}^{\frac{N}{2p}} B_x = \frac{N}{2p} \times B_{av}$$

平均磁通密度 $B_{av} = \dfrac{\Phi}{\tau l}$;再利用 $i_a = \dfrac{I_a}{2a}$(I_a 为电枢总电流)和 $\tau = \dfrac{\pi D_a}{2p}$,代入式(1-9)可得

$$T = 2pl \times \frac{I_a}{2a} \times \frac{D_a}{2} \times \frac{N}{2p} \times \frac{\Phi}{l} \times \frac{2p}{\pi D_a} = \frac{pN}{2\pi a}\Phi I_a$$

即

$$T = C_T \Phi I_a \tag{1-10}$$

式中

$$C_T = \frac{pN}{2\pi a} \tag{1-11}$$

式中,C_T 为由电动机结构决定的常数,称为转矩常数。每极磁通 Φ 的单位为 Wb,电枢电流 I_a 的单位为 A,T 的单位为 N·m。

由式(1-10)可见,电磁转矩与每极磁通和电枢电流的乘积成正比。直流电动机中电磁转矩的方向与转子的旋转方向相同,为驱动转矩。正是在此电磁转矩的作用下,使直流电动机的电枢能够带动负载转动,将直流电源输入的电能转换为机械能输出。

例 1-1 一台 4 极直流电动机,$Z=36$ 槽,每槽导体数为 6,气隙每极磁通 $\Phi=0.022$ Wb,单叠绕组,当转速 n 分别为 1460 r/min 和 600 r/min 时,求电动机的电枢感应电动势。若电枢电流为 800 A,磁通不变,能产生多大的电磁转矩?

解: 单叠绕组的并联支路对数

$$a = p = 2$$

电动势常数

$$C_e = \frac{pN}{60a} = \frac{2 \times 36 \times 6}{60 \times 2} = 3.6$$

转矩常数

$$C_T = \frac{pN}{2\pi a} = \frac{2 \times 36 \times 6}{2\pi \times 2} = 34.39$$

当转速 $n=1460$ r/min 时,电枢感应电动势

$$E_a = C_e \Phi n = 3.6 \times 0.022 \times 1460 = 115.6 (V)$$

当转速 $n=600$ r/min 时,电枢感应电动势

$$E_a = C_e \Phi n = 3.6 \times 0.022 \times 600 = 47.52 (V)$$

当电枢电流 $I_a=800$ A 时,电磁转矩

$$T = C_T \Phi I_a = 34.39 \times 0.022 \times 800 = 605.26 (N \cdot m)$$

1.2.3 直流电动机运行的基本方程式

直流电动机能将直流电能转换为机械能,可以用来拖动一定的机械负载工作。当直流电动机处于稳定工作情况下时,其电压、功率和转矩分别遵循一定的平衡关系。

直流电动机各物理量的参考正方向,如图 1-17 所示。图中,以他励直流电动机为例,U 为直流电动机电枢端电压,I_a 为电枢电流,T_L 为机械负载转矩,T、T_0 为电动机的电磁转矩和空载转矩,n 为电动机转速,U_f 为励磁电压,I_f 为励磁电流。

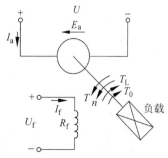

图 1-17 直流电动机物理量的正方向

1. 电动势平衡方程式

如图 1-17 所示,设直流电动机的电枢绕组电阻为 R_a',正、负电刷的接触压降为 $2\Delta U_b$。由基尔霍夫电压定律,可列出电枢回路电动势平衡方程式如下:

$$U = E_a + I_a R'_a + 2\Delta U_b = E_a + I_a R_a \tag{1-12}$$

式中，R_a 为包括电枢绕组电阻和电刷压降的等效电阻，$R_a = R'_a + \dfrac{2\Delta U_b}{I_a}$。

可见，直流电动机的感应电动势 E_a 与电枢电流 I_a 方向相反，且 $E_a < U$。

如图 1-17 所示，他励式直流电动机的励磁绕组采用单独电源供电，励磁电流 $I_f = U_f/R_f$。

对于并励电动机，其励磁绕组和电枢绕组并联后，由一共同的直流电源供电，如图 1-8(b) 所示。采用并励接法后，直流电动机的输入电流 I 为电枢电流 I_a 与励磁电流 I_f 之和，即

$$I = I_a + I_f \tag{1-13}$$

而输入电压 U 等于电枢电压 U_a，也等于励磁电压 U_f，即

$$U = U_a = U_f \tag{1-14}$$

对于串励电动机，其励磁绕组和电枢绕组串联后，由一共同的直流电源供电，如图 1-8(c) 所示。串励电动机的输入电压、电流为

$$U = U_a + U_f \tag{1-15}$$

$$I = I_a = I_f \tag{1-16}$$

2. 功率平衡方程式

现以并励直流电动机为例，讨论直流电动机运行时能量转换的情况，从而推导出功率平衡方程式。所得结论，原则上也适用于其他直流电动机。

直流电动机从电源输入的电功率称为输入功率，即

$$P_1 = UI \tag{1-17}$$

输入功率中的一小部分变成了铜损耗 p_{Cu}，余下的部分则由电功率转换成机械功率。转换成机械功率的这部分电功率，称为电磁功率 P_{em}，即

$$P_{em} = P_1 - p_{Cu} \tag{1-18}$$

这样，直流电动机的输入功率可以表示为

$$P_1 = p_{Cu} + P_{em} \tag{1-19}$$

铜损耗 p_{Cu} 包括电枢铜损耗（包括电枢回路铜损耗 p_{Cua} 和电刷接触损耗 p_{Cub}）和励磁铜损耗两部分，即

$$p_{Cu} = p_{Cua} + p_{Cub} + p_{Cuf} = R_a I_a^2 + R_f I_f^2 \tag{1-20}$$

由于

$$UI = U(I_a + I_f) = UI_a + UI_f = (E_a + R_a I_a)I_a + R_f I_f^2 = E_a I_a + R_a I_a^2 + R_f I_f^2$$

可见，电磁功率可表示为以下两种方式：

$$P_{em} = E_a I_a = C_e \Phi n I_a = \frac{2\pi}{60} C_T \Phi I_a n = T\Omega \tag{1-21}$$

式中，Ω 为电动机的机械角速度，$\Omega = \dfrac{2\pi n}{60}$；$E_a I_a$ 代表转换成机械功率的电功率，$T\Omega$ 代表由电功率转换成的机械功率，两者大小相等。

转换成机械功率的电磁功率不能全部输出，还需扣除空载损耗 p_0，才是电动机输出的机械功率，称为输出功率 P_2，即

$$P_{em} - p_0 = P_2 \tag{1-22}$$

式中,空载损耗 p_0 包括电枢铁芯中的铁损耗 p_{Fe}、机械损耗 p_{mec} 和附加损耗 p_{ad},附加损耗主要是由于定、转子有齿槽存在及磁场中的高次谐波影响而产生的。

$$p_0 = p_{Fe} + p_{mec} + p_{ad} \tag{1-23}$$

可见,直流电动机的总损耗 $\sum p$ 为

$$\sum p = p_{Cu} + p_{Fe} + p_{mec} + p_{ad} \tag{1-24}$$

直流电动机功率传递的全过程,可用如图 1-18 所示的功率流向图来表示。

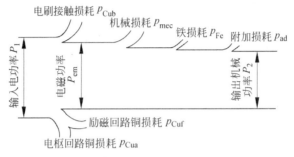

图 1-18 直流电动机的功率流向图

直流电动机的输入功率、输出功率,以及总损耗之间应满足下述的功率平衡方程式:

$$P_1 - P_2 = \sum p = p_{Cu} + p_{Fe} + p_{mec} + p_{ad} \tag{1-25}$$

直流电动机的输出功率与输入功率的百分比,称为直流电动机的效率,即

$$\eta = \frac{P_2}{P_1} \times 100\% \tag{1-26}$$

3. 转矩平衡方程式

在电动机中,电磁转矩为拖动性质。当电动机以恒定转速旋转,处于稳态运行状况时,电磁转矩与负载的制动转矩及空载制动转矩相平衡。此时,直流电动机的转矩满足转矩平衡方程式

$$T = T_2 + T_0 \tag{1-27}$$

式中,T 为电磁转矩,$T = \dfrac{P_{em}}{\Omega}$;$T_2$ 为轴上的输出转矩,等于机械负载制动转矩 T_L,$T_2 = \dfrac{P_2}{\Omega}$;

T_0 是由铁芯损耗、机械损耗和附加损耗引起的空载制动转矩,$T_0 = \dfrac{p_0}{\Omega} = \dfrac{p_{Fe} + p_{mec} + p_{ad}}{\Omega}$。

例 1-2 一台并励直流电动机,运行条件如下:$U = 110\ V$,$I = 12.5\ A$,$n = 1500\ r/min$,$T_L = 6.8\ N \cdot m$,$T_0 = 0.9\ N \cdot m$。求该电动机在此运行状态下的输出功率 P_2、电磁功率 P_{em}、输入功率 P_1、空载损耗 p_0、铜损耗 p_{Cu} 和效率 η。

解:电动机的角速度

$$\Omega = \frac{2\pi n}{60} = \frac{2\pi \times 1500}{60} = 157 (rad/s)$$

输出功率

$$P_2 = T_2 \Omega = T_L \Omega = 6.8 \times 157 = 1067.6 (W)$$

空载损耗

$$p_0 = T_0\Omega = 0.9 \times 157 = 141.3(\text{W})$$

电磁功率

$$P_{em} = P_2 + p_0 = 1067.6 + 141.3 = 1208.9(\text{W})$$

输入功率

$$P_1 = UI = 110 \times 12.5 = 1375(\text{W})$$

铜损耗

$$p_{Cu} = P_1 - P_{em} = 1375 - 1208.9 = 166.1(\text{W})$$

效率

$$\eta = \frac{P_2}{P_1} \times 100\% = \frac{1067.6}{1375} \times 100\% = 77.64\%$$

1.2.4　电机的可逆性原理

从原理上讲,一台旋转电机不论是直流电机还是交流电机,都可以在一定的条件下作为电动机运行,将电能转变为机械能;而在另一种特定的条件下,又可作为发电机运行,将机械能转换为电能。该原理称为电机的可逆性原理,下面以并励直流电机为例来说明。

设有一台并励直流电机,接在电压 U = 常值的电网上,电机轴上施加了一定的机械负载,作电动机运行,如图 1-19(a)所示。此时电枢导体的电动势方向如图所示(图中只绘出两根导体作为代表,内圈导体所标方向为 E_a 的方向,外圈导体所标方向为 I_a 的方向)。

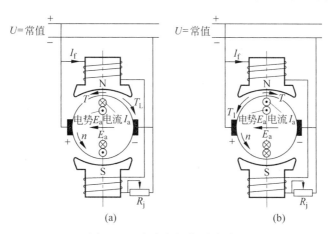

图 1-19　直流电机的可逆原理

当作电动机运行时,电机的端电压 $U = E_a + I_a R_a$,电动势 $E_a < U$,电枢电流 I_a 与 E_a 反向,如图 1-19(a)所示。电枢电流 I_a 与磁场相互作用,产生驱动性质的电磁转矩 T。该驱动转矩克服机械负载的制动转矩 T_L 及空载制动转矩 T_0,使电机转子带动与之相连的机械负载一起旋转。如图 1-19(a)所示,其转子旋转方向与 T 的方向一致。由于 I_a 与 E_a 反向,则其乘积 $E_a I_a < 0$,这说明此时电机向电网输出负的电功率。也就是说,电机从电网吸收电功率,并将它转变为转轴上的机械功率输出。

若撤去电机的机械负载,电机的转速上升,此时的转速为电机的空载转速。在励磁电流不变时,电枢电动势 E_a 必然增大。由于电源电压 $U=$ 常值,电枢电流 I_a 也就随之减小,但方向不变,此时电机处于空载运行状态。

如果在电机的转轴上接入一台原动机驱动此直流电机,令其转速继续上升。当其转速升高到某一转速时,$E_a=U$,电机的电枢电流 I_a 为零,随之电磁转矩 $T=0$。此时,原动机只克服电机空载转矩 T_0,没有能量转换。而后如果原动机带动电机的转速继续上升,则 $E_a>U$,I_a 反向,即变为与 E_a 的方向相同,如图 1-19(b)所示。此时其乘积 $E_aI_a>0$,这便说明此时电机向电网输出正的电功率,电枢绕组所获得的电磁功率由原动机的机械功率转换而来;另一方面,此时电枢电流 I_a 和磁场作用产生的电磁转矩 T 的方向,与转子旋转方向相反,起制动作用。因此,原动机必须用足够大的机械转矩 T_1 来克服此电磁转矩 T 和空载制动转矩 T_0,才能向电机输入机械功率。此时,该直流电机作发电机运行,将原动机提供的机械能转换为电能输出。

综上所述,不论是作为电动机还是作为发电机运行,在电机内部都始终存在着电枢电动势 E_a 和电磁转矩 T 这两个对立统一的电磁量。对于直流电机来说,可根据下列关系来判断电机的运行状态:

当 $E_a<U$,T 与转速 n 同方向时为电动机运行状态;

当 $E_a>U$,T 与转速 n 反方向时为发电机运行状态。

1.3　直流电动机的工作特性

直流电动机的运行特性是选用直流电动机的重要依据。工作特性和机械特性是其稳态运行特性,以下就工作特性加以讨论。关于电动机的机械特性及“起动”和“调速”两种动态运行特性将在第 4 章直流电动机的电力拖动中研究。

所谓直流电动机的工作特性,是指在电压 $U=U_N=$ 常值、电枢回路不串入外加电阻、励磁电流保持不变的条件下,电动机的转速 n、电磁转矩 T 和效率 η 三者,与输出功率 P_2 之间的关系曲线,即 n、T、$\eta=f(P_2)$。由于在实际运行中,测量电枢电流 I_a 比测量功率容易,且 I_a 随 P_2 的增加而增加,两者增加的趋势基本一致,所以又常将电动机的工作特性表示为 n、T、$\eta=f(I_a)$。

直流电动机的工作特性因励磁方式不同,差别很大。下面分别介绍并励、串励及复励直流电动机的工作特性。

1.3.1　并励电动机的工作特性

对并励电动机来说,工作特性是指当电压 $U=U_N=$ 常值,$I_f=I_{fN}=$ 常值时,n、T、$\eta=f(P_2)$ 或 n、T、$\eta=f(I_a)$ 的关系曲线。并励电动机的接线图和其工作特性分别如图 1-20(a)和(b)所示。

1. 转速特性

并励直流电动机的转速特性,即 $U=U_N=$ 常值,$I_f=I_{fN}=$ 常值时,$n=f(I_a)$ 的关系曲线。

由电动势公式 $E_a=C_e\Phi n$ 和电压方程 $U=E_a+I_aR_a$,可得

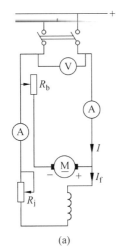
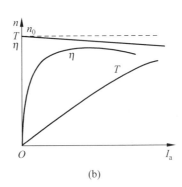

图 1-20　并励电动机的接线图和工作特性

$$n = \frac{E_a}{C_e\Phi} = \frac{U_a - I_a R_a}{C_e\Phi} \tag{1-28}$$

若忽略电枢反应,当负载增加而 I_a 增加时,转速 n 趋于下降。若考虑电枢反应的去磁作用,磁通下降将引起转速的上升,与 I_a 增大引起的转速降相抵消,使电动机的转速变化很小。实际运行中为保证电动机稳定运行,一般使电动机的转速随电流 I_a 的增加而下降,如图 1-20(b)中曲线所示。

转速变化的大小用转速变化率(或称转速调整率)Δn 来表示:

$$\Delta n = \frac{n_0 - n_N}{n_N} \times 100\% \tag{1-29}$$

式中,n_0 为电动机的空载转速;n_N 为电动机在额定状况下运行的转速。

并励电动机的 Δn 仅为 $3\% \sim 8\%$,这种随负载变化而转速变化不大的转速特性为硬特性。

并励电动机运行时,应该注意不可使励磁回路断路。当励磁回路断路时,气隙中的磁通将骤然降至微小的剩磁,电枢回路中的感应电动势也将随之减小,电枢电流将急剧增加。由于 $T = C_T\Phi I_a$,如负载为轻载时,电动机转速将迅速上升,直至加速到危险的高值,造成"飞车";若负载为重载,电磁转矩克服不了负载转矩,电机可能停转,此时电流很大,超过额定电流好几倍,达到起动电流,这些都是不允许的。

2. 转矩特性

并励直流电动机的转矩特性,即 $U = U_N =$ 常值,$I_f = I_{fN} =$ 常值时,$T = f(I_a)$ 的关系曲线。

由转矩特性公式 $T = C_T\Phi I_a$ 可知,若磁通保持不变,T 与 I_a 成正比,转矩特性为一直线。若考虑电枢反应的去磁作用,转矩 T 随电枢电流 I_a 的变化如图 1-20(b)中所示,为一略微向下弯的曲线。

3. 效率特性

并励直流电动机的效率特性,即 $U = U_N =$ 常值,$I_f = I_{fN} =$ 常值时,$\eta = f(I_a)$ 的关系曲线。

由功率平衡方程式可知,直流电动机的效率 η 为

$$\eta = \frac{P_2}{P_1} = \frac{P_1 - \sum p}{P_1} = 1 - \frac{\sum p}{P_1}$$

电动机的损耗 $\sum p$ 中仅电枢回路的铜损耗与电流 I_a 平方成正比,其他部分与 I_a 无关。当 I_a 较小时,$\sum p$ 随电流 I_a 增加较小,效率 η 上升较快;当 I_a 较大时,$\sum p$ 随电流 I_a 增加较大,效率 η 增加较慢。当 I_a 大到一定值时,效率 η 达到最大值,之后随电流 I_a 的增大,效率 η 又逐渐减小,如图 1-20(b)中曲线所示。

1.3.2 串励电动机的工作特性

对串励电动机来说,工作特性是指当电压 $U = U_N =$ 常值,n、T、$\eta = f(P_2)$ 或 n、T、$\eta = f(I_a)$ 的关系曲线。串励电动机的接线图和工作特性分别如图 1-21(a)和(b)所示。

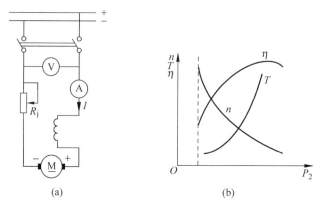

(a)　　　　　　　　(b)

图 1-21　串励电动机的接线图和工作特性

1. 转速特性

由于串励电动机的输入电流、电枢电流和励磁电流满足关系式 $I = I_a = I_f$。当负载较小时,励磁电流 I_f 亦较小,铁芯处于未饱和状态,其每极磁通与电枢电流成正比,即 $\Phi = KI_f = KI_a$,代入转速公式,得

$$n = \frac{U - I_a R_a}{C_e \Phi} = \frac{U}{C_e K I_a} - \frac{R_a}{C_e K} \tag{1-30}$$

转速 n 与电枢电流 I_a 成反比,转速特性为一双曲线,转速下降得很快。这是因为当负载增加而输出功率增加时,输入功率亦增加,在 $U = U_N =$ 常值条件下,I_a 必须增加。I_a 的增加一方面使磁通增加,另一方面使电枢电路总电阻压降变大。从转速公式可见,这两种作用都使转速降低。

当负载较大时,I_a 亦较大,磁路已饱和。此时 I_a 变大,Φ 变化不大,可见 I_a 增大,n 下降幅度减小了,如图 1-21(b)所示。

串励电动机不允许空载或带很轻负载运转,这是因为此时励磁电流和电枢电流很小,气隙磁通很小,使电机转速急剧上升,过速将导致电机损坏。

鉴于上述原因,串励电动机的负载转矩一般不小于额定转矩的 1/4,其转速变化率定

义为

$$\Delta n = \frac{n_{1/4} - n_{\mathrm{N}}}{n_{\mathrm{N}}} \times 100\% \tag{1-31}$$

式中，$n_{1/4}$ 为电动机输出 1/4 额定功率时的转速；n_{N} 为电动机输出额定功率时的转速。

2. 转矩特性

如前所述，串励电动机的主磁场随负载在较大范围内变化。当负载电流很小时，它的励磁电流也很小，铁芯处于未饱和状态，其每极磁通与电枢电流成正比，将 $\Phi = KI_{\mathrm{a}}$ 代入转矩公式，可得

$$T = C_{\mathrm{T}} \Phi I_{\mathrm{a}} = C_{\mathrm{T}} K I_{\mathrm{a}}^2 = \frac{C_{\mathrm{T}}}{K} \Phi^2 \tag{1-32}$$

电磁转矩和电枢电流的平方成正比，转矩特性为一抛物线。

当负载电流较大时，铁芯已饱和，励磁电流增大，但是每极磁通变化不大，因此电磁转矩大致与负载电流成正比。$T = f(P_2)$ 曲线如图 1-21(b) 所示。

3. 效率特性

串励直流电动机的效率特性与并励直流电动机相似，在此不再复述。

1.3.3　复励电动机的工作特性

复励电动机的接线如图 1-22 所示。一般情况下，串励绕组的磁动势与并励绕组的磁动势方向相同。如果并励磁动势起主要作用，其工作特性接近并励电动机；反之，如果串励磁动势起主要作用，其工作特性就接近串励电动机。故复励电动机在设计时，适当地选择并励和串励的磁动势的强弱，便可使复励电动机具有很好的负载适应性，其两组励磁绕组具有很好的互补性。由于有串励磁动势的存在，当负载增加时，电枢电流和串励磁动势也随之增大，从而使主磁通增大，减小了电枢反应去磁作用的影响，因此它比并励电动机的性能更优越；而由于有并励磁动势的存在，使复励电动机可在轻载和空载时运行，克服了串励电动机的这一缺点。

复励电动机的特性介于并励和串励电动机的特性之间，如图 1-23 所示。

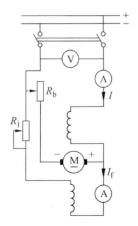

图 1-22　复励电动机的接线图

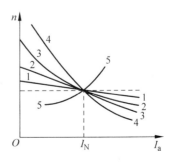

图 1-23　直流电动机的速率特性

1—并励电动机；2—并励为主的复励电动机；3—串励为主的
复励电动机；4—串励电动机；5—差复励电动机

习题

1-1 试述直流电动机的基本工作原理。

1-2 直流电动机由哪几个主要部件构成? 这些部件的功能是什么?

1-3 直流电动机的励磁方式有哪几种? 每种励磁方式的励磁电流或励磁电压与电枢电流或电枢电压有怎样的关系?

1-4 一台 4 极直流电动机,采用单叠绕组,问:

(1) 若取下一只或相邻两只电刷,电动机是否可以工作?

(2) 若只用相对的两只电刷,是否可以工作?

(3) 若有一磁极失去励磁将产生什么后果?

1-5 何谓电枢反应? 电枢反应对气隙磁场有何影响? 公式 $E_a = C_e \Phi n$ 和 $T = C_T \Phi I_a$ 中的 Φ 是什么磁通?

1-6 直流电动机电刷之间的感应电动势与电枢绕组上某一导体的感应电动势有何不同?

1-7 直流电动机的感应电动势与哪些因素有关? 若一台直流电动机在额定工作条件下运行时的感应电动势为 220 V,试问在下列情况下电动势变为多少?

(1) 磁通减少 10%;

(2) 励磁电流减少 10%;

(3) 转速增加 20%;

(4) 磁通减少 10%,同时转速增加 20%。

1-8 如何改变并励直流电动机旋转方向?

1-9 并励电动机在运行中励磁回路断路,将会发生什么现象? 为什么?

1-10 串励电动机为什么不能空载运行? 复励电动机能否空载运行?

1-11 何谓直流电机的可逆原理? 如何判断一台接在直流电网上正在运行的直流电机是工作在发电状态还是电动状态?

1-12 一台直流电动机,额定功率 $P_N = 75$ kW,额定电压 $U_N = 220$ V,额定效率 $\eta_N = 88.5\%$,额定转速 $n_N = 1500$ r/min,求该电动机的额定电流和额定负载时的输入功率。

1-13 一直流电动机数据为:$2p = 6$,总导体数 $N = 780$,并联支路数 $2a = 6$,运行角速度 $\omega = 40\pi$ rad/s,每极磁通 $\Phi = 0.0392$ Wb。试计算:

(1) 电动机感应电动势;

(2) 速度为 900 r/min,磁通不变时电动机的感应电动势;

(3) 磁通 $\Phi = 0.0435$ Wb,$n = 900$ r/min 时电动机的感应电动势;

(4) 若每一线圈电流的允许值为 50 A,在第(3)问情况下运行时,电动机的电磁功率。

1-14 已知一台 4 极、1000 r/min 的直流电动机,电枢有 42 槽,每槽中有 3 个并列线圈边,每线圈有 3 匝,每极磁通为 $\Phi = 0.0175$ Wb,电枢绕组为单叠绕组。试问:

(1) 电枢绕组的感应电动势;

(2) 若电枢电流 $I_a = 15$ A,电枢的电磁转矩。

1-15 一台并励直流电动机的额定数据为:$P_N = 17$ kW,$U_N = 220$ V,$I_N = 92$ A,$R_a = 0.08$ Ω,

$R_f = 110\ \Omega, n_N = 1500\ \text{r/min}$，试求：

(1) 额定负载时的效率；

(2) 额定运行时的电枢电动势 E_a；

(3) 额定负载时的电磁转矩。

1-16 一台并励直流电动机额定数据为：额定电压 $U_N = 220\ \text{V}$，额定电流 $I_N = 80\ \text{A}$，电枢回路电阻 $R_a = 0.099\ \Omega$，励磁回路电阻 $R_f = 110\ \Omega$，电刷接触压降 $2\Delta U_b = 2\ \text{V}$，效率 $\eta_N = 0.85$。电动机额定运行，试求：

(1) 输入功率；   (2) 输出功率；

(3) 总损耗；   (4) 电枢回路铜损耗和励磁回路铜损耗；

(5) 电刷接触损耗；   (6) 机械损耗与铁损耗之和。

1-17 一台并励电动机，额定电压 $U_N = 220\ \text{V}$，电枢电流 $I_{aN} = 75\ \text{A}$，额定转速 $n_N = 1000\ \text{r/min}$，电枢回路电阻（包括电刷接触电阻）$R_a = 0.12\ \Omega$，励磁回路电阻 $R_f = 92\ \Omega$，铁芯损耗 $p_{Fe} = 600\ \text{W}$，机械损耗 $p_{mec} = 180\ \text{W}$，忽略附加损耗。试求：

(1) 额定负载时的输出功率和效率；

(2) 额定负载时的输出转矩；

(3) 画出功率流向图。

1-18 一台并励直流电动机的额定数据为：$P_N = 17\ \text{kW}$，$U_N = 220\ \text{V}$，$n_N = 3000\ \text{r/min}$，$I_N = 88.9\ \text{A}$，电枢回路电阻 $R_a = 0.089\ 61\ \Omega$，励磁回路电阻 $R_f = 181.5\ \Omega$，若忽略电枢反应的影响，试求：

(1) 电动机的额定输出转矩；

(2) 在额定负载时的电磁转矩；

(3) 额定负载时的效率；

(4) 在理想空载（$I_a = 0$）时的转速；

(5) 当电枢回路串入电阻 $R = 0.15\ \Omega$ 时，在额定转矩时的转速。

1-19 一台直流电机并联于 $U = 220\ \text{V}$ 电网上运行，$a = 1$，$p = 2$，$N = 398$，$n_N = 1500\ \text{r/min}$，$\Phi = 0.0103\ \text{Wb}$，电枢回路总电阻 $R_a = 0.17\ \Omega$（包括电刷接触电阻），$I_{fN} = 1.83\ \text{A}$，$p_{Fe} = 276\ \text{W}$，$p_{mec} = 379\ \text{W}$，$p_{ad} = 0.86\% P_1$，试问此电机是发电机还是电动机？计算其电磁转矩和效率。

第2章

交流电动机

2.1 概述

工作电源为交流电的电机统称为交流电机,旋转的交流电机有异步电机和同步电机两类,静止的交流电机有变压器。

异步电机主要作为电动机用,其按相数分为三相异步电动机和单相异步电动机两大类。由于异步电动机结构简单、价格便宜、运行可靠、易于控制,以及维护方便,因而其应用极为广泛,是所有电动机中应用最为广泛的一种。据统计,在电网的动力负载中,异步电动机约占 85%。例如机床、轧钢设备、采矿设备、起重运输设备、水泵、鼓风机、农副产品加工设备等,大部分都用三相异步电动机来拖动。单相异步电动机视在功率较小,特别是由单相交流配电系统供电的场合,得到广泛应用。几乎所有家用电器,例如洗衣机、甩干机、电风扇、电冰箱以及空调等,均采用单相异步电动机作为动力。

同步电机按功能分为同步发电机和同步电动机两种。同步发电机应用得最为广泛,在现代电力系统中,几乎所有的交流电能都是由三相同步发电机发出的。当然,同步电机也可作为电动机使用,三相同步电动机虽然不及三相异步电动机应用得那么广泛,但是在不少场合还是得到很好的应用,特别是那些要求转速恒定,功率需求又较大的场合,往往要用到三相同步电动机。此外,同步电机还具有功率因数可调节的优点,所以,同步电机还可作为同步调相机使用。此时,它实质上是一台接在交流电网上空转的同步电动机,运行时能够发出感性的无功功率,以满足电网对感性无功的要求,从而改善电网的功率因数。

变压器是一种静止的交流电机,其广泛应用于电力系统及测量、控制等一些用电设备和装置上。变压器的基本功能是应用电磁感应原理传递交流电能或交流信号。

本章首先介绍三相交流电动机的绕组,然后分析三相异步电动机和三相同步电动机的运行原理及运行性能。最后介绍变压器的工作原理及其应用。

2.2 三相交流电动机

三相交流电动机包括三相异步电动机和三相同步电动机两大类。这两类电动机的励磁方式和运行特性虽有很大差别,但它们内部发生的电磁现象和能量转换的原理基本上相同。

2.2.1 三相交流电动机的绕组及电动势和磁动势

三相交流电动机的绕组是指三相异步电动机和三相同步电动机的三相定子绕组。绕组是电动机的一个重要部件,在电动机工作时绕组将感应电动势、流过电流并产生电磁转矩,进而实现机电能量转换。可见,绕组是电动机的心脏与枢纽,故常将三相交流电动机的绕组称为电枢绕组。

绕组制造要花费大量工时。绕组所用导电材料和绝缘材料较贵,又是电动机中比较容易损坏的部分。因此,对交流电动机绕组的设计和制造要求较高。

通常,交流电动机的绕组须满足以下基本要求。

(1)在一定导体数下,产生较大的基波电动势和基波磁动势。

(2)在三相绕组中,要求各相的基波电动势及基波磁动势必须对称,即三相大小相等而相位上互差120°,并且三相阻抗也要求相等。

(3)电动势与磁动势波形力求接近正弦波,即要求其谐波分量尽可能小。

(4)用铜(铝)量要少。

(5)机械强度和绝缘性能可靠,散热条件好,制造和维修方便。

本节将对三相交流电动机的绕组、绕组中的感应电动势以及绕组流过交流电流产生的磁动势等共同性的问题进行分析。

1. 三相交流绕组的组成

三相交流绕组按槽内层数分为单层绕组和双层绕组,单层绕组又分为链式、交叉式和同心式绕组;双层绕组又分为叠绕组和波绕组;按每极每相槽数是整数还是分数来分,分为整数槽绕组和分数槽绕组。

与直流电动机的电枢绕组类似,交流绕组也是由结构和形状相同的线圈构成的,线圈可分为多匝线圈和单匝线圈,每个线圈包括有效边和端部两部分。

下面是关于交流绕组的一些基本知识。

1)电角度

一台电机转子铁芯的端面是圆,其机械角度为360°。但从磁场角度看,导体每经过一对磁极,导体电动势完成一次交变,一对N、S磁极便是一个交变周期,即一对磁极为360°电角度。若电机有 p 对磁极,则气隙圆周的电角度为 $p \times 360°$。

2)槽距角 α

α 为相邻两槽之间的电角度距离,其表达式为

$$\alpha = \frac{p \times 360°}{Z} \tag{2-1}$$

式中,p 为电机的磁极对数,Z 为电机的槽数。

3)每极每相槽数 q

q 为每个主极面下每相所占的槽数,其表达式为

$$q = \frac{Z}{2pm} \tag{2-2}$$

式中,m 为绕组的相数。

4)线圈节距 y

一个线圈的两个有效边之间所跨的距离称为节距 y,用槽数表示。线圈节距一般总是等于或小于极距 τ。

5) 相带

相带为每个主极面下每相绕组所占有的宽度,用电角度表示。

一个主极面的宽度用电角度表示为180°,平均分配到 m 相。三相电机 $m=3$,其相带为60°。如果将一对极所对应的定子铁芯三等分,每相带为120°,亦可得到三相对称绕组,但其性能不如60°相带,所以一般均采用60°相带绕组。

下面分别通过一个单层绕组和一个双层绕组来说明三相交流绕组的基本组成。

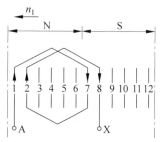

图 2-1　三相单层绕组接线图(一相)

图 2-1 所示为三相单层绕组中一相绕组的连接图。该电机有 2 个主极,12 个槽,每槽中放置一根导体,图中数字 1,2,3,… 表示它们的槽号。极距 $\tau=\dfrac{Z}{2p}=\dfrac{12}{2\times1}=6$,每极每相槽数 $q=\dfrac{12}{2\times1\times3}=2$,为整数槽绕组,且 $q>1$,表示组成每相绕组的 q 个线圈嵌放在沿圆周分布的相邻槽内,该绕组称为分布绕组。可见,图 2-1 所示的绕组为三相单层整数槽分布绕组。

此电机每相绕组有 4 个槽,只能嵌放两个线圈,第一个线圈的两个圈边分别放在 1 和 7 两个槽内,第二个线圈的两个圈边分别放在 2 和 8 两个槽内,线圈节距 $y=\tau=6$,所以是整距绕组。然后再将两个线圈串联,即第一个线圈的圈边 7 和第二个线圈的圈边 2 相连,由 1 和 8 分别引出两根引出线,作为 A 相绕组的首端 A 和末端 X,这样便形成了三相绕组中的一相。另外两相也可用同样的方法组成。

但需要注意的是,三相绕组的三个首端之间应互差 120° 电角度。由于此电机的槽距角 $\alpha=\dfrac{1\times360°}{12}=30°$,120° 占 4 个槽,因此,A 在 1 号槽,则 B 相绕组首端 B 应在 5 号槽,C 相绕组首端 C 应在 9 号槽。各相所属的槽号如表 2-1 所示。

表 2-1　绕组的每相槽号(单层、1 对极)

极性	N 极			S 极		
相属	A	Z	B	X	C	Y
槽号	1,2	3,4	5,6	7,8	9,10	11,12

单层绕组每个槽内只有一个线圈边。这种绕组嵌线方便,且因为没有层间绝缘,槽的利用率高。单层绕组每个线圈的节距均相等,且为整距,其磁动势波形较差,只适用于小功率的电动机。

图 2-2 为三相双层绕组中一相绕组的连接图。其数据为:$m=3,p=2,Z=24$,极距 $\tau=\dfrac{24}{2\times2}=6$,槽距角 $\alpha=\dfrac{2\times360°}{24}=30°$,每极每相槽数 $q=\dfrac{24}{2\times2\times3}=2$。图中以一实线和一虚线表示一个槽,实线表示上层圈边,虚线表示下层圈边,按对称要求一个上层圈边和一个下层圈边构成一个线圈。

绕组的上层圈边可按表 2-2 划分相带。如果下层圈边的划分,相对于上层圈边向左移过一个槽,线圈节距 $y=5<\tau$,则为短距绕组,如图 2-2 所示(1 号槽的上层圈边与 6 号槽的

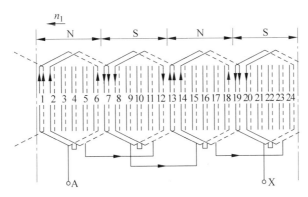

图 2-2 三相双层绕组接线图(一相)

下层圈边属同一个线圈,以此类推)。采用短距绕组虽然会使线圈组的感应电动势比整距时小一些,但能有效地改善绕组电动势与磁动势的波形,并且还可以节省端部材料,故双层绕组大多采用短距。

表 2-2 绕组上层圈边的每相槽号(双层、2 对极)

极性	N 极			S 极		
相属	A	Z	B	X	C	Y
第一对极	1,2	3,4	5,6	7,8	9,10	11,12
第二对极	13,14	15,16	17,18	19,20	21,22	23,24

此外,由图 2-2 可见,不论是单层绕组或是双层绕组,每相处于同一主极下的线圈串联成一个线圈组。由于每个线圈组的合成电动势大小相等、相位相同或相反,故每个线圈组都可以独立成为一条支路。根据实际电机的需要,可将这些线圈组串联或并联。每相绕组的并联支路数用符号"a"表示。

2. 三相交流绕组的电动势

在三相交流电动机中,存在着一个旋转磁场,根据电磁感应定律,旋转磁场切割三相交流绕组产生感应电动势。

1) 导体电动势

当一根导体在磁场中运动时,在导体中会产生感应电动势。若磁场按正弦规律分布($B=B_{\mathrm{m}}\sin\omega t$),导体中的感应电动势也为正弦波。假设导体有效长度为 l,导体相对于磁场的运动速度为 v,则导体感应电动势的最大值为

$$E_{\mathrm{cm}}=B_{\mathrm{m}}lv \tag{2-3}$$

式中,B_{m} 为正弦波磁通密度的幅值。

若三相交流电动机的旋转磁场相对于绕组的转速为 n,则 v 可表示为

$$v=\frac{2p\tau}{60}n=2\frac{pn}{60}\tau=2f\tau \tag{2-4}$$

式中,τ 为用长度表示的极距。f 为感应电动势的交变频率。导体每经过一对磁极,电动势就交变一次,故

$$f = \frac{pn}{60} \tag{2-5}$$

导体电动势的有效值大小为

$$E_c = \frac{E_{cm}}{\sqrt{2}} = \frac{B_m l v}{\sqrt{2}} = \frac{B_m l}{\sqrt{2}} \times 2 f \tau = \sqrt{2} f B_m l \tau \tag{2-6}$$

当磁通密度按正弦分布时,每极磁通量 $\Phi = \frac{2}{\pi} B_m l \tau$,所以磁通密度幅值 $B_m = \frac{\pi}{2} \frac{\Phi}{l\tau}$,代入式(2-6)中,可得

$$E_c = \sqrt{2} f B_m l \tau = \frac{\pi}{\sqrt{2}} f \Phi = 2.22 f \Phi \tag{2-7}$$

三相交流绕组的导体分布在各个槽中,空间位置不同,导体感应电动势的瞬时值不同,但所有导体感应电动势的幅值及有效值相同。空间位置不同的两根导体,其感应电动势在时间上的相位差,应等于它们在空间位置上相差的电角度。

2) 线圈电动势及短距系数

对单匝整距线圈来讲,组成线圈的两根导体在空间的位置正好相差一个极距 τ。这时,如果一根线圈有效边在 N 极的中心线上,则另一根正好处在 S 极的中心线上,如图 2-3(a)所示,两根导体所处的磁场位置在空间相差 180°电角度,它们的感应电动势 $\dot{E}_c$ 和 $\dot{E}'_c$ 在时间相位上也必相差 180°电角度,瞬时值大小相等而方向相反。导体电动势参考方向如图 2-3(a)所示,则线圈电动势为

$$\dot{E}_t = \dot{E}_c - \dot{E}'_c = 2\dot{E}_c$$

相量图如图 2-3(b)所示,有效值 $E_t = 2E_c$。

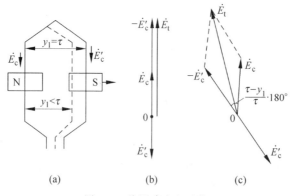

图 2-3 线圈感应电动势

对单匝短距线圈来讲,组成线圈的两根导体在空间的距离小于一个极距 τ,如图 2-3(a)中的虚线所示。如果一根线圈边正好处在 N 极的中心线上,则另一线圈边应处在比 S 极中心线短 $\frac{\tau - y_1}{\tau} \cdot 180°$ 的位置,其相量图如图 2-3(c)所示。此时的线圈电动势有效值为

$$E_t = 2E_c \cos \frac{\tau - y_1}{\tau} 90° = 2E_c \sin \frac{y_1}{\tau} 90° = 2E_c K_y \tag{2-8}$$

可见,由于短距的关系,使线圈电动势比整距时要小。短距绕组的电动势与整距绕组的

电动势之比称为绕组的短距系数,用 K_y 来表示

$$K_y = \sin \frac{y_1}{\tau} 90° \qquad (2\text{-}9)$$

在单层绕组中,不论绕组的实际节距是整距还是短距,K_y 都等于 1。

3) 线圈组电动势及分布系数

如前所述,每相处于同一主极下的 q 个线圈串联成一个线圈组。如果采用集中绕组,这 q 个线圈集中在一对槽当中,各个线圈的感应电动势大小相等,相位也相同,则线圈组的电动势有效值 E_q 等于 q 个线圈电动势的算术和,即

$$E_q = qE_t$$

实际上,三相交流电动机的绕组都是分布绕组,q 个线圈分布在相邻的槽中。相邻两线圈的电动势在相位上相差一个槽距电角度 α,线圈组的电动势等于 q 个线圈电动势的相量和,如图 2-4(a)所示(设 $q=3$)。

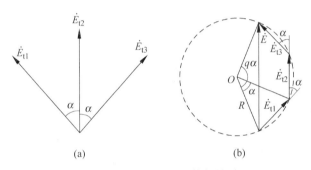

图 2-4　分布绕组电动势相量图

图 2-4(b)是线圈电动势相量图的另外一种画法,q 个线圈电动势相量组成一个正多边形的一部分,O 为多边形外接圆的圆心,R 为半径,且有

$$R = \frac{E_t}{2\sin \dfrac{\alpha}{2}}$$

所以,分布绕组的线圈组电动势有效值 E_q 为

$$E_q = 2R \sin \frac{q\alpha}{2} = E_t \cdot \frac{\sin \dfrac{q\alpha}{2}}{\sin \dfrac{\alpha}{2}} = qE_t \cdot \frac{\sin \dfrac{q\alpha}{2}}{q\sin \dfrac{\alpha}{2}} = qE_t K_q \qquad (2\text{-}10)$$

式中,K_q 为分布绕组的电动势与集中绕组的电动势之比,称为绕组的分布系数。

$$K_q = \frac{\sin \dfrac{q\alpha}{2}}{q\sin \dfrac{\alpha}{2}} \qquad (2\text{-}11)$$

联立式(2-7)、式(2-8),代入式(2-10),可得

$$E_q = \sqrt{2}\pi f q K_y K_q \Phi = 4.44 f q K_N \Phi \qquad (2\text{-}12)$$

式中,K_N 为绕组的短距系数 K_y 和分布系数 K_q 的乘积,称为绕组系数,即

$$K_N = K_y \cdot K_q \tag{2-13}$$

4）每相绕组的电动势

根据以上分析，可得到三相交流电动机每相绕组的感应电动势有效值大小为

$$E = 4.44 f N K_N \Phi \tag{2-14}$$

式中，Φ 为磁场的每极磁通，N 为每相绕组的串联匝数，$N K_N$ 可看作将短距分布绕组等效为整距集中绕组后的有效匝数。

3. 三相交流绕组的磁动势

在三相交流电动机的对称三相定子绕组中，通入对称三相交流电后，会在电机内产生一个旋转磁场。

下面分析该磁场的磁动势的性质和特点。

1）单相绕组的磁动势

图 2-5 所示为一单相集中绕组，其有效匝数为 $K_N N$，当正弦交流电 i（设 $i = I_m \sin \omega t$）通过该绕组时，建立的磁场如图中的虚线所示。图 2-5(a)中，相绕组 AX 通交流电产生的磁场的磁极对数 $p=1$；图 2-5(b)中，相绕组由 $A_1 X_1$ 和 $A_2 X_2$ 串联而成，产生的磁场的磁极对数 $p=2$。

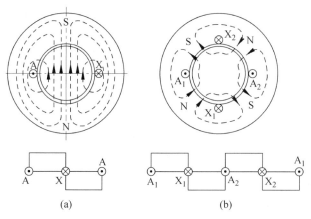

(a)　　　　　　　　　(b)

图 2-5　单相绕组产生的磁场

根据全电流定律，在图 2-5(a)中，每一闭合磁路的绕组磁动势大小为 $K_N N i$。由图可知，每一闭合磁路都两次穿过气隙，其余部分通过定子与转子铁芯。由于构成铁芯的硅钢片比气隙的磁导率大得多，所以可以忽略铁芯中所消耗的磁动势，认为每一闭合磁路的绕组磁动势 $K_N N i$ 全部消耗在两段气隙上。每段气隙磁动势的大小为 $\frac{1}{2} K_N N i$。若规定从转子穿过气隙进入定子的气隙磁动势为正，可画出沿气隙圆周磁动势分布的波形图，如图 2-5(a)下方曲线所示。可见，气隙磁动势波形为一矩形波，高度为 $\frac{1}{2} K_N N i$，导体所在位置为磁动势方向改变的转折点。

由于导体中所通过的电流 i 为交流电，电流的大小和方向都随时间而变化，产生的磁动势的大小和方向也随时间而改变，但磁动势波按矩形分布的空间位置不变。具有这种性质的磁动势，称为脉振磁动势，脉振磁动势在电机气隙内产生脉振磁场。

在图 2-5(b)中,磁极对数 $p=2$,线圈 $A_1 X_1$ 和 $A_2 X_2$ 的匝数是绕组匝数的一半,即为 $\frac{1}{2} K_N N$,线圈磁动势也为绕组磁动势的一半,每段气隙上的磁动势则为绕组磁动势的 1/4。

若电机磁场的磁极对数为 p,气隙磁动势则等于绕组磁动势的 $1/(2p)$,其表达式为

$$f_A = \frac{1}{2p} K_N N i = \frac{1}{2p} K_N N I_m \sin \omega t \tag{2-15}$$

式中,K_N 即为在推导感应电动势的表达式时所得出的绕组系数,其计算方法与感应电动势中的绕组系数相同。这是因为绕组采用分布和短距形式后,它对所产生的磁动势的影响,与对感应电动势的影响是相同的,作用效果是等同的,类似的推导过程在此不再重复。

在空间作矩形分布的脉振磁动势,可运用傅里叶级数分解成基波和一系列的高次谐波。高次谐波磁动势的值相对很小,但会在绕组中产生谐波电动势,这对电机的工作性能是不利的,所以必须设法削弱。基波磁动势是主要的工作磁动势,所以此处仅讨论基波磁动势。

分解后的基波磁动势表达式为

$$f_{A1} = \frac{2}{\pi} \frac{K_{N1} N I_m}{p} \sin \omega t \sin x = F_{\Phi 1} \sin \omega t \sin x \tag{2-16}$$

式中,K_{N1} 为基波所对应的绕组系数;$F_{\Phi 1}$ 为每相基波磁动势的幅值;x 为以 A_1(或 A)线圈边所在位置为起点,用电角度表示的沿气隙方向的空间距离。

基波磁动势的幅值 $F_{\Phi 1}$ 为

$$F_{\Phi 1} = \frac{2}{\pi} \frac{K_{N1} N I_m}{p} = \frac{2\sqrt{2}}{\pi} \frac{K_{N1} N I}{p} = 0.9 \times \frac{K_{N1} N I}{p} \tag{2-17}$$

式中,I_m 和 I 分别为正弦交流电的最大值和有效值。

2) 三相绕组的合成磁动势

三相交流电动机工作时,其三相对称绕组中通过对称三相交流电流。对称三相交流电流 i_A、i_B 和 i_C 的表达式分别为

$$i_A = I_m \sin \omega t$$
$$i_B = I_m \sin(\omega t - 120°)$$
$$i_C = I_m \sin(\omega t + 120°)$$

此外,由于 B、C 两相绕组在空间安排上,分别落后和超前 A 相绕组 120°电角度。因此,三相绕组产生的气隙磁动势的基波可以分别表示为

$$f_{A1} = F_{\Phi 1} \sin \omega t \sin x$$
$$f_{B1} = F_{\Phi 1} \sin(\omega t - 120°) \sin(x - 120°)$$
$$f_{C1} = F_{\Phi 1} \sin(\omega t + 120°) \sin(x + 120°)$$

将三相绕组产生的基波气隙磁动势相加,并运用三角函数变换公式 $\sin \alpha \sin \beta = \frac{1}{2} \cos(\alpha - \beta) - \frac{1}{2} \cos(\alpha + \beta)$,可得气隙中总的合成磁动势的基波为

$$\begin{aligned}
f_1 &= f_{A1} + f_{B1} + f_{C1} \\
&= F_{\Phi 1} [\sin \omega t \sin x + \sin(\omega t - 120°) \sin(x - 120°) + \\
&\quad \sin(\omega t + 120°) \sin(x + 120°)]
\end{aligned}$$

$$= \frac{3}{2}F_{\Phi 1}\cos(\omega t - x)$$

$$= F_{m1}\cos(\omega t - x) \tag{2-18}$$

其基波幅值为

$$F_{m1} = \frac{3}{2}F_{\Phi 1} = \frac{3}{2} \times 0.9 \times \frac{K_{N1}NI}{p} = 1.35 \times \frac{K_{N1}NI}{p} \tag{2-19}$$

对式(2-18)分析可见:

(1) 当 $\omega t = 0°$ 时,合成磁动势基波 $f_1 = F_{m1}\cos(-x)$,其最大值 F_{m1} 出现在 $x = 0°$ 处。如图 2-6 中的实线所示。

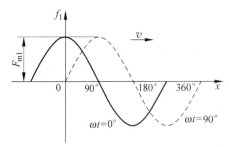

(2) 当 $\omega t = 90°$ 时,合成磁动势基波 $f_1 = F_{m1}\cos(90°-x)$,其最大值 F_{m1} 出现在 $x = 90°$ 处。如图 2-6 中的虚线所示。

由此可见,f_1 为一沿空间按正弦规律分布、幅值恒定不变,但随着时间的推移,整个正弦波沿 x 的正方向移动的磁动势波。由于电机的气隙是一个圆,故此移动的磁动势波即为一个旋转的磁动势波。

图 2-6　三相绕组合成磁动势的基波

由图 2-6 可见,当 ωt 从 $0°$ 变化到 $90°$ 时,即时间 t 从 0 变到 $T/4$(T 为电流变化的周期)时,电流变化 $1/4$ 周期,此时磁动势波沿 x 轴正方向移动了 $90°$ 电角度,相当于 $1/4$ 基波波长所占的电角度。于是,当电流变化一个周期 T 时,磁动势波将移动 $4 \times 90° = 360°$ 电角度,即一个波长。

由于电流每分钟变化 $60f$ 个周期,则磁动势波每分钟移动 $60f$ 个波长,而电机气隙圆周共有 p 个波长,故得旋转磁动势波的转速为

$$n_1 = \frac{60f}{p} \ (\text{r/min}) \tag{2-20}$$

由于在异步电机中,其转子转速不可能与该转速同步。而在同步电机中,其转子转速与该转速同步,故磁动势转速 n_1 便称为同步转速。

3) 旋转磁场

由前面的分析可知,三相对称交流绕组通入三相对称交流电时,产生一个以同步转速 n_1 旋转的磁动势。由该旋转磁动势产生电机内的旋转磁场,其转速也为同步转速 n_1。

以下分析电机内旋转磁场的旋转方向。如图 2-7 所示,以 2 极电机为例,每相绕组以一个集中绕组线圈表示,电角度表示的空间距离 x 的起点在 A 线圈边处。

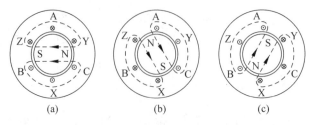

图 2-7　三相电枢绕组旋转磁场

当 $\omega t = 90°$ 时,如图 2-7(a)所示,A 相电流值达到最大,$i_A = I_m$,$i_B = i_C = -\dfrac{1}{2}I_m$,三相绕组的合成磁动势基波 $f_1 = F_{m1}\cos(90° - x)$ 的幅值,落在 A 相绕组的轴线上($x = 90°$);当 ωt 再经过 120°,即 $\omega t = 210°$ 时,如图 2-7(b)所示,B 相电流达到最大值,$i_B = I_m$,$i_A = i_C = -\dfrac{1}{2}I_m$,此时 $f_1 = F_{m1}\cos(210° - x)$ 幅值处在 $x = 210°$,即三相绕组的合成磁动势基波的幅值,落在 B 相绕组的轴线上;当 $\omega t = 330°$ 时,如图 2-7(c)所示,C 相电流达到最大,三相绕组的合成磁动势基波的幅值,便落在 C 相绕组的轴线上。

可见,当某相电流达到最大值时,三相合成磁动势基波的幅值就落在该相绕组的轴线上。若电流相序为 A—B—C—A,则磁场旋转方向为 A 轴—B 轴—C 轴,如图 2-7 所示,旋转磁场的转向与三相电流的相序一致。因此,若要改变旋转磁场方向,只需改变电流相序,即将三相绕组任意两相对调。

2.2.2　三相异步电动机概述

三相异步电动机属于旋转交流电机,运行时其三相定子绕组接三相交流电源,由电源提供的三相交流电流在电机内产生一旋转磁场,该磁场同时切割定子绕组和转子绕组,实现从定子到转子的能量传递和转换。

1. 三相异步电动机的基本结构

三相异步电动机按转子结构不同,可分为笼型和绕线型两类,绕线型一般用于起动和调速要求较高的场合;按机壳的保护方式来分,可分为防护式、封闭式、防爆式三类,这些不同的结构可满足各种不同的环境需要。

与所有旋转电机一样,异步电动机主要包括固定不动的定子部分和可以转动的转子部分,其定、转子之间有一气隙,如图 2-8 所示。

1) 定子

三相异步电动机的定子主要由定子铁芯、定子绕组、机座和端盖等组成。机座用铸铁或铸钢制成。定子铁芯由 0.5 mm 厚的硅钢片叠制成圆筒形,压装在机座内,硅钢片形状如图 2-9(a)所示。铁芯内圆有许多形状相同、均匀分布的槽,槽内嵌放着三相定子绕组。三相绕组的 6 个出线端,引至机座外侧接线盒内的接线柱上。按照不同的接线方法,可将三相定子

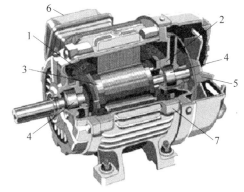

图 2-8　三相异步电动机结构图
1—定子;2—轴承端盖;3—转子;4—轴承;
5—风扇;6—接线盒;7—机座

绕组接成星形连接或三角形连接。端盖固定在机座上,用来支撑转子和防止杂物进入机内。

2) 转子

三相异步电动机的转子主要由转子铁芯、转子绕组和转轴等组成。转子铁芯一般也是由 0.5 mm 厚的硅钢片叠成的,中小型三相异步电动机的转子铁芯直接安装在转轴上。转子外圆表面有许多均匀分布的槽,如图 2-9(b)所示,槽内嵌放着转子绕组。转子绕组有两种形式:笼型和绕线型。

（1）笼型绕组

异步电动机的转子绕组不必由外界电源供电,因此可以自行闭合而构成短路绕组。笼型转子绕组是由转子槽内导条和端环焊接而成的。如果去掉转子铁芯,整个绕组的外形就像一个笼子,故称为笼型绕组。笼型绕组导条与端环的材料可采用铜或铝。对于中小型异步电机,一般都采用铸铝转子,将导条、铜环以及端环上的风叶一起铸出,这种绕组结构简单、制造方便,如图2-10所示。

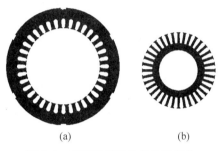

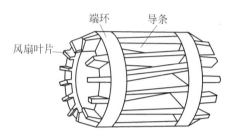

图 2-9　定子和转子铁芯的硅钢片　　　　图 2-10　笼型铸铝转子(铁芯未画出)

为了改善异步电动机的起动性能,常常将转子槽扭斜一个定子齿距,这种结构称为转子斜槽。

（2）绕线型绕组

绕线型转子绕组和定子绕组相似,将绝缘导线嵌于转子槽内,绕组的形式一般为双层波绕组,星形连接,相数和极对数都与定子绕组的相等,也是一个对称的三相绕组。转轴的一端装有三个滑环(也称集电环),三相绕组的三个出线端分别接到滑环上,每个滑环各与一个静止的电刷相接触,通过电刷将转子绕组与外电路连接,其接线图如图2-11所示。这样,通过在绕线型异步电动机转子回路接入附加电阻,可以改善其起动和调速性能。与笼型转子比较,绕线型转子造价高,制造和维修都较复杂,因此仅用于对起动和调速性能要求较高的场合。

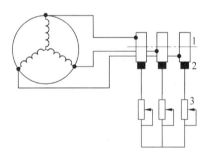

图 2-11　绕线型异步电动机的接线示意图
1—滑环；2—电刷；3—附加电阻

3）气隙

与其他旋转电机一样,三相异步电动机的定、转子之间也有一气隙。异步电动机的气隙很小,在中小型三相异步电动机中,气隙一般为0.2～2 mm。

气隙大小对异步电动机的性能有很大影响。为了降低电机的空载电流和提高电机的功率因数,气隙应尽可能小,这样定子与转子之间的电磁耦合作用就越好。但是气隙过小,将使装配困难,运行也不可靠,可能发生转子扫膛现象。所以,气隙大小应综合机械和电磁等多种因素全盘考虑。

2. 三相异步电动机的额定值

三相异步电动机的额定值都在电机的铭牌上标明,也叫铭牌数据,一般包括下列相关数据。

（1）额定功率 P_N：指电动机在额定工作状态下运行时，由转轴上输出的机械功率，单位为 kW。

（2）额定电压 U_N：指电动机在额定工作状态下运行时，外加于定子三相绕组上的线电压，单位为 V 或 kV。

（3）额定电流 I_N：指电动机在额定工作状态下运行时，流过定子三相绕组上的线电流，单位为 A。

（4）额定频率 f_N：指电动机在额定工作状态下运行时，定子三相绕组上所加交流电压的频率。我国规定电网频率为 50 Hz，所以，国内用的三相异步电动机的额定频率均为 50 Hz。

（5）额定转速 n_N：指电动机在额定工作状态下运行时的转子转速，单位为 r/min。异步电动机的额定转速一般接近而又略小于其旋转磁场的同步转速。

（6）额定功率因数 $\cos\varphi_N$：指电动机在额定工作状态下运行时，定子电路的功率因数，它表示电源输入的有功功率与视在功率的比值。

三相异步电动机的额定功率

$$P_N = \sqrt{3}\,U_N I_N \eta_N \cos\varphi_N \tag{2-21}$$

式中，η_N 为额定工作运行情况下电动机的效率。

此外，铭牌上还标明了定子相数、定子绕组接法，以及绝缘等级等。对绕线型异步电动机还标明了转子绕组接法、转子电压（指定子加额定电压，转子开路时滑环间的电压），以及额定运行时的转子线电流等技术数据。

3. 三相异步电动机的基本工作原理

当三相异步电动机的三相定子绕组接三相交流电源时，定子绕组中流过三相对称交流电，在电机内产生按同步转速 n_1 旋转的旋转磁场。图 2-12 所示为一台 2 极异步电动机的示意图，假设磁场按顺时针方向旋转。

在电动机接通电源之初，电动机的转子还没有转起来，转子中的导体切割气隙磁力线产生感应电动势，用右手定则判断电动势方向如图 2-12 所示。由于转子绕组是闭合的，在转子绕组中便会有感应电流通过，图 2-12 所示瞬间，转子导体中电流（有功分量）的方向与感应电动势的方向相同。根据此时旋转磁场的极性和导体电流的方向，利用左手定则可判断出，所有转子导体均受到沿顺时针方向的切向电磁力。在该电磁力作用下，转子受到顺时针方向的电磁转矩的驱动。如果该电磁转矩能克服加在转子上的负载转矩，转子将沿着旋转磁场相同

图 2-12　三相异步电动机的
工作原理图

的方向旋转起来。当驱动转子旋转的电磁转矩与加在转子上的负载转矩相平衡时，转子便以某一转速 n 拖动生产机械稳定运行。这就是异步电动机的基本工作原理。

如若转子的转速 n 能加速到等于同步转速 n_1，转子绕组和气隙旋转磁场之间就没有了相对运动，转子绕组中也就没有感应电动势，电流和电磁转矩都为零。所以，这种情况是不可能出现的。异步电动机的转速 n 不可能达到旋转磁场的同步转速 n_1，n 与 n_1 之间总是存在着差异，这就是这种电动机称为"异步"电动机的原因所在。

三相异步电动机的同步转速 n_1 与转子转速 n 之差，与同步转速 n_1 的比值称为转差率，

用 s 表示,即

$$s = \frac{n_1 - n}{n_1} \tag{2-22}$$

转差率 s 是分析三相异步电动机运行的一个重要参数。

三相异步电动机在正常工作时,$n_1 > n > 0$,$0 < s < 1$。下面为几种特定情况。

(1) 当电动机接通电源而尚未开始转动时,这种状态称为堵转,又称起动瞬间,此时 $n = 0$,$s = 1$。

(2) 当电动机转子转速达到同步转速时,此时 $n = n_1$,$s = 0$。由于实际运行时这种情况是不可能出现的,故称为理想空载。

(3) 如果外力将异步电动机的转子拖向逆旋转磁场的方向转动,即 $n < 0$,此时电磁转矩的方向与转子转向相反,成为阻碍转子转动的制动转矩,异步电动机处于制动运行状态。制动时,$n < 0$,$s > 1$。

可见,根据转差率 s 的正负和大小,可判断异步电机的运行状态。

例 2-1 一台三相异步电动机,其额定转速 $n_N = 975 \text{ r/min}$,电源频率 $f_1 = 50 \text{ Hz}$。试求:

(1) 电动机的极对数;

(2) 额定负载下的转差率;

(3) 转速方向与旋转磁场方向一致,转速分别为 950 r/min、1040 r/min 时的转差率;

(4) 转速方向与旋转磁场方向相反,转速为 500 r/min 时的转差率。

解:(1) 由于异步电动机正常运行的转差率很小,其转速应略低于同步转速 n_1,故 $n_1 = 1000 \text{ r/min}$,

$$p = \frac{60 f_1}{n_1} = \frac{60 \times 50}{1000} = 3$$

(2) 额定负载下的转差率

$$s_N = \frac{n_1 - n_N}{n_1} = \frac{1000 - 975}{1000} = 0.025$$

(3) 转速方向与旋转磁场方向一致时,若 $n = 950 \text{ r/min}$,则

$$s = \frac{n_1 - n}{n_1} = \frac{1000 - 950}{1000} = 0.05$$

若 $n = 1040 \text{ r/min}$,则

$$s = \frac{n_1 - n}{n_1} = \frac{1000 - 1040}{1000} = -0.04$$

(4) 转速方向与旋转磁场方向相反时,若 $n = 500 \text{ r/min}$,则

$$s = \frac{n_1 - n}{n_1} = \frac{1000 - (-500)}{1000} = 1.5$$

2.2.3 三相异步电动机的运行分析

正常运行的三相异步电动机的转子总是旋转的。为便于理解,以三相绕线型异步电动机为例,首先分析转子静止时的情形,然后再分析转子旋转时的情况。

1. 转子静止时的电磁关系

一台绕线型三相异步电动机的定、转子绕组都为 Y 接法,其定子绕组接在三相对称交流电源上,转子短路,各有关电量的正方向如图 2-13 所示。图中,$\dot{U}_1$、$\dot{I}_1$、$\dot{E}_1$ 分别为定子绕组相电压、相电流、相电动势;$\dot{U}_2$、$\dot{I}_2$、$\dot{E}_2$ 分别为转子绕组相电压、相电流、相电动势。

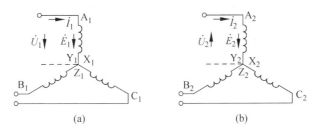

图 2-13　绕线型三相异步电动机各物理量正方向

1) 电磁过程

如前所述,当三相异步电动机定子绕组流过三相对称交流电流时,在电动机气隙中产生一个转向与电流相序一致的圆形旋转磁场,该磁场同时切割定、转子绕组,并产生相应的感应电动势。由于转子绕组为一个闭合回路,故而在转子绕组中便会产生对称的三相转子电流,并在空间产生转子基波旋转磁动势。其幅值为

$$F_{m2} = \frac{3}{2} \times 0.9 \times \frac{K_{N2} N_2 I_2}{p} = 1.35 \times \frac{K_{N2} N_2 I_2}{p} \tag{2-23}$$

式中,N_2 为转子每相绕组串联的匝数;K_{N2} 为转子绕组的基波绕组系数;I_2 为转子绕组电流的有效值。

该转子磁动势的旋转方向与转子内感应产生的电动势及电流的相序相同。如图 2-13 所示,定子旋转磁场逆时针旋转时,由于转子内感应电流的相序为 A_2—B_2—C_2,因而转子磁动势方向也为 A_2—B_2—C_2。转子磁动势相对于转子绕组的旋转速度为

$$n_2 = \frac{60 f_2}{p} = \frac{60 f_1}{p} = n_1 \tag{2-24}$$

式中,f_2 为转子绕组感应电动势及电流的频率,当转子静止时 $f_2 = f_1$。

可见,定、转子磁动势相对定子都以相同的方向和转速旋转,由它们的合成磁动势共同建立起电机内的旋转磁场。运用相量加法,便得到合成磁动势 $\overline{F}_m$,表示为

$$\overline{F}_1 + \overline{F}_2 = \overline{F}_m$$

或改写为

$$\overline{F}_1 = (-\overline{F}_2) + \overline{F}_m \tag{2-25}$$

式(2-25)说明,定子磁动势 $\overline{F}_1$ 可看成两个分量:一个分量与 $\overline{F}_2$ 大小相等,方向相反,用以抵消 $\overline{F}_2$ 的去磁作用;另一个分量 $\overline{F}_m$ 为励磁磁动势,用以产生主磁通 ϕ_m。相应地,产生磁动势 $\overline{F}_1$ 的定子电流 $\dot{I}_1$ 也可看成由两部分电流组成,一部分电流是与转子电流平衡的负载分量 $\dot{I}_{1L}$,另一部分电流是励磁分量 $\dot{I}_m$,这样可得到用电流表示的磁动势平衡方程式

$$\dot{I}_1 = \dot{I}_{1L} + \dot{I}_m \tag{2-26}$$

旋转磁场总磁通中的绝大部分与定、转子同时交链,称为主磁通,用 ϕ_m 表示。电机中

定、转子之间的能量传递,主要是依靠这部分磁通来实现的。在磁通中还有一小部分仅与定子绕组交链,然后自行闭合,该部分磁通称为定子漏磁通 $\phi_{1\sigma}$,同理也存在转子漏磁通 $\phi_{2\sigma}$。

2) 电动势平衡关系

假设主磁通 ϕ_m 按正弦规律变化,其瞬时值表达式为

$$\phi_m = \Phi_m \sin \omega t$$

式中,Φ_m 为主磁通的最大值;ω 为磁通变化的角频率,$\omega = 2\pi f_1$。

根据电磁感应定律,主磁通 ϕ_m 同时与定、转子绕组交链,在定、转子每相绕组中产生感应电动势 e_1、e_2,其表达式为

$$\left.\begin{array}{l} e_1 = -K_{N1} N_1 \dfrac{\mathrm{d}\phi_m}{\mathrm{d}t} = -\omega K_{N1} N_1 \Phi_m \cos \omega t = E_{1m} \sin(\omega t - 90°) \\[3mm] e_2 = -K_{N2} N_2 \dfrac{\mathrm{d}\phi_m}{\mathrm{d}t} = -\omega K_{N2} N_2 \Phi_m \cos \omega t = E_{2m} \sin(\omega t - 90°) \end{array}\right\} \tag{2-27}$$

式中,$K_{N1} N_1$、$K_{N2} N_2$ 分别为定、转子每相绕组的有效匝数;E_{1m}、E_{2m} 分别为定、转子每相绕组感应电动势的最大值。

感应电动势 e_1、e_2 的有效值 E_1、E_2 为

$$\left.\begin{array}{l} E_1 = \dfrac{E_{1m}}{\sqrt{2}} = \dfrac{\omega K_{N1} N_1 \Phi_m}{\sqrt{2}} = \dfrac{2\pi f_1 K_{N1} N_1 \Phi_m}{\sqrt{2}} = 4.44 f_1 K_{N1} N_1 \Phi_m \\[3mm] E_2 = 4.44 f_1 K_{N2} N_2 \Phi_m \end{array}\right\} \tag{2-28}$$

式中,因转子是静止的,故 E_1 和 E_2 的频率都是 f_1。

由式(2-27)可见,电动势 e_1、e_2 均是按正弦规律变化,且随时间的变化落后于磁通 ϕ_m 90°,则 e_1、e_2 可用相量形式表示为

$$\left.\begin{array}{l} \dot{E}_1 = -\mathrm{j} \dfrac{1}{\sqrt{2}} \omega K_{N1} N_1 \dot{\Phi}_m = -\mathrm{j} 4.44 f_1 K_{N1} N_1 \dot{\Phi}_m \\[3mm] \dot{E}_2 = -\mathrm{j} \dfrac{1}{\sqrt{2}} \omega K_{N2} N_2 \dot{\Phi}_m = -\mathrm{j} 4.44 f_1 K_{N2} N_2 \dot{\Phi}_m \end{array}\right\} \tag{2-29}$$

同理,定、转子绕组的漏磁通在各自的绕组中感应得到定子漏感电动势 $e_{1\sigma}$ 和转子漏感电动势 $e_{2\sigma}$。由于漏磁通所经过的路径主要为非铁磁材料,其磁阻为常数,漏电感也为常数,即漏磁通与产生该磁通的电流成正比且同相位。

设定子绕组电流随时间按正弦规律变化,即

$$i_1 = \sqrt{2} I_1 \sin \omega t$$

则定子绕组漏感电动势 $e_{1\sigma}$ 为

$$\begin{aligned} e_{1\sigma} &= -\frac{\mathrm{d}\psi_{1\sigma}}{\mathrm{d}t} = -L_{1\sigma} \frac{\mathrm{d}i_1}{\mathrm{d}t} = -L_{1\sigma} \sqrt{2} I_1 \omega \cos \omega t \\ &= \sqrt{2} \omega L_{1\sigma} I_1 \sin(\omega t - 90°) = E_{1\sigma m} \sin(\omega t - 90°) \end{aligned} \tag{2-30}$$

其有效值为

$$E_{1\sigma} = \frac{E_{1\sigma m}}{\sqrt{2}} = \frac{\sqrt{2} \omega L_{1\sigma} I_1}{\sqrt{2}} = \omega L_{1\sigma} I_1 = X_{1\sigma} I_1 \tag{2-31}$$

式中,$L_{1\sigma}$ 为定子绕组每相漏电感;$X_{1\sigma}$ 为定子绕组每相漏电抗,$X_{1\sigma} = \omega L_{1\sigma}$。

由式(2-30)可知,漏感电动势 $e_{1\sigma}$ 在相位上滞后 i_1 90°,$e_{1\sigma}$ 用相量形式表示为

$$\dot{E}_{1\sigma} = -\mathrm{j} \dot{I}_1 X_{1\sigma} \tag{2-32}$$

同理,漏感电动势 $e_{2\sigma}$ 也可用相量形式表示为

$$\dot{E}_{2\sigma} = -\mathrm{j}\dot{I}_2 X_{2\sigma} \tag{2-33}$$

式中,$X_{2\sigma}$ 为转子绕组每相漏电抗,$X_{2\sigma} = \omega L_{2\sigma}$。

按图 2-13 中规定的各物理量的正方向和电路定律,可得定、转子的电动势方程为

$$\left.\begin{aligned} \dot{U}_1 &= -\dot{E}_1 + \dot{I}_1 R_1 + \mathrm{j}\dot{I}_1 X_{1\sigma} = -\dot{E}_1 + \dot{I}_1(R_1 + \mathrm{j}X_{1\sigma}) = -\dot{E}_1 + \dot{I}_1 Z_1 \\ 0 &= \dot{E}_2 - \dot{I}_2(R_2 + \mathrm{j}X_{2\sigma}) = \dot{E}_2 - \dot{I}_2 Z_2 \end{aligned}\right\} \tag{2-34}$$

式中,$Z_1 = R_1 + \mathrm{j}X_{1\sigma}$ 为定子每相漏阻抗;$Z_2 = R_2 + \mathrm{j}X_{2\sigma}$ 为转子每相漏阻抗。

从式(2-34)可看出,转子电流 $\dot{I}_2$ 滞后于转子电动势 $\dot{E}_2$ 的相位角为

$$\varphi_2 = \arctan\frac{X_{2\sigma}}{R_2} \tag{2-35}$$

从电路的观点来看,由式(2-32)可知,漏感电动势 $\dot{E}_{1\sigma}$ 可看作电流 $\dot{I}_1$ 流过漏电抗 $X_{1\sigma}$ 产生的电压降。由主磁通所产生的感应电动势 $\dot{E}_1$ 可用类似的方法来处理,但考虑到主磁通在铁芯中引起的铁芯损耗,所以不能单纯地只引入一个电抗,还应引入一个电阻,使产生主磁通的励磁电流 $\dot{I}_m$ 流过它产生的损耗等于铁芯损耗。经过这样处理后,定子电动势 $\dot{E}_1$ 可用阻抗电压降表示为

$$-\dot{E}_1 = \dot{I}_m R_m + \mathrm{j}\dot{I}_m X_m = \dot{I}_m Z_m \tag{2-36}$$

式中,Z_m 为异步电动机的励磁阻抗,$Z_m = R_m + \mathrm{j}X_m$;$R_m$ 为励磁电阻,是对应于定子铁芯损耗的等效电阻;X_m 为励磁电抗,是反映铁芯磁路性能的等效电抗。

3)转子绕组的折算

异步电动机的定、转子之间只有磁的耦合而没有电的联系,如果能将异步电动机中电和磁之间的相互关系,用一个纯电路的形式来表示,将使分析计算大为简化。这种表示异步电动机在正常运行时的电磁关系的电路称为等效电路。

为了得到异步电动机的等效电路,首先在不影响定子绕组中的物理量(电动势、电流、功率因数等)的前提下,对转子绕组进行折算,然后将折算后的定、转子电路直接连接起来,就能得到异步电动机的等效电路。

转子绕组折算,是在保持折算前后电机的电磁及能量转换关系不变的前提下,用一个相数 $m_2 = m_1$、每相串联匝数 $N_2 = N_1$、绕组系数 $K_{N2} = K_{N1}$ 的等效转子绕组代替原来的转子绕组。各个物理量的折算值与实际值的关系如下(折算后转子上各物理量的值加 "′" 表示)。

(1)转子电流

根据折算前后转子电流产生的磁动势大小应保持不变的原则,有

$$F_{m2} = \frac{m_2}{2} \times 0.9 \times \frac{K_{N2} N_2 I_2}{p} = \frac{m_1}{2} \times 0.9 \times \frac{K_{N1} N_1 I_2'}{p}$$

所以

$$I_2' = \frac{m_2 K_{N2} N_2}{m_1 K_{N1} N_1} I_2 = \frac{I_2}{K_i} \tag{2-37}$$

式中,K_i 为电流变比。

$$K_i = \frac{I_2}{I_2'} = \frac{m_1 K_{N1} N_1}{m_2 K_{N2} N_2} \tag{2-38}$$

根据前所述及的磁动势平衡方程,即 $\overline{F}_1 + \overline{F}_2 = \overline{F}_m$,且由于各磁动势分别为

$$
\left.
\begin{aligned}
\overline{F}_1 &= \frac{\sqrt{2}\,m_1}{\pi}\frac{K_{N1}N_1}{p}\dot{I}_1 \\[4pt]
\overline{F}_2 &= \frac{\sqrt{2}\,m_2}{\pi}\frac{K_{N2}N_2}{p}\dot{I}_2 = \frac{\sqrt{2}\,m_1}{\pi}\frac{K_{N1}N_1}{p}\dot{I}'_2 \\[4pt]
\overline{F}_m &= \frac{\sqrt{2}\,m_1}{\pi}\frac{K_{N1}N_1}{p}\dot{I}_m
\end{aligned}
\right\}
$$

便可得

$$
\dot{I}_1 + \dot{I}'_2 = \dot{I}_m
$$

或

$$
\dot{I}_1 = \dot{I}_m + (-\dot{I}'_2) \tag{2-39}
$$

(2) 转子电动势

由于折算前后定、转子磁动势不变,因而主磁通 ϕ_m 不变,故由 ϕ_m 感应产生的电动势与绕组的有效匝数成正比。所以,转子感应电动势的折算关系为

$$
\frac{E'_2}{E_2} = \frac{K_{N1}N_1}{K_{N2}N_2} = K_e \tag{2-40}
$$

式中,K_e 为电动势变比。

(3) 转子阻抗

折算前后,转子上的有功功率(即铜损耗)应保持不变,故有

$$
m_1 I'^2_2 R'_2 = m_2 I^2_2 R_2
$$

所以

$$
R'_2 = \frac{m_2 I^2_2}{m_1 I'^2_2} R_2 = \frac{m_2}{m_1}\left(\frac{m_1 K_{N1}N_1}{m_2 K_{N2}N_2}\right)^2 R_2 = K_e K_i R_2 \tag{2-41}
$$

折算前后转子电路的功率因数角 φ_2 应保持不变,故有

$$
\tan\varphi_2 = \frac{X_{2\sigma}}{R_2} = \frac{X'_{2\sigma}}{R'_2}
$$

所以

$$
X'_{2\sigma} = \frac{R'_2}{R_2} X_{2\sigma} = K_e K_i X_{2\sigma} \tag{2-42}
$$

则转子漏阻抗的折算值为

$$
Z'_2 = K_e K_i Z_2 = R'_2 + jX'_{2\sigma} \tag{2-43}
$$

4) 基本方程式、等效电路与相量图

综上所述,转子静止时,将转子上各量均进行折算后,异步电动机的基本方程为

$$
\left.
\begin{aligned}
\dot{U}_1 &= -\dot{E}_1 + Z_1\dot{I}_1 = -\dot{E}_1 + (R_1 + jX_{1\sigma})\dot{I}_1 \\[4pt]
\dot{E}'_2 &= \dot{I}'_2(R'_2 + jX'_{2\sigma}) = \dot{I}'_2 Z'_2 \\[4pt]
\dot{I}_1 + \dot{I}'_2 &= \dot{I}_m \\[4pt]
\dot{E}_1 &= \dot{E}'_2 \\[4pt]
\dot{E}_1 &= -Z_m\dot{I}_m
\end{aligned}
\right\} \tag{2-44}
$$

折算后的电路图如图 2-14(a)所示。由于 $\dot{E}_1 = \dot{E}'_2$，即 a 点与 a′点、b 点与 b′点为等电位点，故其间可连起来而并不对电路造成任何影响。这样可得转子静止时的等效电路，如图 2-14(b)所示。

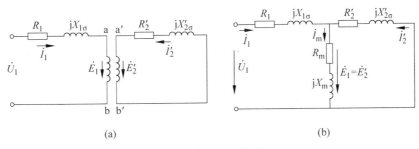

图 2-14　转子静止时等效电路

异步电动机的电磁关系，除了可用基本方程式和等效电路表示外，还可用相量图表示。根据式(2-44)的 5 个方程式，可画出如图 2-15 所示的电机静止时的相量图。

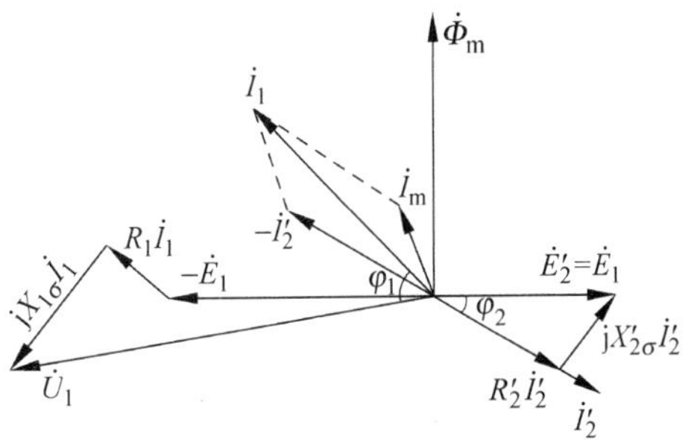

2. 转子转动时的电磁关系

1) 电动势平衡关系

三相异步电动机转子旋转后，定子侧的电动势平衡关系仍然为

$$\dot{U}_1 = -\dot{E}_1 + \dot{I}_1 Z_1$$

图 2-15　三相异步电动机静止时的相量图

转子以转速 n 旋转时，旋转磁场切割转子绕组的速度为$(n_1 - n)$，转子侧感应电动势的大小和频率都已改变。转子绕组中感应电动势频率为

$$f_2 = \frac{p(n_1 - n)}{60} = \frac{p(n_1 - n)}{60} \frac{n_1}{n_1} = \frac{n_1 - n}{n_1} \frac{pn_1}{60} = sf_1 \tag{2-45}$$

可见，转子侧频率 f_2 与转差率 s 成正比，当转子静止时 $n = 0$，$s = 1$，$f_2 = f_1$，即为转子堵转时的情况。

异步电动机在正常运行时，s 很小，故转子侧频率 f_2 也很小，一般 $f_2 = 0.5 \sim 3$ Hz，此时转子铁芯中主磁通交变频率很低。因此，转子铁芯损耗通常很小，常常可忽略不计。

上节中 E_2 表示转子静止时的每相感应电动势有效值，现用 E_{2s} 表示转子旋转时的每相电动势

$$E_{2s} = 4.44 K_{N2} N_2 f_2 \Phi_m = 4.44 K_{N2} N_2 sf_1 \Phi_m = sE_2 \tag{2-46}$$

转子绕组漏电抗的大小与转子频率 f_2 成正比，故

$$X_{2\sigma s} = \omega_2 L_{2\sigma} = 2\pi f_2 L_{2\sigma} = 2\pi s f_1 L_{2\sigma} = sX_{2\sigma}$$

式中，$L_{2\sigma}$、$X_{2\sigma}$ 为转子静止时的转子漏电感、漏电抗；$X_{2\sigma s}$ 为转子旋转时的漏电抗。

所以，转子旋转时转子电动势平衡方程式表示为

$$0 = \dot{E}_{2s} - (R_2 + jX_{2\sigma s})\dot{I}_{2s} = \dot{E}_{2s} - Z_{2s}\dot{I}_{2s} \tag{2-47}$$

故转子电流为

$$\dot{I}_{2s} = \frac{\dot{E}_{2s}}{R_2 + jX_{2\sigma s}} \tag{2-48}$$

由于转子电流 $\dot{I}_{2s}$ 由转子电动势 $\dot{E}_{2s}$ 产生,所以 $\dot{I}_{2s}$ 的频率与 $\dot{E}_{2s}$ 频率相同。

转子功率因数角为

$$\varphi_2 = \arctan \frac{X_{2\sigma s}}{R_2} \tag{2-49}$$

2) 定、转子磁动势及其相互关系

当三相异步电动机转子旋转时,与转子静止时一样,其定子绕组中电流为 $\dot{I}_1$,产生的旋转磁动势仍为 $\bar{F}_1$。转子电流为 $\dot{I}_{2s}$,产生的旋转磁动势 $\bar{F}_2$ 的幅值为

$$F_{m2} = 1.35 \times \frac{K_{N2} N_2 I_{2s}}{p} \tag{2-50}$$

当转子旋转时,气隙磁场以 $(n_1 - n)$ 的速度按转子静止时相同的方向切割转子绕组,转子电流的相序仍为 $A_2 - B_2 - C_2$,产生的转子旋转磁动势相对转子绕组仍为逆时针方向,即 $A_2 - B_2 - C_2$。其转速相对转子绕组为

$$n_2 = \frac{60 f_2}{p} = s \cdot \frac{60 f_1}{p} = s n_1 \tag{2-51}$$

转子磁动势相对定子的转速为

$$n_2 + n = s n_1 + (1-s) n_1 = n_1$$

可见转子磁动势 $\bar{F}_2$ 和定子磁动势 $\bar{F}_1$ 相对于定子仍以相同的转速、按同一方向旋转,定、转子磁动势相对静止。与转子静止时一样,三相异步电动机在负载运行转子旋转时,旋转磁场也是由定、转子磁动势共同产生的,即

$$\bar{F}_1 + \bar{F}_2 = \bar{F}_m$$

3) 转子绕组频率的折算

转子旋转后,异步电动机的转子电动势和电流频率,从转子静止时的 $f_2 = f_1$,变为转子旋转时的 $f_2 = s f_1$。因此为了得到异步电动机的等效电路,除了要进行前所述及的绕组折算外,还要进行频率折算。

所谓转子频率折算,就是在不影响定子边各物理量的前提下,使等效转子中的频率与定子的频率相等。所以,等效的转子必须是静止的。

将转子电流的表达式(2-48)变换,可得如下表达式:

$$\dot{I}_{2s} = \frac{\dot{E}_{2s}}{R_2 + jX_{2\sigma s}} = \frac{s \dot{E}_2}{R_2 + jsX_{2\sigma}} = \frac{\dot{E}_2}{\dfrac{R_2}{s} + jX_{2\sigma}} = \dot{I}_2 \tag{2-52}$$

等式两边电流大小没有变化,但含义却不相同

$$\dot{I}_{2s} = \frac{\dot{E}_{2s}}{R_2 + jX_{2\sigma s}} \quad ; \quad \dot{I}_2 = \frac{\dot{E}_2}{\dfrac{R_2}{s} + jX_{2\sigma}}$$

式中,$\dot{I}_{2s}$ 为转子旋转时的相电流,频率为 f_2;$\dot{I}_2$ 为转子静止时的相电流,频率为 f_1。

所以,要将转子频率 f_2 折算为 f_1,只需将转子电路中的感应电动势 E_{2s} 改成 E_2,R_2 改

为 $\dfrac{R_2}{s}$，漏电抗由 $X_{2\sigma s}$ 改成 $X_{2\sigma}$ 即可。这样，旋转的转子就可以用等效的静止转子来代替，其对应电路如图 2-16(a)所示。

对实际旋转转子进行频率折算后，可得图 2-16(b)电路，转子电阻由 R_2 变为 $\dfrac{R_2}{s}$，可看成在转子电路中串入一个附加电阻 $\dfrac{1-s}{s}R_2$。从物理意义上来说，该附加电阻是异步电动机机械功率的一个等效电阻，电路中该等效电阻上的功率与实际旋转的异步电动机具有的机械功率等效。

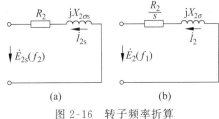

图 2-16 转子频率折算

再采用转子静止时的同样方法进行绕组折算，将转子绕组相数、匝数以及绕组系数都折算到定子侧，转子上的各量均用折算值表示，转子回路电动势方程转化为

$$\dot{E}'_2 = \dot{I}'_2\left(\dfrac{R'_2}{s} + jX'_{2\sigma}\right) \tag{2-53}$$

4）基本方程式、等效电路和相量图

综上所述，经过频率折算和绕组折算后，转子旋转时的三相异步电动机的基本方程式为

$$\left.\begin{aligned}
\dot{U}_1 &= -\dot{E}_1 + Z_1\dot{I}_1 = -\dot{E}_1 + (R_1 + jX_{1\sigma})\dot{I}_1 \\
\dot{E}'_2 &= \dot{I}'_2\left(\dfrac{R'_2}{s} + jX'_{2\sigma}\right) = \dot{I}'_2\left(Z'_2 + \dfrac{1-s}{s}R'_2\right) \\
\dot{I}_1 + \dot{I}'_2 &= \dot{I}_m \\
\dot{E}_1 &= \dot{E}'_2 \\
\dot{E}_1 &= -Z_m\dot{I}_m
\end{aligned}\right\} \tag{2-54}$$

根据上述方程组，在转子静止时等效电路（见图 2-14）的基础上，可得三相异步电动机转子旋转时的 T 形等效电路，如图 2-17(a)所示。

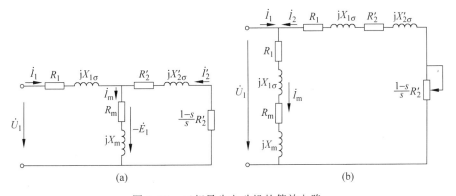

图 2-17 三相异步电动机的等效电路

T 形等效电路是串并联电路，运算起来比较麻烦。实际应用时，常把励磁支路移到电源输入端，使计算更简便。这种等效电路称为异步电动机的简化等效电路，如图 2-17(b)所示。

根据折算后异步电动机的基本方程式或等效电路，可画出相应的相量图，如图 2-18 所示,从相量图便可更清楚地了解异步电动机的各个物理量在数值上和相位上的关系。

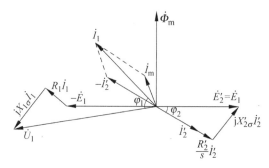

图 2-18 相量图

例 2-2 一台三相 4 极笼型异步电动机,定子绕组三角形连接,已知 $P_N=10\text{ kW}$,$U_{1N}=380\text{ V}$,$f_N=50\text{ Hz}$,$n_N=1455\text{ r/min}$,定子每相电阻 $R_1=1.375\ \Omega$,漏电抗 $X_{1\sigma}=2.43\ \Omega$,转子每相电阻 $R'_2=1.047\ \Omega$,漏电抗 $X'_{2\sigma}=4.4\ \Omega$,励磁电阻 $R_m=8.34\ \Omega$,励磁电抗 $X_m=82.6\ \Omega$,试分别采用 T 形和简化等效电路,计算额定负载运行时的定子相电流、功率因数和效率。

解:(1)采用 T 形等效电路计算得

$$s_N=\frac{n_1-n_N}{n_1}=\frac{1500-1455}{1500}=0.03$$

$$Z_1=R_1+jX_{1\sigma}=1.375+j2.43=2.79\angle60.5°(\Omega)$$

$$Z'_{2s}=\frac{R'_2}{s_N}+jX'_{2\sigma}=\frac{1.047}{0.03}+j4.4=35.18\angle7.2°(\Omega)$$

$$Z_m=R_m+jX_m=8.34+j82.6=83\angle84.2°(\Omega)$$

以定子相电压为参考相量,即设 $\dot{U}_{1N}=380\angle0°\text{A}$,则定子额定相电流为

$$\begin{aligned}\dot{I}_{1N}&=\frac{\dot{U}_{1N}}{Z_1+\dfrac{Z_m Z'_{2s}}{Z_m+Z'_{2s}}}=\frac{380\angle0°}{2.79\angle60.5°+\dfrac{83\angle84.2°\times35.18\angle7.2°}{83\angle84.2°+35.18\angle7.2°}}\\&=\frac{380\angle0°}{2.79\angle60.5°+30.06\angle27.83°}\\&=11.7\angle-30.49°(\text{A})\end{aligned}$$

额定功率因数

$$\cos\varphi_{1N}=\cos30.49°=0.862$$

额定输入功率

$$P_{1N}=3U_{1N}I_{1N}\cos\varphi_{1N}=3\times380\times11.7\times0.862=11\ 497(\text{W})$$

额定效率

$$\eta_N=\frac{P_N}{P_{1N}}\times100\%=\frac{10\times10^3}{11\ 497}\times100\%=86.98\%$$

(2)采用简化等效电路计算得

$$\dot{I}_m=\frac{\dot{U}_{1N}}{Z_1+Z_m}=\frac{380\angle0°}{2.79\angle60.5°+83\angle84.2°}=4.456\angle-83.46°(\text{A})$$

$$-\dot{I}'_2 = \frac{\dot{U}_{1N}}{Z_1 + Z'_{2s}} - \frac{380\angle 0°}{2.79\angle 60.5° + 35.18\angle 7.2°} - 10.29\angle -10.66° (\text{A})$$

定子额定相电流

$$\dot{I}_{1N} = \dot{I}_m - \dot{I}'_2 = 4.456\angle -83.46° + 10.29\angle -10.66°$$
$$= 10.62 - \text{j}6.33 = 12.36\angle 30.8° (\text{A})$$

额定功率因数

$$\cos\varphi_{1N} = \cos 30.8° = 0.859$$

额定输入功率

$$P_{1N} = 3U_{1N}I_{1N}\cos\varphi_{1N} = 3\times 380\times 12.36\times 0.859 = 12\ 104 (\text{W})$$

额定效率

$$\eta_N = \frac{P_N}{P_{1N}}\times 100\% = \frac{10\times 10^3}{12\ 104}\times 100\% = 82.62\%$$

计算结果表明,采用简化等效电路计算有一定的误差,但计算工作量少,所以在工程实际上有一定的应用价值。

3. 三相异步电动机的功率和转矩

1) 三相异步电动机的功率关系

当三相异步电动机接入电网后,其定子边就有有功功率输入,为

$$P_1 = 3U_1 I_1\cos\varphi_1 \tag{2-55}$$

式中,U_1 为定子相电压;I_1 为定子相电流;$\cos\varphi_1$ 为定子的功率因数。

在三相异步电动机能量转换的过程中,电动机内部不可避免地会产生各种损耗。其中输入功率 P_1 中的一小部分消耗在定子绕组的电阻上,为铜损耗 p_{Cu1};另外还有一小部分消耗在定子铁芯中,为铁芯损耗 p_{Fe}。余下的大部分功率通过定转子的电磁耦合作用,借助于气隙磁场传递到转子,称为电磁功率 P_{em},表示为

$$P_{em} = P_1 - p_{Cu1} - p_{Fe} \tag{2-56}$$

式中,$p_{Cu1} = 3I_1^2 R_1$;$p_{Fe} = 3I_m^2 R_m$。

电磁功率既然是传递到转子边的功率,就应该等于转子电路的有功功率。由等效电路可见,传递到转子边的电磁功率 P_{em} 可用下式表示为

$$P_{em} = 3I'^2_2 \frac{R'_2}{s} \tag{2-57}$$

电磁功率 P_{em} 也可以表示为

$$P_{em} = 3E'_2 I'_2\cos\varphi_2 = 3E_2 I_2\cos\varphi_2 \tag{2-58}$$

异步电动机在正常运行时,转子频率很低(通常只有 0.5~3 Hz),因此转子铁芯损耗很小,可以略去不计。电磁功率 P_{em} 扣除转子绕组的铜损耗 p_{Cu2} 之后,余下的功率全部转换为机械功率 P_{mec},称为总机械功率,即

$$P_{mec} = P_{em} - p_{Cu2} \tag{2-59}$$

式中,$p_{Cu2} = 3I'^2_2 R'_2$。

在等效电路中

$$P_{mec} = 3I'^2_2 \frac{1-s}{s} R'_2 \tag{2-60}$$

由此得到下面的关系式:

$$\left.\begin{array}{l} \dfrac{p_{Cu2}}{P_{em}} = \dfrac{R'_2}{\dfrac{R'_2}{s}} = s \\[4mm] \dfrac{P_{mec}}{P_{em}} = \dfrac{\dfrac{1-s}{s}R'_2}{\dfrac{R'_2}{s}} = 1-s \end{array}\right\} \tag{2-61}$$

这样,转子铜损耗 p_{Cu2} 和总机械功率 P_{mec} 可用 s 和 P_{em} 表示为

$$\left.\begin{array}{l} p_{Cu2} = sP_{em} \\ P_{mec} = (1-s)P_{em} \end{array}\right\} \tag{2-62}$$

式(2-62)说明,总机械功率占电磁功率的比例为 $(1-s)$,而转子铜损耗所占比例为 s,故转子铜损耗又称为转差功率。s 越大,消耗在转子铜损耗上的功率就越大,所以三相异步电动机正常运行时的 s 都很小,一般为 $0.01 \sim 0.06$。

总机械功率 P_{mec} 还不是电动机的输出功率,要扣除机械损耗 p_{mec} 和附加损耗 p_{ad} 后,才是电动机轴上输出的机械功率,即

$$P_2 = P_{mec} - p_{mec} - p_{ad} \tag{2-63}$$

机械损耗主要由轴承摩擦及风阻摩擦引起,附加损耗主要是由于定、转子上有齿槽存在及磁场中的高次谐波影响,这两种损耗都会在电动机转子上产生制动性质的转矩。

三相异步电动机在空载运行时 $P_2 = 0$,此时的机械功率全部为损耗,称为空载损耗,用 p_0 表示,即

$$p_0 = p_{mec} + p_{ad} \tag{2-64}$$

综上所述,三相异步电动机内部的总损耗为

$$\sum p = p_{Cu1} + p_{Fe} + p_{Cu2} + p_{mec} + p_{ad} \tag{2-65}$$

由电网输入的电功率,扣除电动机内部的所有损耗之后,就是电动机的输出功率。其功率平衡方程为

$$P_1 = P_2 + \sum p = P_2 + (p_{Cu1} + p_{Fe} + p_{Cu2} + p_{mec} + p_{ad}) \tag{2-66}$$

图 2-19 为三相异步电动机的功率流向图,形象地反映了电动机内部的这种功率传递及转换过程。

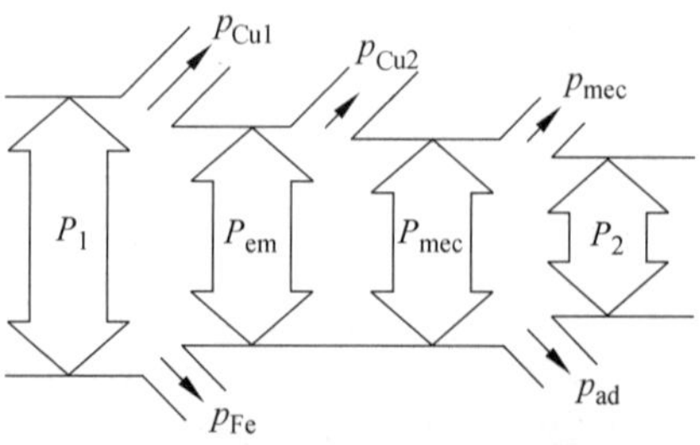

输出功率与输入功率的百分比为电动机的效率,即

$$\eta = \frac{P_2}{P_1} \times 100\% = \frac{P_1 - \sum p}{P_1} \times 100\% \tag{2-67}$$

图 2-19 异步电动机的功率流向图

2) 三相异步电动机的转矩关系

由力学知识可知,旋转物体的机械功率等于转矩乘以机械旋转角速度。根据三相异步电动机的功率平衡关系:$P_2 = P_{mec} - p_0$,可得

$$T_2\Omega = T\Omega - T_0\Omega$$

式中,Ω 为电动机转子旋转的角速度,$\Omega = \dfrac{2\pi n}{60}(\text{rad/s})$。上式两边同除以 Ω,并移项后得到

转矩平衡关系式为

$$T = T_2 + T_0 \tag{2-68}$$

式中,电磁转矩 T 为主磁通与转子电流有功分量相互作用所产生的拖动性质的转矩;负载制动转矩 T_2 为生产机械负载施加于电动机轴上的制动转矩;空载制动转矩 T_0 为由空载损耗产生的制动性质的转矩。

电动机稳定运行时,拖动转矩应与所有制动转矩相平衡。

至于电磁功率 P_{em} 和电磁转矩 T 的关系,由于 $P_{mec} = T\Omega$,所以有

$$T = \frac{P_{mec}}{\Omega} = \frac{(1-s)P_{em}}{\Omega} = \frac{P_{em}}{\dfrac{\Omega}{1-s}} = \frac{P_{em}}{\Omega_1} \tag{2-69}$$

式中,Ω_1 为旋转磁场的机械旋转角速度。

$$\Omega_1 = \frac{2\pi n_1}{60}(\text{rad/s})$$

3) 电磁转矩 T

利用三相异步电动机的等效电路,根据式(2-28)、式(2-58)和式(2-69),电磁转矩 T 表达式可改写为

$$\begin{aligned}
T &= \frac{P_{em}}{\Omega_1} = \frac{p}{\omega_1} \cdot 3E_2' I_2' \cos\varphi_2 \\
&= \frac{p}{2\pi f_1} \cdot 3 \cdot \frac{2\pi}{\sqrt{2}} f_1 K_{N1} N_1 \Phi_m I_2' \cos\varphi_2 \\
&= \frac{3}{\sqrt{2}} p K_{N1} N_1 \Phi_m I_2' \cos\varphi_2 \\
&= C_T \Phi_m I_2' \cos\varphi_2
\end{aligned} \tag{2-70}$$

式中,C_T 为三相异步电动机的转矩常数;同步旋转机械角速度 $\Omega_1 = \dfrac{\omega_1}{p} = \dfrac{2\pi f_1}{p}$。

式(2-70)在形式上与直流电动机的电磁转矩表达式 $T = C_T \Phi I_a$ 相似,均为物理学中载流导体在磁场中受电磁力的直接表现形式。式(2-70)表明,电磁转矩 T 的大小与气隙磁通和转子电流的有功分量 $I_2' \cos\varphi_2$ 的乘积成正比。这说明,三相异步电动机的电磁转矩是由气隙磁场与转子电流的有功分量相互作用而产生的。

例 2-3　一台三相 4 极异步电动机,额定功率 $P_N = 5.5\,\text{kW}$,$f_1 = 50\,\text{Hz}$,在某运行情况下,自定子方面输入的功率为 $P_1 = 6.32\,\text{kW}$,$p_{Cu1} = 341\,\text{W}$,$p_{Cu2} = 237.5\,\text{W}$,$p_{Fe} = 167.5\,\text{W}$,$p_{mec} = 45\,\text{W}$,$p_{ad} = 29\,\text{W}$,试计算在该运行情况下的效率、转差率、转速及空载转矩、输出转矩和电磁转矩。

解：输出功率

$$\begin{aligned}
P_2 &= P_1 - (p_{Cu1} + p_{Fe} + p_{Cu2} + p_{mec} + p_{ad}) \\
&= 6.32 - (0.341 + 0.1675 + 0.2375 + 0.045 + 0.029) \\
&= 5.5(\text{kW})
\end{aligned}$$

效率

$$\eta = \frac{P_2}{P_1} \times 100\% = \frac{5.5}{6.32} \times 100\% = 87.03\%$$

电磁功率

$$P_{em} = P_1 - p_{Cu1} - p_{Fe} = 6.32 - 0.341 - 0.1675 = 5.8115(kW)$$

或

$$P_{em} = P_2 + p_{Cu2} + p_{mec} + p_{ad}$$
$$= 5.5 + 0.2375 + 0.045 + 0.029$$
$$= 5.8115(kW)$$

转差率

$$s = \frac{p_{Cu2}}{P_{em}} = \frac{0.2375}{5.8115} = 0.041$$

转速

$$n = (1-s)n_1 = (1-s)\frac{60f_1}{p}$$
$$= (1-0.041)\frac{60 \times 50}{2}$$
$$= 1438.5(r/min)$$

空载损耗

$$p_0 = p_{mec} + p_{ad} = 0.045 + 0.029 = 0.074(kW)$$

空载转矩

$$T_0 = \frac{p_0 \times 10^3}{\Omega} = \frac{60}{2\pi} \times \frac{p_0 \times 10^3}{n} = 9550 \times \frac{p_0}{n} = 9550 \times \frac{0.074}{1438.5} = 0.49(N \cdot m)$$

输出转矩

$$T_2 = 9550 \times \frac{P_2}{n} = 9550 \times \frac{5.5}{1438.5} = 36.51(N \cdot m)$$

电磁转矩

$$T = 9550 \times \frac{P_{em}}{n_1} = 9550 \times \frac{5.8115}{1500} = 37(N \cdot m)$$

或

$$T = T_2 + T_0 = 36.51 + 0.49 = 37(N \cdot m)$$

2.2.4 三相异步电动机的运行特性及参数测定

1. 三相异步电动机的工作特性

三相异步电动机的工作特性,是指当 $U_1 = U_{1N}$,$f_1 = f_N$ 时,异步电动机的转差率 s、输出转矩 T_2、功率因数 $\cos\varphi_1$、定子电流 I_1 和效率 η 与输出功率 P_2 的关系,即 s、T_2、$\cos\varphi_1$、I_1、$\eta = f(P_2)$。

小型三相异步电动机的工作特性,可通过直接负载法求取;中大型三相异步电动机因为受到电源和设备限制,常采用空载实验和短路实验测取电机参数,再利用异步电动机的等效电路,间接地计算出电动机的工作特性。

三相异步电动机典型的工作特性曲线如图 2-20 所示,下面分别加以说明。

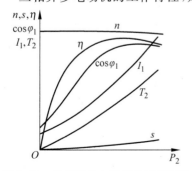

图 2-20 三相异步电动机的工作特性

1）转差率特性 $s = f(P_2)$

电动机空载时 $P_2 = 0$，制动转矩很小（仅为 T_0），转子电流也很小，故 $p_{Cu2} \approx 0, s \approx 0$。随着负载的增大，转子电流增加，此时 p_{Cu2} 增大，P_{em} 也增大，但 $p_{Cu2}(p_{Cu2} \propto I_2^2)$ 比 $P_{em}(P_{em} \propto I_2)$ 增加得更快。所以随着负载的增加，转差率增大，即 $s = f(P_2)$ 是一条上翘的曲线，如图 2-20 所示。转速 $n = (1-s)n_1$ 则随着负载的增加而略有减小，当 $P_2 = 0$ 时，n 接近于 n_1。

2）转矩特性 $T_2 = f(P_2)$

三相异步电动机转轴上的输出转矩 $T_2 = \dfrac{P_2}{\Omega}$，而 $\Omega = \dfrac{2\pi n}{60}$，电动机从空载到额定负载的变化范围内，转速 n 变化很小，所以输出转矩特性曲线 $T_2 = f(P_2)$ 是一条接近直线，但略微上翘的曲线，如图 2-20 所示。

3）定子电流特性 $I_1 = f(P_2)$

定子电流包含两个分量，即 $\dot{I}_1 = \dot{I}_m + (-\dot{I}_2')$。空载时，$\dot{I}_2' \approx 0$，所以定子电流几乎全部是励磁电流（$\dot{I}_1 \approx \dot{I}_m$）。随着负载增大，$\dot{I}_2'$ 增大，定子电流将随之增大。特性曲线 $I_1 = f(P_2)$ 是一条不过原点的上翘曲线，如图 2-20 所示。

4）功率因数特性 $\cos \varphi_1 = f(P_2)$

功率因数 $\cos \varphi_1$ 表示电源输入的有功功率与视在功率的比值，为异步电动机的一个很重要的性能指标。由于异步电动机要从电网吸取滞后的励磁电流来建立磁场，所以在空载运行时，其定子电流基本上是无功的励磁电流。此时的功率因数 $\cos \varphi_1$ 很低，通常小于 0.2。随着负载的增加，电动机输出的机械功率增加，定子电流中的有功分量也增大，功率因数逐渐提高。对一般电动机来说，在额定负载附近，功率因数达到最大值。若负载继续增大，转速降低，转差率 s 增大，转子电流继续上升，但转子电流与电动势之间的相位角 $\varphi_2 = \arctan \dfrac{sX_{2\sigma}}{R_2}$ 却增大，使转子电路的功率因数快速下降，从而使定子的功率因数 $\cos \varphi_1$ 趋于下降，如图 2-20 所示。

5）效率特性 $\eta = f(P_2)$

根据式（2-67），异步电动机的效率为

$$\eta = \frac{P_2}{P_1} \times 100\% = \left(1 - \frac{\sum p}{P_1}\right) \times 100\%$$

式中，$\sum p = p_{Cu1} + p_{Fe} + p_{Cu2} + p_{mec} + p_{ad}$。

从空载到额定负载，由于 Φ_m 和 n 变化不大，可认为 p_{Fe} 和 p_{mec} 基本不变，称为不变损耗，而 p_{Cu1}、p_{Cu2} 和 p_{ad} 是随负载变化的，称为可变损耗。

电动机空载运行时，$P_2 = 0$，故效率 $\eta = 0$。随着负载逐渐增加，总损耗增加较慢，则效率上升较快。当负载增大到可变损耗等于不变损耗时，效率达到最大 η_{max}。若负载继续增大，由于铜损耗增加很快（它正比于电流平方，而输入功率正比于电流一次方），将使效率反而下降，如图 2-20 所示。常用的中小型异步电动机最高效率 η_{max} 一般设计在 $(0.7 \sim 1.0)P_N$ 范围内，而额定效率 η_N 一般为 $75\% \sim 95\%$。

综上所述，由于三相异步电动机的功率因数和效率都在额定负载附近达到最大值，因此在选用电动机时,为了提高经济效益和保证电机应有的使用寿命,电机的容量不宜选得过大或过小,应尽量使电机在额定值附近运行。

2. 三相异步电动机的参数测定

在进行三相异步电动机的运行分析时,首先必须得知电动机的相关参数。电动机参数可通过计算求得,也可通过空载实验和短路(堵转)实验来测定。

1) 空载实验

三相异步电动机的空载实验,是指在额定电压和额定频率下,转轴上不带任何负载时的实验。空载实验的目的,是测定三相异步电动机的励磁阻抗 $Z_m = R_m + jX_m$,铁芯损耗 p_{Fe} 和机械损耗 p_{mec}。

实验在电机空载时进行,定子绕组上施加额定频率的电源电压,用调压器调节定子端电压,使它从 $1.2U_{1N}$ 开始逐渐降低,直到转差率 s 明显增加,电流开始回升为止。每次测取定子相电压 U_1、空载相电流 I_0 和空载时三相总的输入功率 P_0。根据实验数据,画出电动机的空载特性曲线 $I_0 = f(U_1)$ 和 $P_0 = f(U_1)$,如图 2-21 所示。

异步电动机空载运行时,$s \approx 0$,$I_2 \approx 0$,此时电动机总的输入功率 P_0 用来补偿定子铜损耗 p_{Cu1}、铁芯损耗 p_{Fe}、机械损耗 p_{mec} 和附加损耗 p_{ad0},即

$$P_0 = 3I_0^2 R_1 + p_{Fe} + p_{mec} + p_{ad0}$$

定子绕组每相电阻 R_1 可直接测出,从 P_0 中扣除定子铜损耗后得

$$P_0' = P_0 - 3I_0^2 R_1 = p_{Fe} + p_{mec} + p_{ad0}$$

由于 $(p_{Fe} + p_{ad0})$ 的大小近似与外加电压的平方成正比,当 $U_1 = 0$ 时,$(p_{Fe} + p_{ad0}) = 0$,而机械损耗 p_{mec} 则与电压无关,仅与电动机转速有关。在整个空载实验中,电动机的转速无明显变化,$n \approx n_1$,机械损耗可认为是恒值。因此,画出 $P_0' = f(U_1^2)$ 的关系曲线近似为一直线。将它延长到与纵轴相交(即 $U_1 = 0$),则交点以下部分即为机械损耗 p_{mec},如图 2-22 所示。在图中取 $U_1^2 = U_{1N}^2$,所对应的即为电机在额定电压下运行时的 $p_{Fe} + p_{ad0}$ 和 p_{mec}。

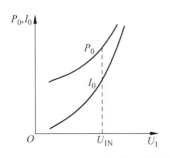

图 2-21 三相异步电动机的空载特性

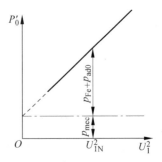

图 2-22 $P_0' = f(U_1^2)$ 曲线

若要进一步将 p_{Fe} 和 p_{ad0} 分开,可用一台辅助电动机,将异步电动机的转速拖到同步转速进行实验。此时,$n = n_1$,$s = 0$,$I_2 = 0$,异步电动机处于理想空载下运行,p_{mec} 和 p_{ad0} 全部由辅助电动机补偿。此时,由异步电动机定子输入的功率仅包含定子铜损耗和铁芯损耗。这样,由输入的功率减去定子铜损耗 p_{Cu1} 即为铁芯损耗 p_{Fe}。

根据空载实验测得的定子相电压 $U_1 = U_{1N}$ 时的相电流 I_0 和空载功率 P_0,可计算出以

下各量：

$$Z_0 = \frac{U_1}{I_0}$$
$$R_0 = \frac{P_0}{3I_0^2}$$
$$X_0 = \sqrt{Z_0^2 - R_0^2}$$
(2-71)

由于空载实验时，$n \approx n_1$，$s \approx 0$，$I_2 \approx 0$，转子可认为是开路，由等效电路可知，空载时的总电抗 X_0 可表示为

$$X_0 = X_m + X_{1\sigma}$$
(2-72)

式中，$X_{1\sigma}$ 可由下面的短路实验确定。

当已知 $U_1 = U_{1N}$ 时的铁芯损耗 p_{Fe}，可求出电动机的励磁电阻 R_m 为

$$R_m = \frac{p_{Fe}}{3I_0^2}$$
(2-73)

2）短路实验

就三相异步电动机而言，短路是指其 T 形等效电路中的附加电阻 $\frac{1-s}{s}R_2' = 0$ 的状态。此时，$s = 1$，$n = 0$，即电动机在外加电压情况下处于静止状态。因此，短路实验必须在电动机堵转情况下进行，故短路实验也称为堵转实验。短路实验的目的，是测定三相异步电动机的短路阻抗 Z_k、转子电阻 R_2' 和定转子漏电抗 $X_{1\sigma}$ 与 $X_{2\sigma}'$。

为了使做短路实验时不出现过电流，定子外加电压应降低，一般使短路电流由 $1.2I_N$ 逐渐降低到 $0.3I_N$，每次测取定子相电压 U_k、相电流 I_k 和总的输入功率 P_k。根据实验数据，画出电动机的短路特性曲线 $I_k = f(U_k)$ 和 $P_k = f(U_k)$，如图 2-23 所示。

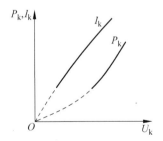

图 2-23　三相异步电动机的短路特性曲线

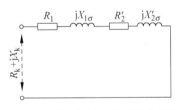

图 2-24　短路时三相异步电动机的等效电路

异步电动机堵转时，$s = 1$，代表电动机总机械功率的附加电阻 $\frac{1-s}{s}R_2' = 0$，由于 $Z_m \gg Z_2'$，可认为等效电路中的励磁支路开路，如图 2-24 所示，故 $I_m \approx 0$，电机铁芯损耗可忽略不计。此时输出功率和机械损耗为零，全部输入功率都变成定、转子铜损耗，则有

$$P_k \approx 3I_1^2 R_1 + 3I_2'^2 R_2'$$
(2-74)

由于 $I_m \approx 0$，则可认为 $I_2' \approx I_1 = I_k$，所以

$$P_k \approx 3I_k^2(R_1 + R_2') = 3I_k^2 R_k$$

根据短路实验数据,可求得异步电动机的短路阻抗 Z_k、短路电阻 R_k 和短路电抗 X_k 为

$$\left.\begin{array}{l} Z_k = \dfrac{U_k}{I_k} \\[2mm] R_k = \dfrac{P_k}{3I_k^2} \\[2mm] X_k = \sqrt{Z_k^2 - R_k^2} \end{array}\right\} \tag{2-75}$$

式中,$R_k = R_1 + R_2'$,$X_k = X_{1\sigma} + X_{2\sigma}'$。

将 R_k 减去 R_1 即可得 R_2',而定子绕组每相电阻 R_1 可用电桥测出。要将 X_k 分为 $X_{1\sigma}$ 和 $X_{2\sigma}'$,对于大、中型异步电动机,一般可认为

$$X_{1\sigma} \approx X_{2\sigma}' \approx \frac{X_k}{2} \tag{2-76}$$

2.2.5　三相同步电动机运行原理

同步电动机的最大特点是转子转速 n 与定子电流频率 f 之间维持着严格不变的关系,即

$$n = \frac{60f}{p}$$

1. 三相同步电动机的基本结构

与其他旋转类电机相似,三相同步电动机也由静止的定子和旋转的转子两个基本部分组成,定、转子之间存在着很小的气隙。同步电动机多为凸极旋转磁极式结构,其主磁极安装在转子上,电枢安装在定子上,如图 2-25(a)所示。少数两极的高速同步电动机亦有做成隐极式的,如图 2-25(b)所示。

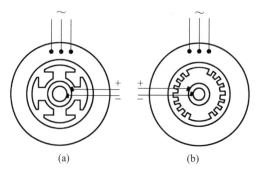

$$(a) \qquad\qquad (b)$$

图 2-25　旋转磁极式同步电动机的类型

1) 定子

三相同步电动机的定子又称为电枢,就其基本结构来看,与三相异步电动机的定子相同,也是由定子铁芯、定子绕组、机座和端盖等部件组成的。定子铁芯由硅钢片叠成,槽内嵌放着对称的三相交流绕组。

2) 转子

三相同步电动机的转子由转子铁芯、励磁绕组和转轴等组成。转子铁芯由整块铸钢或锻

钢做成,其上绕有励磁绕组。转轴上装有两个彼此绝缘的集电环,分别与励磁绕组两端相连,集电环上压着两组固定不动的电刷,通过电刷引出内个接线端,以便从外部迪入直流励磁电流。

除励磁绕组外,同步电动机的转子上通常还装有阻尼绕组,作为起动绕组用。同步电动机的阻尼绕组与异步电动机笼型绕组结构相似,由插入极靴槽中的铜条和两端的端环焊成一个闭合绕组。

2. 三相同步电动机的工作原理

图 2-26 为一对磁极的三相凸极同步电动机的工作原理图。其定子结构与三相异步电动机基本相同,定子三相绕组 AX、BY、CZ 在空间上相隔 120°。当转子上的励磁绕组中通以直流励磁电流 I_f,转子便形成 N 和 S 两磁极。

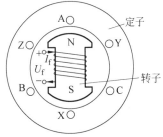

图 2-26　三相同步电机的工作原理示意图

与三相异步电动机一样,定子三相绕组接到三相电源上。根据交流绕组磁动势理论,三相电流通过三相绕组形成旋转磁动势,产生以同步转速 n_1 旋转的旋转磁场。如图 2-27(a)所示,只要旋转磁场的极对数与转子磁极的极对数相同,根据磁极间同性相斥、异性相吸的原理,便会产生电磁转矩,在定转子的异性磁极很接近时,定子旋转磁场就会牵着磁极转子,以相同的转速旋转,同时带动转轴上的机械负载旋转。同步电动机的转子转速 n 与旋转磁场的转速 n_1 相同

$$n = n_1 = \frac{60 f_1}{p}$$

可见,三相同步电动机运行时存在着两个旋转磁动势:一是定子三相电流通过定子三相绕组产生的定子旋转磁动势,又称为电枢磁动势 $\bar{F}_a$;二是由转子励磁电流通过转子励磁绕组产生的转子旋转磁动势,又称为励磁磁动势 $\bar{F}_0$。两者以同转速同方向旋转,即两者保持相对静止。所以,气隙磁动势 $\bar{F}$ 为这两者合成的结果。

图 2-27(b)所示为同步电机处于电动机和发电机状态之间的理想空载状态。此时,转子磁极与旋转磁场的轴线重合,其相互作用力处在同一轴线上,不产生电磁转矩。如图 2-27(a)所示,只有当转子磁极滞后于旋转磁场 θ 角时,转子上才会产生与其转向相同的电磁转矩,同步电机才处于电动机运行状态。此时,电动机从定子电源输入电功率,向转子输出机械功率。由于 θ 的大小与电磁转矩及电磁功率的大小有关,因此称为功角。

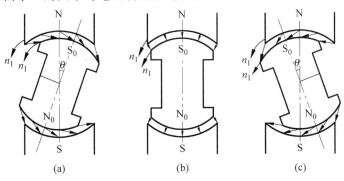

(a)　　　　　　　(b)　　　　　　　(c)

图 2-27　三相同步电机的工作原理

图 2-27(c)所示则为同步发电机的运行状态,此时转子在原动机的拖动下,以恒定不变的同步转速 n_1 旋转,转子始终超前于旋转磁场一个 θ 角,电磁转矩的方向与转子转向相反,原动机只有克服电磁转矩才能拖动转子旋转。此时,电机转子从原动机输入机械功率,而从定子输出电功率。本节主要分析三相同步电动机的运行。

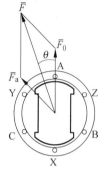

图 2-28 同步电动机的功角

在同步电动机中,励磁磁动势 $\bar{F}_0$、定子电枢磁动势 $\bar{F}_a$ 和合成磁动势 $\bar{F}$ 在空间的相对位置如图 2-28 所示。它们在空间以同步转速同向旋转,$\bar{F}_0$ 的方向为由 S 极指向 N 极。$\bar{F}_a$ 超前于 $\bar{F}_0$,使得 $\bar{F}$ 也超前于 $\bar{F}_0$ 一个 θ 角。它们以同步转速旋转时,励磁磁动势 $\bar{F}_0$ 和合成磁动势 $\bar{F}$,将分别在定子每相绕组中产生励磁电动势 E_0 和合成电动势 E_1。当 $\bar{F}$ 转到 A 相绕组时,A 相绕组中的合成电动势达到最大值。转子再转过 θ 角时,励磁电动势达到最大值。可见,$\dot{E}_1$ 在相位上超前于 $\dot{E}_0$ 一个 θ 角。由此可知,$\dot{E}_0$ 和 $\dot{E}_1$ 在时间上的相位差角,与 $\bar{F}_0$ 和 $\bar{F}$ 在空间上的相位差角相等。

3. 三相同步电动机的相量图

以三相凸极同步电动机为对象进行分析。

为简单起见,不考虑主磁路的饱和问题,即认为主磁路是线性的。这样便可将主磁通看成由作用在主磁路上的各个磁动势分别产生的磁通叠加而成。当这些磁通与定子绕组相交链时,便各自在定子绕组中感应电动势。这些电动势的叠加,即为定子绕组中的合成电动势。

此处规定两个参考轴的方向:转子 N 极和 S 极的中心线称为直轴或纵轴,简称为 d 轴;与直轴相距 90°空间电角度的方向称为交轴或横轴,简称为 q 轴。直轴与交轴随转子一同旋转。

当励磁磁动势 $\bar{F}_0$ 单独在电机主磁路中产生磁通时,$\bar{F}_0$ 总是处于直轴方向上,产生的励磁磁通 Φ_0 所经过的磁路以直轴为对称轴。

由于凸极同步电动机的气隙不均匀,同一电枢磁动势 $\bar{F}_a$ 在不同的空间位置所产生电枢磁场分布不一样。如若不考虑磁动势中的高次谐波,只考虑磁动势和磁通密度中的基波分量,则无论电枢磁动势 $\bar{F}_a$ 处于气隙圆周的任何位置,都可将 $\bar{F}_a$ 分解成两个分量:一个为直轴电枢磁动势,用 $\bar{F}_{ad}$ 表示,作用在直轴方向;另一个为交轴电枢磁动势,用 $\bar{F}_{aq}$ 表示,作用在交轴方向上。如图 2-29(a)所示,其相量关系为

$$\bar{F}_a = \bar{F}_{ad} + \bar{F}_{aq} \tag{2-77}$$

对于 $\bar{F}_a$ 在电机主磁路中产生的磁通,可视为 $\bar{F}_{ad}$ 与 $\bar{F}_{aq}$ 分别在电机主磁路中产生磁通的叠加。由于 $\bar{F}_{ad}$ 恒处在直轴方向上,$\bar{F}_{aq}$ 恒处在交轴方向上,尽管气隙不均匀,但对直轴或交轴来说,都分别为对称磁路,这样便简化了分析。这种处理问题的方法,称为双反应理论。

由直轴电枢磁动势 $\bar{F}_{ad}$ 在电机主磁路中产生的磁通称为直轴磁通,用 $\dot{\Phi}_{ad}$ 表示,如图 2-29(b)所示;由交轴电枢磁动势 $\bar{F}_{aq}$ 在电机主磁路中产生的磁通称为交轴磁通,用 $\dot{\Phi}_{aq}$

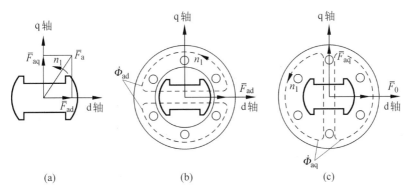

图 2-29　电枢反应磁动势及磁通

表示,如图 2-29(c)所示。两者都以同步转速逆时针旋转。$\overline{F}_{ad}$ 和 $\overline{F}_{aq}$ 除了各自在主磁路中产生气隙的磁通外,还分别在定子绕组里产生漏磁通。

根据交流绕组的相关知识,可将磁动势合成关系变换成电流相量合成关系,即将电枢电流 $\dot{I}_1$ 按相量的关系分解成两个分量:一个分量为 $\dot{I}_d$,另一个分量为 $\dot{I}_q$。其中,直轴分量 $\dot{I}_d$ 产生磁动势 $\overline{F}_{ad}$,$\dot{I}_d$ 在相位上与 $\dot{E}_0$ 相差 90°,大小则为

$$\left.\begin{array}{l} I_d = I_1 \sin \psi \\ I_q = I_1 \cos \psi \end{array}\right\} \tag{2-78}$$

式中,ψ 为 $\dot{E}_0$ 与 $\dot{I}_1$ 之间的夹角。

无论是励磁磁通 $\dot{\Phi}_0$,还是直轴磁通 $\dot{\Phi}_{ad}$,或是交轴磁通 $\dot{\Phi}_{aq}$,均以同步转速逆时针旋转。因此,它们都将在定子绕组中产生相应的感应电动势。三相同步电动机中的电磁关系可归纳为

$$U_f \rightarrow I_f \rightarrow \overline{F}_0 \rightarrow \dot{\Phi}_0 \rightarrow \dot{E}_0$$

$$\dot{U}_1 \rightarrow \dot{I}_1 \rightarrow \left| \begin{array}{l} \rightarrow \dot{I}_d \rightarrow \overline{F}_{ad} \rightarrow \dot{\Phi}_{ad} \rightarrow \dot{E}_{ad} \\ \rightarrow \dot{I}_q \rightarrow \overline{F}_{aq} \rightarrow \dot{\Phi}_{aq} \rightarrow \dot{E}_{aq} \\ \rightarrow \dot{\Phi}_\sigma \rightarrow \dot{E}_\sigma \\ \rightarrow \dot{I}_1 R_a \end{array} \right.$$

根据以上分析,可列出同步电动机每相定子电路的电动势平衡方程式为

$$\dot{U}_1 = -\dot{E}_0 - \dot{E}_{ad} - \dot{E}_{aq} - \dot{E}_\sigma + \dot{I}_1 R_a \tag{2-79}$$

若不计饱和,$\dot{E}_{ad}$ 和 $\dot{E}_{aq}$ 也可以用电抗电压降表示,即

$$\left.\begin{array}{l} \dot{E}_{ad} = -j\dot{I}_d X_{ad} \\ \dot{E}_{aq} = -j\dot{I}_q X_{aq} \end{array}\right\} \tag{2-80}$$

式中,X_{ad} 和 X_{aq} 分别称为直轴电枢反应电抗和交轴电枢反应电抗。

将式(2-80)代入式(2-79)得

$$\dot{U}_1 = -\dot{E}_0 + j\dot{I}_d X_{ad} + j\dot{I}_q X_{aq} + j\dot{I}_1 X_\sigma + \dot{I}_1 R_a$$

$$=-\dot{E}_0+j\dot{I}_d(X_{ad}+X_\sigma)+j\dot{I}_q(X_{aq}+X_\sigma)+\dot{I}_1R_a$$

$$=-\dot{E}_0+\dot{I}_1R_a+j\dot{I}_dX_d+j\dot{I}_qX_q \tag{2-81}$$

式中，X_d 为直轴同步电抗，$X_d=X_{ad}+X_\sigma$；X_q 为交轴同步电抗，$X_q=X_{aq}+X_\sigma$。

对于隐极同步电机，由于气隙均匀，$X_d=X_q=X_t$，X_t 称为同步电抗。

由于 R_a 远小于 X_d 和 X_q，因此，电动势平衡方程式(2-81)可简化为

$$\dot{U}_1=-\dot{E}_0+j\dot{I}_dX_d+j\dot{I}_qX_q \tag{2-82}$$

在 $\varphi<90°$(超前)时，根据凸极式同步电动机的电压方程式(2-81)和式(2-82)画出其相量图，分别如图 2-30(a)和(b)所示。图中，$\dot{U}_1$ 与 $\dot{I}_1$ 之间的夹角 φ 为定子功率因数角；$\dot{E}_0$ 与 $\dot{U}_1$ 之间的夹角为功角 θ；而 $\dot{E}_0$ 与 $\dot{I}_1$ 之间的夹角为 ψ。从相量图中可以看出，它们之间的关系满足

$$\psi=\varphi\pm\theta \tag{2-83}$$

式中，电动机运行处于电容性或电阻性时，取正号；处于电感性时，取负号。

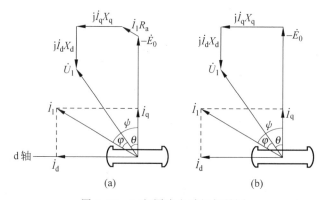

图 2-30　三相同步电动机相量图

4. 三相同步电动机的功率和转矩

1) 功率平衡方程

三相同步电动机对称稳态运行时，其定子绕组从三相交流电源吸收电功率。转子励磁绕组从励磁电源吸收励磁功率，但通常将励磁功率归到励磁系统中去考虑，而不计算在 P_1 中。所以输入功率 P_1 为

$$P_1=3U_1I_1\cos\varphi \tag{2-84}$$

输入功率 P_1 扣除定子三相绕组的铜损耗 $p_{Cu}=3I_1^2R_a$ 后，便是由电枢经气隙传递到转子的电磁功率 P_{em}，即

$$P_1-p_{Cu}=P_{em} \tag{2-85}$$

从电磁功率 P_{em} 中减去空载损耗 p_0，便是电动机转轴上的机械输出功率 P_2，即

$$P_{em}-p_0=P_2 \tag{2-86}$$

式中，空载损耗 p_0 包括电枢铁芯损耗 p_{Fe}、机械损耗 p_{mec} 和附加损耗 p_{ad}，即

$$p_0=p_{Fe}+p_{mec}+p_{ad} \tag{2-87}$$

所以，三相同步电动机的功率平衡方程式为

$$P_2=P_1-p_{Cu}-p_{Fe}-p_{mec}-p_{ad} \tag{2-88}$$

上述三相同步电动机的功率关系，可由如图 2-31 所示的功率流向图形象地表示。

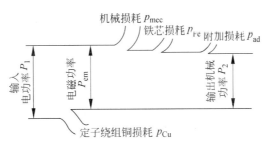

图 2-31　三相同步电动机的功率流向图

2）转矩平衡方程

与三相异步电动机类似，根据式（2-86）可得三相同步电动机的转矩平衡方程

$$T_2 = T - T_0 \tag{2-89}$$

式中，输出转矩 $T_2 = \dfrac{P_2}{\Omega_1}$；电磁转矩 $T = \dfrac{P_{em}}{\Omega_1}$；空载转矩 $T_0 = \dfrac{P_0}{\Omega_1}$。

5. 三相同步电动机的功角特性和矩角特性

三相同步电动机中的功角特性和矩角特性是两个重要的特性。功角特性是指在 n、I_f 和 U_1 等于常数，即 E_0、U_1 等于常数时，电磁功率 P_{em} 与功角 θ 之间的关系为 $P_{em} = f(\theta)$；矩角特性是指电磁转矩 T 与功角 θ 之间的关系。

当忽略定子绕组的电阻时，同步电动机的电磁功率则为

$$P_{em} \approx P_1 = 3U_1 I_1 \cos\varphi$$

由同步电动机的相量图（图 2-30）可见，$\varphi = \psi - \theta$，于是有

$$P_{em} = 3U_1 I_1 \cos(\psi - \theta) = 3U_1 I_1 \cos\psi\cos\theta + 3U_1 I_1 \sin\psi\sin\theta \tag{2-90}$$

此外，不计饱和时，根据相量图可得

$$\left. \begin{array}{l} I_d = I_1 \sin\psi \\ I_q = I_1 \cos\psi \end{array} \right\}, \qquad \left. \begin{array}{l} I_d X_d = E_0 - U_1 \cos\theta \\ I_q X_q = U_1 \sin\theta \end{array} \right\}$$

考虑以上这些关系，整理后得

$$\begin{aligned} P_{em} &= 3\frac{E_0 U_1}{X_d}\sin\theta + 3U_1^2\left(\frac{1}{X_q} - \frac{1}{X_d}\right)\sin\theta\cos\theta \\ &= 3\frac{E_0 U_1}{X_d}\sin\theta + \frac{3U_1^2}{2}\left(\frac{1}{X_q} - \frac{1}{X_d}\right)\sin 2\theta \end{aligned} \tag{2-91}$$

根据功率与转矩的关系，可得出同步电动机电磁转矩的表达式为

$$T = \frac{P_{em}}{\Omega_1} = 3\frac{E_0 U_1}{X_d \Omega_1}\sin\theta + \frac{3U_1^2}{2\Omega_1}\left(\frac{1}{X_q} - \frac{1}{X_d}\right)\sin 2\theta \tag{2-92}$$

式（2-91）和式（2-92）中，第一项称为基本电磁功率（转矩），第二项称为附加电磁功率（转矩）。若是隐极同步电动机，$X_q = X_d$，附加电磁功率（转矩）为零。

由式（2-91）可绘制出同步电动机的功角特性曲线 $P_{em} = f(\theta)$，如图 2-32 所示。由于在功角特性与矩角特性的表达式之间，仅相差一个比例常数 Ω_1，所以图中的曲线也可视为矩角特性曲线 $T = f(\theta)$。

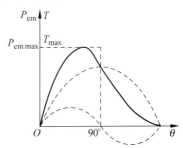

图 2-32　三相同步电动机的矩角和功角特性曲线

可见,由于附加电磁功率(转矩)的存在,使电磁功率(转矩)的最大值增加,且出现在 $\theta < 90°$ 处;在 θ 较小时,$\dfrac{\mathrm{d}\theta}{\mathrm{d}T}$ 大,对克服负载的扰动有利。同时,其使功角特性和矩角特性呈非正弦形。

例 2-4   一台三相隐极同步电动机,定子绕组为 Y 接法,额定电压 $U_N = 380\text{ V}$,已知电磁功率 $P_{em} = 15\text{ kW}$ 时对应的 $E_0 = 250\text{ V}$(相值),同步电抗 $X_t = 5.1\ \Omega$,忽略定子绕组电阻。求:(1)功率角 θ;(2)最大电磁功率。

解:(1)根据隐极同步电动机的功角特性,有

$$P_{em} = 3\frac{E_0 U_1}{X_t}\sin\theta = \frac{3\times 250\times\dfrac{380}{\sqrt{3}}}{5.1}\sin\theta = 15\times 10^3\,(\text{W})$$

得

$$\sin\theta = 0.465$$

所以

$$\theta = 27.7°$$

(2)最大电磁功率

$$P_{emmax} = 3\frac{E_0 U_1}{X_t} = \frac{3\times 250\times\dfrac{380}{\sqrt{3}}}{5.1} = 32\ 264\,(\text{W})$$

6. 三相同步电动机的励磁调节与 U 形曲线

由于电网上的绝大多数负载是电感性的,如异步电动机、变压器等,其功率因数比较低。为提高电网的功率因数,在条件允许的情况下,选用同步电动机替代异步电动机是一种很好的选择。这是因为可以通过调节同步电动机的直流励磁电流,使它对电网呈电容性负载。也就是说,同步电动机可一边输出机械功率,一边向电网提供感性的无功功率。这样,便可有效地提高电网的功率因数。

1) 三相同步电动机的励磁调节

为分析方便,以磁路未饱和的三相隐极同步电动机为例,且忽略 R_a 和 T_0。当输出功率 P_2 不变、调节励磁电流 I_f 时,如不计及改变励磁对定子铁损耗和附加损耗的微弱影响,则可认为电磁功率 $P_{em} = P_1$ 也保持不变。故有

$$P_{em} = \frac{3E_0 U_1}{X_t}\sin\theta = 3U_1 I_1\cos\varphi = 常数$$

即

$$E_0\sin\theta = 常数,\quad I_1\cos\varphi = 常数$$

于是,由图 2-33 所示的简化相量图可见,当输出功率恒定并调节 I_f 时,$\dot{E}_0$ 和 $\dot{I}_1$ 随之改变。$\dot{E}_0$ 端点的轨迹为一条与 $\dot{U}_1$ 平行的垂直线,$\dot{I}_1$ 端点的轨迹为一条与 $\dot{U}_1$ 垂直的水平线。按励磁电流大小的不同,同步电动机可分为以下三种励磁状态。

(1)正常励磁

当 $I_f = I_{f0}$ 时,励磁电动势为 $\dot{E}_0$,此时的电流 $\dot{I}_1$ 与电压 $\dot{U}_1$ 同相,如图 2-33 所示,$\varphi = 0$,$\cos\varphi = 1$,电动机呈电阻性。这种

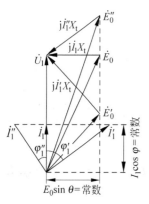

图 2-33   同步电动机功率因数的调节

励磁状态称为正常励磁。此时,同步电动机只从电网吸收有功功率,不吸收无功功率。

（2）欠励

当 $I_f < I_{f0}$ 时,励磁电动势 $\dot{E}_0' < \dot{E}_0$,此时电流 $\dot{I}_1'$ 滞后于电压 $\dot{U}_1$,电动机呈电感性。这种励磁状态称为欠励。此时,同步电动机除了从电网吸收有功功率以外,还要从电网吸收滞后的无功功率,因此一般很少采用欠励方式。

（3）过励

当 $I_f > I_{f0}$ 时,励磁电动势 $\dot{E}_0'' > \dot{E}_0$。此时的电流 $\dot{I}_1''$ 超前于电压 $\dot{U}_1$,电动机呈电容性。这种励磁状态称为过励。此时,同步电动机除了从电网吸收有功功率以外,还要从电网吸收超前的无功功率,即向电网发出滞后的无功功率,这对改善电网的功率因数是非常有益的。

2）三相同步电动机的 U 形曲线

由上可知,当电源电压和频率为额定值,同步电动机在恒功率下调节励磁电流 I_f 时,定子电流 I_1 也相应变化。将 I_1 随 I_f 变化的规律用曲线表示,如图 2-34 所示,由于它形如字母 U,故称 U 形曲线。

当电动机带有不同的负载时,对应有一组 U 形曲线。负载转矩 T_L 增加,即 P_2 增加时,对应的 I_1 将增加,U 形曲线上移。每条 U 形曲线的最低点都对应正常励磁状态,此时电动机呈电阻性,$\cos\varphi = 1$,连接各点所得的曲线（中间的一条虚线）略微向右倾斜,这说明随功率的增加必须相应地增加一些励磁电流。

如图 2-34 所示,I_f 减小时,E_0 减小,电动机所能产生的最大电磁转矩 T 减小。因此,对应于一定的 T_L 和 P_2,当 I_f 减小至一定程度,电动机将无法拖动负载稳定运行。U 形曲线左边的稳定极限,便表示在不同的 P_2 时,保证电动机能稳定运行的最小励磁电流值。

7. 同步补偿机

同步补偿机也称为同步调相机,其实就是不带机械负载的三相同步电动机,被专门用以改善电网的功率因数。同步补偿机工作时从电网吸收的有功功率仅用以供应它本身损耗,因此,它总是在接近于零的电磁功率以及零功率因数的状态下运行。图 2-34 中 $P_{em}=0$ 所对应的曲线便是同步补偿机的运行状态。

如忽略补偿机的全部损耗,则电枢电流全为无功电流,其电动势方程为 $\dot{U}_1 = -\dot{E}_0 + j\dot{I}_1 X_t$。当电网的负载为电感性时,补偿机采取过励运行方式,从电网吸收超前的无功电流（相当于一台电容器）,其相量图如图 2-35(a)所示。当电网的负载呈电容性时,补偿机采取欠励运行方式,从电网吸取滞后的无功电流（相当于一台电抗器）,其相量图如图 2-35(b)所示。为了在不同负载下都能有效地改善电网的功率因数,要求补偿机的励磁能够自动调节。

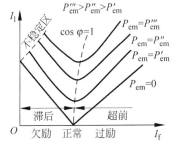

图 2-34　同步电动机的 U 形曲线

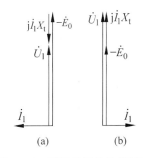

图 2-35　同步补偿机的相量图

由于电网的负载多为感性的,对感性无功功率的补充供给需求较大,因而补偿机的运行多处于过励状态,其额定容量系指过励运行时的容量。

8. 三相同步电动机的起动

同步电动机只有在同步转速时,定、转子磁场相对静止,才能产生单一方向恒定的电磁转矩。如将同步电动机加励磁后直接接入电网,由于定子电流产生的磁场为同步转速,而转子磁场静止不动,定、转子的磁场始终不同步,它们相互作用产生的是正、负值迅速交变的脉振转矩,其平均值为零,电机无法自行起动。因此,必须采取其他措施,同步电动机才能得以起动。

1) 辅助电动机起动

该起动方法是选用一台与三相同步电动机极数相同的小容量异步电动机,作为辅助电动机拖动同步电动机起动。起动时,在转子未加励磁的情况下,先用辅助电动机牵引转子转速接近同步转速,然后采用自整步法,在转子绕组加上直流励磁电流,定子绕组接通三相电源,依靠同步电动机产生的同步转矩将转子牵入同步。此后,再将辅助电动机与电源断开。

该起动方法投资大、所需设备多、操作复杂,且不适于带负载起动。因此,该起动方法只在某些大容量的同步电动机和同步调相机的起动中采用。

2) 变频起动

采用变频起动方法时,转子绕组通入励磁电流,定子由变频电源供电,其电压的频率由零缓慢增加。在起动时,电源频率调到很低,三相合成旋转磁场转速也很低,利用电动机的同步电磁转矩牵引着转子缓慢加速,逐渐升高定子电源电压的频率。直到转速达到额定同步转速后,将定子接入电网,切除变频电源。

该起动方法起动电流小,对电网冲击小,因而称为"软起动"方法,但要求有为同步电动机供电的变频电源。

3) 异步起动

异步起动是同步电动机常用的起动方法。

在同步电动机的主极靴上装设的阻尼绕组,起动时可作起动绕组用。在定子绕组接入电源后的起动过程中,同步电动机便在起动绕组产生的异步电磁转矩作用下加速起来。待到转速升高到接近同步转速时,再接入励磁电流。此时同步电动机便在接近同步转速时被牵入同步。

一般说来,在加入励磁使转子牵入同步瞬间的转差越小,起动惯量越小,负载越轻(一般是无载起动),牵入同步就越容易。由于凸极结构的同步电机存在凸极效应引起的磁阻转矩,较容易被牵入同步,因此同步电动机大多数采用这种结构。

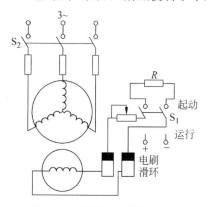

图 2-36 同步电动机异步起动时的线路图

异步起动的线路如图 2-36 所示。为了不使起动电流过大,异步起动时可采用降压设备。此时励磁绕组不能开路,否则因转差率大,励磁绕组匝数又多,将在其中感应危险的高电压,使励磁绕组击穿或引起人身事故。起动时,先将励磁电路中的开关 S_1 置于"起动"位置,励磁绕组经电阻 R 闭合。再将开关 S_2 闭合,使定子绕组直接或经自耦变压器接入电网。电动机由于转子装有笼型起动绕组,因而在异步电磁转矩作用下开始起动。当转速上升到接近同步转速后,再将开关 S_1 自"起动"位置投向"运行"位置,接通励磁电流。此时,定、转子旋转磁场相互作用产生的同步电磁转矩,以及凸极效应引起的磁阻转矩,共同作用将转了牵入同步。

2.3 变压器

2.3.1 单相变压器

1. 基本工作原理

图 2-37 所示为一台单相双绕组变压器的结构示意图。可见,变压器由叠片叠制而成的闭合铁芯和绕制在铁芯上的两个不同匝数的绕组组成。其中一个绕组与交流电源相连,称为一次绕组(或原绕组),与一次绕组有关的各物理量均标以下标"1";另一个绕组与负载相连,称为二次绕组(或副绕组),与二次绕组有关的各物理量均标以下标"2"。

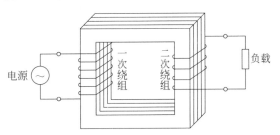

图 2-37 单相双绕组变压器的结构示意图

当交流电压 u_1 加到一次绕组上时,在一次绕组中便有交流电流 i_1 流过。因而在铁芯中产生一个交变磁通 ϕ,其频率与外施电压的频率相同。该交变磁通 ϕ 在铁芯所构成的磁路中闭合,同时与一、二次绕组相交链,根据电磁感应定律,便在一、二次绕组中分别产生感应电动势 e_1 和 e_2,其原理图如图 2-38 所示。按图 2-38 所示规定交变磁通、感应电动势和其他各电量的参考方向,则有

$$e_1 = -N_1 \frac{\mathrm{d}\phi}{\mathrm{d}t}, \quad e_2 = -N_2 \frac{\mathrm{d}\phi}{\mathrm{d}t}$$

式中,N_1 为一次绕组匝数;N_2 为二次绕组匝数。

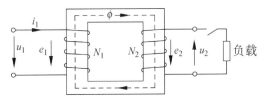

图 2-38 单相双绕组变压器的原理图

若二次绕组与负载接通,则电动势 e_2 在二次侧闭合电路内产生电流 i_2,i_2 在负载上的压降便是二次侧的端电压 u_2。这样,电源由一次侧输入的电能 $u_1 i_1$,通过一、二次绕组磁耦合的作用,使二次侧的负载上获得了电能 $u_2 i_2$,从而实现能量的传递。

若不考虑变压器线圈的电阻和漏磁通,一、二次侧电压 u_1、u_2 与一、二次侧的感应电动势 e_1、e_2 大小基本相等,且 e_1、e_2 大小与绕组匝数成正比,所以

$$\frac{u_1}{u_2} \approx \frac{e_1}{e_2} = \frac{N_1}{N_2}$$

可见,当一次侧的电压一定时,只要改变一、二次绕组的匝数比,便可获得不同数值的二次侧电压,从而实现改变电压的目的。也就是说,变压器可在改变二次侧电压大小的同时,实现从一次侧到二次侧的电能或电信号的传递,以及电压等级的变换,这就是变压器的基本工作原理。

为了表示变压器的这种可以改变电压大小的特性,引入变压器变比 K 的概念,K 的大小表示为

$$K = \frac{e_1}{e_2} = \frac{N_1}{N_2} \approx \frac{u_1}{u_2} \tag{2-93}$$

2. 用途

如上所述,变压器可将一种电压等级的交流电能,转换成同频率的另一种电压等级的交流电能。因此它广泛地应用在电力系统中,用作升压变压器和降压变压器,这种变压器就称为电力变压器。电力系统中所应用的变压器的总容量可达该电力系统容量的 4 倍,可见电力变压器的用途之广,用量之大。

此外,在电力电子装置中,还要用到移相变压器。这种变压器将电网电压转换成与一次侧有一定相位移的二次侧电压,被广泛应用在电力电子装置中的多重化技术中;还有一种应用在各种电气设备和装置中的小型电源变压器,在其二次侧可获得不同等级的低电压;另外,在各种电子装置或仪表中,还要用到各式各样的隔离变压器,用以在传递信号时,实现两个电路之间的耦合、隔离或阻抗匹配等作用;最后,还有各种专门用途的仪表变压器、整流变压器、电焊变压器、电流变压器、感应变压器和实验变压器等。

3. 运行分析方法

经理论分析可知,变压器与异步电动机虽然在结构和功能上相差甚远,但二者的工作原理是极为相似的。因此,在某种程度上可以认为,变压器就是静止的异步电动机,异步电动机就是旋转的变压器。在第 8 章将要讲到的控制电机中,就有一种称为旋转变压器的特种异步电动机。因此,对变压器运行原理的分析,与对异步电动机的分析是极为相似的。所得出的三套分析工具,即基本方程式、等效电路和相量图也极为相似。在此就不再详尽分析,仅一一列举如下。

1) 基本方程式

变压器的基本方程式为

$$\left. \begin{aligned}
&\dot{U}_1 = -\dot{E}_1 + \dot{I}_1 Z_1 \\
&\dot{U}_2 = \dot{E}_2 - \dot{I}_2 Z_2 \\
&\dot{E}_1 = K\dot{E}_2 \\
&\dot{I}_0 = \dot{I}_1 + \frac{1}{K}\dot{I}_2 \\
&-\dot{E}_1 = \dot{I}_0 Z_m \\
&\dot{U}_2 = \dot{I}_2 Z_L
\end{aligned} \right\} \tag{2-94}$$

2）等效电路

变压器负载运行时的 T 形等效电路，如图 2-39 所示。

近似的 Γ 形等效电路，如图 2-40 所示。

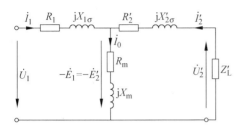

图 2-39　变压器的 T 形等效电路

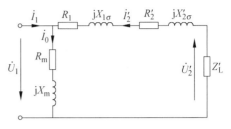

图 2-40　近似的 Γ 形等效电路

对于一般的电力变压器，由于 $I_0 \ll I_{1N}$，在某些情况下，还可将励磁电流忽略不计，即认为励磁支路断开，这时的等效电路称为变压器的简化等效电路，如图 2-41 所示。

3）相量图

变压器负载运行时的相量图如图 2-42 所示。

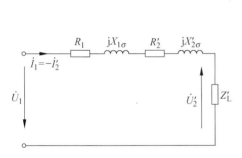

图 2-41　变压器简化等效电路

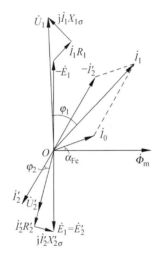

图 2-42　感性负载时变压器的相量图

以上三套分析工具在分析变压器运行时的方法和作用，与异步电动机的完全相同，在此也不一一详述。

2.3.2　三相变压器及其二次侧线电压的相位移

如前所述，在电力电子装置中常常会用到移相变压器。这种变压器的移相原理，与三相变压器及其二次侧线电压的相位移有关。下面先分析三相变压器，然后分析其二次侧线电压的相位移问题。

1. 三相变压器的磁路系统

根据磁路结构的不同，三相变压器有两种形式：一种是由三个独立的单相变压器组成的三相变压器，称为三相变压器组，如图 2-43 所示；另一种是三相共用同一个铁芯的三相变压器,称为三相芯式变压器,如图 2-44 所示。

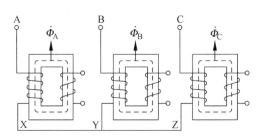

图 2-43 三相变压器组的磁路系统

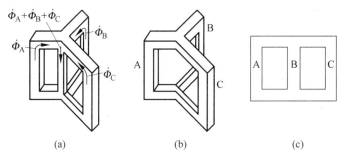

(a)   (b)   (c)

图 2-44 三相芯式变压器的磁路系统

与三相变压器组相比,三相芯式变压器的材料消耗较少、价格便宜、占地面积亦小,维护比较简单,因而应用最为广泛。

2. 三相变压器的电路系统

三相芯式变压器有三个铁芯柱,每个铁芯柱上均套有一个高压绕组线圈和一个低压绕组线圈,一般低压绕组在内,高压绕组在外,同心放置。电路系统是指变压器的一、二次绕组的绕组接法及连接组别。

1) 三相变压器的绕组接法

三相电力变压器的三相绕组,不论是一次侧还是二次侧,常采用星形和三角形两种接法。通常,对三相变压器的三相绕组首、末端标记如下:用大写字母 A、B、C 表示高压绕组首端,用 X、Y、Z 表示高压绕组的末端;低压绕组的首、末端则用对应的小写字母表示。

星形接法是将三相绕组的三个首端向外引出,三个末端连在一起作为中点,用 Y(或 y)表示,图 2-45 所示为一高压绕组接成 Y 接法。

三角形接法是将一相绕组的末端与另一相绕组的首端按一定顺序接成一闭合电路,然后从三相绕组的三个首端向外引出,用 D(或 d)表示。三角形接法有两种连接顺序,以低压绕组为例,一种按 ax—cz—by 连接,如图 2-46(a)所示;另一种按 ax—by—cz 连接,如图 2-46(b)所示。

三相电力变压器常接成 Yyn、Yd、YNd、YNy 和 Yy 五种形式,其中大写字母表示高压绕组的接法,小写字母表示低压绕组的接法,字母 N、n 表示星形接法的中点引出标志。

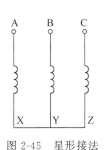

图 2-45 星形接法

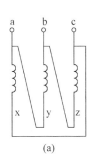 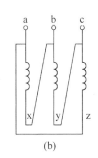

（a） （b）

图 2-46 三角形接法

2）三相变压器的连接组别

变压器一、二次侧的三相绕组可以采用各自的接法，组合后的高、低压绕组对应的线电压间可能产生相位差。变压器连接组别是表示变压器高、低压绕组电动势之间相位关系的一种方法。连接组别标注在变压器的铭牌上。

三相变压器属于同一相的高、低压绕组一般都绕在同一个铁芯柱上，被同一磁通所交链，其感应电动势的相位关系可通过同名端来体现。当磁通 ϕ 交变时，在同一瞬间，高压绕组的某一端点相对于另一端点的电位为正，低压绕组必有一端点其电位也相对为正，这两个对应的同时为正（或同时为负）的端点就称为同名端，互为同名端的两端点旁用"·"表示。

假定高、低压绕组相电动势的正方向为从绕组的首端指向末端。若高压和低压绕组的对应端为同名端，相电动势 $\dot{E}_{AX}$ 和 $\dot{E}_{ax}$ 相位相同；若高压和低压绕组的对应端为非同名端，则 $\dot{E}_{AX}$ 和 $\dot{E}_{ax}$ 相位相反。

为了形象地表示高、低压绕组相电动势的相位关系，通常采用所谓时钟表示法，即把高压绕组线电动势相量作为时钟的长针，始终指向时钟 12 点（或 0 点），将低压绕组线电动势相量作为时钟的短针，短针所指向的钟点数作为绕组的连接组号。

三相变压器的连接组别是反映低压绕组线电动势，与高压绕组对应线电动势的相位差的一种标志。连接组的组号可以根据高、低压绕组的同名端和绕组的接法来确定。下面分别以 Yy0 连接组和 Yd11 连接组为例进行说明。

（1）Yy0 连接组

图 2-47(a)为变压器的三相绕组连接图，其高、低压绕组均为星形接法。由于高、低压绕组的首端为同名端，故高、低压绕组对应的相电动势 $\dot{E}_A$ 和 $\dot{E}_a$ 同相，$\dot{E}_B$ 和 $\dot{E}_b$ 同相，$\dot{E}_C$ 和 $\dot{E}_c$ 同相；相应地，高、低压侧对应的线电动势亦为同相位，即 $\dot{E}_{AB}$ 和 $\dot{E}_{ab}$ 同相，$\dot{E}_{BC}$ 和 $\dot{E}_{bc}$ 同相，$\dot{E}_{CA}$ 和 $\dot{E}_{ca}$ 同相，画出电动势相量图如图 2-47(b)所示。若采用时钟表示法，即将 $\dot{E}_{AB}$ 指向时钟的 12 点，则 $\dot{E}_{ab}$ 也指在 12 点上，因此称该变压器的连接组别标号为 Yy0。可以看出，此时二次侧的线电压与对应的一次侧的线电压之间没有出现相位移。

通过改变三相变压器高、低压绕组的排列和绕组的首末端标志，Yy 连接的三相变压器一共可得 Yy0、Yy2、Yy4、Yy6、Yy8、Yy10 六种偶数组号。

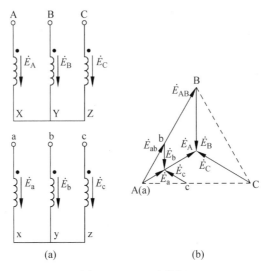

图 2-47 Yy0 连接组

（2）Yd11 连接组

图 2-48(a)为三相绕组连接图,高压绕组为星形接法,低压绕组按 ax—cz—by 的顺序依次连成三角形。由于高、低压绕组的首端为同名端,故高压绕组和低压绕组对应相的相电动势为同相位。但高压侧线电动势 $\dot{E}_{AB}$ 与低压侧线电动势 $\dot{E}_{ab}$ 的相位差为 330°,如图 2-48(b)所示。如果将 $\dot{E}_{AB}$ 指向时钟的 12 点,则 $\dot{E}_{ab}$ 指在 11 点上,因此称该变压器的连接组别标号为 Yd11。可以看出,此时二次侧的线电压均与对应的一次侧的线电压之间出现了 30°电角度的相位移。

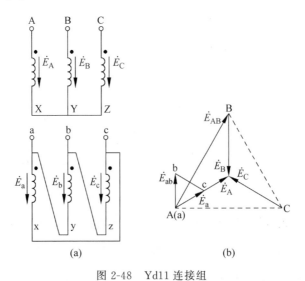

图 2-48 Yd11 连接组

同理,对于 Yd 连接的三相变压器,通过改变低压侧的极性和相序的标志,一共可得 Yd1、Yd3、Yd5、Yd7、Yd9、Yd11 六种奇数组号。

此外,三相变压器还可接成 Dy 连接或 Dd 连接。

以上各种不同的连接组别,除组号为 0 的外,在其余的连接组别中,其二次侧的线电压与一次侧的线电压之间均会出现不同角度的相位移。

变压器的连接组别如此之多,为了不引起混乱,我国对三相电力变压器的标准连接组别作了规定,Yyn0、Yd11、YNd11、YNy0 和 Yy0 为标准组别,其中前三种最为常用。

2.3.3 自耦变压器与互感器

1. 自耦变压器

普通双绕组变压器的一、二次绕组之间仅有磁的耦合,没有电的直接联系,自耦变压器可以看成是普通双绕组变压器的一种特殊连接,如图 2-49 所示。自耦变压器的一、二次侧共用一部分绕组,使其一、二次绕组之间既有磁的联系,又有电的直接联系。

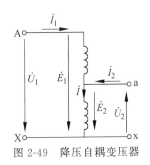

图 2-49　降压自耦变压器

1) 自耦变压器的电压、电流关系

如图 2-49 所示,假定各物理量的参考方向与普通双绕组变压器相同。

当忽略漏阻抗压降时,一、二次侧电压关系为

$$\frac{U_1}{U_2} \approx \frac{E_1}{E_2} = \frac{N_1}{N_2} = K_a \tag{2-95}$$

式中,K_a 为自耦变压器的变比,N_1、N_2 分别为其一、二次绕组的匝数。

当自耦变压器负载运行时,按照图 2-49 规定的参考方向,公共部分的电流 $\dot{I}$ 为

$$\dot{I} = \dot{I}_1 + \dot{I}_2 \tag{2-96}$$

根据磁动势平衡关系,可得

$$\dot{I}_1(N_1 - N_2) + \dot{I} N_2 = \dot{I}_0 N_1 \tag{2-97}$$

将式(2-96)代入式(2-97)中,并忽略励磁电流产生的磁动势,整理后得

$$\dot{I}_1 = -\frac{N_2}{N_1} \dot{I}_2 = -\frac{1}{K_a} \dot{I}_2 \tag{2-98}$$

将式(2-98)代入式(2-96)中,得公共部分电流 $\dot{I}$ 为

$$\dot{I} = (1 - K_a) \dot{I}_1 = \left(1 - \frac{1}{K_a}\right) \dot{I}_2 \tag{2-99}$$

由以上分析可知,由于降压自耦变压器 $K_a > 1$,则 $(1 - K_a)$ 为负,而 $\left(1 - \frac{1}{K_a}\right)$ 为正,所以在忽略励磁电流时,$\dot{I}_1$ 和 $\dot{I}_2$ 是反相的,$\dot{I}_2$ 和 $\dot{I}$ 是同相的,它们之间的数值关系为 $I = I_2 - I_1$,且 $I_1 < I_2$。

2) 自耦变压器的容量关系

由图 2-49 可知,串联绕组 Aa 和公共绕组 ax 的额定容量分别为

$$S_{NAa} = U_{NAa} I_{1N} = (U_{1N} - U_{2N}) I_{1N} = \left(U_{1N} - \frac{U_{1N}}{K_a}\right) I_{1N}$$

$$= U_{1N} I_{1N}\left(1 - \frac{1}{K_a}\right) = S_N\left(1 - \frac{1}{K_a}\right) \tag{2-100}$$

$$S_{Nax} = U_{2N}I = U_{2N}\left(1 - \frac{1}{K_a}\right)I_{2N} = U_{2N}I_{2N}\left(1 - \frac{1}{K_a}\right) = S_N\left(1 - \frac{1}{K_a}\right) \qquad (2-101)$$

可见,自耦变压器的串联绕组和公共绕组的额定容量相等,均比自耦变压器额定容量要小。自耦变压器的额定容量为

$$S_N = U_{1N}I_{1N} = U_{2N}I_{2N} = U_{2N}(I + I_{1N}) = U_{2N}I + U_{2N}I_{1N} \qquad (2-102)$$

式(2-102)表明,自耦变压器的额定容量由两部分组成:一部分为绕组容量 $U_{2N}I$,它是通过电磁感应作用由一次侧传递到二次侧的容量;另一部分为传导容量 $U_{2N}I_{1N}$,它是通过电路上的连接,由一次侧电流通过二次绕组直接传导给负载的容量。

3) 自耦变压器的特点

与普通双绕组变压器相比,自耦变压器的特点有以下几项。

(1) 节省材料、成本低

变压器的重量和尺寸决定于其绕组容量,由于自耦变压器的绕组容量小于额定容量,在相同的额定容量下,自耦变压器的主要尺寸较小,更省材料、成本较低。

(2) 损耗小、效率高

由于铜线和硅钢片等有效材料消耗少,自耦变压器的铜损耗和铁芯损耗也相应地减小。另外,在计算功率时,由于自耦变压器有一部分为传导功率,其输出功率比双绕组变压器更大,因此效率较高,可达99%以上。

(3) 绝缘强度和过电压保护要求更高

由于自耦变压器一、二次绕组之间既有磁的联系,又有电的直接联系,所以当高压侧过电压时,会引起低压侧严重过电压,因此自耦变压器的绝缘强度和过电压保护措施要加强。

2. 互感器

互感器是一种测量用的变压器,分为电流互感器和电压互感器两种。

由于电力系统的电压范围高达几百千伏,电流可能为数十千安,因此需要通过互感器把测量回路与高压电网分开,以保证工作人员的安全;此外,通过互感器还可实现用小量程的电流表测量大电流,用低量程的电压表测量高电压。因此互感器广泛应用于电力系统各部门的测量和继电保护中。

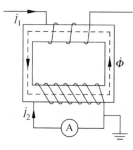

图 2-50　电流互感器

1) 电流互感器

电流互感器的原理图如图 2-50 所示。

电流互感器的一次绕组匝数 N_1 很少,仅有几匝甚至一匝,二次绕组匝数 N_2 较多。使用时,一次绕组串接于被测电流的电路中,二次绕组与电流表或功率表的电流线圈相连,由于电流线圈的阻抗很小,因此电流互感器在正常工作时相当于变压器运行在短路状态。

若忽略励磁电流,根据磁动势平衡关系有

$$\frac{I_1}{I_2} = \frac{N_2}{N_1} \rightarrow I_1 = \frac{N_2}{N_1}I_2 = K_i I_2$$

式中,K_i 为电流互感器的变流比。可见,只要选择合适的变流比 K_i,就可将电网上的大电流变为小电流进行测量。

通常,电流互感器的二次侧额定电流为 5 A 或 1 A,而一次侧电流的测量范围较宽,在不同的测量情况下可以选取不同的电流互感器。

由于上述分析忽略了励磁电流,因而实际应用中电流互感器总是存在着误差。按照误差的大小,电流互感器的准确度级分为 0.2、0.5、1.0、3.0 和 10 等 5 级。例如 1.0 级准确度就表示互感器在额定工作条件下,测量的最大误差不超过 1.0%。

使用电流互感器时必须注意以下几点。

(1) 电流互感器二次绕组绝对不允许开路,因为二次侧一旦开路,一次绕组的大电流全部用于励磁,使主磁通剧增达到超饱和状态,铁芯损耗剧增,铁芯过热而烧毁绕组绝缘,导致高压侧对地短路;另外,更为严重的是,会在二次绕组中感应出很高的电压,危害设备和工作人员的安全。

(2) 电流互感器的二次绕组必须可靠接地,以防绝缘损坏后,二次绕组接到高压引起伤害事故。

(3) 电流互感器的二次侧串入的电流表等测量仪表数不能过多,否则会因阻抗过大,增大误差。

2) 电压互感器

电压互感器的原理图如图 2-51 所示。

电压互感器的一次绕组匝数 N_1 较多,与被测电路并联,二次绕组匝数 N_2 少,接电压表或功率表的电压线圈,由于电压线圈的阻抗都很大,因此电压互感器在正常工作时相当于变压器运行在空载状态。

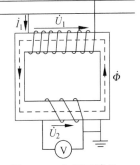

图 2-51　电压互感器

若忽略漏阻抗压降,有

$$\frac{U_1}{U_2} = \frac{N_1}{N_2} \Rightarrow U_1 = \frac{N_1}{N_2} U_2 = K_u U_2$$

式中,K_u 为电压互感器的变压比。可见,只要选择合适的变压比 K_u,就可将电网上的高电压变为低电压进行测量。

通常电压互感器的二次侧额定电压为 100 V 或 $100/\sqrt{3}$ V。

按照误差的大小,电压互感器的准确度级分为 0.2、0.5、1.0 和 3.0 等 4 级。

使用电压互感器时必须注意以下几点。

① 电压互感器二次侧不允许短路,否则会产生很大的短路电流而烧坏互感器。

② 为了使用安全,电压互感器的二次绕组连同铁芯一起必须可靠接地。

③ 电压互感器的二次侧不能并联过多的仪表,以免负载过大而使电流过大,引起较大的漏阻抗压降,影响测量的精度。

习题

2-1　试述交流绕组短距系数和分布系数的物理意义,为何这两系数总是小于或等于 1?

2-2　试述三相异步电动机的基本工作原理。

2-3　如何改变三相异步电动机的旋转方向?

2-4　什么是转差率?为什么三相异步电动机运行必须有转差率?如何根据转差率来判断

三相异步电机的运行状态?

2-5 一台 50 Hz,八极的三相异步电动机,额定转差率 $s_N = 0.04$,问该电动机的同步转速是多少? 额定转速是多少? 当该机运行在 700 r/min 时,转差率是多少? 当该机运行在 800 r/min 时,转差率是多少? 当该机起动时,转差率是多少?

2-6 一台额定频率为 50 Hz 的三相异步电动机,今通入 60 Hz 的三相对称交流电流,设电流大小不变,问此时基波合成磁势的幅值大小、转速和转向将如何变化?

2-7 与同容量的变压器相比,三相异步电动机的空载电流大,还是变压器的空载电流大? 为什么?

2-8 当三相异步电动机运行时,定、转子电动势的频率分别是多少? 由定子电流产生的旋转磁动势以什么速度截切定子,又以什么速度截切转子? 由转子电流产生的旋转磁动势以什么速度截切转子,又以什么速度截切定子? 它与定子旋转磁动势的相对速度是多少?

2-9 在分析三相异步电动机运行时,转子绕组要进行哪些折算? 为什么要进行这些折算? 折算的条件是什么?

2-10 三相异步电动机等效电路中的 $\dfrac{1-s}{s}R_2'$ 代表什么? 能否不用电阻而用电容或电感来代替? 为什么?

2-11 一台三相异步电动机,原来转子是插铜条的,后因损坏,改为铸铝,若要求输出同样的功率,则电机的运行性能有何变化?

2-12 说明三相异步电动机的机械负载增加时电动机定、转子各物理量的变化过程怎样。

2-13 通过三相异步电动机的空载实验和短路实验可分别测取三相异步电动机的哪些参数? 如何测取?

2-14 一台拖动恒转矩负载运行的同步电动机,忽略定子电阻,在功率因数为领先性的情况下,若减小励磁电流,电枢电流将怎样变化?

2-15 同步电动机为什么没有起动转矩? 一般如何使它起动? 起动时应注意什么问题?

2-16 试从起动与运行诸方面对异步电动机与同步电动机的优缺点作综合性比较。

2-17 什么是同步电机的功角特性? θ 角有什么意义?

2-18 变压器是根据什么原理变压的? 它的主要用途有哪些?

2-19 三相变压器的连接组标号由哪些因素决定? 如何确定变压器的连接组标号?

2-20 自耦变压器的绕组容量为什么小于变压器的额定容量? 一、二次侧的功率是如何传递的?

2-21 与普通双绕组变压器相比,自耦变压器有哪些优缺点?

2-22 电流互感器和电压互感器有何作用? 为什么电流互感器二次侧不允许开路,而电压互感器二次侧不允许短路?

2-23 有一三相交流绕组,极对数 $p = 3$,槽数 $Z = 54$,线圈节距 $y = 8$。求该绕组的短距系数、分布系数和绕组系数。并判断该绕组是整距绕组还是短距绕组,是集中绕组还是分布绕组。

2-24 一台四极,$Z = 36$ 的三相交流电机,采用双层叠绕组,并联支路数 $2a = 1$,$y = \dfrac{7}{9}\tau$,每

个线圈匝数 $N_C = 20$，每极气隙磁通 $\Phi_1 = 7.5 \times 10^{-3}$ Wb，试求每相绕组的感应电动势。

2-25 有一台额定功率为 1000 kW 的三相绕线型异步电动机，$f_1 = 50$ Hz，电动机的同步转速 $n_1 = 187.5$ r/min，$U_N = 6$ kV，Y 连接，$\cos \varphi_N = 0.75$，$\eta_N = 92\%$，定子绕组为双层叠绕组，$Z = 288$，$y = 8$ 槽，每槽内有 8 根有效导体，每相有两条支路。已知电动机的励磁电流 $I_m = 0.45 I_N$，试求三相基波励磁磁动势的大小。

2-26 一台三相异步电动机的额定功率 $P_N = 55$ kW，额定电压 $U_N = 380$ V，额定功率因数 $\cos \varphi_N = 0.89$，额定效率 $\eta_N = 91\%$，求该电动机的额定电流 I_N。

2-27 一台三相异步电动机，$P_N = 4.5$ kW，Y/△接线，380/220 V，$\cos \varphi_N = 0.8$，$\eta_N = 80\%$，$n_N = 1450$ r/min，试求：

(1) 定子绕组连接成 Y 形或△形时的定子额定电流；

(2) 同步转速 n_1 及定子磁极对数 p；

(3) 额定负载时的转差率 s_N。

2-28 一台三相异步电动机，已知 $U_N = 380$ V，$f_N = 50$ Hz，$n_N = 1455$ r/min，定子绕组△接法，$R_1 = 2.08 \ \Omega$，$X_{1\sigma} = 3.12 \ \Omega$，$R_2' = 1.525 \ \Omega$，$X_{2\sigma}' = 4.25 \ \Omega$，$R_m = 4.12 \ \Omega$，$X_m = 62 \ \Omega$。试求：

(1) 电动机的极数；

(2) 电动机的同步转速；

(3) 额定负载时的转差率和转子电流频率；

(4) 画出 T 形等效电路，并计算额定负载时的 I_1、P_1、$\cos \varphi_1$ 和 I_2'。

2-29 一台三相六极异步电动机，额定数据为：$P_N = 28$ kW，$U_N = 380$ V，$f_1 = 50$ Hz，$n_N = 950$ r/min，额定负载时，$\cos \varphi_1 = 0.88$，$p_{Cu1} + p_{Fe} = 2.2$ kW，$p_{mec} = 1.1$ kW，$p_{ad} = 0$，计算在额定负载时的 s_N、p_{Cu2}、η_N、I_1 和 f_2。

2-30 某三相绕线型异步电动机，$U_N = 380$ V，$f_1 = 50$ Hz，$R_1 = 0.5 \ \Omega$，$R_2 = 0.2 \ \Omega$，$R_m = 10 \ \Omega$，定子绕组△连接。当该电机输出功率 $P_2 = 10$ kW 时，$I_1 = 12$ A，$I_{2s} = 30$ A，$I_0 = 4$ A，$P_0 = 100$ W。求该电机的总损耗 $\sum p$、输入功率 P_1、电磁功率 P_{em}、机械功率 P_{mec} 以及功率因数 $\cos \varphi_1$ 和效率 η。

2-31 某三相六极异步电动机，已知电磁功率 $P_{em} = 4.58$ kW，机械功率 $P_{mec} = 4.4$ kW，输出功率 $P_2 = 4$ kW。求该电机此时的电磁转矩 T、输出转矩 T_2 和空载转矩 T_0。

2-32 一台三相四极异步电动机，$P_N = 10$ kW，$U_{1N} = 380$ V，$I_{1N} = 19.8$ A，定子绕组 Y 连接，$R_1 = 0.5 \ \Omega$，空载实验数据：线电压 $U_1 = 380$ V 时，$I_0 = 5.4$ A，$P_0 = 0.425$ kW，机械损耗 $p_{mec} = 0.08$ kW；短路实验数据：线电压 $U_k = 120$ V 时，$I_k = 18.1$ A，$P_k = 0.92$ kW。试计算出忽略空载附加损耗并认为 $X_{1\sigma} = X_{2\sigma}'$ 时的参数 R_2'、$X_{1\sigma}$、$X_{2\sigma}'$、R_m 和 X_m。

2-33 有一台隐极同步电动机，额定电压 $U_N = 6000$ V，额定电流 $I_N = 71.5$ A，定子绕组 Y 连接，$\cos \varphi_N = 0.9$（超前），同步电抗 $X_t = 48.5 \ \Omega$，定子绕组电阻 R_1 略去不计。试求额定运行时(1)空载励磁电动势 E_0；(2)功率角 θ；(3)电磁功率 P_{em}。

2-34 一台三相凸极同步电动机，定子绕组为 Y 连接，额定电压为 $U_N = 380$ V，直轴同步电

抗 $X_d = 6.06\ \Omega$，交轴同步电抗 $X_q = 3.43\ \Omega$。运行时电动势 $E_0 = 250\ \text{V}$(相值)，$\theta = 28°$，求电磁功率 P_{em}。

2-35 一台单相变压器，额定容量 $S_N = 50\ \text{kV·A}$，额定电压 $U_{1N}/U_{2N} = 10\ 000/230\ \text{V}$，变压器参数 $R_1 = 40\ \Omega$，$X_1 = 60\ \Omega$，$R_2 = 0.02\ \Omega$，$X_2 = 0.04\ \Omega$，$R_m = 2400\ \Omega$，$X_m = 12\ 000\ \Omega$。当用作降压变压器向外供电时，二次侧电压 $U_2 = 215\ \text{V}$，电流 $I_2 = 180\ \text{A}$，功率因数 $\cos\varphi_2 = 0.8$(电感性)。试用基本方程式求该变压器的 I_0、I_1 和 U_1。

第3章
电力拖动系统及其动力学原理

拖动是指由原动机带动生产机械运转，以完成一定的生产任务。而以各种电动机为原动机的拖动方式称为电力拖动。

电力拖动是当前各种拖动方式中最主要的拖动方式。一方面是因为电能的生产、输送和分配比较方便，电动机的类型和规格很多，性能各异，可以充分地满足各类生产机械的要求；另一方面，电机控制方便，便于实现自动化。近几十年来，随着计算机技术、电力电子技术和自动控制理论的发展，各种复杂的、先进的电力拖动自动控制系统得到了迅速发展，大大提高了生产机械的生产性能和自动化水平，这都是其他拖动方式难以达到的。电力拖动与计算机技术、电力电子技术和自动控制理论的结合已形成一门新的综合性的高新技术。

凡是由电动机作为动力拖动各类生产机械，将电能转变为机械能且完成一定的生产工艺要求的装置或系统，都称为电力拖动系统。

电力拖动系统一般由电动机、传动机构、生产机械、电源和控制设备五部分组成，如图 3-1 所示。电动机将电能转换成机械动力，用以拖动生产机械的某一工作机构。工作机构是生产机械为执行某一任务的机械部分。控制设备由各种电气元件装置组成，用以控制电动机的运转，从而对工作机构的运动实现自动控制。电动机与工作机构之间的传动机构，是将电动机的旋转运动经过中间变速或变换运动方式后，再传给生产机械的工作机构。电源用来向控制设备和电动机提供电能。

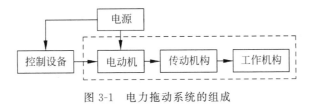

图 3-1　电力拖动系统的组成

虽然电力拖动系统中的电动机可以有不同种类和特性，生产机械的负载性质也可以各种各样，但从动力学角度来分析时，它们都服从动力学的统一规律。

3.1　电力拖动系统运动方程

电力拖动系统的内部关系主要表现为电动机与生产机械，也就是电动机与它的机械负载之间的关系。电力拖动系统的运动规律可以用动力学中的运动方程来描述。

首先用简单的单轴电力拖动系统进行分析。所谓单轴电力拖动系统，就是电动机转轴直接拖动生产机械运转的系统，如图 3-2 所示。

82

图 3-2　单轴电力拖动系统

电动机在单轴电力拖动系统中旋转运动,作用在电动机轴上的转矩有电动机的电磁转矩 T 和负载转矩 T_L。一般来说,电磁转矩是驱动性质的,负载转矩是反抗性质的。根据牛顿第二定律可知,它们必须遵循以下运动方程式:

$$T - T_L = J \frac{\mathrm{d}\Omega}{\mathrm{d}t} \qquad (3\text{-}1)$$

式中,J 为转动惯量,单位为 kg・m;Ω 为电动机轴的角速度,单位为 rad/s;$\frac{\mathrm{d}\Omega}{\mathrm{d}t}$ 为电动机轴的角加速度,单位为 rad/s²;$J \frac{\mathrm{d}\Omega}{\mathrm{d}t}$ 为电动机轴系统的惯性转矩或加速转矩。

工程上,常用转动惯量 J 或飞轮矩 GD^2(N・m²)来表示系统的惯性,系统的速度用转速 n(r/min)表示。GD^2 与 J 之间的关系为

$$J = m\rho^2 = \frac{GD^2}{4g}$$

式中,m 与 G 分别为旋转部分的质量(kg)和重量(N);ρ 与 D 分别为旋转部分的惯性半径与直径(m);$g = 9.81$ m/s² 为重力加速度。

角速度 Ω 与转速 n 的关系为

$$\Omega = \frac{2\pi n}{60}$$

将上面两式代入式(3-1)中,化简后即得实用的电力拖动系统的运动方程式

$$T - T_L = \frac{GD^2}{375} \frac{\mathrm{d}n}{\mathrm{d}t} \qquad (3\text{-}2)$$

式中,375 是一个具有加速度量纲的系数,其单位为 m/(min・s);转矩单位仍为 N・m;转速单位仍为 r/min。$T - T_L$ 称为动态转矩,动态转矩 $T - T_L$ 的大小决定了电力拖动系统的运行状态。这一点很重要,它提供了判断系统运行状态的依据,是分析系统运行的根据。

(1) 动态转矩 $T - T_L = 0$ 时,系统处于静止或恒转速运行的运动状态。

(2) 动态转矩 $T - T_L > 0$ 时,系统处于加速运动的过程中。

(3) 动态转矩 $T - T_L < 0$ 时,系统处于减速运动的过程中。

第一种运行状态中,系统无速率的变化,称为稳定运行状态,简称为稳态;后两种状态中,系统处于速度变化过程中,称为过渡过程,简称为动态。

必须注意,T 与 T_L 本身都是有方向的变量,其正方向的规定按电动机惯例:即以电动机转轴转速 n 的方向为参考方向,电磁转矩 T 的正方向与 n 相同,负载转矩 T_L 的正方向与 n 相反。在运用系统的运动方程式时,如果 T 或 T_L 的实际方向与规定的正方向相同,就用正数,否则就用负数。

3.2 负载转矩和飞轮矩的折算

实际的电力拖动系统,大多数并非如图 3-1 所示的单轴系统那样,电动机的转轴直接与工作机构相连,而是通过传动机构或变速装置再与工作机构相连,为多轴电力拖动系统。

图 3-3(a)所示为一个三轴电力拖动系统,工作机构的转速 n_L 与电动机转速 n 不同。由图中可看出这个系统的传动是通过二级齿轮减速机械来实现的。它有三根转速不同的转轴,三根轴上的转矩和飞轮矩都不尽相同。

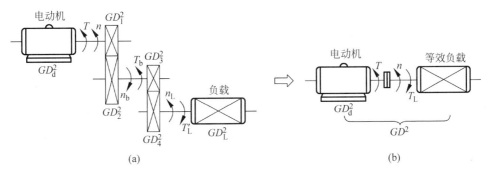

图 3-3 多轴电力拖动系统

分析这种系统,如果用单轴系统运动方程式研究其运行状态,则需对每根轴分别写出运动方程,再列出各轴间相互关系的方程,消去中间变量,联立求解。这种方法,对于三轴以上的系统,求解起来是非常烦琐的。

实际上,就电力拖动系统而言,一般不需要研究每根轴上的问题,而主要是把电动机作为研究对象。为此我们引入"折算"的概念,把传动机构和工作机械统一等效为电动机轴上的一个负载,将一个实际的多轴系统采用折算的办法等效为如图 3-2 所示的单轴系统,然后根据运动方程列出一个方程便可求解系统的运行状态。显然,这种方法比联立方程求解要简单得多。

折算的原则是:折算前后系统传递的功率及系统所储存的动能不变。这样,在分析计算该系统时,要从已知的实际负载转矩 T_L' 求出折算到电动机轴上的等效负载转矩 T_L,这称为负载转矩的折算;从已知的各转轴上的飞轮矩 GD_L^2、GD_4^2、GD_3^2、GD_2^2、GD_1^2,求出反映到电动机轴上的系统总飞轮矩 GD^2,这称为飞轮矩的折算。

转矩和飞轮矩的折算随工作机构运动形式不同而不同。

3.2.1 负载转矩的折算

1. 旋转运动

图 3-3(a)所示为一个经齿轮二级传动的多轴电力拖动系统(更多系统的折算可类推),工作机构为旋转运动形式。

根据折算原则,在第一级转速变换中,所传递的功率应维持不变,即有

$$T_L \Omega \eta_1 = T_b \Omega_b$$

式中,η_1 为第一级的传递效率;Ω、Ω_b 分别为 n、n_b 所对应的机械角速度;T_L、T_b 分别为经第一级传动前后的负载转矩。

用 n、n_b 分别代替 Ω、Ω_b,则有

$$T_L \frac{2\pi n}{60}\eta_1 = T_b \frac{2\pi n_b}{60}$$

整理得

$$T_L = \frac{n_b}{n}\frac{T_b}{\eta_1}$$

令 $j_1 = \dfrac{n}{n_b}$ 为第一级转速比,则有

$$T_L = \frac{T_b}{j_1 \eta_1} \tag{3-3}$$

上式说明,经一级转速变化后,下一级的负载转矩除以该级的传递效率与转速比的乘积,即为折算到上一级的负载转矩值。

同理,经第二级转速变换后,有

$$T_b = \frac{T'_L}{j_2 \eta_2} \tag{3-4}$$

式中,j_2、η_2 分别为第二级变换的转速比与传递效率;T'_L 为在负载轴端的实际负载转矩。将式(3-4)代入式(3-3)中,可得

$$T_L = \frac{T'_L}{j_1 j_2 \eta_1 \eta_2} = \frac{T'_L}{j\eta} \tag{3-5}$$

式中,$j = j_1 j_2$,若为 n 级传动,则 $j = j_1 j_2 \cdots j_n$;$\eta = \eta_1 \eta_2$,若为 n 级传动,则 $\eta = \eta_1 \eta_2 \cdots \eta_n$。

式(3-5)便是负载旋转运动时,将实际负载转矩 T'_L 折算到电动机轴上负载转矩 T_L 的折算公式。

2. 平移运动

根据有些生产机械的需要,要求经传动机构变换到负载端转换成平移运动,如图 3-4 所示。这样,在进行转矩折算时,可以不考虑传动机械内部的各级转换关系,而直接考虑电动机轴伸端与实际平动负载之间的关系。

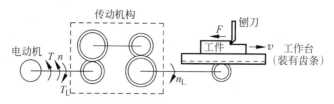

图 3-4　平移运动的电力拖动系统

根据折算原则,电动机轴伸端输出的旋转运动功率,乘以系统的传递效率后应等于实际负载端平移运动时所得的功率,即

$$T\Omega\eta = Fv$$

式中,η 为系统整个传递过程中的总效率;F 为工作机构作平移运动时所克服的阻力,单位为 N;v 为工作机构的平移速度,单位为 m/s。

系统稳定运动时,满足 $T = T_L$,所以有

$$T_L \Omega \eta = Fv \tag{3-6}$$

将 $\Omega = \dfrac{2\pi n}{60}$ 代入式(3-6)中,得

$$T_{\text{L}} \frac{2\pi n}{60} \eta = F v$$

所以

$$T_{\text{L}} = \frac{60 F v}{2\pi n \eta} = 9.55 \times \frac{F v}{n \eta} \tag{3-7}$$

式(3-7)便是负载平移运动时的负载转矩折算公式。

3.2.2 飞轮矩的折算

1. 旋转运动

由力学知识可知,旋转物体所储存的动能为

$$W = \frac{1}{2} J \Omega^2$$

根据折算前后旋转物体所储动能不变的折算原则,只要折算前后物体的 J 与 Ω^2 的乘积不变就可维持储能不变。而 J 反映在工程实用物理量中就是飞轮矩 GD^2,Ω 所对应的是 n。因此,折算前后实际上就是保持 GD^2 与 n^2 的乘积不变。

从图 3-3(a)可以看出,电动机本身的 GD_{d}^2 和第一级转速变换中的 GD_1^2,就是处于电动机转轴上的量,所以不需要折算。需要折算的仅是从 GD_2^2 以后的所有飞轮矩。

由于 GD_2^2 与 GD_3^2 同轴,为同一转速,故折算时可一并考虑。应用上述折算原则,可得

$$(GD_2^2 + GD_3^2)' n^2 = (GD_2^2 + GD_3^2) n_{\text{b}}^2$$

式中,加"$'$"的表示折算后的值。

所以,第一级飞轮矩折算公式为

$$(GD_2^2 + GD_3^2)' = \frac{n_{\text{b}}^2}{n^2}(GD_2^2 + GD_3^2) = \frac{GD_2^2 + GD_3^2}{j_1^2}$$

可见,飞轮矩的折算,只需将原值除以两轴之间传递的转速比平方,即飞轮矩是按照转速平方成反比来折算的,所以低速轴上的飞轮矩折算到高速轴上后就小多了。

以此类推,飞轮矩 GD_4^2 和 GD_{L}^2 经两级变换后折算到电动机轴伸端,应连续除以两级速比平方,即

$$(GD_4^2 + GD_{\text{L}}^2)' = \frac{GD_4^2 + GD_{\text{L}}^2}{j_1^2 j_2^2}$$

若 GD^2 经 n 级传动,则有

$$(GD^2)_n' = \frac{GD^2}{j_1^2 j_2^2 \cdots j_n^2}$$

这样,图 3-3(a)所示的多轴系统折算为图 3-3(b)所示的单轴系统后,总飞轮矩即为所有折算到电动机转轴上的飞轮矩之值的和,即

$$GD^2 = GD_{\text{d}}^2 + GD_1^2 + \frac{GD_2^2 + GD_3^2}{j_1^2} + \frac{GD_4^2 + GD_{\text{L}}^2}{j_1^2 j_2^2} \tag{3-8}$$

式(3-8)便是多轴系统中飞轮矩的折算关系式。

一般情况下,电力拖动系统均为减速传动系统,这样,在总的飞轮矩 GD^2 中,电动机转

子本身的飞轮矩 GD_d^2 占的比重最大,工作机构轴上的飞轮矩折算值占的比重较小,而传动机构飞轮矩的折算值所占比重则更小。因此在实际工作中,为了减少折算的麻烦,往往可以采用以下经验公式估算系统的总飞轮矩:

$$GD^2 = (1+\delta)GD_d^2$$

式中,GD_d^2 是电动机转子本身的飞轮矩,其值可以从产品目录中查得。δ 为小于 1 的数,一般取 $\delta = 0.2$ 左右。如果电动机轴上还有其他大飞轮矩的部件,如制动器闸轮等,δ 值则需加大。

2. 平移运动

与转矩折算的情况一样,飞轮矩也有一个对平移运动的折算问题。由力学知识可知,平运物体的动能为 $W = \dfrac{1}{2}mv^2$。设平移运动部件的重量为 G,故图 3-4 所示平动部分所具有的动能为

$$W = \frac{1}{2}mv^2 = \frac{1}{2}\frac{G}{g}v^2$$

设折算到电动机轴伸端的动能为

$$W' = \frac{1}{2}J_L\Omega^2 = \frac{1}{2}\frac{GD_L^2}{4g}\left(\frac{2\pi n}{60}\right)^2 = \frac{1}{2g}\frac{GD_L^2 n^2}{365}$$

根据动能守恒的折算原则,$W = W'$,即

$$\frac{1}{2}\frac{G}{g}v^2 = \frac{1}{2g}\frac{GD_L^2 n^2}{365}$$

所以

$$GD_L^2 = 365 \times \frac{Gv^2}{n^2} \tag{3-9}$$

式(3-9)为直线运动部分折算到电动机轴上的飞轮矩。而传动机构中转动部分 GD^2 的折算,则与前述相同,两部分之和才是系统的总飞轮矩。

如若采用以上的经验公式估算系统的总飞轮矩,当直线运动部分的速度不高时,它的成分也可包括在 δ 之内,而不需具体计算。

例 3-1 图 3-5 所示的电力拖动系统中,已知飞轮矩 $GD_a^2 = 14.5\ \text{N}\cdot\text{m}^2$,$GD_b^2 = 18.8\ \text{N}\cdot\text{m}^2$,$GD_L^2 = 120\ \text{N}\cdot\text{m}^2$,传动效率 $\eta_1 = 0.91$,$\eta_2 = 0.93$,转矩 $T_L' = 85\ \text{N}\cdot\text{m}$,转速 $n = 2450\ \text{r/min}$,$n_b = 810\ \text{r/min}$,$n_L = 150\ \text{r/min}$,忽略电动机空载转矩,求:

(1) 折算到电动机轴上的系统总飞轮矩 GD^2;

(2) 折算到电动机轴上的负载转矩 T_L。

解:(1) 系统总飞轮矩

$$GD^2 = \frac{GD_L^2}{\left(\dfrac{n}{n_L}\right)^2} + \frac{GD_b^2}{\left(\dfrac{n}{n_b}\right)^2} + GD_a^2 = \frac{120}{\left(\dfrac{2450}{150}\right)^2} + \frac{18.8}{\left(\dfrac{2450}{810}\right)^2} + 14.5$$

$$= 0.45 + 2.055 + 14.5 = 17.005(\text{N}\cdot\text{m}^2)$$

(2) 负载转矩

$$T_L = \frac{T_L'}{\dfrac{n}{n_L}\eta_1\eta_2} = \frac{85}{\dfrac{2450}{150}\times 0.91\times 0.93} = 6.15(\text{N}\cdot\text{m})$$

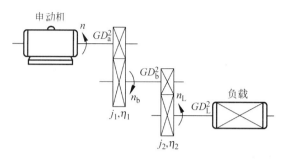

图 3-5　例 3-1 图

例 3-2　某刨床电力拖动系统如图 3-4 所示。已知切削力 $F=10\,000$ N，工作台与工件运动速度 $v=0.7$ m/s，传动机构总效率 $\eta=0.81$，电动机转速 $n=1450$ r/min，电动机的飞轮矩 $GD_{\mathrm{d}}^2=100$ N·m²，求：

（1）切削时折算到电动机轴上的负载转矩；

（2）估算系统的总飞轮矩；

（3）不切削时，工作台及工件反向加速，电动机以 $\dfrac{\mathrm{d}n}{\mathrm{d}t}=500$ r/(min·s)恒加速度运行，计算此时系统的动态转矩绝对值。

解：（1）切削功率

$$P=Fv=10\,000\times0.7=7000(\mathrm{W})$$

切削时折算到电动机轴上的负载转矩

$$T_{\mathrm{L}}=9.55\frac{Fv}{n\eta}=9.55\times\frac{7000}{1450\times0.81}=56.92(\mathrm{N\cdot m})$$

（2）估算系统总的飞轮矩

$$GD^2\approx1.2GD_{\mathrm{d}}^2=1.2\times100=120(\mathrm{N\cdot m^2})$$

（3）不切削时，工作台与工件反向加速时，系统动态转矩绝对值为

$$T=\frac{GD^2}{375}\frac{\mathrm{d}n}{\mathrm{d}t}=\frac{120}{375}\times500=160(\mathrm{N\cdot m})$$

3.2.3　位能性负载升降运动的折算问题

系统拖动位能性负载时，其工作机构是作升降运动的，如电梯、起重机等。升降运动也是直线运动，但又有其自己的特点，现以起重机为例来进行说明。

如图 3-6 所示系统，提升重物时，整个系统完全由电动机驱动，其情况与以上讨论的非位能性负载平动情况相同，其转矩折算从式(3-5)或式(3-7)都可得出式(3-10)。

$$T_{\mathrm{L}}^{\uparrow}=\frac{T_{\mathrm{L}}'}{j\eta^{\uparrow}}=\frac{GR}{j\eta^{\uparrow}}=9.55\frac{Gv}{n\eta^{\uparrow}}$$

$$(3\text{-}10)$$

式中，转矩及效率右上角的箭头表示该值是提升时的值(下面的分析将会发现，提升时的值与

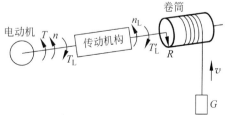

图 3-6　起重机电力拖动示意图

下放时的值不尽相同)。

式(3-10)中除以 $\eta^\uparrow$ (小于 1 的数)的物理意义是：由于系统的传动机构有摩擦损耗,致使要求电动机提供的转矩 T,也即反映到功率输入方的转矩 $T_L^\uparrow$ 变大了。所以提升重物时传动机构内部的损耗转矩为

$$\Delta T = \frac{GR}{j\eta^\uparrow} - \frac{GR}{j} = \frac{GR}{j}\left(\frac{1}{\eta^\uparrow} - 1\right)$$

下放重物时,重力起推动作用,成了原动的一方,拉着整个系统反向运动,而电动机的电磁转矩反而是起制动作用的。此时,功率的传递方向是由负载到电动机,传动机构的损耗应由负载来负担。因此在下放重物时,折算到电动机轴的负载转矩为

$$T_L^\downarrow = \frac{GR}{j}\eta^\downarrow = 9.55\frac{Gv}{n}\eta^\downarrow \tag{3-11}$$

式中, $\eta^\downarrow$ 为下放重物时系统的传递效率。

下放重物时传动机构内部的损耗转矩为

$$\Delta T = \frac{GR}{j} - \frac{GR}{j}\eta^\downarrow = \frac{GR}{j}(1 - \eta^\downarrow)$$

对于同一重物的提升和下放,可以认为传动机构的损耗转矩 ΔT 不变,即

$$\Delta T = \frac{GR}{j}(1 - \eta^\downarrow) = \frac{GR}{j}\left(\frac{1}{\eta^\uparrow} - 1\right)$$

故

$$1 - \eta^\downarrow = \frac{1}{\eta^\uparrow} - 1$$

$$\eta^\downarrow = 2 - \frac{1}{\eta^\uparrow} \tag{3-12}$$

提升效率 $\eta^\uparrow$ 与下放效率 $\eta^\downarrow$ 在数值上不相等,式(3-12)便是位能性负载拖动系统传动机构提升与下放时两效率之间的关系。

由式(3-12)可知,当 $\eta^\uparrow > 0.5$ 时, $\eta^\downarrow > 0$,这说明提升重物时由于 $\eta^\uparrow$ 比较大,系统传动机构内的损耗转矩较小,因此在下放重物时不足以制止重物自由下落,还需要电动机提供制动性质的转矩。

当 $\eta^\uparrow = 0.5$ 时, $\eta^\downarrow = 0$,此时意味着提升重物时,电动机的输出转矩只有一半去克服重力,另一半则消耗在传动机构中。因此,在下放时,重力作用刚好和损耗平衡,电动机不再承担任何转矩,折算到电动机轴上的等效转矩 T_L 为零。

当 $\eta^\uparrow < 0.5$ 时, $\eta^\downarrow < 0$,说明系统传动机构内部损耗更大,下放时重力产生的转矩不足以克服传动机构的损耗转矩,因此电动机必须产生与转速方向相同的转矩,以帮助重物下放,此时称为强迫下放。

在生产实际中, $\eta^\downarrow$ 为负值是有益的,可以起到一定的安全保护作用。这样的提升系统在正常负载的情况下,如果没有电动机下放方向的驱动,负载是掉不下来的,这称为提升机构的自锁作用,它对于像电梯这类涉及人身安全的提升机械尤为重要。要使 $\eta^\downarrow$ 为负,必须采用高损耗的传动机构,如蜗轮蜗杆传动,它的提升效率 $\eta^\uparrow$ 仅为 0.3～0.5。

升降运动与平移运动都属于直线运动,所以对飞轮矩的折算采用相同的方法。

3.3 典型负载转矩特性

由电力拖动系统的运动方程式可知,系统的运行状态取决于电动机及其负载的双方。因此,要分析系统的运行状态,既要知道电动机的电磁转矩 T 与转速 n 的关系,即电动机的机械特性 $n=f(T)$,也要知道生产机械的负载转矩 T_L 与转速 n 的关系,即生产机械的负载转矩特性 $n=f(T_L)$。对于电动机的机械特性,会在介绍各类电动机的工作原理时进行分析,此处,仅讨论各类生产机械的机械特性。

实际的电力拖动系统中生产机械多种多样,其机械特性也随之不尽相同。根据统计,大多数生产机械的负载转矩特性可归纳为三种典型类型:恒转矩负载特性、恒功率负载特性及泵类负载特性。

3.3.1 恒转矩负载特性

此类生产机械的负载转矩 T_L 与转速 n 无关,T_L 不随转速 n 的变化而变化,始终保持为一个常数,即 T_L=常数=C。根据负载转矩的方向是否与转向有关,恒转矩负载又可分为以下两类。

1. 反抗性恒转矩负载

反抗性恒转矩负载的特点是,负载转矩 T_L 作用的方向总是与运动方向相反,即总是阻碍运动的。当转速方向改变时,负载转矩 T_L 的大小不变,但作用方向随之改变,又可称为摩擦转矩负载。

对于反抗性恒转矩负载,当 n 为正方向时,T_L 也为正向;当 n 为负方向时,T_L 也改变方向变为负值。因此反抗性恒转矩负载特性曲线应在第一和第三象限内,如图 3-7 所示。

此类负载有:皮带运输机、轧钢机、机床刀架的平移,电车在平道上行驶等由摩擦力产生转矩的机械负载。

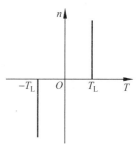

图 3-7 反抗性恒转矩负载特性

2. 位能性恒转矩负载

实际生产机械中,还有一类恒转矩负载,如起重机类生产机械,其工作方式是提升或下放重物。重物不论是作提升或下放运动,其重力总是向下的,且大小不会变化。因此,它所产生的负载转矩的方向也总是恒定的,不随运动方向变化而变化。

当提升重物时,T_L 与 n 的方向相反,是反抗性质的。设提升作为 n 的正方向,则根据负载转矩正方向的规定惯例,T_L 也为正,负载特性曲线位于第一象限;下放重物时,n 为负,而 T_L 的方向不变,仍为正,此时 T_L 与 n 的方向相同,是助动性质的,负载特性曲线位于第四象限,如图 3-8 所示。

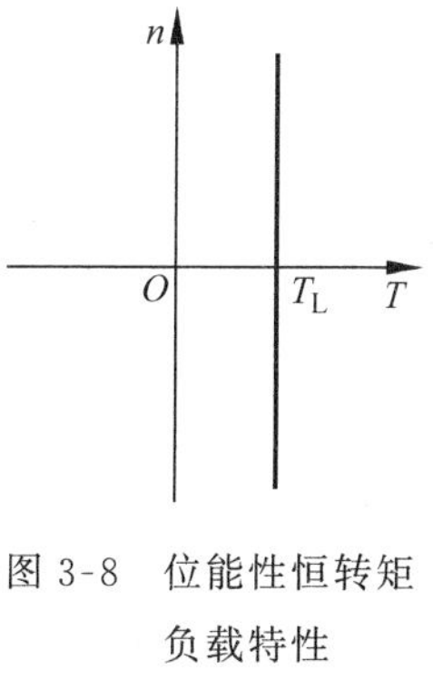

图 3-8 位能性恒转矩负载特性

在这种负载组成的系统中,电动机的做功是为了改变重物的位能,在运行中由重物产生的转矩又因位能性质决定其大小和方向均不变,所以将这类负载称为位能性恒转矩负载。

3.3.2　恒功率负载特性

恒功率负载的特点是:当转速 n 变化时,负载从电动机轴上吸收的功率基本不变。

众所周知,负载从电动机吸收的功率就是电动机轴上输出的机械功率 P_2。又因为 $P_2 = T_L \Omega$,所以有

$$T_L = \frac{P_2}{\Omega} = P_2 \frac{60}{2\pi n}$$

当 P_2 为常数时,由上式可见,负载转矩 T_L 与转速 n 成反比,而 T_L 的方向始终与 n 的方向相反。负载转矩特性曲线是一条双曲线,如图 3-9 所示。

金属切削机床在进行粗加工时,切削量大,阻力矩较大,所以要低速切削;而在精加工时,切削量小,阻力矩也小,所以切削速度较高,这样就保证了高、低速时的切削功率不变。轧钢机轧制钢板时,工件小时高速低转矩,工件大时低速高转矩。具有这样一类特点的生产机械,都近似为恒功率负载。

3.3.3　泵类负载特性

属于泵类负载的生产机械有:通风机、水泵、油泵和螺旋桨等流体机械。其共同特点是负载转矩 T_L 和转速 n 的平方成正比,即

$$T_L = kn^2$$

式中,k 为比例常数。因其转矩也属于反抗性质,n 为正时 T_L 也为正,因此泵类负载特性曲线是一条抛物线,如图 3-10 所示。

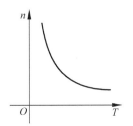

图 3-9　恒功率负载特性曲线

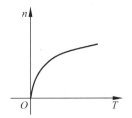

图 3-10　泵类负载的转矩特性曲线

应该指出的是,以上几种负载特性,只是将生产中的实际负载经过简化而归纳出来的典型形式,实际负载要比这复杂得多,可能是以某种典型为主或某几种典型的结合。例如实际的鼓风机,除了主要是泵类负载特性外,轴承摩擦又是反抗性的恒转矩负载特性,只是运行时后者数值较小而已。因此在分析实际的系统时,要根据具体情况,具体分析。

分析电力拖动系统时,负载转矩特性都作为已知量对待。

3.4　电力拖动系统稳定运行的判据

首先应该明确的是此处讨论的稳定运行条件,指的是静态稳定运行中的判据,而不是动态稳定运行(由于大扰动而引起的动态稳定运行问题,不在此讨论之列)的问题。所谓静态稳定问题,是指由微小的扰动而引起的稳定运行问题。

如前所述,电力拖动系统主要由电动机与生产机械负载两部分组成。因此,电力拖动系统的运行状况,便是由电动机的机械特性与生产机械的负载转矩特性共同决定的。因而,电力拖动系统的静态稳定运行问题的分析,也便围绕电动机的机械特性与生产机械的负载转矩特性的配合问题而展开,并进而推导出系统的静态稳定运行的判据。

某一电动机与某一生产机械组成的电力拖动系统能否运行,首要条件是其二者的特性曲线之间要有交点。而静态稳定运行的问题就是在该交点附近的这一区域内,当系统出现扰动后,系统是否还能回到该点继续运行。而这一问题的实质就是当系统出现扰动,也即电动机的输出和机械负载的输入均在瞬间发生变化后,电动机输出的变化能否跟上机械负载输入的变化。如若电动机输出的变化能够跟上机械负载输入的变化,该系统在该区域内便是稳定的,否则便是不稳定的。

电动机在系统内出现扰动后,其输出的变化情况是因电动机的种类而异的。常见的电力拖动系统,主要是直流电动机拖动系统、三相异步电动机拖动系统,以及三相同步电动机拖动系统。而组成这三种拖动系统的三种电动机,其输出变化的规律是不一样的,它们又分为两类:直流电动机和三相异步电动机属于同一类,其规律是转矩随转速的变化而变化(当然功率也随之变化);而三相同步电动机的转速是不变的,它属于另一类,其规律是转矩随功率角的变化而变化(功率也当然随之正比变化)。

也就是说,从电力拖动系统稳定运行的这个角度来说,电力拖动系统也分为两类,一类是转矩随转速而变化的直流电动机拖动系统和三相异步电动机拖动系统,另一类是转矩随功率角而变化的三相同步电动机拖动系统。

由此可见,对电力拖动系统稳定运行的判据的分析也应分两种类型。

3.4.1　直流电动机拖动系统与三相异步电动机拖动系统

为了能具一般性,以下分析不考虑具体是什么样的电动机,即无论是直流电动机还是异步电动机;也不考虑具体是什么样的机械特性,即无论是下倾斜的机械特性,还是上翘的机械特性;也不局限于什么样的外部原因,即无论是负载出现扰动,还是电动机的供电电压出现扰动等,只考虑电动机的机械特性与负载的机械特性之间的关系,由此所得到的当然是一般性的结论。

图 3-11 所示为两组某一电动机的机械特性 $n=f(T)$,以及某一负载(或原动机)的机械特性 $n=f(T_L)$ 的组合。在图 3-11(a)中,两机械特性的变化率(即斜率)的大小关系为 $\dfrac{\mathrm{d}T}{\mathrm{d}n}<\dfrac{\mathrm{d}T_L}{\mathrm{d}n}$,而在图 3-11(b)中,则为 $\dfrac{\mathrm{d}T}{\mathrm{d}n}>\dfrac{\mathrm{d}T_L}{\mathrm{d}n}$。

首先假定系统运行在图 3-11(a)中的 A 点,此时系统的运行转速为 n。然而此时机组

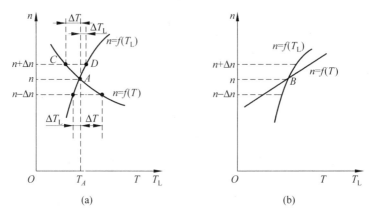

图 3-11 电动机的机械特性与负载的机械特性

的运行是否是稳定的呢？现验证如下。

假设由于外界干扰，使系统的转速发生变化，例如由 A 点对应的转速 n 增加到 $n+\Delta n$，则由电动机的机械特性可知，电磁转矩 T 变为对应于 C 点的转矩，其数值比在 A 点时小，但负载转矩 T_L 却增大，对应于负载机械性上的 D 点，此时 $T_L>T$，此时系统将减速，这一过程一直延续到恢复为原来的转速 n 为止。至此，电磁转矩 T 又重新与负载的机械转矩 T_L 相等，系统又回到 A 点以原来的转速 n 稳定运行。

同理，由于某种原因发生干扰，使转速减为 $n-\Delta n$，则负载转矩 T_L 减小，而电磁转矩 T 却增大。因此 $T>T_L$，系统加速。这一过程一直延续到恢复为原来的转速 n 为止。可见，系统在经受外来的暂时干扰后，也能返回原来的工作点稳定运行。

综上分析可知，在如图 3-11(a)所示的条件下，系统能稳定运行，即

$$\frac{\mathrm{d}T}{\mathrm{d}n} < \frac{\mathrm{d}T_L}{\mathrm{d}n}$$

反之，若电力拖动系统的机械特性 $n=f(T)$，如图 3-11(b)所示。这时假定系统起初运行在两特性曲线的交点 B，相应的转速为 n。如若此时外界干扰使转速升高了 Δn，变为 $n+\Delta n$。从图上可见 $T>T_L$，因此系统加速，转速又再上升。而转速上升之后，新的 T 比 T_L 大得更多，这样系统又将进一步加速。如此循环往复，系统将无限升速，因而不能返回原来的工作点 B。可见，系统在这种情况下是不能稳定运行的；如若此时外来干扰使转速突然降低至 $n-\Delta n$，则 $T<T_L$，系统将进一步减速。而由图可见，转速越低则 T 越小于 T_L，因此系统的减速将愈甚，直至转速为零。可见，系统在这样的特性组合中是不能稳定运行的，即当

$$\frac{\mathrm{d}T}{\mathrm{d}n} > \frac{\mathrm{d}T_L}{\mathrm{d}n}$$

时系统不能稳定运行。

可见，三相异步电动机和直流电动机这类电磁功率随转速而变化的电动机，其静态稳定的判据为

$$\frac{\mathrm{d}T}{\mathrm{d}n} < \frac{\mathrm{d}T_L}{\mathrm{d}n}$$

3.4.2　三相同步电动机拖动系统

同步电动机的转速是恒定不变的,其电磁功率随功率角的变化而变化。下面将证明,无论扰动来自何种情况,即无论扰动是来自机械负载,还是来自电网电压的波动,同步电动机的静态稳定判据是唯一的。

1. 扰动来自机械负载时的情形

同步电动机的功率角关系如图 3-12 所示,它带一恒定的(实际情况大都如此)机械负载 P_T 运行,并将 P_T 也同时表示在上述同步电动机的功率角关系图上,如图 3-12 所示。

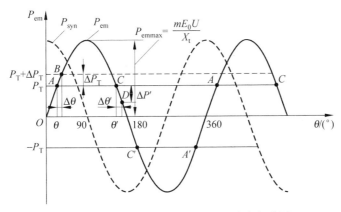

图 3-12　同步电动机稳定运行时的功率角范围

从图 3-12 中看来,电动机与机械负载的特性曲线有两个交点,分别为 A 点和 C 点,但实际上只有在 A 点的运行是稳定的,分析如下。

设原先在 A 点运行,如若某时机械负载出现一微小的突增 ΔP_T,而由于电动机的功率角 θ 瞬间来不及变化,因而其输出功率在这一瞬间将维持不变。这样,由于在这一瞬间电动机对机械负载输出的不支,导致电动机定转子之间的夹角增大(因为机械负载就加在电动机的转子上),这也就是说功率角会增大,从 θ 到 $\theta+\Delta\theta$。由于电动机的输出功率随功率角的增大而增大,因而于 B 点又与机械负载达到功率平衡。如若机械负载的功率不再变化,也即该扰动不再消失,同时也不再出现新的扰动,这时系统便在 B 点上稳定运行;如若扰动消失,即 $\Delta P_T=0$,机械负载的功率仍然为 P_T,这时电动机输出的电磁功率 $P_{em}+\Delta P>P_T$,电动机的功率角 θ 减小,系统的运行点向 A 点运动,直至在 A 点上稳定运行。

再来分析在 C 点的情况(这时功率角为 $\theta'>90°$):当机械负载发生某种扰动,比如机械负载出现一微小的突增 $\Delta P'$,这时电动机定转子之间的夹角同样也会增大,比如增大到 $\theta'+\Delta\theta'$,这时便处于图中 D 点。而此处的电磁功率反而是减小的,在这种情况下,即使扰动消失,由于该点处电动机的电磁功率已小于机械负载的功率 P_T,因而无法达到新的功率平衡。且该趋势会愈演愈烈,直至电动机失去同步。因此,系统在 C 点附近是不能稳定运行的。

纵观上述情况,系统在 A 点附近$\left(\text{即功率角 }\theta\text{ 处于 }0°\sim90°\text{的区间内,也即 }\dfrac{\mathrm{d}P_{em}}{\mathrm{d}\theta}>0\right)$是能稳定运行的,而在 C 点附近$\left(\text{即功率角 }\theta\text{ 处于 }90°\sim180°\text{的区间内,也即 }\dfrac{\mathrm{d}P_{em}}{\mathrm{d}\theta}<0\right)$是不能稳

定运行的。再加上机械负载的功率为 P_T 是基本恒定的,即它对功率角 θ 的变化率为零,也即 $\dfrac{\mathrm{d}P_T}{\mathrm{d}\theta}=0$,同步电动机稳定运行的判据应为

$$\frac{\mathrm{d}P_{em}}{\mathrm{d}\theta} > \frac{\mathrm{d}P_T}{\mathrm{d}\theta}$$

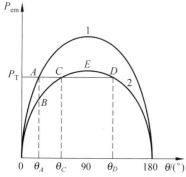

图 3-13 同步电动机的功角特性

2. 扰动来自电网电压波动时的情形

当电网电压出现波动时,同步电动机的功角特性如图 3-13 所示,运用上述扰动原理的方法,同理可分析得出其静态稳定的判据也为

$$\frac{\mathrm{d}P_{em}}{\mathrm{d}\theta} > \frac{\mathrm{d}P_T}{\mathrm{d}\theta}$$

综上所述,电力拖动系统中常用的三大电动机分为两类,一类是其电磁功率随转速而变化的,即直流电动机和三相异步电动机,其静态稳定运行的判据为

$$\frac{\mathrm{d}T}{\mathrm{d}n} < \frac{\mathrm{d}T_L}{\mathrm{d}n}$$

另一类是其电磁功率随功率角而变化的电动机,即三相同步电动机,其静态稳定判据为

$$\frac{\mathrm{d}P_{em}}{\mathrm{d}\theta} > \frac{\mathrm{d}P_T}{\mathrm{d}\theta}$$

习题

3-1 什么叫电力拖动系统? 它由哪几部分组成? 各起什么作用?

3-2 说明电力拖动系统的运动方程式中 T、T_L、$\dfrac{GD^2}{375}\dfrac{\mathrm{d}n}{\mathrm{d}t}$ 的物理概念,并指出 T、T_L、n 三者之间正方向的关系。

3-3 从运动方程式如何判断系统是处于加速、减速、稳定运行、静止等哪种工作状态?

3-4 将多轴系统折算为单轴系统时,哪些是需要进行折算的? 折算的原则是什么?

3-5 工作机构进行水平平移运动时,传动机构损耗由电动机承担还是由负载承担?

3-6 起重机提升重物与下放重物时,传动机构损耗由电动机承担还是由重物承担? 提升或下放同一重物时,传动机构损耗的转矩一样大吗? 传动机构的效率一样高吗?

3-7 假定电车前进方向为转速的参考方向,试定性画出电车在水平路面行驶及下陡坡时的负载机械特性。

3-8 系统工作的平衡点与稳定点有何不同? 电力拖动系统稳定运行的条件是什么?

3-9 图 3-14 中曲线 1 为电动机的机械特性,曲线 2 为负载的机械特性,试判断在哪些交点上系统可以稳定运行。

3-10 某多轴电力拖动系统中电动机的转速为 1500 r/min,负载的转速为 150 r/min,负载实际转矩为 1000 N·m,传动效率为 0.8,求折算到电动机轴上的负载转矩。

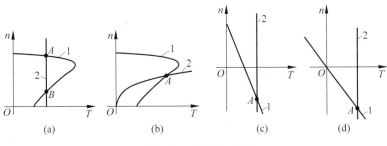

图 3-14　习题 3-9 图

3-11　电梯的传动机构效率在上升时为 $\eta^{\uparrow} < 0.5$，$\eta^{\uparrow} = 0.4$ 的电梯若下降时，其效率是多大？若上升时负载转矩的折算值 $T_{\mathrm{L}} = 150\,\mathrm{N \cdot m}$，下降时为多少？$\Delta T$ 为多大？

3-12　图 3-15 所示的某车床电力拖动系统中，已知切削力 $F = 2000\,\mathrm{N}$，工件直径 $d = 150\,\mathrm{mm}$，电动机转速 $n = 1450\,\mathrm{r/min}$，减速箱的三级速比 $j_1 = 2$，$j_2 = 1.5$，$j_3 = 2$，各转轴的飞轮矩为：$GD_{\mathrm{a}}^2 = 3.5\,\mathrm{N \cdot m^2}$（电动机轴），$GD_{\mathrm{b}}^2 = 2\,\mathrm{N \cdot m^2}$，$GD_{\mathrm{c}}^2 = 2.7\,\mathrm{N \cdot m^2}$，$GD_{\mathrm{d}}^2 = 9\,\mathrm{N \cdot m^2}$，各级的传动效率分别都是 $\eta = 0.9$，求：

（1）切削功率；

（2）电动机输出功率；

（3）系统总飞轮矩；

（4）当忽略电动机空载转矩时，电动机的电磁转矩；

（5）车床开车但未切削时，若电动机加速度 $\dfrac{\mathrm{d}n}{\mathrm{d}t} = 800\,\mathrm{r/min \cdot s}$，忽略电动机空载转矩，但不忽略传动机构损耗转矩，求电动机的电磁转矩。

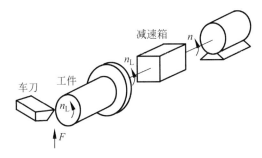

图 3-15　习题 3-12 图

3-13　某起重机电力拖动系统如图 3-16 所示。电动机 $P_{\mathrm{N}} = 20\,\mathrm{kW}$，$n_{\mathrm{N}} = 950\,\mathrm{r/min}$，传动机构速比 $j_1 = 3$，$j_2 = 3.5$，$j_3 = 4$，各级齿轮传递效率 $\eta_1 = \eta_2 = \eta_3 = 0.95$，各轴上的飞轮矩 $GD_{\mathrm{a}}^2 = 123\,\mathrm{N \cdot m^2}$，$GD_{\mathrm{b}}^2 = 49\,\mathrm{N \cdot m^2}$，$GD_{\mathrm{c}}^2 = 40\,\mathrm{N \cdot m^2}$，$GD_{\mathrm{d}}^2 = 465\,\mathrm{N \cdot m^2}$，卷筒直径 $d = 0.6\,\mathrm{m}$，吊钩重 $G_0 = 1962\,\mathrm{N}$，被吊重物 $G = 49\,050\,\mathrm{N}$，忽略电动机空载转矩，忽略钢丝绳重量，忽略滑轮传递的损耗，求：

（1）以速度 $v = 0.3\,\mathrm{m/s}$ 提升重物时，负载（重物及吊钩）转矩、卷筒转速、电动机输出转矩及电动机转速；

（2）负载及系统的飞轮矩（折算到电动机轴上）；

（3）以加速度 $a = 0.1 \text{ m/s}^2$ 提升重物时，电动机输出的转矩。

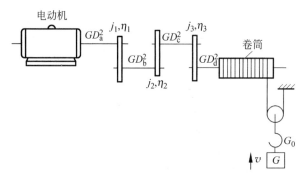

图 3-16 习题 3-13 图

第 **4** 章

直流电动机的电力拖动

尽管近年来交流异步电动机变频调速技术得到了飞速发展,交流调速系统已有广泛应用。但是,由于直流电动机起动转矩大、调速性能好、起动制动及运行控制方便,因而在工业等应用领域中仍占有一席之地。

以直流电动机作为驱动机械的电力拖动系统称为直流电力拖动系统。本章将以由他励直流电动机组成的直流电力拖动系统为主,分析电力拖动系统的运行。

如前所述,电力拖动系统是由直流电动机与机械负载组成的,而直流电动机又是系统运行的驱动机械,因而直流电动机的机械特性便对系统的运行特性起着决定性的作用。下面先分析他励直流电动机的机械特性。

4.1 他励直流电动机的机械特性

所谓机械特性,是指在一定条件下,电动机产生的电磁转矩 T 与转速 n 之间的关系。他励直流电动机的机械特性是指,在电源电压 U、磁通 Φ 及电枢总电阻均为常数的条件下,电动机的电磁转矩 T 与转速 n 之间的关系曲线,即 $n=f(T)$。

在第 2 章中,已经讨论过如图 4-1 所示的他励直流电动机。按照电动机惯例的正方向,可列出电枢回路的电压平衡方程式如下:

$$U = E_a + I_a(R_a + R_\Omega) \tag{4-1}$$

而电动机的电磁转矩和感应电动势分别为

$$T = C_T \Phi I_a, \quad E_a = C_e \Phi n \tag{4-2}$$

将式(4-2)代入式(4-1),整理后便得

$$n = \frac{U}{C_e \Phi} - \frac{R_a + R_\Omega}{C_e C_T \Phi^2} T \tag{4-3}$$

或写成

$$n = n_0 - \beta T \tag{4-4}$$

式中,n_0 为理想空载转速,$n_0 = \dfrac{U}{C_e \Phi}$;$\beta$ 为机械特性的斜率,$\beta = \dfrac{R_a + R_\Omega}{C_e C_T \Phi^2}$。

这便是他励直流电动机机械特性的一般表达式。

式(4-3)表示的机械特性曲线如图 4-2 所示,为跨越三个象限的一条下倾直线。当 β 值较小时,机械特性较平,称为硬特性;当 β 值较大时,特性较斜,称为软特性。

由式(4-3)可知,电动机的机械特性是由电枢电压 U、每极磁通 Φ 及电枢回路总电阻等条件综合决定的。改变其中任何一个条件,都会带来机械特性的变化。

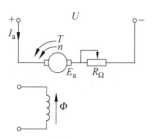

图 4-1　他励直流电动机原理图

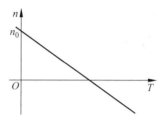

图 4-2　他励直流电动机的机械特性

4.1.1　固有机械特性

在他励直流电动机的供电电压 $U=U_N$，励磁磁通 $\Phi=\Phi_N$，电枢回路外串电阻 $R_\Omega=0$ 的情况下所对应的机械特性，称为他励直流电动机的固有机械特性。此时与式(4-3)、式(4-4)所对应的公式便写成

$$n=\frac{U_N}{C_e\Phi_N}-\frac{R_a}{C_eC_T\Phi_N^2}T \tag{4-5}$$

或

$$n=n_0-\beta_N T \tag{4-6}$$

式中，固有机械特性的理想空载转速 $n_0=U_N/(C_e\Phi_N)$，斜率 $\beta_N=R_a/(C_eC_T\Phi_N^2)$，用曲线表示时，如图 4-3 所示。

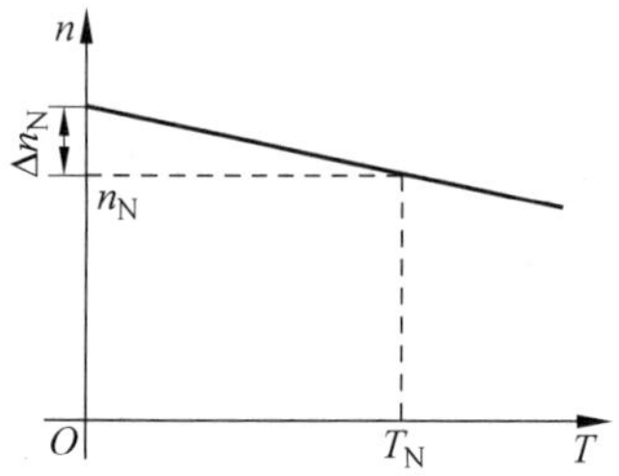

在固有机械特性上，当电动机带额定负载 T_N 运行时，它所对应的转速称为额定转速 n_N，即

$$n_N=n_0-\beta_N T_N=n_0-\Delta n_N$$

式中，$\Delta n_N=\beta_N T_N$ 称为额定转速降。

由于电动机电枢回路只有很小的电枢电阻 R_a，因此 β_N 值较小，额定转速降 Δn_N 也较小，故固有机械特性是一条略微下降的直线，属于硬特性。

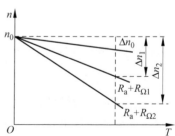

图 4-3　他励直流电动机固有机械特性

4.1.2　人为机械特性

电力拖动系统运行时，经常需要人为地改变电动机的工作条件，以获得所需要的机械特性，这种特性统称为人为机械特性。从式(4-3)可以看出，运行时可改变的量有：电枢端电压 U、气隙每极磁通量 Φ 及电枢回路串联电阻 R_Ω。

1. 电枢回路串电阻 R_Ω 的人为机械特性

在 $U=U_N$，$\Phi=\Phi_N$，电枢回路总电阻为 R_a+R_Ω 的条件下，人为机械特性方程式为

$$n=\frac{U_N}{C_e\Phi_N}-\frac{R_a+R_\Omega}{C_eC_T\Phi_N^2}T \tag{4-7}$$

电枢回路串接不同电阻的人为机械特性如图 4-4 所示。此特性的特点如下。

图 4-4　电枢回路串电阻的人为特性

（1）理想空载转速 n_0 保持不变，斜率 β 随 R_Ω 的增大而增大。所以电枢串接不同电阻的人为机械特性，为通过理想空载转速点的一组放射性直线。

（2）在输出一定的电磁转矩时，转速降 Δn 与电枢回路总电阻成正比，即

$$\Delta n_0 : \Delta n_1 : \Delta n_2 : \cdots = R_a : (R_a + R_{\Omega 1}) : (R_a + R_{\Omega 2}) : \cdots \tag{4-8}$$

2. 改变供电电压 U 的人为机械特性

如果电枢回路采用可以调节输出电压的直流电源供电，改变其电压 U 即可得到一组人为机械特性。在 $\Phi = \Phi_N, R_\Omega = 0, U \neq U_N$ 的条件下，机械特性方程式为

$$n = \frac{U}{C_e \Phi_N} - \frac{R_a}{C_e C_T \Phi_N^2} T \tag{4-9}$$

对应于不同电压的人为机械特性如图 4-5 所示。此人为机械特性的特点如下。

（1）理想空载转速 n_0 与 U 成正比，n_0 点随着电压的降低而下移。

（2）β 保持不变，转速降 Δn 不变。所以改变电压的人为机械特性，为一组与固有特性平行的直线。

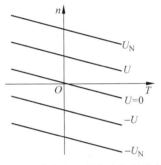

图 4-5　改变电压的人为机械特性

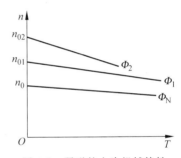

图 4-6　弱磁的人为机械特性

3. 减弱磁通的人为机械特性

在他励直流电动机的励磁回路中串接电阻 R_f，并调节其阻值，或者调节励磁电源电压 U_f 的大小，都可以改变磁通 Φ。由于电机磁路基本饱和，一般采用减小励磁的办法来改变磁通 Φ。在 $U = U_N, R_\Omega = 0, \Phi < \Phi_N$ 的条件下，机械特性方程式为

$$n = \frac{U_N}{C_e \Phi} - \frac{R_a}{C_e C_T \Phi^2} T \tag{4-10}$$

对应于不同励磁电流的弱磁机械特性如图 4-6 所示。此人为机械特性的特点如下。

（1）根据式（4-10），$n_0 \propto \dfrac{1}{\Phi}$，$\beta \propto \dfrac{1}{\Phi^2}$，因此随着磁通的减小，$n_0$ 升高而 β 也增大。

（2）不同励磁电流时的弱磁机械特性是一组既不平行又无共同交点的直线。

4.1.3　他励直流电动机机械特性的工程计算与绘制

在电力拖动系统运行的工程实际中，常常根据电动机铭牌或产品目录给出的数据计算出机械特性，目的是为了正确选择拖动系统中的电动机。

1. 固有机械特性的计算与绘制

如前所述，他励直流电动机的固有机械特性是一直线，而任一直线只需任意两点便

可确定,因此关键是找到特性曲线上的两个运行点。通常可选择额定运行点和理想空载点。

(1) 理想空载点: $n = n_0, T = 0$。

(2) 额定运行点: $n = n_N, T = T_N$。

首先计算 n_0,

$$n_0 = \frac{U_N}{C_e \Phi_N} \tag{4-11}$$

其中仅 $C_e \Phi_N$ 未知,而

$$C_e \Phi_N = \frac{E_{aN}}{n_N} = \frac{U_N - I_N R_a}{n_N} \tag{4-12}$$

可见只需求得 R_a,便可求出 $C_e \Phi_N$,进而求得 $C_T \Phi_N$ 和 n_0。

R_a 的求取方法有两种:实测法和估算法。其中估算法更为简单实用。

一般来说,普通直流电动机(如 Z、Z_2 系列电动机,特殊直流机除外)额定铜损耗占总损耗的 $1/2 \sim 2/3$,而电动机额定运行时的总损耗 $\sum p_N$ 为

$$\sum p_N = U_N I_N - P_N$$

由上所述,得

$$p_{CuN} = I_N^2 R_a = \left(\frac{1}{2} \sim \frac{2}{3} \right)(U_N I_N - P_N)$$

故

$$R_a = \left(\frac{1}{2} \sim \frac{2}{3} \right) \frac{U_N I_N - P_N}{I_N^2} \tag{4-13}$$

上式就是求取直流电动机电枢电阻 R_a 的估算公式。式中 U_N、I_N、P_N 分别为电压、电流和功率的额定值,铭牌数据中均已提供,单位分别为 V、A、W。

再计算 T_N,

$$T_N = C_T \Phi_N I_N = 9.55 C_e \Phi_N I_N \tag{4-14}$$

因此,对应额定运行时,额定转速 n_N 的额定转矩 T_N 便可由式(4-14)求得,也即额定运行点可确定。至此已求出两点坐标 $(n_0, 0)$ 和 (n_N, T_N),据此便可画出机械特性曲线。根据 $\beta_N = R_a/(C_e C_T \Phi_N^2)$ 求出 β_N 后,便可根据 $n = n_0 - \beta_N T$ 写出固有机械特性表达式了。

2. 人为机械特性的计算和绘制

在求出固有机械特性之后,便可很方便地计算各种人为机械特性了。这时只要将人为改变后的电压 U、磁通 Φ 和电枢所串电阻 R_Ω 代入相应的方程式,便可求得人为机械特性的函数表达式:

$$n = n_0' - \beta' T \tag{4-15}$$

在绘制机械特性曲线时,可任选一个电磁转矩的值代入式(4-15),求得对应的转速。

例 4-1 他励直流电动机的铭牌数据为: $P_N = 1.75$ kW, $U_N = 110$ V, $I_N = 20.1$ A, $n_N = 1450$ r/min,试求:

(1) 固有机械特性,并画出曲线;

(2) 磁通为 $80\% \Phi_N$ 时的人为机械特性;

（3）电枢电压为 $50\%U_N$ 时的人为机械特性。

解：（1）据式（4-13）估算电枢电阻 R_a

$$R_a = \frac{1}{2} \cdot \frac{U_N I_N - P_N}{I_N^2} = \frac{1}{2} \times \frac{110 \times 20.1 - 1.75 \times 1000}{20.1^2} = 0.57(\Omega)$$

计算 $C_e \Phi_N$

$$C_e \Phi_N = \frac{U_N - I_N R_a}{n_N} = \frac{110 - 20.1 \times 0.57}{1450} = 0.068$$

理想空载转速

$$n_0 = \frac{U_N}{C_e \Phi_N} = \frac{110}{0.068} = 1618(\text{r/min})$$

额定电磁转矩

$$T_N = 9.55 C_e \Phi_N I_N = 9.55 \times 0.068 \times 20.1 = 13.1(\text{N} \cdot \text{m})$$

$$\beta_N = \frac{R_a}{C_e C_T \Phi_N^2} = \frac{R_a}{9.55(C_e \Phi_N)^2} = \frac{0.57}{9.55 \times 0.068^2} = 12.9$$

所以，固有机械特性的表达式为

$$n = n_0 - \beta_N T = 1618 - 12.9T$$

根据两点坐标

$$\begin{cases} n_0 = 1618 \text{ r/min} \\ T = 0 \end{cases}, \quad \begin{cases} n_N = 1450 \text{ r/min} \\ T_N = 13.1 \text{ N} \cdot \text{m} \end{cases}$$

画出特性曲线如图 4-7 所示。

（2）$\Phi' = 0.8\Phi_N$

$$C_e \Phi' = 0.8 C_e \Phi_N = 0.8 \times 0.068 = 0.054$$

$$n_0' = \frac{U}{C_e \Phi'} = \frac{110}{0.054} = 2037(\text{r/min})$$

$$\beta' = \frac{R_a}{9.55(C_e \Phi')^2} = \frac{0.57}{9.55 \times 0.054^2} = 20.47$$

所以

$$n = n_0' - \beta' T = 2037 - 20.47T$$

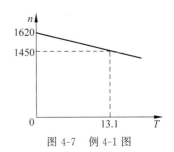

图 4-7　例 4-1 图

（3）$U' = 50\%U_N = 0.5 \times 110 = 55(\text{V})$

$$n_0'' = \frac{U'}{C_e \Phi_N} = \frac{55}{0.068} = 808.8(\text{r/min})$$

$$\beta'' = \beta_N = 12.9$$

所以

$$n = n_0'' - \beta'' T = 808.8 - 12.9T$$

人为机械特性曲线从略。

4.2　他励直流电动机的起动

所谓直流电动机的起动，是指电动机接通电源后，由静止状态加速到某一稳态转速的全过程。虽然起动过程持续的时间很短，但正确的起动方法是安全合理地使用直流电动机的重要保证之一。对他励直流电动机的起动要求如下。

(1) 起动电流 I_{st} 不能过大,就 Z_2 系列直流电动机而言,$I_{st} \leqslant 2I_N$。

(2) 起动过程中的损耗 Δp_{st} 不能过大。

(3) 起动过程中,电动机产生的起动转矩 T_{st} 应足够大,且使 $T_{st} > T_L$。

否则,起动时电机发热、温度升高、使用寿命降低,或者因起动时间持续过长而影响生产效率。此外,还要求起动设备和控制装置简单、经济、安全可靠、操作方便。

直流电动机的起动方法有全压起动、降压起动以及电枢回路串电阻分级起动三种。下面就这三种方法进行分析。

4.2.1　全压起动

全压起动也称为直接起动,是指在接通励磁之后,不采取任何限制起动电流的措施,将电枢直接接到额定电压的直流电源上起动。由于拖动系统的机械惯性较大,因此起动开始瞬间转速 $n=0$,$E_a=0$,而电枢回路总电阻 R_a 很小,致使起动电流迅速上升到最大值,I_{st} 为

$$I_{st} = \frac{U_N - E_a}{R_a} \approx \frac{U_N}{R_a}$$

此时的起动转矩为:$T_{st} = C_T \Phi_N I_{st}$。全压起动过程可以用如图 4-8 所示的机械特性曲线来说明。通电后,因起动转矩 $T_{st} > T_L$,电动机立即起动并迅速加速。随着转速 n 的升高,E_a 也在增大,这时 I_a 和 T 在不断下降。但只要 $T > T_L$,n 便仍然升高。这时工作点沿着电动机的机械特性曲线向上移动,直到电动机机械特性与负载机械特性的交点 A 处,$T = T_L$,起动过程结束,电动机以转速 n_A 稳定运行。

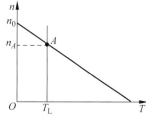

图 4-8　全压起动时的机械特性

全压起动不需要附加任何备用起动设备,操作简便。主要缺点是起动电流太大,I_{st} 可达 10~20 倍的额定电流。如此大的起动电流会使换向器产生强烈的火花,甚至导致环火,并使电网电压瞬时明显下降,影响其他用电设备的正常工作。此外,过大的起动转矩产生的机械冲击,还可能损伤拖动机构的齿轮等部件。因此,只有额定容量在几百瓦以下的直流电动机,才能在额定电压下直接起动。其他直流电动机不允许全压起动,必须采取措施将起动电流限制在 1.5~2 倍的额定电流范围之内。

4.2.2　降压起动

为了减小起动电流,可采用降压起动的办法。即采用可调电压的直流电源供电,通过降低电源电压以限制最大起动电流。他励直流电动机降压起动的原理如图 4-9(a) 所示。起动前先调好励磁,然后把电源电压由低向高调节。当最低电压所对应的人为机械特性上的起动转矩 $T_{st} > T_L$ 时,电动机便开始起动。起动后,随着转速上升,便相应提高电压,将电枢电流限制在一定范围之内的同时,获得较大电磁转矩以获得所需的加速转矩。逐级升高电压,电动机就逐级起动。起动过程的机械特性如图 4-9(b) 所示。

在实际的电力拖动系统中,电压的升高是由自动控制环节自动调节的,它能保证电压连续平滑升高。该方法平滑性好、能量损耗小、持续时间短、易于实现自动控制。因此,是一种

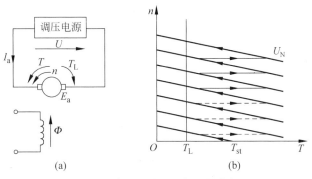

图 4-9　降压起动原理与机械特性

较为理想的起动方法。但该方法要求有专门的可调直流电源,增加了初期投资,故多用于要求频繁起动的场合,以及大中型直流电动机的起动。

4.2.3　电枢回路串电阻分级起动

为了限制起动电流,还可以在起动时在电枢回路内串入起动电阻。为了减小切除起动电阻时的冲击电流和缩短起动过程,起动时通常采用分级起动法。因此,分级起动时切换点的设置便是首先要解决的问题。

1. 分级起动切换点的设置

下面以三级起动为例来说明这个问题。图 4-10(a)为一个三级起动的直流电动机电枢回路的电路图。

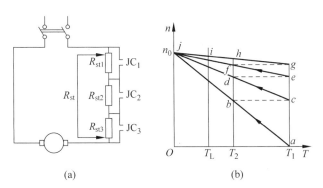

图 4-10　他励直流电动机串电阻三级起动

受设备本身及线路上其他用户等因素的制约,起动时有一个最大允许电流 I_{max} 的限制(与之对应的有 T_{max})。在定设置点时,为了满足快速起动的要求,且考虑电动机的过载能力,一般要求

$$I_1 = I_{max} = K_m I_N \approx 2I_N \quad 或 \quad T_1 = T_{max} = K_m T_N \approx 2T_N$$

式中,K_m 为允许过载倍数,通常 K_m 的值在 2 左右。

其次,为了使起动过程中始终有一个较大的转矩,一般切换电流 I_2 选为

$$I_2 \approx 1.2I_N \quad 或 \quad T_2 \approx 1.2T_N$$

也可以选为

$$I_2 \approx 1.2 I_{\text{Lmax}} \qquad \text{或} \qquad T_2 \approx 1.2 T_{\text{Lmax}}$$

这样,如图 4-10(b)所示,分级起动的级数 m、起始电流 I_1 及切换电流 I_2 一旦确定,在维持起始电流和切换电流不变的原则下,固有机械特性以下的各条串电阻的人为机械特性是唯一确定的。因此,它对应的各段电阻值也就唯一确定了。

下面,先简述一下以上的三级起动时的整个起动过程,然后介绍各段分级电阻的计算方法。

整个过程大致为:起始开始时,R_{st} 全部串在电枢回路中,a 点即为第一个起始点。在起始转矩 T_1 的作用下,系统从静止开始运动,运行点沿该特性线 abj 从 a 运动到 b 点。此时电流为 I_2,转矩为 T_2。当切除第一段电阻 R_{st3} 时,可将 JC$_3$ 触头闭合,电枢回路中仅剩下 $R_a + R_{\text{st1}} + R_{\text{st2}}$。这时,运行点从 b 跳到与该电阻值相应的特性线 cdj 上的 c 点上。而后,又沿该特性线运动至 d 点。当再度切除 R_{st2} 时,运行点又从 d 跳到对应的特性线 efj 上的 e 点,系统再由 e 点沿该特性线运动到 f。当最后一段起动电阻 R_{st1} 也被切除时,运行点又从 f 跳到固有特性线的 g 点上,而后沿固有特性线经 h 点运动到负载特性与它的交点 i 上,并最终在 i 点上稳定运行。至此,整个起动过程结束。

2. 分级起动各级电阻的计算

计算各级起动电阻时,以起动过程中起动电流及切换电流不变为原则。在切换电阻瞬间,电动机的转速不能突变,所以在如图 4-10(b)所示的 b 点和 c 点,有 $n_b = n_c$,$E_b = E_c$。

在 b 点上有

$$I_2 = \frac{U - E_b}{R_a + R_{\text{st1}} + R_{\text{st2}} + R_{\text{st3}}}$$

在 c 点上有

$$I_1 = \frac{U - E_c}{R_a + R_{\text{st1}} + R_{\text{st2}}}$$

以上两式相除,且考虑到 $E_b = E_c$,得

$$\frac{I_1}{I_2} = \frac{R_a + R_{\text{st1}} + R_{\text{st2}} + R_{\text{st3}}}{R_a + R_{\text{st1}} + R_{\text{st2}}} = \nu$$

式中,令 $\nu = \dfrac{I_1}{I_2} = \dfrac{T_1}{T_2}$,称为起动电流比(或起动转矩比)。

同理可证,各相邻两级之间起动电流比等于该两级之间电枢回路总电阻之比,即

$$\nu = \frac{R_a + R_{\text{st1}}}{R_a} = \frac{R_a + R_{\text{st1}} + R_{\text{st2}}}{R_a + R_{\text{st1}}} = \frac{R_a + R_{\text{st1}} + R_{\text{st2}} + R_{\text{st3}}}{R_a + R_{\text{st1}} + R_{\text{st2}}}$$

若已知起动电流比 ν,各级电阻可计算如下:

$$\left.\begin{aligned}
R_a + R_{\text{st1}} &= \nu R_a \\
R_a + R_{\text{st1}} + R_{\text{st2}} &= \nu (R_a + R_{\text{st1}}) \\
R_a + R_{\text{st1}} + R_{\text{st2}} + R_{\text{st3}} &= \nu (R_a + R_{\text{st1}} + R_{\text{st2}})
\end{aligned}\right\} \tag{4-16}$$

因而,各级外接起动电阻便可求得

$$\left.\begin{aligned}
R_{\text{st1}} &= (\nu - 1) R_a \\
R_{\text{st2}} &= (\nu - 1)(R_a + R_{\text{st1}}) \\
R_{\text{st3}} &= (\nu - 1)(R_a + R_{\text{st1}} + R_{\text{st2}})
\end{aligned}\right\} \tag{4-17}$$

若将对以上三级起动的讨论推广至 m 级的一般情况,则电枢回路总电阻为

$$R_{\mathrm{a}} + R_{\mathrm{st}} = \nu^m R_{\mathrm{a}} \tag{4-18}$$

式中,$R_{\mathrm{st}} = R_{\mathrm{st1}} + R_{\mathrm{st2}} + R_{\mathrm{st3}} + \cdots + R_{\mathrm{st}n}$ 为各分级外接起动电阻之和,即总起动电阻。

这样,ν、m 可由以下两式定出,即

$$\nu = \sqrt[m]{\frac{R_{\mathrm{a}} + R_{\mathrm{st}}}{R_{\mathrm{a}}}} = \sqrt[m]{\frac{R_{\mathrm{m}}}{R_{\mathrm{a}}}} \tag{4-19}$$

$$m = \frac{\lg \dfrac{R_{\mathrm{m}}}{R_{\mathrm{a}}}}{\lg \nu} \tag{4-20}$$

式中,$R_{\mathrm{m}} = R_{\mathrm{a}} + R_{\mathrm{st}}$,为 m 级起动时电枢回路总电阻,$R_{\mathrm{m}} = U_{\mathrm{N}}/I_1$。

故式(4-19)又可写成

$$\nu = \sqrt[m]{\frac{U_{\mathrm{N}}}{I_1 R_{\mathrm{a}}}} \tag{4-21}$$

一般情况下,U_{N}、I_1、R_{a} 已知,因此若选定级数 m,便可求出 ν,进而求出各级电阻;若给定一定范围的 ν,可利用式(4-20)定出起动级数 m。一般情况下,求出的结果 m 不一定为整数,这时应将 m 取整,然后再用取整后的 m 利用式(4-19)重新计算 ν,进而算出各级起动电阻。由于 ν 的取值可在一定的范围内变动,故求出的 m 值就可能不是唯一的。一般说来,m 取得大,起动时每级之间的间隔就小,切换时的冲击电流也就小,但起动设备的费用随之增加。故应根据实际情况综合加以考虑。

例 4-2 一台他励直流电动机:$P_{\mathrm{N}} = 21\ \mathrm{kW}$,$U_{\mathrm{N}} = 220\ \mathrm{V}$,$I_{\mathrm{N}} = 115\ \mathrm{A}$,$n_{\mathrm{N}} = 980\ \mathrm{r/min}$。如果最大允许起动电流倍数 $K_{\mathrm{m}} = 2$,负载电流 $I_{\mathrm{L}} = 0.8 I_{\mathrm{N}}$,求电动机起动电阻的级数及电阻值。

解:(1) 确定 m

$$R_{\mathrm{a}} = \frac{1}{2}\left(\frac{U_{\mathrm{N}}}{I_{\mathrm{N}}} - \frac{P_{\mathrm{N}} \times 10^3}{I_{\mathrm{N}}^2}\right) = \frac{1}{2}\left(\frac{220}{115} - \frac{21\,000}{115^2}\right) = 0.163\,(\Omega)$$

$$I_1 = K_{\mathrm{m}} I_{\mathrm{N}} = 2 I_{\mathrm{N}} = 230\,(\mathrm{A})$$

$$R_{\mathrm{m}} = \frac{U_{\mathrm{N}}}{I_1} = \frac{220}{230} = 0.957\,(\Omega)$$

$$I_2' = 1.2 I_{\mathrm{Lmax}} = 1.2 \times 0.8 I_{\mathrm{N}} \approx I_{\mathrm{N}} = 115\,(\mathrm{A})$$

$$\nu' = \frac{I_1}{I_2} = \frac{2 I_{\mathrm{N}}}{I_{\mathrm{N}}} = 2$$

由式(4-20),有

$$m = \frac{\lg \dfrac{R_{\mathrm{m}}}{R_{\mathrm{a}}}}{\lg \nu'} = \frac{\lg \dfrac{0.957}{0.163}}{\lg 2} = \frac{0.769}{0.301} = 2.555$$

取 $m = 3$,由式(4-19)得

$$\nu = \sqrt[3]{\frac{R_{\mathrm{m}}}{R_{\mathrm{a}}}} = \sqrt[3]{\frac{0.957}{0.163}} = 1.804$$

$$I_2 = \frac{I_1}{\nu} = \frac{230}{1.804} = 127.5\,(\mathrm{A})$$

$$I_L = 0.8I_N = 0.8 \times 115 = 92(\text{A})$$

$$\frac{I_2}{I_L} = \frac{127.5}{92} = 1.386$$

该值略大于 1.2 左右的取值范围，这样起动时间可短些。若取 $m=2$，那样求得 $I_2/I_L=1.03$，又太小了，起动时间延长太多，故最后还是定为 $m=3$。

(2) 计算各段电阻值

$$R_{st1} = (\nu-1)R_a = (1.804-1) \times 0.163 = 0.131(\Omega)$$

$$R_{st2} = (\nu-1)(R_a+R_{st1}) = (1.804-1) \times (0.163+0.131) = 0.236(\Omega)$$

$$R_{st3} = (\nu-1)(R_a+R_{st1}+R_{st2}) = (1.804-1) \times (0.163+0.131+0.236) = 0.426(\Omega)$$

4.3 他励直流电动机的制动

当一他励直流拖动系统工作完毕后需要停车，最简单的方法是保持励磁电流不变并断开电枢回路电源。这时电动机的电磁转矩 T 为零，在空载损耗阻转矩 T_0 的作用下，系统运转速度缓慢下降，最后达到停车目的。这种不外施任何转矩的停车方法称为自由停车。运用这种方法时，由于停车过程中阻转矩 T_0 很小，因此整个过程往往需要持续较长的时间，这将影响系统的运转效率。此外，对某些需要紧急刹车的负载来说，更是不允许的。因此在工程实际中常常需要采取制动措施。

制动的含义是：在旋转轴上施加一个与旋转方向相反的转矩，使拖动系统从某一稳定转速很快减速停车；或是限制电动机转速的升高，使电动机在某一转速下稳定运行，以确保设备和人身安全。所加的转矩可以是电动机自身的电磁转矩，也可以是制动闸的机械摩擦转矩。前者称为电磁制动，后者称为机械制动。电磁制动的制动转矩大、制动时间短，便于控制，容易实现自动化，因而在电机系统中得到广泛应用。

应该指出的是，制动有两种情形。一种是制动过程，是指使系统从某一运行点的转速逐渐下降到另一低转速点，或使之停车的这一过渡过程；另一种是制动运行状态，是指运行于电动机的特性曲线与负载的特性曲线的交点上的一种稳定运行状态。两者的共同之处在于其 T 与 n 的方向都是相反的，都是反抗运动的，即都起制动作用。

直流电动机的电磁制动有三种基本方式：能耗制动、反接制动、回馈制动。下面分析他励直流电动机的这几种制动方法。

4.3.1 能耗制动

1. 能耗制动过程

他励直流电动机拖动反抗性负载运行时，采用能耗制动可使系统迅速停车。能耗制动的接线图如图 4-11(a)所示。制动时保持励磁电流不变，将接触器触点 JC_1 断开，使电枢脱离电源。同时将触点 JC_2 闭合，将电枢并接到用于制动的外接电阻 R_b 上。由于机械惯性，电动机转速 n 及 E_a 均保持切换前的数值不变。因此时电压 $U=0$，则制动开始瞬间电枢电流为

$$I_a = \frac{-E_a}{R_a+R_b} < 0 \tag{4-22}$$

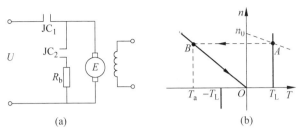

图 4-11 能耗制动过程

可见，$I_a < 0$，相应地，$T = C_T \Phi_N I_a < 0$，T 与 n 的方向相反，电磁转矩为制动性质，致使系统减速而停车。

能耗制动时，$U = 0$，$\Phi = \Phi_N$，$R = R_a + R_b$，因而其机械特性表达式为

$$n = -\frac{R_a + R_b}{C_e C_T \Phi_N^2} T \tag{4-23}$$

由式(4-23)可知，能耗制动的机械特性是一条通过坐标原点，与串电阻 R_b 的人为机械特性相平行的直线，如图 4-11(b)所示。如果制动前电动机在固有特性线上 A 点运行，切换制动状态后，因 n 不能突变，工作点由 A 点过渡到能耗制动特性线上的 B 点。因 B 点的电磁转矩 $T_B < 0$，在转矩 $(-|T_B| - T_L)$ 的作用下，系统迅速减速，工作点沿能耗制动机械特性线下滑，制动转矩及制动电流的绝对值也随之逐渐减小至零，系统减速直至停转，这就是能耗制动的全过程。

由于换向能力和机械强度等限制，一般直流电动机制动过程中的最大电枢电流应限制在 $2I_N$ 左右。当选定该最大制动电流 I_{amax} 后，则电枢回路需串入的制动电阻的最小值为

$$R_{bmin} = \frac{E_a}{I_{amax}} - R_a \tag{4-24}$$

式中，E_a 为制动开始时的电枢电动势。

在能耗制动过程中，电源供给电动机的功率 $P_1 = 0$，电动机依靠系统中存储的动能做功而继续旋转。根据电磁功率 $P_{em} = E_a I_a = T\Omega < 0$，轴上输出功率 $P_2 = T\Omega < 0$ 可知，这时电动机将系统的惯性动能全部消耗在电枢回路总电阻上。能耗制动的功率流向图如图 4-12 所示。

能耗制动操作简便，利用了系统的动能来获取制动转矩，可使拖动反抗性负载的系统迅速停车。其主要缺点是制动转矩随制动过程而减小，因而可能使制动过程时间延续较长。

2. 能耗制动运行

当他励直流电动机拖动位能性恒转矩负载，在第 Ⅰ 象限正向作电动运行(即提升重物)后欲将重物下放，可采用能耗制动运行。具体过程如图 4-13 所示。当电动机减速到原点时，由于 $n = 0$，$T = 0$，在位能性负载作用下，$T < T_L$，电动机将继续减速，也就是开始反转。电动机的运行点沿着机械特性曲线从 0 到 C 点，C 点处 $T_C = T_L$，系统稳定运行于 C 点，恒速下放重物。在 C 点由于电磁转矩 $T_C > 0$，而转速 $n_C < 0$，T 为制动性转矩。因此，这种稳定运行状态称为能耗制动运行。

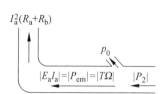

图 4-12　能耗制动的功率流向图

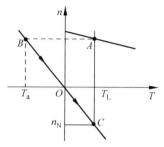

图 4-13　能耗制动运行的机械特性

能耗制动运行时的功率关系与能耗制动过程是相同的,所不同的只是在能耗制动运行状态下,输入到电机的机械功率是由位能性负载减少位能储存来提供的。

例 4-3　一台他励直流电动机的铭牌数据为 $P_N = 22\ \text{kW}, U_N = 220\ \text{V}, I_N = 116\ \text{A}, n_N = 1500\ \text{r/min}$,(1)带反抗性恒转矩负载在额定工作状态时进行能耗制动。取最大制动电流 $I_{amax} = 2I_N$,试求电枢回路中应串接的制动电阻 R_b;(2)若该电机拖动起重机,当转轴上负载转矩为额定转矩的 2/3(即电枢电流为额定电流的 2/3)时,要求电机在能耗制动状态下,以 800 r/min 的速度下放重物,试求电枢回路应串入的电阻 R_c。

解：(1) $R_a = \dfrac{2}{3}\dfrac{U_N I_N - P_N}{I_N^2} = \dfrac{2}{3} \times \dfrac{220 \times 116 - 22 \times 10^3}{116^2} = 0.174(\Omega)$

$E_{aN} = U_N - I_N R_a = 220 - 116 \times 0.174 = 199.8(\text{V})$

$\sum R_a = \dfrac{E_{aN}}{I_{amax}} = \dfrac{199.8}{2 \times 116} = 0.86(\Omega)$

$R_b = \sum R_a - R_a = 0.86 - 0.174 = 0.686(\Omega)$

(2) $C_e \Phi_N = \dfrac{E_{aN}}{n_N} = \dfrac{199.8}{1500} = 0.133$

$I_a = \dfrac{2}{3} I_N = \dfrac{2}{3} \times 116 = 77.3(\text{A})$

$n = -\dfrac{R_a + R_c}{C_e \Phi_N} I_a$

$R_c = \dfrac{-n C_e \Phi_N}{I_a} - R_a = \dfrac{-(-800) \times 0.133}{77.3} - 0.174 = 1.20(\Omega)$

4.3.2　反接制动

当他励直流电动机的电枢电压 U 与电枢电动势 E_a 由原来方向相反变为方向一致时,电动机便进入反接制动状态。反接制动分电压反接和电动势反接两种。

1. 电压反接制动过程

电压反接制动的接线图如图 4-14(a)所示。制动时保持励磁电流不变,断开接触器触头 JC,同时接通接触器触头 JC_1,将电源电压反向加给电枢回路。与此同时,为限制反接时的电枢电流冲击,在电枢回路串入了限制电阻 R_{b1}。此时 $U = -U_N$,电枢电流为

$$I_a = \dfrac{-U_N - E_a}{R_a + R_{b1}} = -\dfrac{U_N + E_a}{R_a + R_{b1}} \tag{4-25}$$

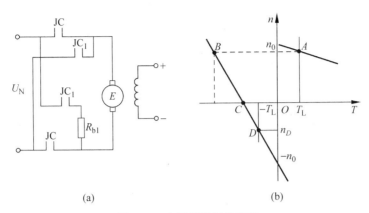

图 4-14　电压反接制动过程

(a) 电压反接制动接线图；(b) 电压反接制动机械特性

由于 $I_a < 0$，对应的电磁转矩也为负，因此 T 与 n 反向，故电磁转矩为制动性转矩，系统迅速减速。

根据电压反接制动时的条件，其机械特性方程为

$$n = -\frac{U_N}{C_e \Phi_N} - \frac{R_a + R_{b1}}{C_e C_T \Phi_N^2} T = -n_0 - \beta_{b1} T \tag{4-26}$$

电压反接制动的机械特性是一条通过 $(0, -n_0)$ 点，与电枢串电阻 R_{b1} 的人为机械特性相平行的直线，如图 4-14(b) 所示。制动开始时，工作点由 A 点跳到 B 点，在强大的制动转矩 T_B 作用下，系统转速迅速下降，工作点沿 BC 向 C 点移动。到达 C 点时，电动机转速 $n = 0$，如果没有外部机械转矩的作用，就应及时切除电枢电源，否则系统会反向起动。这一过程一直会持续到运行点运动到 D 点，此时 $T_D = -T_L$，系统将会在该点稳定运行。在由 B 点向 C 点运动的整个过程中，$T < 0$，$n > 0$，电磁转矩 T 起制动作用，故称为正向电动运行时的电压反接制动过程。

为使电压反接制动过程中的电枢电流不超过允许值 I_{amax}，电枢回路应串入电阻的最小值为

$$R_{bmin} = \frac{U_N + E_a}{I_{amax}} - R_a \tag{4-27}$$

式中，E_a 为反接制动开始时的电枢电动势。

对比式 (4-26) 与式 (4-23) 可知，在同样的起始条件下，电压反接制动过程中的电磁转矩的绝对值，总比能耗制动过程中的要大，制动效果更强。

按照电动机惯例，电压反接后的电动势平衡关系为

$$-U_N = I_a(R_a + R_{b1}) + E_a$$

上式两边同乘以电枢电流 I_a，得电压反接制动时的功率关系为

$$-U_N I_a = I_a^2(R_a + R_{b1}) + I_a E_a \tag{4-28}$$

由于在制动过程中，$I_a < 0$，$E_a > 0$，所以输入的电功率 $P_1 = -U_N I_a > 0$，轴上输出功率 $P_2 = T_2 \Omega < 0$，电磁功率 $P_{em} = E_a I_a = T\Omega < 0$。后两项功率为负值，说明电动机轴上输入了机械功率。该机械功率扣除了空载损耗后，被电动机转换为电磁功率。由式 (4-28) 可知，从电源输入的电功率 P_1 和电动机转换而来的电磁功率 $|P_{em}|$，都消耗在电枢回路总电阻的

损耗上。由此可见,电压反接制动时的功率损耗是很大的。反接制动的功率流向图如图 4-15 所示。拖动反抗性负载时,电动机轴上输入的机械功率是由拖动系统释放动能所提供的。

采用反接制动时,在转速降低后仍有良好的制动效果,并能将拖动系统的停车和反向起动结合起来。因此,一些需要频繁正反转的可逆拖动系统,如龙门刨床的拖动系统,从正转变为反转时,采用反接制动最为方便。

2. 电动势反接制动运行

他励直流电动机拖动位能性负载运行时,为了实现对重物的稳速下放,电动机应提供制动性质的电磁转矩进行限速制动。如图 4-16 所示,设提升重物时,运行在电动状态下机械特性 A 点上。下放重物时保持电源电压 U 不变,而在电枢回路中串入较大的电阻 R_c,使人为机械特性与负载机械特性相交于第 Ⅳ 象限。串入 R_c 瞬间,工作点由 A 点跳到 B 点,因 $T_B<T_L$ 系统降速。到达 C 点时,$n=0$,$E_a=0$ 但 $T_C<T_L$,于是电动机将反向加速而被位能性负载倒拉反转(因此电动势反接制动又称为倒拉反转制动),工作点进入第 Ⅳ 象限。此时,电枢电动势 E_a 的方向反向,电枢电流和电磁转矩进一步增大,最后系统在 D 点保持恒速 n_D 稳定运行。在稳速运行点 D,$T_D>0$,$n_D<0$,电动机的电磁转矩是阻碍负载下落的制动转矩。它与位能性负载的拖动转矩相平衡,使负载得以恒速下放。

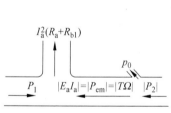

图 4-15　反接制动的功率流向图

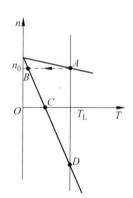

图 4-16　电动势反接制动的机械特性

电动势反接制动运行的机械特性,与电动状态电枢回路串入电阻人为机械特性完全相同,其表达式为

$$n=\frac{U_N}{C_e\Phi_N}-\frac{R_a+R_c}{C_eC_T\Phi_N^2}T=n_0-\beta_c T \tag{4-29}$$

只是由于负载转矩 T_L 的不同,运行的象限不同而已。当 T_L 较小,也即与之相平衡的电磁转矩 T 较小时,$\beta_c T<n_0$,$n>0$,在第 Ⅰ 象限作正向电动运行;当 T_L 较大,即 T 较大时,$\beta_c T>n_0$,$n<0$,在第 Ⅳ 象限作制动运行。

电动势反接制动运行时的功率关系和功率流向图,与电压反接制动过程完全一样。二者之间的区别,仅仅在于输入电动机轴上的机械功率的来源不同。在电压反接制动过程中,是由系统降速释放的动能提供的,而在电动势反接制动运行时,则是由位能性负载减少位能提供的。

例 4-4　例 4-3 中的电动机运行在倒拉反转制动状态,以 800 r/min 的速度下放重物,轴上仍为额定负载。试求电枢回路中应串入的电阻 R_c、从电网输入的功率 P_1、从轴上输入

的功率 P_2,以及电枢回路电阻上消耗的功率。

解：由式(4-29)得负载倒拉反转制动时的转速特性为

$$n = \frac{U_N}{C_e \Phi_N} - \frac{R_a + R_c}{C_e \Phi_N} I_a = \frac{220}{0.133} - \frac{0.174 + R_c}{0.133} \times 116 = -800 (\text{r/min})$$

由此可得

$$R_c = 2.64 (\Omega)$$

电网输入功率

$$P_1 = U_N I_N = 220 \times 116 = 25\,520 (\text{W}) = 25.52 (\text{kW})$$

因忽略空载损耗,因此转轴上输入的功率即为电动机的电磁功率,故

$$P_2 = E_a I_a = C_e \Phi_N n I_a = 0.133 \times 800 \times 116 = 12\,342 (\text{W}) = 12.342 (\text{kW})$$

电阻上消耗的功率

$$P_{Cua} = I_a^2 (R_a + R_c) = 116^2 \times (0.174 + 2.64) = 37\,865 (\text{W}) = 37.865 (\text{kW})$$

4.3.3　回馈制动

当电动机转速高于理想空载转速,即 $n > n_0$, $E_a > U$,致使电枢电流 I_a 改变方向,由电枢流向电源,电动机运行于回馈制动状态。

1. 回馈制动过程

在采用降压调速的直流电力拖动系统中,如果降压过快或突然降压幅度稍大,转速 n 由于惯性而不能突变,感应电动势 E_a 也不变,便可能出现 $E_a > U$ 的情况,因而发生短暂的回馈制动过程。

他励直流电动机电枢电压,由额定电压 U_N 突然降至 U_1 的机械特性如图 4-17 所示。制动过程中,工作点从 A 点跳到第 Ⅱ 象限的 B 点,然后向 C 点运动。在从由 B 点到 C 点的这一过程中,电动机转速 $n > n_{01}$,相应的电枢电动势 $E_a > U_1$,$I_a < 0$,即有电流回馈给电网。此时 $T < 0$,该制动转矩使拖动系统降速。当工作点运动到 C 点时,$n = n_c = n_{01}$,$E_a = U_1$,电枢电流和相应电磁制动转矩均为零,回馈制动过程结束。在此之后,工作点进入第 Ⅰ 象限,电动机重新处于正向电动状态,并继续加速到 D 点稳定运行。

回馈制动过程中的功率关系,与电动运行时的功率关系形式上相同。即

$$U I_a = I_a^2 R_a + E_a I_a \tag{4-30}$$

只是在制动过程中,$I_a < 0$,$T < 0$,$E_a > 0$,所以电机的输入功率 $P_1 = U I_a < 0$,输出功率 $P_2 = T_2 \Omega < 0$,电磁功率 $P_{em} = E_a I_a = T \Omega < 0$。这说明功率流向与电动机运行时正好相反,电机在回馈制动过程中作为发电机运行。电机将系统降速时释放出的动能转变为电能,扣除电机内部的损耗后,大部分电能被回馈到电网。因此,称这种制动方式为回馈制动。

回馈制动时的功率流向图如图 4-18 所示。

此外,在利用弱磁调速后的电力拖动系统中,如果突然增加磁通使转速降低,那么在转速降低过程中也会出现这种类似的回馈制动过程。

2. 回馈制动运行

1)正向回馈制动运行

当他励直流电动机带反抗性负载,其位能起作用时,便可能出现正向回馈制动运行。

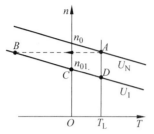

图 4-17　降压减速时的回馈制动过程

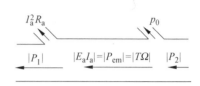

图 4-18　回馈制动的功率流向图

如图 4-19(a)所示,一电车由直流电动机驱动在一段水平路面及下坡路段行驶。在平路行驶时,仅为一般反抗性负载,电动机电磁转矩 T 仅与摩擦转矩 T_F 相平衡,系统作匀速直线运动,稳定运行在电动机固有特性 1 与负载特性 2 的交点 A,如图 4-19(b)所示。当电车进入下坡路段后,电车的自重产生的转矩 T_W 呈驱动性质。由于 T_W 与 T_F 方向相反,电动机所遇到的负载转矩为 $-T_W+T_F$。当 $0<-T_W+T_F<T_F$ 时,它对应的负载特性线 3 在 2 的左侧。此时运行点为 B,转速升高,但 n 仍小于 n_0。当 T_W 的绝对值大于 T_F 时,合成负载转矩 $-T_W+T_F<0$,对应的负载特性位于第Ⅱ象限。当系统加速到 $n>n_0$ 时,$E_a>U_N$,这时电枢电流 I_a 及电磁转矩 T 均为负值,电磁转矩起制动作用,电机作发电机运行发出电能,回馈到电网中去。同时也正因为系统进入回馈制动状态,由于电磁转矩的制动作用,抑制了系统转速的进一步上升,使之最终稳定运行在电动机特性曲线 1 的回馈制动运行段与合成负载转矩 $-(T_W-T_F)$ 所对应的特性曲线 4 的交点 C 上。

如上所述,制动运行时,$n_C>n_0$,一直有电功率回馈给电网,故称为正向回馈制动运行或再生发电运行状态。

正向回馈制动运行与正向电动状态时的机械特性完全相同,其功率关系与回馈制动过程是一样的,区别仅仅是输入电动机的机械功率来源不同。在回馈制动过程中,其机械功率是由系统降速过程释放出动能提供的,而回馈制动运行时是由负载减少位能储存来提供的。

2) 反向回馈制动运行

他励直流电动机进行电压反接制动时,如果拖动位能性负载,则系统将进入反向回馈制动稳定运行状态。

如图 4-20 所示,设开始时电动机带位能性恒转矩负载正向稳定运行于第Ⅰ象限的 A 点。进行电压反接制动时,转速迅速降到 $n=0$,工作点运动到 C 点。此时,如不立即切断电源并用抱闸刹住电动机轴,由于 $T<T_L$,系统还将迅速降速,即开始反转,工作点沿机械特性继续向下运动。经过 CD 段的反向电动状态后,越过 $n=-n_0$ 的 D 点进入第Ⅳ象限,最后稳定运行于与负载机械特性的交点 E。此时 $T>0$,$n<0$,电动机处于回馈制动运行状态。又由于是运行在电压反接的机械特性上,故称为反向回馈制动运行。

反向回馈制动运行的机械特性与电压反接制动的机械特性相同。

由图 4-20 可以看出,回馈制动运行时,电枢回路串接电阻越大,机械特性越陡,稳定运行转速就越高。为使负载下放速度不致过高,串接的附加电阻不宜过大。但即使不串接任何电阻,稳定运行转速值也要高于 n_0,所以这种反向回馈制动运行适用于高速下放位能性负载的场合。由于回馈制动可以回收利用制动中释放出的大部分能量,所以它在所有制动方式中最为经济。

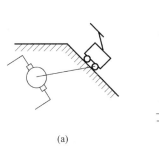
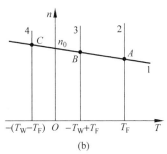

(a)　　　　　　　　　　(b)

图 4-19　正向回馈制动运行

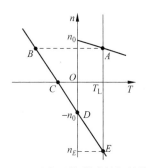

图 4-20　反向回馈制动的机械特性

例 4-5　例 4-3 中电动机在固有特性上作回馈制动下放重物，$I_a = 100$ A，试求重物下放时电动机的转速。

解：反向回馈制动的机械特性所对应的转速特性（由于这时 I_a 为已知量，故用转速特性更方便）为

$$n = -n_0 - \frac{R_a}{C_e \Phi_N} I_a = -\frac{220}{0.133} - \frac{0.174}{0.133} \times 100 = -1788(\text{r/min})$$

所以重物下放时电动机的转速为 -1788 r/min。

4.4　他励直流电动机的调速

生产机械往往要求担负拖动作用的电动机的速度能在一定范围内调节。调速有机械调速和电气调速两种基本形式。人为改变拖动机构传动比的调速方法称为机械调速；通过改变电动机参数，从而改变系统运行速度的调速方法称为电气调速。

本书主要介绍电动机的电气调速。下面先介绍衡量调速性能的几个指标，然后介绍各种调速方法及调速时功率和转矩的允许输出问题。

4.4.1　调速指标

1. 调速范围

调速范围是指电动机在额定负载下调速时，最高转速 $n_{\max}$ 与最低转速 $n_{\min}$ 之比，通常用 D 表示，即

$$D = \frac{n_{\max}}{n_{\min}} \tag{4-31}$$

不同的生产机械对调速范围的要求不同。由式（4-31）可见，要扩大调速范围，必须设法尽可能提高 $n_{\max}$，降低 $n_{\min}$。但是 $n_{\max}$ 受到电机结构上机械强度的限制，在直流电动机中，还受换向的限制。$n_{\min}$ 受到转速相对稳定性的限制。

2. 静差率

静差率是指在同一条机械特性线上，从理想空载到额定负载的转速降 Δn 与理想空载转速 n_0 之比。用 δ 表示之，即

$$\delta = \frac{\Delta n}{n_0} = \frac{n_0 - n}{n_0} \tag{4-32}$$

静差率 δ 反映了系统相对稳定性,静差率越小,转速的相对稳定性就越高。由式(4-32)可以看出,静差率与两个因素有关。一方面,当 n_0 一定时,机械特性越硬,Δn 越小,静差率 δ 越小。另一方面,机械特性硬度一定时,n_0 越高,δ 越小。

3. 平滑性

调速的平滑性是指相邻两级速度的接近程度,通常以相邻两级转速之比——平滑系数 Ψ 表示,即

$$\Psi = \frac{n_i}{n_{i-1}} \tag{4-33}$$

平滑系数 Ψ 越接近于1,说明调速平滑性越好。当 $|\Psi-1|<0.06$,转速可视为连续可调,即通常所说的无级调速。

4. 经济性

调速的经济性,是指调速系统设备的一次性投资及维持运行费用的高低。设备投资的高低以购置时花费的货币金额衡量;而运行费用的高低,以设备的总运转效率衡量。

在介绍他励直流电动机的各种调速方法之前,有必要先将"调速"与"转速的自然变化"这两个不同的概念区别开来。

"转速的自然变化"是指生产机械的负载转矩 T_L 发生变化(减载或加载)时,电动机的

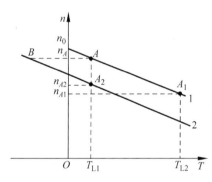

图 4-21 "转速的自然变化"与"调速"的区别

电磁转矩也要相应地变化。由机械特性关系式可知,此时电动机的转速也将随之变化。如图 4-21 所示,若系统原运行在电动机的机械特性线1的 A 点上,此时负载转矩为 T_{L1}。加载后转矩变为 T_{L2},系统的工作点变为 A_1 点,转速也由 n_A 下降为 n_{A1}。此种情况称为"转速的自然变化"。它的特点表现在:一方面电动机的有关参数,如端电压 U、磁通 Φ 及电枢回路的外接电阻并未变化,即机械特性线不变,所以系统工作在同一条机械特性曲线上;另一方面,转速变化的大小,取决于负载变化的大小和机械特性斜率 β 的大小。负载变化数值一定时,β 越大,转速变化也越大。

而"调速"是指通过人为手段,改变他励直流电动机的有关参数(如电压、磁通以及电枢回路外接电阻等)而改变电动机的机械特性,从而达到变速的目的。如图 4-21 所示,当降低电压 U 时,电动机的机械特性变为曲线2,这时尽管 T_{L1} 不变,即 $T=T_{L1}$ 不变,但工作点已由 A 点变为 A_2 点,转速已降到 n_{A2}。

这种通过人为改变电动机机械特性,从而实现速度变化的方式称为"调速"。其特点是,调速前后系统在同一负载转矩下的工作点处在不同的机械特性上。

4.4.2　他励直流电动机的各种调速方法

由他励直流电动机的机械特性一般表达式

$$n = \frac{U}{C_e \Phi} - \frac{R_a + R_\Omega}{C_e C_T \Phi^2} T$$

可知,改变电枢回路串联电阻 R_Ω、电源电压 U 及主磁通 Φ 三者之中任一个参数都可以改变电动机的机械特性,从而调节拖动系统的稳定运行的转速。

1. 电枢回路串接电阻调速

以他励直流电动机拖动恒转矩负载为例,保持电源电压及主磁通为额定值不变,在电枢回路内串入电阻时,机械特性斜率增大,而理想空载转速 n_0 不变,转速变化如图 4-22 所示。电枢回路串接电阻调速时,所串入的电阻越大,稳定运行转速越低。所以,这种方法只能在低于额定转速的范围内调速,一般称为由基速(额定转速)向下调速。

电枢回路串接电阻调速的特点如下。

(1) 实现简单,操作方便。

(2) 低速时机械特性变软,静差率增大,相对稳定性变差。

(3) 只能在基速以下调速,因而调速范围较小,一般 $D<2$。

(4) 由于电阻是分级切除的,所以只能实现有级调速,平滑性差。

(5) 由于串接电阻上要消耗电功率,因而经济性较差,而且转速越低,能耗越大。

因此,电枢回路串接电阻调速多用于对调速性能要求不高,而且不经常调速的设备上,如起重机及运输牵引机械等。

2. 降低电源电压调速

以他励直流电动机拖动恒转矩负载为例,保持主磁通为额定值不变,电枢回路不串接电阻,降低电源电压 U 时,人为机械特性是与固有机械特性相平行的直线,电动机拖动负载稳定运行于较低的转速上。降压调速时,工作点的变化如图 4-23 所示。可以看出,电压由 U_N 下降到 U_1 时,工作点由 A 点跳到 A' 点,而后运动到 B 点。其过程在回馈制动过程中已有叙述,在此不再重复。同理,当电压继续调低到 U_2、U_3 时,最后分别稳定运行在 C、D 点。很明显,通过改变电源电压,可达到调速目的。

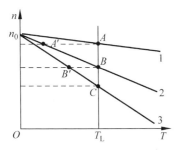 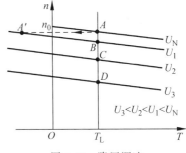

图 4-22　电枢回路串接电阻调速　　　　　　图 4-23　降压调速

调压调速的特点如下。

(1) 由于调压电源可连续平滑调节,所以拖动系统可实现无级调速。

(2) 调速前后机械特性硬度不变,因而相对稳定性较好。

(3) 在基速以下调速,调速范围较宽,D 可达 10～20。

(4) 调速过程中能量损耗较少,且转速下调时还可再生制动,因此调速经济性较好。

(5) 需要一套可控的直流电源。

因此,降压调速多用于对调速性能要求较高的设备上,如造纸机、轧钢机、龙门刨床等。

3. 弱磁调速

以他励直流电动机拖动恒转矩负载为例,保持电枢电压不变,电枢回路不串接电阻,减小电动机的励磁电流使主磁通减弱,则电动机拖动负载运行的转速升高。弱磁调速的机械

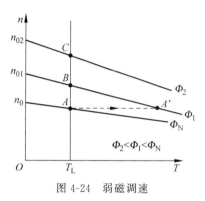

图 4-24 弱磁调速

特性如图 4-24 所示,系统原运行在固有机械特性的 A 点。当减弱磁通,由 Φ_N 变为 $\Phi_1(\Phi_1<\Phi_N)$,若忽略磁通变化的电磁过渡过程,则工作点由 A 点跳到 A' 点。由于此时电动机电磁转矩 $T>T_L$,故系统加速,直到工作点运动到 B 点,电动机电磁转矩 $T_B=T_L$ 为止。若再减弱磁通,即由 Φ_1 变为 $\Phi_2(\Phi_2<\Phi_1)$,则又会最终稳定运行在 C 点。

弱磁调速的特点如下。

(1) 由于励磁电流小于电枢电流,因而控制方便,能量损耗小。

(2) 可连续调节励磁电流,以实现无级调速。

(3) 在基速以上调速,由于受电动机机械强度和换向火花的限制,转速不能太高,因而调速范围窄。

在实际生产中,通常把降压调速和弱磁调速配合起来使用,以电动机的额定转速作为基速,在基速以下调压,在基速以上调磁,以实现双向调速,扩大调节范围。

例 4-6 一台他励直流电动机,额定功率 $P_N=22\text{ kW}$,额定电压 $U_N=220\text{ V}$,额定电流 $I_N=115\text{ A}$,额定转速 $n_N=1500\text{ r/min}$,电枢总电阻 $R_a=0.1\ \Omega$,忽略空载转矩 T_0,电动机带额定负载运行时,要求把转速降到 1000 r/min,计算:

(1) 采用电枢串接电阻调速需串入的电阻值。

(2) 采用降低电源电压调速需把电源电压降到多少?

(3) 上述两种调速情况下,电动机输入功率与输出功率各是多少(输入功率不计励磁回路功率)?

(4) 上述两种情况下效率各为多少?

解:(1) 电枢所串入电阻值的计算

$$C_e\Phi_N=\frac{U_N-I_N R_a}{n_N}=\frac{220-115\times0.1}{1500}=0.139$$

$$n_0=\frac{U_N}{C_e\Phi_N}=\frac{220}{0.139}=1583(\text{r/min})$$

额定转速降落

$$\Delta n_N=n_0-n_N=1583-1500=83(\text{r/min})$$

电枢串接电阻后转速降落

$$\Delta n=n_0-n=1583-1000=583(\text{r/min})$$

设电枢串接电阻 R_Ω,则

$$\frac{R_a+R_\Omega}{R_a}=\frac{\Delta n}{\Delta n_N}$$

$$R = \frac{\Delta n}{\Delta n_N} R_a - R_a = \left(\frac{\Delta n}{\Delta n_N} - 1 \right) R_a = \left(\frac{583}{83} - 1 \right) \times 0.1 = 0.602(\Omega)$$

（2）降低电源电压数值的计算

降低电源电压后的理想空载转速

$$n_{01} = n + \Delta n_N = 1000 + 83 = 1083(r/min)$$

设降压后的电压为 U_1，则

$$\frac{U_1}{U_N} = \frac{n_{01}}{n_0}$$

$$U_1 = \frac{n_{01}}{n_0} U_N = \frac{1083}{1583} \times 220 = 150.5(V)$$

（3）电动机调速后输入功率与输出功率计算

电动机输出转矩

$$T_2 = 9550 \times \frac{P_N}{n_N} = 9550 \times \frac{22}{1500} = 140.1(N \cdot m)$$

输出功率

$$P_2 = T_2 \Omega = T_2 \frac{2\pi}{60} n = 140.1 \times \frac{2\pi}{60} \times 1000 = 14\,670(W)$$

电枢串接电阻调速时输入功率

$$P_1 = U_N I_N = 220 \times 115 = 25\,300(W)$$

降低电源电压调速时的输入功率

$$P_1' = U_1 I_N = 150.5 \times 115 = 17\,308(W)$$

（4）两种调速时的效率计算

电枢串接电阻调速时的效率

$$\eta = \frac{P_2}{P_1} = \frac{14\,670}{25\,300} = 57.98\%$$

降低电源电压调速时的效率

$$\eta' = \frac{P_2}{P_1'} = \frac{14\,670}{17\,308} = 84.76\%$$

可见，串接电阻调速时的效率要低得多。

例 4-7 例 4-6 中的他励直流电动机，仍忽略空载转矩 T_0，采用弱磁升速。

（1）若要求负载转矩 $T_L = 0.6T_N$ 时，转速升到 $n = 2000$ r/min，此时磁通 Φ 应降到额定值的多少倍？

（2）若已知该电动机的磁化特性数据为（表中 Φ 的大小用相对额定磁通 Φ_N 百分数表示）：

$\Phi/\%$	38	73	76	85	95	102	107	111	115
I_f/A	0.5	1.0	1.1	1.25	1.5	1.75	2.0	2.25	2.5

且励磁绕组额定电压 $U_f = 220$ V，励磁绕组电阻 $R_f = 110$ Ω，问：在题（1）情况下，励磁回路串入电阻的大小应为多少？

(3) 若要使电枢电流不超过额定值 I_N,在题(1)减弱磁通后并保持其不变的情况下,该电动机所能输出的最大转矩是多少?

解: (1) 电动机额定电磁转矩为

$$T_N = 9.55C_e\Phi_N I_N = 9.55 \times 0.139 \times 115 = 152.66(\text{N} \cdot \text{m})$$

代入机械特性方程式得

$$n = \frac{U_N}{C_e\Phi} - \frac{R_a}{9.55(C_e\Phi)^2}T$$

$$2000 = \frac{220}{C_e\Phi} - \frac{0.1}{9.55(C_e\Phi)^2} \times 0.6 \times 152.66$$

$$2000(C_e\Phi)^2 - 220C_e\Phi + 0.959 = 0$$

$$C_e\Phi = \frac{220 \pm \sqrt{220^2 - 4 \times 2000 \times 0.959}}{2 \times 2000}$$

$$(C_e\Phi)_1 = 0.1054, \quad (C_e\Phi)_2 = 0.0045$$

舍去$(C_e\Phi)_2 = 0.0045$(因为这时磁通减小太多,要产生 $0.6T_N$ 的转矩,电枢电流 I_a 太大,远远超过 I_N),故取

$$C_e\Phi = 0.1054$$

故磁通减少到额定磁通 Φ_N 的倍数为

$$\frac{\Phi}{\Phi_N} = \frac{C_e\Phi}{C_e\Phi_N} = \frac{0.1054}{0.139} = 0.76$$

(2) 根据磁化特性数据查得,$\Phi = 0.76\Phi_N$ 时,$I_f = 1.1$ A

设励磁回路所串入电阻为 R,则

$$\frac{U_f}{R_f + R} = I_f$$

$$R = \frac{U_f}{I_f} - R_f = \frac{220}{1.1} - 110 = 90(\Omega)$$

(3) 电动机输出最大转矩时,$I_a = I_N$,故

$$T_{max} = 9.55C_e\Phi I_N = 9.55 \times 0.1054 \times 115 = 115.76(\text{N} \cdot \text{m})$$

例 4-8 一台他励直流电动机,$P_N = 60$ kW,$U_N = 220$ V,$I_N = 305$ A,$n_N = 1000$ r/min,电枢回路总电阻 $R_a = 0.04$ Ω,求下列各种情况下电动机的调速范围:

(1) 静差率 $\delta < 30\%$,电枢串接电阻调速时;

(2) 静差率 $\delta < 20\%$,电枢串接电阻调速时;

(3) 静差率 $\delta < 20\%$,降低电源电压调速时。

解: (1) 电动机的 $C_e\Phi_N$

$$C_e\Phi_N = \frac{U_N - I_N R_a}{n_N} = \frac{220 - 305 \times 0.04}{1000} = 0.2078$$

理想空载转速

$$n_0 = \frac{U_N}{C_e\Phi_N} = \frac{220}{0.2078} = 1058.7(\text{r/min})$$

静差率 $\delta = 30\%$ 时的最低转速的计算

$$\delta = \frac{n_0 - n_{\min}}{n_0}$$

得

$$n_{\min} = n_0 - \delta n_0 = 1058.7 - 30\% \times 1058.7 = 741.1(\text{r/min})$$

故调速范围

$$D = \frac{n_{\max}}{n_{\min}} = \frac{n_N}{n_{\min}} = \frac{1000}{741.1} = 1.35$$

(2) 静差率 $\delta = 20\%$ 时的最低转速

$$n'_{\min} = n_0 - \delta' n_0 = 1058.7 - 20\% \times 1058.7 = 847(\text{r/min})$$

调速范围

$$D = \frac{n_{\max}}{n'_{\min}} = \frac{1000}{847} = 1.18$$

(3) 额定转矩时转速降落

$$\Delta n_N = n_0 - n_N = 1058.7 - 1000 = 58.7(\text{r/min})$$

最低转速相应的机械特性的理想空载转速

$$n_{01} = \frac{\Delta n_N}{\delta} = \frac{58.7}{0.2} = 293.5(\text{r/min})$$

最低转速

$$n_{\min} = n_{01} - \Delta n_N = 293.5 - 58.7 = 234.8(\text{r/min})$$

调速范围

$$D = \frac{n_{\max}}{n_{\min}} = \frac{1000}{234.8} = 4.26$$

4.4.3 调速方式及其与负载的合理配合

1. 电动机的容许输出

电动机的容许输出是指在一定的转速下,电动机长期工作所能输出的最大转矩和功率。容许输出的大小主要决定于电动机的发热,而发热又主要决定于电枢电流 I_a。在调速范围内,如果电动机在不同的转速下电流都不超过额定值 I_N,那么电动机就不会因过热而损坏。因此额定电流就是电动机能够长期工作的利用限度。要使电动机得到充分利用,在整个调速范围内都应尽量保持 $I_a = I_N$。

2. 电动机的调速方式

1) 恒转矩调速方式

在采用电枢回路串接电阻调速和降低电枢电压调速时,因磁通 $\Phi = \Phi_N$ 维持不变,如果在不同转速时,维持电流 $I_a = I_N$,则电磁转矩 $T = C_T I_N \Phi_N = T_N =$ 常数。由此可见,这两种调速方法在整个调速范围内,不论转速等于多少,电机容许输出的转矩都为一恒值,因此称为恒转矩调速方式。显然,该调速方式的容许输出的功率与转速成正比。

2) 恒功率调速方式

当采用弱磁调速时,主磁通 Φ 是变化的,因为 $\Phi = (U_N - I_a R_a)/(C_e n)$,$T = C_T \Phi I_a$,因此若在调速过程中保持 $I_a = I_N$ 不变,显然电磁转矩 T 与转速 n 成反比,即

$$T = c/n$$

式中,c 为比例常数。这时输出功率 $P_2 \approx T\Omega$ 为恒值。可见弱磁调速时的容许输出功率为常数,故称为恒功率调速方式。

应该指出的是,电动机的容许输出仅仅是表示电动机的利用限度,电动机的实际输出是由负载的需要来决定的。因此,根据不同的负载性质选择适当的调速方式,才能使电动机得到比较充分的利用。也就是说,调速方式与负载类型之间有一个合理配合的问题。

3. 恒转矩调速方式与负载的配合

1) 拖动恒转矩负载

当采用恒转矩调速方式,并选择电动机的额定转矩 $T_N = T_L$,那么不论运行在什么转速上,电动机的电枢电流 $I_a = I_N$ 不变,这样电动机将得到充分利用。所以,拖动恒转矩负载采用恒转矩调速方式是适合的,称为调速方式与负载性质匹配。

2) 拖动恒功率负载

恒功率负载是在最低速时负载转矩最大,为使整个调速范围内电动机的输出转矩不超限,需要按最低速时的负载转矩 T_{Lmax} 来选择电动机,使 $T_N = T_{Lmax}$。在最低速时,电磁转矩和电枢电流达到额定,即 $I_a = I_N$,电动机得到充分利用。但是,当转速调高以后,由于负载是恒功率的,高速时 T_L 减小,这时 $T_L < T_N$,电动机实际输出转矩和电枢电流就相应减小,结果,$I_a < I_N$,电动机没得到充分利用。所以,恒转矩调速方式拖动恒功率负载是不匹配的。

4. 恒功率调速方式与负载的配合

1) 拖动恒功率负载

当采用恒功率调速方式拖动恒功率负载运行时,若使负载功率与电动机额定功率相等,即 $P_L = P_N$,那么不论运行在什么转速上,电枢电流 $I_a = I_N$ 将维持不变,这样电动机将得到充分利用。所以,恒功率调速方式拖动恒功率负载时是匹配的。

2) 拖动恒转矩负载

一方面,由于是恒功率调速方式,因此在最高速时磁通最小;而另一方面,负载又是恒转矩性质,从一定的负载转矩所对应的电磁转矩 $T = C_T \Phi I_a$ 可见,Φ 最小时 I_a 最大。也就是说,对恒转矩负载若采用恒功率调速方式,高速时电枢电流最大,低速时电枢电流最小。为了使电动机得到充分利用而又不过热,只有使高速时电枢电流 I_a 等于额定电流 I_N(若低速时 $I_a = I_N$,高速时电动机就会过热)。这时,通过调节磁通,可使电动机在此额定电流下的电动机容许输出转矩等于负载转矩。当系统运行到低转速时,由于负载是恒转矩性质,因此电动机的电磁转矩还将维持上述值不变。但此时低速时的磁通 Φ 比高速时的要大,根据 $T = C_T \Phi I_a$,电枢电流 I_a 就要变小。也就是说,在整个调速范围内,只有运行在最高速那点时电动机得到充分利用。除此之外,其他范围 I_a 均小于 I_N,电动机得不到充分利用。因此,恒功率调速方式拖动恒转矩负载是不匹配的。

例 4-9 一台 Z_2-71 他励直流电动机,额定数据如下：$P_N = 17 \text{ kW}, U_N = 200 \text{ V}, I_N = 90 \text{ A}, n_N = 1500 \text{ r/min}$,额定励磁电压 $U_{fN} = 110 \text{ V}$,电枢回路电阻 $R_a = 0.147 \ \Omega$,该电动机在额定电压额定磁通时拖动某负载运行的转速为 $n = 1550 \text{ r/min}$,负载要求向下调速,最低转速 $n_{min} = 600 \text{ r/min}$,现采用降压调速方法,试计算下述情况下电枢电流的变化范围：

(1) 该负载为恒转矩负载；

（2）该负载为恒功率负载。

解：额定运行点运行时的感应电动势

$$E_{aN}=U_N-I_N R_a=220-90\times0.147=206.77(\mathrm{V})$$

$n=1550\ \mathrm{r/min}$ 的感应电动势

$$E_a=\frac{n}{n_N}E_{aN}=\frac{1550}{1500}\times206.77=213.66(\mathrm{V})$$

此时的电枢电流

$$I_a=\frac{U_N-E_a}{R_a}=\frac{220-213.66}{0.147}=43.13(\mathrm{A})$$

（1）负载为恒转矩时

降压调速时 $\Phi=\Phi_N$，$T=T_L=C_T\Phi_N I_a=$ 常数，因此 I_a 维持不变，即在整个调速范围内

$$I_a=43.13\ \mathrm{A}$$

（2）负载为恒功率时

额定电压时负载功率为

$$P_L=T_L\Omega=T_L\frac{2\pi n}{60}$$

降低电压时负载功率为

$$P'_L=T'_L\Omega_{\min}=T'_L\frac{2\pi n_{\min}}{60}$$

由于是恒功率，即

$$P_L=P'_L$$

因此

$$T_L\frac{2\pi n}{60}=T'_L\frac{2\pi n_{\min}}{60}$$

故

$$T'_L=\frac{n}{n_{\min}}T_L$$

降压调速时 $\Phi=\Phi_N$，$T=T_L=C_T\Phi_N I_a$。因此低速时电枢电流增大，对应于 $n_{\min}$ 的电枢电流 $I_{a\max}$ 为

$$I_{a\max}=\frac{n}{n_{\min}}I_a=\frac{1550}{600}\times43.13=111.42(\mathrm{A})$$

因此电流变化范围是 $43.13\sim114.42\ \mathrm{A}$，可见低速时已超过了额定电流 $I_N=90\ \mathrm{A}$，这说明降压调速的方法不适合拖动恒功率负载。

例 4-10　上例中的电动机拖动原负载，若要求把转速升高到 $n_{\max}=1850\ \mathrm{r/min}$，现采用弱磁升速的方法，试计算下述情况下调速时电枢电流的变化范围：

（1）该负载为恒转矩负载；

（2）该负载为恒功率负载。

解：（1）磁通减小到 Φ'，电枢电流变为 I'_a，负载为恒转矩，则有

$$T=C_T\Phi_N I_a=C_T\Phi' I'_a=T_L=$ 常数$$

$$\frac{\Phi'}{\Phi}=\frac{I_a}{I'_a} \tag{1}$$

此外,还有

$$n = \frac{E_a}{C_e \Phi_N}, \quad n_{max} = \frac{E'_a}{C_e \Phi'} = \frac{U_N - I'_a R_a}{C_e \Phi'}$$

$$\frac{n}{n_{max}} = \frac{\dfrac{E_a}{C_e \Phi_N}}{\dfrac{U_N - I'_a R_a}{C_e \Phi'}} \tag{2}$$

将式(1)代入式(2)

$$\frac{n}{n_{max}} = \frac{E_a}{U_N - I'_a R_a} \frac{I_a}{I'_a}$$

$$\frac{1550}{1850} = \frac{213.66}{220 - 0.147 I'_a} \times \frac{43.13}{I'_a}$$

$$0.147(I'_a)^2 - 220 I'_a + 10\,999 = 0$$

得

$$I'_{a1} = 51.79 \text{ A}, \quad I'_{a2} = 1444.8 \text{ A(不合理,舍去)}$$

因此电枢电流的变化范围是 43.13～51.79 A。

(2) 负载为恒功率时

$$I'_a = I_a = 43.13 \text{ A}$$

从本例可以看出,弱磁升速时,若带恒转矩负载,转速升高后电枢电流会增大;若带恒功率负载,电枢电流则维持不变。因此弱磁调速方法适合于拖动恒功率负载。

4.5 他励直流电动机的过渡过程

在电力拖动系统中,由于转矩平衡关系遭破坏,导致系统从一种稳态向另一种稳态过渡的过程,称为电力拖动系统的过渡过程。电动机在起动、制动、反转、调速或电气参量及负载转矩突变时都会引起过渡过程。与稳态运行相比较,过渡过程通常历时短暂,因此也称为暂态或瞬变过程。在过渡过程中,电动机的转速 n、电磁转矩 T 以及与之对应的电枢电势 E_a 和电枢电流 I_a 均随时间变化。认识和掌握它们随时间变化的规律,才能正确选择及合理使用电力拖动系统。对于经常处于起动、制动状态的生产机械,研究过渡过程的变化规律,从而找出缩短过渡过程时间和减少过渡过程中能量损耗的办法,对于提高劳动生产率和电机运行效率具有实际意义。

系统从一个稳态点进入另一个稳态点,之所以不能瞬间完成,是因为系统中存在着储存能量的惯性环节。由于这些惯性的存在,使一些物理量不能突变。

在电力拖动系统中,实际存在的惯性较多,有机械惯性、电枢回路电磁惯性、励磁回路电磁惯性及热惯性等。这些惯性对电动机在过渡过程中各参量变化的影响形式和程度不尽相同,在不同的拖动系统中的表现也不相同。比如热惯性,它的直接反映是在电动机的等效热容量上,由于它的存在使电动机的温度不能突变。当温度变化时会使电枢电阻 R_a 及励磁绕组电阻 R_f 的阻值发生变化,从而引起磁通 Φ、电枢电流 I_a、电磁转矩 T 及转速 n 的变化。但是,由于热惯性较大,它所引起的这些变化相当缓慢,基本上不影响一般运行的过渡过程。又比如,励磁回路的电磁惯性是反映在励磁回路的电感 L_f 上的。由于它的存在,使励磁电流 I_f 及相应的磁通不能突变。但对于他励直流电动机,励磁通常已调好并保持不变。因此,除弱磁调速情况外,其他可不考虑励磁惯性的影响。其次是电枢回路的电磁惯性,它反映在电枢回路的电感 L_a 上。由于它的存在,使电枢电流 I_a 不能突变,相应的电磁转矩也不能突变。但在他励直流电动机中,电动机本身的电感 L_a 通常很小。在这种场合,可以忽略它对过渡过程的影响。但是机械惯性则普遍存在于各种拖动系统中,它是系统储存动能的反映,表现在系统的飞轮矩上。由于它的存在,致使转速 n 不能突变。因此,对过渡过程的分析,应具体情况具体分析。如上所述,对于一般的他励直流电动机拖动系统,只需考虑机械惯性引起的机械过渡过程就行了。只有当电枢回路串入较大电感(例如在 KZ-D 系统中)时,才同时考虑机械与电磁两种惯性。

4.5.1 机械过渡过程的一般规律

由于机械过渡过程只考虑机械惯性,所以这种情况下转速 n 不能突变,而电磁转矩 T 和电枢电流 I_a 可以突变。并假定在此过程中磁通 Φ 维持不变。

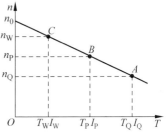

下面分析图 4-25 所示的机械特性线上,从起始点 A 到稳态点 C 的机械过渡过程,并假定 U、Φ 及 T_L 在这一过程中保持不变。为反映一般性情况,图中所画的是任一机械特性(电枢回路已串接某一电阻 R_Ω)中的任一段,起始点 A 为任意点,转速为 n_Q,电磁转矩为 T_Q;C 为任一机械负载的机械特性线与电动机机械特性的交点,即稳态点,此时电磁转矩 $T_W = T_L$,稳态转速为 n_W。

图 4-25 任一特性线的过渡过程

1. 电磁转矩的变化规律 $T = f(t)$

根据动态运动方程,电磁转矩与转速变化的关系为

$$T - T_L = \frac{GD^2}{375} \frac{dn}{dt}$$

同时电动机的机械特性方程式为

$$n = \frac{U}{C_e \Phi} - \frac{R_a + R_\Omega}{C_e C_T \Phi^2}$$

由上式可得

$$\frac{dn}{dt} = -\frac{R_a + R_\Omega}{C_e C_T \Phi^2} \frac{dT}{dt}$$

将以上结果代入运动方程式,经整理得

$$\frac{GD^2(R_a + R_\Omega)}{375 C_e C_T \Phi^2} \frac{dT}{dt} + T = T_L \tag{4-34}$$

令常数

$$\frac{GD^2(R_a + R_\Omega)}{375 C_e C_T \Phi^2} = T_M \tag{4-35}$$

式中,T_M 称为电力拖动系统的机电时间常数(单位为 s),由系统的机械惯性 GD^2 及其他一些电磁量决定,影响着系统过渡过程进行的快慢。将式(4-35)代入式(4-34),则微分方程简化为

$$T_M \cdot \frac{dT}{dt} + T = T_L \tag{4-36}$$

该微分方程通解形式为

$$T = T_L + Ce^{-t/T_M} \tag{4-37}$$

式中,C 为待定系数,可由初始条件定出。在 $t=0$ 时,$T=T_Q$,代入上式求得 $C=T_Q - T_L$;再代入式(4-37),得过渡过程中电磁转矩的变化规律为

$$T = T_L + (T_Q - T_L)e^{-t/T_M} \tag{4-38}$$

由式(4-38)可见,电磁转矩包含两个分量。前一项是强制分量,也就是过渡过程结束时的稳态值;后一项是自由分量,它按指数函数规律衰减至零。总体看来,在整个过渡过程中,电磁转矩 T 从起始值 T_Q 开始,按指数曲线规律逐渐减小到稳态值 T_L。根据式(4-38)画出的电磁转矩 T 随时间变化的曲线如图4-26所示。

2. 电枢电流的变化规律 $I_a = f(t)$

由于过渡过程中磁通 Φ 维持不变,因此电磁转矩与电枢电流成正比,所以只要将式(4-38)中每一项除以常量 $C_T\Phi$ 便得到电流的变化规律,即

$$I_a = I_L + (I_Q - I_L)e^{-t/T_M} \tag{4-39}$$

式中,$I_Q = \dfrac{T_Q}{C_T\Phi}$ 和 $I_L = \dfrac{T_L}{C_T\Phi}$ 分别为与 T_Q 和 T_L 相对应的电枢电流的起始值和稳态值。

根据式(4-39)描述的过渡过程中的电枢电流的变化规律如图4-27所示。

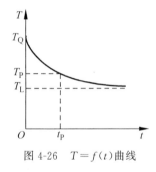

图4-26　$T=f(t)$曲线

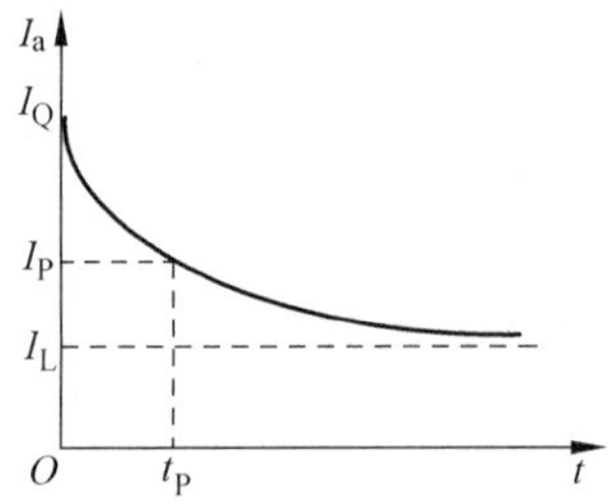

图4-27　$I_a=f(t)$曲线

3. 转速变化规律 $n=f(t)$

直流电动机的转速方程为 $n = \dfrac{U - I_a(R_a + R_\Omega)}{C_e\Phi}$,将式(4-39)代入后得

$$n = \frac{U - I_L(R_a + R_\Omega)}{C_e\Phi} + \left[\frac{U - I_Q(R_a + R_\Omega)}{C_e\Phi} - \frac{U - I_L(R_a + R_\Omega)}{C_e\Phi}\right]e^{-t/T_M}$$

$$= n_L + (n_Q - n_L)e^{-t/T_M} \tag{4-40}$$

式中,n_Q 为对应于电流为 I_Q、电磁转矩为 T_Q 时转速的起始值;n_L 为对应于电流为 I_L、电磁转矩为 T_L 时转速的稳态值。

同样,转速 n 也是从起始值 n_Q 开始,按指数规律逐渐变化至稳态值 n_L 的,其自由分量衰减的时间常数也是 T_M。根据式(4-40)描述的过渡过程中转速的变化规律如图4-28所示。

通过上述对过渡过程的分析可以看出,在只考虑机械惯性的机械过渡过程中,电动机各物理量的变化规律可表达为以下通式,即

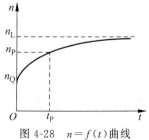

图4-28　$n=f(t)$曲线

$$X(t) = X_{\mathrm{W}} + (X_{\mathrm{Q}} - X_{\mathrm{W}})\mathrm{e}^{-t/T_{\mathrm{M}}} \tag{4-41}$$

因此,以后在分析机械过渡过程时,只要掌握三要素:初始值、稳态值和机电时间常数,按式(4-41)给出的固定形式便可以直接写出结果。以上分析方法适用于只考虑机械惯性的机械过渡过程中的任意情况。

4. 过渡过程时间的计算

从理论上说,从一稳态点过渡到另一稳态点的过渡过程时间是无限长的,无法也不需要具体计算,工程上常用$(3\sim4)T_{\mathrm{M}}$来估算。但在过渡过程中从某一起始点到某一终了点之间的时间则是有限的,是可以具体计算的,下面便介绍这种计算方法。

为了便于一般性分析,仍以如图 4-25 所示的任一机械特性段为例,分析其中任一起始点 A,过渡到稳定运行点 C 之前的任一终了点 B 的过渡过程。其中 n_{W}、T_{W} 及 I_{W} 分别为最终稳定运行点的转速、转矩和电流值,n_{P}、T_{P} 及 I_{P} 分别为过渡过程终了点的转速、转矩和电流值。

设从 A 点到 B 点之间过渡过程时间为 t_{AB},则有

$$t_{AB} = T_{\mathrm{M}} \ln \frac{n_{\mathrm{Q}} - n_{\mathrm{W}}}{n_{\mathrm{P}} - n_{\mathrm{W}}} \tag{4-42a}$$

同理,可推导出已知初始、终了及稳态各转矩,或各电流值时计算时间的公式为

$$t_{AB} = T_{\mathrm{M}} \ln \frac{T_{\mathrm{Q}} - T_{\mathrm{W}}}{T_{\mathrm{P}} - T_{\mathrm{W}}} = T_{\mathrm{M}} \ln \frac{I_{\mathrm{Q}} - I_{\mathrm{W}}}{I_{\mathrm{P}} - I_{\mathrm{W}}} \tag{4-42b}$$

以上公式适用于任何过渡过程,包括起动、制动及负载突变等各种过渡过程时间的计算。

4.5.2　他励直流电动机起动时的过渡过程

1. 各物理量的变化规律

图 4-29 为一电枢回路串接一电阻 R_{Ω} 的电动机起动的机械特性。从静止起动,至它与负载特性的交点 A 进行稳定运行,且假设起动后电阻 R_{Ω} 仍不切除。

下面直接运用过渡过程解的一般形式,根据"三要素"原理写出解的结果。此时,$n_{\mathrm{Q}} = 0$,$n_{\mathrm{W}} = n_A$,$T_{\mathrm{Q}} = T_1$,$T_{\mathrm{W}} = T_{\mathrm{L}}$,$I_{\mathrm{Q}} = I_1$,$I_{\mathrm{W}} = I_{\mathrm{L}}$,$T_{\mathrm{M}}$ 与式(4-35)表示的形式相同,分别将上述值代入式(4-38)、式(4-39)、式(4-40),得各物理量的解

$$T = T_{\mathrm{L}} + (T_1 - T_{\mathrm{L}})\mathrm{e}^{-t/T_{\mathrm{M}}}$$

$$I_{\mathrm{a}} = I_{\mathrm{L}} + (I_1 - I_{\mathrm{L}})\mathrm{e}^{-t/T_{\mathrm{M}}}$$

$$n = n_A + (0 - n_A)\mathrm{e}^{-t/T_{\mathrm{M}}} = n_A(1 - \mathrm{e}^{-t/T_{\mathrm{M}}})$$

$T = f(t)$,$I_{\mathrm{a}} = f(t)$ 及 $n = f(t)$ 的变化曲线如图 4-30 所示。

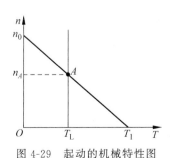

图 4-29　起动的机械特性图

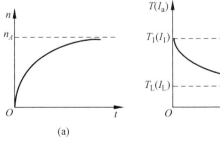

图 4-30　从静止起始的过渡过程曲线

2. 分级起动过程时间的计算

分级起动时,由于每一切换点并不是稳态点,因此,每一段电阻上的起动时间,实际上是从某一起始值到某一终了值之间的时间,是可以计算的。前面推导得出的式(4-42)可用于分段起动过渡过程的时间计算。

应该注意的是,式中时间常数 T_M 与电枢回路电阻有关。因此,在分级起动过程中,每级起动过程中的时间常数是不相同的。其次,在图 4-31(a)中,从 g 点到 i 点的时间 t_{gi} 是不能用以上各式来计算的,因为 i 点已经是稳态运行点了。这时,可以用这段特性上的时间常数的 3～4 倍来估算这段特性上的过渡过程时间 t_{gi}。

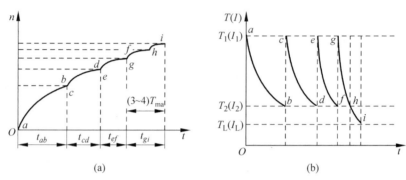

图 4-31　他励直流电动机的三级起动的过渡过程

以根据电流求各段时间为例,可将如图 4-31(b)所示的三级自 a 点到 i 点全部起动时间,归结为一总表达式

$$t_{ai} = (T_{M1} + T_{M2} + T_{M3})\ln\frac{I_1 - I_L}{I_2 - I_L} + (3\sim4)T_{ma} \tag{4-43}$$

式中,T_{ma}、T_{M1}、T_{M2}、T_{M3} 分别为对应固有特性、第一级、第二级及第三级起动特性时的时间常数。

以该三级起动为例,整个起动过程中 $T = f(t)$,$I_a = f(t)$ 及 $n = f(t)$ 变化曲线可描述为如图 4-31(a)和(b)所示。

例 4-11　例 4-2 中的那台他励直流电动机,设此时系统总飞轮矩 $GD^2 = 64.7$ N·m,求系统的起动时间。

解: 计算各段起动时间

$$C_e\Phi_N = \frac{U_N - I_N R_a}{n_N} = \frac{220 - 115 \times 0.163}{980} = 0.205$$

$$C_T\Phi_N = 9.55 C_e\Phi_N = 9.55 \times 0.205 = 1.958$$

$$C_e\Phi_N C_T\Phi_N = 0.205 \times 1.958 = 0.401$$

$$\ln\left(\frac{I_1 - I_L}{I_2 - I_L}\right) = \ln\left(\frac{230 - 92}{127.5 - 92}\right) = 1.358$$

$$T_{ma} = \frac{GD^2 R_a}{375 C_e C_T \Phi_N^2} = \frac{64.7 \times 0.163}{375 \times 0.401} = 0.07(\text{s})$$

$$T_{M1} = \frac{GD^2(R_a + R_{st1})}{375 C_e C_T \Phi_N^2} = \frac{64.7 \times (0.163 + 0.131)}{375 \times 0.401} = 0.126(\text{s})$$

$$T_{M2} = \frac{GD^2(R_a + R_{st1} + R_{st2})}{375 C_e C_T \Phi_N^2} = \frac{64.7 \times (0.163 + 0.131 + 0.236)}{375 \times 0.401} = 0.228(s)$$

$$T_{M3} = \frac{GD^2(R_a + R_{st1} + R_{st2} + R_{st3})}{375 C_e C_T \Phi_N^2} = \frac{64.7 \times (0.163 + 0.131 + 0.236 + 0.426)}{375 \times 0.401}$$

$$= 0.411(s)$$

由式(4-43)得

$$t = (T_{M1} + T_{M2} + T_{M3}) \ln \frac{I_1 + I_L}{I_2 - I_L} + 4 T_{ma}$$

$$= (0.126 + 0.228 + 0411) \times 1.358 + 4 \times 0.07 = 1.039 + 0.28 = 1.319(s)$$

4.5.3 他励直流电动机制动时的过渡过程

1. 能耗制动的过渡过程

1) 拖动位能性恒转矩负载

他励直流电动机拖动位能性恒转矩负载的能耗制动时的特性,如图 4-32(a)所示。电动机从 D 点开始制动,到 E 点下放重物。这一过渡过程可以用转速和转矩的动态方程式来描述。将起始点 $D(n_Q = n_L, T_Q = -T_{max})$、稳态点 $E(n_W = -n_E, T_W = T_L)$ 的状态代入式(4-38)和式(4-40),得

$$T = (-T_{max} - T_L)e^{-t/TM} + T_L = T_L(1 - e^{-t/TM}) - T_{max}e^{-t/TM}$$

$$n = (n_L + n_E)e^{-t/TM} - n_E = -n_E(1 - e^{-t/TM}) + n_L e^{-t/TM}$$

式中,$T_M = \dfrac{GD^2(R_a + R_b)}{375 C_e C_T \Phi^2}$,$R_b$ 为能耗制动时的串入电阻。上述过渡过程的曲线如图 4-32(b)所示。图中,t_{ZD} 为制动开始到完全停车的这段时间,称为制动时间。

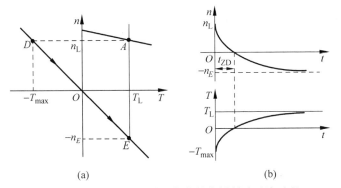

图 4-32 带位能性恒转矩负载的能耗制动过渡过程

2) 拖动反抗性恒转矩负载

拖动反抗性负载时的情形与拖动位能性负载时不同。如图 4-33 所示,系统制动过程从 D 点开始,到 O 点处结束并停车。以转速 n 为例,显然 $n = 0$ 并不是该过程沿 DO 变化的最终稳定运行值,只是该过程的终了值。而实际上,在 DO 段变化过程中,起作用的特性是 T_L,如果能按该规律继续下去的话,系统的最终稳定点将是 DO 与 T_L 两延长线的交点 E。从过渡过程的本质来看,对应于 E 点的 T_L 是过程中的强迫分量,从 D 点到 O 点之间的过

程,始终受该强迫分量作用。因此,该过程的各物理量的稳态值,仍均应取 E 点的值。只是 E 点并非实际的运行点,而是虚拟点,因此称为虚稳态点。

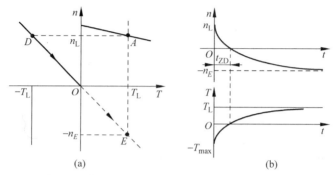

图 4-33　带反抗性恒转矩负载的能耗制动过渡过程

因此,求带反抗性恒转矩负载的能耗制动的过渡解的方法,与求带位能性恒转矩负载的方法基本相同,只是它没有稳态值而用所谓虚稳态点的值代之。而其值的大小与带位能性恒转矩负载时的稳态值相同,故各物理量表达式均与位能性负载时的形式一样。只是过渡过程曲线在过原点 O 后各物理量的变化均以虚线表示,如图 4-33(b)所示。

综上所述,对于带有像反抗性恒转矩负载这样的具有折线特性负载的系统,在某一线性段起作用的范围内,可用延长线性段的方法,求取虚拟稳态点,再代入通用公式,求解该段的过渡过程。

2. 反接制动的过渡过程

1) 带位能性恒转矩负载

带位能性恒转矩负载的直流拖动系统的机械特性,如图 4-34(a)所示。反接制动过程的起始点为 F,最终稳态点为 G,以两点的状态代入式(4-40)、式(4-38)得

$$n = (n_L + n_G)e^{-t/T_M} - n_G$$
$$T = -(T_{max} + T_L)e^{-t/T_M} + T_L$$

式中,$n = f(t)$,$T = f(t)$ 的曲线如图 4-34(b)和(c)中的曲线 1 所示。

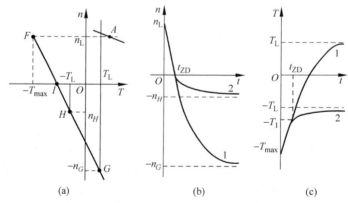

图 4-34　带恒转矩负载的反接制动过渡过程

2）带反抗性恒转矩负载

带反抗性恒转矩负载进入反接制动过渡过程后，当 $n > 0$ 时，即从 F 点到 I 点与带位能性恒转矩负载时完全相同。因此，带反抗性恒转矩负载与带位能性恒转矩负载相比，其反接制动的停车时间是一样的。此时，图 4-34(a) 中的 G 点就是该过渡过程的虚稳态点。但是若超过 $n = 0$ 的原点后，系统将反向起动，进入反向电动状态。此时反抗性负载转矩变为 $-T_L$，其与电动机特性曲线的交点为 H，如图 4-34(a) 所示。此时过渡过程出现了转折，因此应根据新的起始点 I 和稳态点 H，重新计算后一段过渡过程，得

$$n = -n_H(1 - e^{-t/T_M})$$
$$T = -(T_I - T_L)e^{-t/T_M} - T_L$$

由于制动过程是从 F 点为时间起点，因此上述两式的时间起点是 t_{ZD}。

该曲线分别如图 4-34(b) 和 (c) 中的曲线 2 所示。

例 4-12 一台他励直流电动机，有关数据为 $P_N = 15\ \mathrm{kW}$，$U_N = 220\ \mathrm{V}$，$I_N = 80\ \mathrm{A}$，$n_N = 1000\ \mathrm{r/min}$，$R_a = 0.2\ \Omega$。电动机自身飞轮矩 $GD_d^2 = 20\ \mathrm{N \cdot m^2}$，电动机拖动反抗性负载转矩，大小为 $0.8T_N$，运行在固有机械特性上。

（1）停车时采用反接制动，制动转矩为 $2T_N$，求电枢回路需串入的电阻值；

（2）当反接制动到转速为 $0.3n_N$ 时，为了使电动机不致反转，换成能耗制动，制动转矩仍为 $2T_N$，求电枢回路需串入的电阻值；

（3）取系统总飞轮矩 $GD^2 = 1.25GD_d^2$，求制动停车所用的时间；

（4）画出上述制动停车的机械特性，简述制动过程；

（5）画出上述制动停车过程中的 $n = f(t)$ 的曲线，标出停车时间。

解：（1）制动前的电枢电流

$$I_a = \frac{0.8T_N}{T_N}I_N = 0.8 \times 80 = 64\,(\mathrm{A})$$

制动前电枢电动势

$$E_a = U_N - I_aR_a = 220 - 64 \times 0.2 = 207.2\,(\mathrm{V})$$

反接制动开始时的电枢电流

$$I_a' = \frac{-2T_N}{T_N}I_N = -2 \times 80 = -160\,(\mathrm{A})$$

反接制动电阻

$$R_1 = \frac{-U_N - E_a}{I_a'} - R_a = \frac{-220 - 207.2}{-160} - 0.2 = 2.47\,(\Omega)$$

（2）电动机额定运行时的感应电动势

$$E_{aN} = U_N - I_NR_a = 220 - 80 \times 0.2 = 204\,(\mathrm{V})$$

能耗制动起始时电枢感应电动势

$$E_a' = \frac{0.3n_N}{n_N}E_{aN} = 0.3 \times 204 = 61.2\,(\mathrm{V})$$

能耗制动电阻

$$R_2 = \frac{-E_a'}{I_a'} - R_a = \frac{-61.2}{-160} - 0.2 = 0.183\,(\Omega)$$

（3）电动机的 $C_e\Phi_N$

$$C_e\Phi_N = \frac{E_{aN}}{n_N} = \frac{204}{1000} = 0.204$$

反接制动时间常数

$$T_{M1} = \frac{GD^2}{375} \cdot \frac{R_a + R_1}{9.55(C_e\Phi_N)^2} = \frac{1.25 \times 20}{375} \times \frac{0.2 + 2.47}{9.55 \times 0.204^2} = 0.448(\text{s})$$

能耗制动时间常数

$$T_{M2} = \frac{GD^2}{375} \cdot \frac{R_a + R_1}{9.55(C_e\Phi_N)^2} = \frac{1.25 \times 20}{375} \times \frac{0.2 + 0.183}{9.55 \times 0.204^2} = 0.0642(\text{s})$$

反接制动到 $0.3n_N$ 时电枢电流

$$I_{ap} = \frac{-U_N - E'_a}{R_a + R_1} = \frac{-220 - 61.2}{0.2 + 2.47} = -105.3(\text{A})$$

反接制动到 $0.3n_N$ 时所用的时间

$$t_1 = T_{M1} \ln \frac{I'_a - I_a}{I_{ap} - I_a} = 0.448 \times \ln \frac{-160 - 64}{-105.3 - 64} = 0.13(\text{s})$$

能耗制动从 $0.3n_N$ 到 $n = 0$ 所用的时间

$$t_2 = T_{M2} \ln \frac{I'_a - I_a}{0 - I_a} = 0.0642 \times \frac{-160 - 64}{-64} = 0.08(\text{s})$$

整个制动停车时间

$$t_0 = t_1 + t_2 = 0.13 + 0.08 = 0.21(\text{s})$$

（4）上述制动停车的机械特性如图 4-35（a）所示，其中反接制动起始转速

$$n_1 = \frac{U_N}{C_e\Phi_N} - \frac{I_a R_a}{C_e\Phi_N} = \frac{220}{0.204} - \frac{64 \times 0.2}{0.204} = 1016(\text{r/min})$$

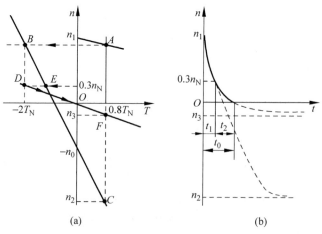

图 4-35　例 4-12 图

反接制动稳态转速（虚稳态点）

$$n_2 = \frac{-U_N}{C_e\Phi_N} - \frac{I_a(R_a + R_1)}{C_e\Phi_N} = \frac{-220}{0.204} - \frac{64 \times (0.2 + 2.47)}{0.204} = -1916(\text{r/min})$$

能耗制动稳态转速（虚稳态点）

$$n_3 = \frac{-I_a(R_a + R_2)}{C_e\Phi_N} = \frac{-64 \times (0.2 + 0.183)}{0.204} = -120(\text{r/min})$$

（5）上述整个制动过程，运行点的运动是从 $B \to E \to D \to O$，分为两段进行。首先是从 $B \to E(\to C)$ 的反接制动过程，然后是从 $D \to O(\to F)$ 的能耗制动过程。其中反接制动过程中断在 E 点（对应转速为 $0.3n_N$），而不是直接制动到 $n=0$ 的。过渡过程 $n=f(t)$ 曲线如图 4-35(b) 所示。

例 4-13 一台他励直流电动机，额定数据为：$P_N = 5.6$ kW，$U_N = 220$ V，$I_N = 31$ A，$n_N = 1000$ r/min，$R_a = 0.4$ Ω。如果系统总飞轮矩 $GD^2 = 9.8$ N·m²，$T_L = 49$ N·m，在电动运行时进行制动停车，制动的起始电流为 $2I_N$，试就反抗性恒转矩负载与位能性恒转矩负载两种情况，求：

（1）能耗制动停车时间；

（2）反接制动停车时间；

（3）当转速制动到 $n=0$，若不采取其他停车措施，转速达到稳定值时整个过渡过程的时间。

解：（1）能耗制动停车，不论是反抗性恒转矩负载还是位能性恒转矩负载，制动停车的时间都是一样的。

电动机的 $C_e\Phi_N$

$$C_e\Phi_N = \frac{U_N - I_N R_a}{n_N} = \frac{220 - 31 \times 0.4}{1000} = 0.208$$

制动前的转速即制动初始转速

$$n_Q = \frac{U_N}{C_e\Phi_N} - \frac{R_a}{9.55(C_e\Phi_N)^2}T_L = \frac{220}{0.208} - \frac{0.4}{9.55 \times 0.208^2} \times 49$$
$$= 1010.3(\text{r/min})$$

对应于初始转速的电枢感应电动势

$$E_a = C_e\Phi_N n = 0.208 \times 1010.3 = 210.1(\text{V})$$

制动时电枢回路总电阻

$$R_a + R_b = \frac{-E_a}{-2I_N} = \frac{210.1}{2 \times 31} = 3.39(\Omega)$$

稳态点（或虚拟稳态点）的转速

$$n_W = n_L = \frac{U}{C_e\Phi_N} - \frac{R_a + R_b}{9.55(C_e\Phi_N)^2}T_L = \frac{0}{0.208} - \frac{3.39}{9.55 \times 0.208^2} \times 49$$
$$= -402(\text{r/min})$$

制动时机电时间常数

$$T_M = \frac{GD^2}{375} \cdot \frac{R_a + R_b}{9.55(C_e\Phi_N)^2} = \frac{9.8}{375} \times \frac{3.39}{9.55 \times 0.208^2} = 0.214(\text{s})$$

制动停车时间

$$t_{ZD} = T_M \ln\frac{n_Q - n_W}{n_P - n_W} = 0.214 \times \ln\frac{1010.3 - (-402)}{0 - (-402)} = 0.269(\text{s})$$

（2）反接制动时，无论是反抗性恒转矩负载还是位能性恒转矩负载，停车的时间都是一样的，且制动起始点的转速和电势与能耗制动时的相同。

反接制动时电枢回路总电阻

$$R_{\mathrm{a}} + R_{\mathrm{bl}} = \frac{-U_{\mathrm{N}} - E_{\mathrm{a}}}{-2I_{\mathrm{N}}} = \frac{-220 - 210.1}{-2 \times 31} = 6.94(\Omega)$$

稳态点（或虚拟稳态点）的转速

$$n_{\mathrm{W}} = n_{\mathrm{L}} = \frac{U_{\mathrm{N}}}{C_{\mathrm{e}}\Phi_{\mathrm{N}}} - \frac{R_{\mathrm{a}} + R_{\mathrm{bl}}}{9.55(C_{\mathrm{e}}\Phi_{\mathrm{N}})^2}T_{\mathrm{L}} = \frac{-220}{0.208} - \frac{6.94}{9.55 \times 0.208^2} \times 49$$

$$= -1880.7(\mathrm{r/min})$$

反接制动机电时间常数

$$T'_{\mathrm{M}} = \frac{GD^2}{375} \cdot \frac{R_{\mathrm{a}} + R_{\mathrm{bl}}}{9.55(C_{\mathrm{e}}\Phi_{\mathrm{N}})^2} = \frac{9.8}{375} \times \frac{6.94}{9.55 \times 0.208^2} = 0.439(\mathrm{s})$$

反接制动停车时间

$$t'_{\mathrm{ZD}} = T'_{\mathrm{M}}\ln\frac{n_{\mathrm{Q}} - n_{\mathrm{W}}}{n_{\mathrm{P}} - n_{\mathrm{W}}} = 0.439 \times \ln\frac{1010.3 - (-1880.7)}{0 - (-1880.7)} = 0.189(\mathrm{s})$$

（3）不采取其他停车措施，到达稳态转速时总的制动过程所用的时间对不同的制动方法及不同的负载是不同的。

① 能耗制动带反抗性恒转矩负载时，电动机机械特性与负载机械特性没有交点，从制动开始到 $n=0$ 的过渡过程的终点所用的时间就是总的制动过程所用的时间，故

$$t_1 = t_{\mathrm{ZD}} = 0.269(\mathrm{s})$$

② 能耗制动带位能性恒转矩负载时，电动机机械特性与负载机械特性有交点，即电动机最终能达到某一转速（负值）稳定运行，因此系统由 $n=0$ 到这一反转稳定运行点的时间只能用 4 倍的机电时间常数来估算，所以，总的制动过程所用的时间是

$$t_2 = t_{\mathrm{ZD}} + 4T_{\mathrm{M}} = 0.269 + 4 \times 0.214 = 1.125(\mathrm{s})$$

③ 反接制动带反抗性恒转矩负载时，应先计算制动到 $n=0$ 时的电磁转矩 T 的大小，然后将它与反向负载转矩 $-T_{\mathrm{L}}$ 进行比较，判断电动机是否能反向起动。为此，将该点的有关数据代入反接制动机械特性方程式中求得 T。

$$n = \frac{-U_{\mathrm{N}}}{C_{\mathrm{e}}\Phi_{\mathrm{N}}} - \frac{R_{\mathrm{a}} + R_{\mathrm{bl}}}{9.55(C_{\mathrm{e}}\Phi_{\mathrm{N}})^2}T$$

$$0 = \frac{-220}{0.208} - \frac{6.94}{9.55 \times 0.208^2}T$$

$$T = -62.97(\mathrm{N \cdot m})$$

因为 $|T| > |-T_{\mathrm{L}}|$，所以电动机能反向起动到反向电动运行。与②同理，此时总的制动过程所用的时间也应包含两部分：一部分是从起始制动到 $n=0$ 停车终了，这段时间已经求出；另一部分是从 $n=0$ 反向起动到反向电动稳定运行在第Ⅲ象限，即

$$t_3 = t'_{\mathrm{ZD}} + 4T'_{\mathrm{M}} = 0.189 + 4 \times 0.439 = 1.945(\mathrm{s})$$

④ 反接制动带位能性恒转矩负载时，总的制动过程所用的时间与③相同，即

$$t_4 = t_3 = 1.945(\mathrm{s})$$

从上例中可以看出，尽管都是从同一转速起始值开始制动到转速为零，但制动时间却不尽相同。能耗制动停车比反接停车要慢。此外，同样是从起始转速值开始制动，由于采用的制动方法不同，拖动负载性质不同，因而进入稳定运行点的过程就不同，所经历的总的制动时间也不同。因此，需根据具体情况而具体分析，这点也是值得注意的。

4.5.4　他励直流电动机过渡过程中的能量损耗

电力拖动系统在起动、制动、调速或反转的过渡过程中,电动机内部将产生能量损耗。当过渡过程中的能量损耗过大时,电动机发热严重,将缩短电动机绝缘材料的使用寿命,甚至烧毁电动机。所以当能量损耗过大时,为防止电动机过热,必须限制电动机每小时内的起动与制动次数。但这又将影响系统的运行效率。此外,能量损耗过大,则效率低,运行费用高。为使电动机不致过热,就不得不选用功率更大的电动机,这又造成设备容量和投资的浪费。因此,研究电动机过渡过程中的能量损耗,进而找出减小能耗的方法,对于电力拖动系统的正确设计及合理运行,具有重要的意义。

1. 过渡过程能量损耗的一般表达式

一般来说,过渡过程中电动机内的损耗以铜损耗占的比重最大。为了简化分析计算,下面仅讨论理想空载下只计及铜损耗的机械过渡过程。

在理想空载条件下,$T_L = 0$,由式(3-1)可得此时拖动系统运动方程为

$$T = J \frac{\mathrm{d}\Omega}{\mathrm{d}t}$$

在过渡过程中,一段任意短的时间 $\mathrm{d}t$ 内的能量损耗等于该时间内电枢回路铜损耗,即等于该时间内,电动机从电网吸收的功率与已转换成的电磁功率之差,即为

$$\mathrm{d}A = I_a^2 (R_a + R_\Omega) \mathrm{d}t = (UI_a - E_a I_a) \mathrm{d}t \tag{4-44}$$

将上式中各量换算为机械量,则电动机从电网吸收的能量为

$$UI_a = C_e \Phi n_0 I_a = C_e \Phi \frac{60}{2\pi} \Omega_0 I_a = C_T \Phi I_a \Omega_0 = T\Omega_0$$

式中,Ω_0 为理想空载转速 n_0 对应的机械角速度。

此外,$E_a I_a = T\Omega$,$\mathrm{d}t = \dfrac{J}{T}\mathrm{d}\Omega$,将以上三式代入(4-44)得

$$\mathrm{d}A = (T\Omega_0 - T\Omega)\frac{J}{T}\mathrm{d}\Omega = J(\Omega_0 - \Omega)\mathrm{d}\Omega$$

整个过渡过程中能量损耗为

$$\Delta A = \int_{\Omega_Q}^{\Omega_W} J(\Omega_0 - \Omega)\mathrm{d}\Omega \tag{4-45}$$

若过渡过程在达到稳态前中断或被切换,则该过程中的能量损耗为

$$\Delta A = \int_{\Omega_Q}^{\Omega_P} J(\Omega_0 - \Omega)\mathrm{d}\Omega \tag{4-46}$$

式中,Ω_Q、Ω_W、Ω_P 分别为过渡过程中对应于起始点转速 n_Q、稳态点转速 n_W 和终了转速 n_P 的角速度。

式(4-45)和式(4-46),就是过渡过程中能量损耗的一般表达式。结合不同的边界条件,便可分析各种具体的过渡过程的能量损耗。

显然,过渡过程中,他励直流电动机从电网吸取的能量 A 的一般表达式为

$$A = \int_{t_Q}^{t_W} UI_a \mathrm{d}t = \int_{\Omega_Q}^{\Omega_W} J\Omega_0 \mathrm{d}\Omega \tag{4-47}$$

或

$$A = \int_{t_Q}^{t_P} UI_a \mathrm{d}t = \int_{\Omega_Q}^{\Omega_P} J\Omega_0 \mathrm{d}\Omega \tag{4-48}$$

式中，t_Q、t_P、t_W 分别为过渡过程起始时刻、终了时刻和稳态点时刻。

由以上几式可以看出，过渡过程中直流电动机的能量损耗及由电网吸收的能量均与系统的转动惯量 J 和角速度 Ω 有关。

2. 在恒定电压下各种过渡过程的能量损耗

1）理想空载条件下起动

如图 4-36 所示，由于是理想空载条件，因此 T_L（包括 T_0）= 0，所以，起动后稳定运行点应是电动机串接电阻的人为机械特性曲线 1 与纵坐标的交点 A。也就是说，起动完毕后 $\Omega_W = \Omega_0$，加上 $\Omega_Q = 0$，即为此时的初始条件。将它代入式(4-45)和式(4-47)得

$$\Delta A = \int_0^{\Omega_0} J(\Omega_0 - \Omega) \, \mathrm{d}\Omega = \frac{1}{2} J\Omega_0^2$$

$$A = \int_0^{\Omega_0} J\Omega_0 \, \mathrm{d}\Omega = J\Omega_0^2$$

从以上两式的结果可以看出，起动过程中的能量损耗，在数值上等于系统获得的动能，而与电动机的电磁参量及起动时间等因素均无关。此外，能量损耗正好等于电动机从电网吸收能量的一半。

2）理想空载条件下能耗制动停车

此时所对应的特性曲线，如图 4-36 中曲线 2 所示。能耗制动时电动机已脱离电网，即 $U = 0$，因此式(4-45)和式(4-47)中的 $\Omega_0 = 0$，且将 $\Omega_Q = \Omega_0$，$\Omega_W = 0$ 代入，得

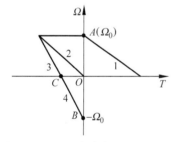

图 4-36　理想空载条件下的过渡过程

$$\Delta A = \int_{\Omega_0}^0 -J\Omega \, \mathrm{d}\Omega = -\frac{1}{2}J\Omega^2 \Big|_{\Omega_0}^0 = \frac{1}{2}J\Omega_0^2$$

$$A = \int_{\Omega_Q}^{\Omega_W} 0 \, \mathrm{d}\Omega = 0$$

可见，理想空载条件下能耗制动停车时，能量损耗正好等于系统储存的动能。

3）理想空载条件下电压反接制动停车

此时的机械特性曲线如图 4-36 中的曲线 3 所示，制动完毕后的停车点 C 应是过渡过程中的终了点，而不是稳态点。此外，电压反接制动时，电枢电压已反向，因此式(4-45)和式(4-47)中的 Ω_0 应以（$-\Omega_0$）代入，再将初始条件 $\Omega_Q = \Omega_0$，$\Omega_W = 0$ 代入，得

$$\Delta A = J\Omega_0\Omega + \frac{1}{2}J\Omega^2 \Big|_0^{\Omega_0} = \frac{3}{2}J\Omega_0^2$$

$$A = J\Omega_0\Omega \Big|_0^{\Omega_0} = J\Omega_0^2$$

可见，在理想空载条件下反接制动停车时，过渡过程中电动机从电网吸收的能量为 $J\Omega_0^2$，而能量损耗为 $\frac{3}{2}J\Omega_0^2$。也就是说，电动机不仅将电网吸收的能量 $J\Omega_0^2$，而且还将系统所储的动能 $\frac{1}{2}J\Omega_0^2$ 全部损耗在过渡过程中了。

4）理想空载条件下电压反接制动接反转

此时的机械特性曲线如图 4-36 的曲线 3 和 4，整个过渡过程经反接制动到达 C 点后又反向起动最终稳定运行在 B 点。与电压反接制动停车时的条件一样，应以 $\Omega_0 = -\Omega_0$ 代入

式(4-45)和式(4-47),这样以上两式变为

$$\Delta A = \int_{\Omega_\mathrm{Q}}^{\Omega_\mathrm{w}} -J(\Omega_0 + \Omega)\mathrm{d}\Omega$$

$$A = \int_{\Omega_\mathrm{Q}}^{\Omega_\mathrm{w}} -J\Omega_0\mathrm{d}\Omega$$

再将初始条件 $\Omega_\mathrm{Q} = \Omega_0$ 和 $\Omega_\mathrm{w} = -\Omega_0$ 代入得

$$\Delta A = \int_{\Omega_0}^{-\Omega_0} -J(\Omega_0 + \Omega)\mathrm{d}\Omega = -\left(J\Omega_0\Omega + \frac{1}{2}J\Omega^2\right)\Big|_{\Omega_0}^{-\Omega_0} = 2J\Omega_0^2$$

$$A = \int_{\Omega_0}^{-\Omega_0} -J\Omega_0\mathrm{d}\Omega = -J\Omega_0\Omega\,\Big|_{\Omega_0}^{-\Omega_0} = 2J\Omega_0^2$$

可见,在理想空载条件下反接制动接反转的过渡过程中,从电网吸收的能量为 $2J\Omega_0^2$,能量损耗为 $2J\Omega_0^2$。从总量上看,整个过程中电动机从电网吸收的能量全部损耗在电机内部。但从各部分分项来看,对应于曲线 3 的反接制动过程损耗有 $\frac{3}{2}J\Omega_0^2$,而吸收的能量只有 $J\Omega_0^2$,如前所述,在此过程中把系统原储存的动能 $\frac{1}{2}J\Omega_0^2$ 也损耗掉了。而进入反转后(对应曲线 4)的过程中,吸收的能量有 $A = 2J\Omega_0^2 - J\Omega_0^2 = J\Omega_0^2$,而损耗的能量只有 $\Delta A = 2J\Omega_0^2 - \frac{3}{2}J\Omega_0^2 = \frac{1}{2}J\Omega_0^2$,可见在此过程中系统又获得 $\frac{1}{2}J\Omega_0^2$ 的动能。这部分动能正好与整个过程开始时系统所具有的动能相等,也就是说,整个过程中,系统所储动能有一个交出与失而复得的过程,从总量上则维持从电网吸收的能量与电动机内能量损耗相平衡的结果。

3. 减少过渡过程中能量损失的方法

1) 选择合理的制动方式

如前所述,采用能耗制动停车时的能量损耗仅为反接制动时的三分之一。因此,从减少过渡过程损耗的角度考虑,应尽量采用能耗制动。

2) 在过渡过程中采取分级施加电压的方式

以分两级升压起动为例,先加 $\frac{1}{2}U_\mathrm{N}$,待角速度达到 $\frac{1}{2}\Omega_0$ 时,再将电压升至 U_N,最后角速度将升至 Ω_0。这样,实际上变成了两个过程,一个是从 $0 \to \frac{1}{2}\Omega_0$ 的起动过程,另一个是从 $\frac{1}{2}\Omega_0 \to \Omega_0$ 的升速过程,运用计算起动时能量损耗的表达式,每个过程的能量损耗分别为

$$\Delta A_1 = \int_0^{\frac{1}{2}\Omega_0} J\left(\frac{1}{2}\Omega_0 - \Omega\right)\mathrm{d}\Omega = \frac{1}{8}J\Omega_0^2$$

$$\Delta A_2 = \int_{\frac{1}{2}\Omega_0}^{\Omega_0} J(\Omega_0 - \Omega)\mathrm{d}\Omega = \frac{1}{8}J\Omega_0^2$$

故整个过程能量损耗为

$$\Delta A = \Delta A_1 + \Delta A_2 = \frac{1}{4}J\Omega_0^2$$

可见,分两级施加起动电压(实际上是一种降压起动方法)起动时,能量损耗减少到施加恒定电压直接起动时的1/2。同理可证,若分 m 级降压起动,起动过程中能量总损耗将减少

136

到直接加全压起动的 $1/m$。分的级数越多,能量损耗越小。若采用可连续调压的电源连续升压供电,这时 $m \to \infty$,理论上理想空载起动时的能量损耗趋于零。因此,在电机拖动系统中一般都采用连续升压的起动方法。其意义不仅在于可减小起动过程中的能量损耗,还可限制起动电流及维持较大的起动转矩。

3)减少拖动系统的动能 $\frac{1}{2}J\Omega^2$

如前所述,过渡过程中的能量损耗与系统储存的动能有关。因此,减少系统的储能便可减少过渡过程中的能量损耗。减小系统的动能储存可从两方面入手:一是减少系统转动惯量 J,这就要求在设计时选用 GD^2 较小、转子较细长的电动机,或采用双电动机拖动;二是适当选择电动机的额定转速和传动机构,使所组成的电机拖动系统具有较小的储能。

4.6 串励与复励直流电动机拖动系统的运行

4.6.1 串励直流电动机的机械特性

根据电压平衡方程式和电动势计算公式,得

$$n = \frac{U - I_a \sum R_a}{C_e \Phi} = \frac{U - I_a \sum R_a}{C_e K_f I_a} = \frac{U - I_a \sum R_a}{C_e' I_a}$$
$$= \frac{U}{C_e' I_a} - \frac{1}{C_e'} \sum R_a \tag{4-49}$$

式中,$C_e' = C_e K_f$,K_f 为不考虑饱和情况下 I_a 的励磁系数。

$$T = C_T \Phi I_a = C_T K_f I_a I_a = C_T K_f I_a^2 = C_T' I_a^2$$

故

$$I_a = \sqrt{\frac{T}{C_T'}} \tag{4-50}$$

将式(4-50)代入式(4-49),得

$$n = \frac{U}{C_e' \sqrt{\dfrac{T}{C_T'}}} - \frac{1}{C_e'} \sum R_a = \frac{\sqrt{C_T'}}{C_e'} \frac{U}{\sqrt{T}} - \frac{1}{C_e'} \sum R_a \tag{4-51}$$

由式(4-51)可知,在磁路不饱和时,串励直流电动机的机械特性 $n = f(T)$ 近似为一双曲线,转速 n 大约与 $\sqrt{T}$ 成反比,如图 4-37 中的曲线 1 所示。电枢回路串接电阻 R_Ω 及降低电压的人为机械特性如曲线 2 和曲线 3 所示。

可见,串励直流电动机也可采用电枢回路串接电阻及改变电压的方法调速。

由机械特性的分析可看出,串励直流电动机的主要特点如下。

(1)串励直流电动机实际上不存在理想空载转速 n_0,因为这时转速从理论上来说为无穷大。正因为如此,串励直流电动机拖动系统不允许空载或轻载运行,否则会引起"飞车"。

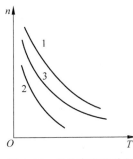

图 4-37　串励直流电动机
的机械特性

（2）固有机械特性是一条非线性的软特性。因此，当系统的负载增加，转速将自动下降，有自动过载保护作用。当负载减少时，系统的转速又自动升高，维持了系统始终有较高的工作效率。

（3）串励直流电动机中的电磁转矩正比于电枢电流的平方，因此，这种直流电动机有较大的起动转矩，过载能力强。

由于串励直流电动机具有以上特点，所以串励直流拖动系统特别适用于传输带运输及起重机械等。

4.6.2　串励直流电动机的起动与调速

因串励电动机的励磁电流等于电枢电流，为了限制起动电流，串励直流电动机的起动方法与他励电动机一样，也是采用电枢回路串接电阻或降低电源电压的方法，其起动过程与他励电动机相似。由于 $T = C_T' I_a^2$，所以串励直流电动机比他励直流电动机的起动转矩大，适用于起重运输设备。

串励直流电动机的调速方法与并（他）励一样，也可以通过电枢回路串接电阻、改变磁通和改变电压的方法来调速。

串励直流电动机可以正向电动运行，也可反向电动运行，只是作反向电动运行时，不能简单地直接改换电源电压的极性。因为这样将会使电枢电流及磁通的方向同时改变，而电磁转矩方向仍然不变，不能实现反向运行。只有单独改变电枢电流或磁通方向，才能奏效。在一般情况下，为了避免改变电动机主极磁场方向，通常通过改变电枢电流 I_a 的方向来实现反向电动运行。

其他情况与他励直流电动机运行状态情况相同，在此不再复述。

4.6.3　串励直流电动机的制动

串励直流电动机的理想空载转速为无穷大，所以它不可能有回馈制动运行状态，只能进行能耗制动和反接制动。

1. 能耗制动

如图 4-38 所示，电动机从原正向电动运行点 A ，跳到能耗制动特性上的 B 点。若带的是反抗性负载，则运行点自 B 点运动到 O 点，系统最后停转；若带的是位能性负载，则继续运动到 C 点，并在该处作能耗制动的稳定运行。串励电动机的能耗制动可采用两种励磁方式：他励式和自励式。

他励式能耗制动时，只把电枢脱离电源并通过外接制动电阻形成闭路，而把串励绕组接到电源上，由于串励绕组的电阻很小，必须在励磁回路中接入限流电阻。此时电动机成为一台他励发电机，产生制动转矩，其特性及制动过程与他励直流电动机的能耗制动相同。

自励式能耗制动是将电枢和串励绕组在脱离电源后，一起接到制动电阻上。依靠电动机内剩磁自励，建立电动势成为串励发电机，从而产生制动转矩，使电动机停转。为了保证电动机能自励，在进行自励式能耗制动接线时，必须注意要保持励

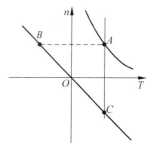

图 4-38　串励直流电动机的能耗制动

磁电流的方向和制动前相同,否则不能产生制动转矩。

2. 反接制动

1) 带位能性恒转矩负载的电动势反接制动

如图 4-39 所示,串励直流电动机在原固有特性 1 上向上提升一重物,现欲以电动势反接制动状态下放该重物。为此,在电枢回路中串入一外接电阻 R_Ω(此时,只需将图 4-39(a)中的常闭触头 JC 断开)。其接线图和机械特性曲线如图 4-39(b)所示。电动机以恒速 n_D 下放重物。

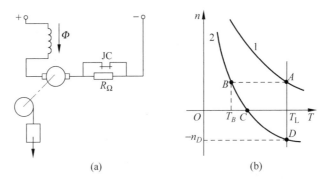

图 4-39 串励直流电动机带位能性恒转矩负载的电动势反接制动

2) 带反抗性恒转矩负载的电压反接制动

串励直流电动机电压反接制动时,只需将电枢两端接线对调,同时保持励磁绕组的接法不变,如图 4-40(a)所示。电动机制动过程从 B 点开始,转速下降直到 C 点。如欲反转稳定运行,则不采取外界制动措施,运行点可继续运动到该特性与反向负载特性$-T_L$ 的交点 D 点上,并在该点作电压反接制动的稳定运行,如图 4-40(b)所示。

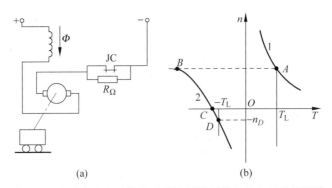

图 4-40 串励直流电动机带反抗性恒转矩负载的电压反接制动

4.6.4 复励直流电动机拖动系统的运行

由于复励直流电动机既具有串励直流电动机的过载能力和起动转矩大的优点,又具有他励直流电动机的可在空载及轻载下稳定运行的性能,因此在要求较高的拖动系统中,常采用复励直流电动机拖动方式。此种拖动系统的机械特性介于他励式与串励式之间。当串励绕组起主要作用时,特性接近于串励机;当他励绕组的作用为主时,特性接近于他励机。由于在复励直流电动机中接有他励绕组,因此与串励直流电动机不同,可以实现回馈制动。对于正反向电动、反接、回馈及能耗制动运行的分析,与前两种电机分析方法类似。分析结果介于两者之间,性能特性兼而有之,在此就不再详述。

习题

4-1 什么是他励直流电动机的机械特性? 什么是它的固有机械特性? 什么是人为机械特性?

4-2 什么叫硬特性? 什么叫软特性? 他励直流电动机机械特性的斜率 β 与哪些量有关?

4-3 为什么他励直流电动机固有机械特性上对应额定转矩 T_N 时,转速有 Δn_N 的降落?

4-4 为什么直流电动机电枢回路串入电阻后不会影响理想空载转速? 为什么所串入的电阻值越大,机械特性越软?

4-5 为什么改变电枢电压的人为机械特性是一组平行线?

4-6 当电枢电压 U 为零时,机械特性通过原点跨越 II、IV 象限的物理意义是什么?

4-7 他励直流电动机拖动恒转矩负载时采用弱磁调速,忽略磁通变化的过渡过程,试分析电动机从高速向低速调速过程中,电动机经历过哪些运行状态?

4-8 拖动位能性恒转矩负载的他励直流电动机有可能工作在反向电动运行状态吗? 试举例说明。

4-9 采用电动机惯例时他励直流电动机电磁功率 $P_{em}=E_aI_a=T\Omega<0$,说明了电动机内机电能量转换的方向是机械功率转换成电功率。那么是否可以认为该电动机运行于回馈制动状态? 或者说已是一台他励发电机? 为什么?

4-10 一台他励直流电动机拖动卷扬机,当电枢接额定电压,电枢回路串入电阻提升重物匀速上升时,若把电源电压突然倒换极性,电动机最后稳定运行于什么状态? 重物是提升还是下放? 画出机械特性图,说明中间经历了什么运行状态。

4-11 电动机的电磁转矩在作电动运行时是驱动性质的,看来电磁转矩增大时转速应升高。但从直流电动机的机械特性中却得到相反的结论,即电磁转矩增大时,转速反而下降。这两者是否相矛盾? 为什么?

4-12 什么叫电力拖动系统的过渡过程? 它有几种性质? 引起过渡过程的原因是什么? 从理论上讲过渡过程的时间是多少? 工程实际上如何计算?

4-13 机电时间常数 T_M 与哪些物理量有关? 它是什么过渡过程的时间常数?

4-14 在带反抗性恒转矩负载的他励直流电动机拖动系统的制动过程中,虚稳态点的含义是什么? 还有什么情况会出现虚稳态点?

4-15 静差率与机械特性硬度有什么关系? 又有什么区别?

4-16 静差率与调速范围有什么关系? 为什么要同时提出才有意义?

4-17 什么叫恒转矩调速方式? 什么叫恒功率调速方式? 它们各自与什么性质的负载配合才合适?

4-18 一台他励直流电动机的额定值如下: $U_N=220$ V,$I_N=4.91$ A,$n_N=1500$ r/min,已知电枢电阻 $R_a=6.2$ Ω,试求理想空载转速 n_0。

4-19 一台他励直流电动机的铭牌数据为: $P_N=22$ kW,$U_N=220$ V,$I_N=116$ A,$n_N=1500$ r/

min,R_a＝0.1744 Ω,试求取其固有机械特性,并画出特性曲线。

4-20　一台他励直流电动机额定数据如下：$P_N＝10$ kW,$U_N＝220$ V,$I_N＝53.7$ A,$n_N＝$ 3000 r/min,试求：

(1) 固有机械特性；

(2) 当电枢回路总电阻为 50％R_N 时的人为机械特性($R_N＝U_N/I_N$)；

(3) 当电枢回路总电阻为 150％R_N 时的人为机械特性；

(4) 当电枢回路端电压为 50％U_N 时的人为机械特性；

(5) 当每极磁通 $\varPhi＝80％\varPhi_N$ 时的人为机械特性。

4-21　一台他励直流电动机数据如下：$P_N＝21$ kW,$U_N＝220$ V,$I_N＝112$ A,$n_N＝950$ r/min,试求：

(1) 当负载转矩为 $0.8T_N$ 时,电动机的转速；

(2) 当负载转矩为 $0.8T_N$,并在电枢回路中串入 0.589 Ω 附加电阻时,电阻接入瞬间和转入新稳态时的转速、电枢电流和电磁转矩；

(3) 当 $U＝0.2U_N$,$\varPhi＝0.7\varPhi_N$ 时,额定负载时的电机转速。

4-22　一台直流电动机数据如下：$U_N＝220$ V,$I_N＝40$ A,$n_N＝1000$ r/min,$R_a＝0.5$ Ω,当 $U＝180$ V,负载为额定负载时,试求：

(1) 电机接成他励时(励磁电流不变)的转速和电枢电流；

(2) 电机接成并励时(励磁电流与电压成正比)的转速和电枢电流(设铁芯不饱和)。

4-23　一台他励直流电动机在某负载转矩时的转速为 1000 r/min,电枢电流为 40 A,电枢回路总电阻 $R_a＝0.045$ Ω,电网电压为 110 V,当负载转矩增大到原来的 4 倍时,电枢电流及转速各为多少(略去电枢反应影响)？

4-24　一台他励直流电动机额定数据为：$P_N＝40$ kW,$U_N＝220$ V,$I_N＝207.5$ A,$R_a＝0.067$ Ω,试求：

(1) 如果电枢回路不串入电阻直接起动,则起动电流是额定电流的多少倍？

(2) 欲将起动电流限制为 $1.5I_N$,应串入电枢回路中的电阻值应是多少？

4-25　一台他励直流电动机的铭牌数据为：$P_N＝10$ kW,$U_N＝220$ V,$I_N＝53$ A,$n_N＝1100$ r/min,$R_a＝0.3$ Ω,试求用能耗制动及电压反接制动两种情况下电枢回路中各应串接的电阻值(取最大制动电流 $I_{max}＝2I_N$)。

4-26　一台他励直流电动机的铭牌数据为：$P_N＝29$ kW,$U_N＝440$ V,$I_N＝76.2$ A,$n_N＝1050$ r/min,$R_a＝0.393$ Ω,最大电流不超过 $2I_N$,分三级起动,计算各级起动电阻值。

4-27　直流他励电动机数据如下：$P_N＝21$ kW,$U_N＝220$ V,$I_N＝110$ A,$n_N＝1200$ r/min,$R_a＝0.12$ Ω,采用三级起动,最大起动电流为 $2.2I_N$,试求各级起动电阻值。

4-28　一台他励直流电动机的数据为：$P_N＝21$ kW,$U_N＝220$ V,$I_N＝115$ A,$n_N＝980$ r/min,$R_a＝0.1$ Ω,如最大起动电流为 $2I_N$,负载电流为 $0.8I_N$,试求：

(1) 电动机起动电阻的最小级数及其各段电阻值；

(2) 设系统总的飞轮矩 $GD^2＝64.7$ N·m²,试求系统的起动时间及起动过程中的 $I_a＝f(t)$ 及 $n＝f(t)$ 曲线。

4-29　一台他励直流电动机额定数据为：$P_N＝1.75$ kW,$U_N＝110$ V,$I_N＝20.1$ A,$n_N＝1450$ r/min,如采用三级起动,起动电流不超过 $2I_N$,试求：

(1) 各段电阻值；

(2) 各段电阻切除时的瞬时转速。

4-30 一台他励直流电动机有关数据为：$P_N=2.5\ \text{kW}$，$U_N=220\ \text{V}$，$I_N=12.5\ \text{A}$，$n_N=1500\ \text{r/min}$，$R_a=0.8\ \Omega$。该电机加额定电压、额定励磁，带反抗性恒转矩负载运行，在转速 $n=1000\ \text{r/min}$ 时采用电气制动停车，若限定最大起动电流 $I_{max}<2I_N$，试计算采用能耗制动和电压反接制动时电枢回路各应串入电阻的值。

4-31 习题 4-30 中的电机，若加额定电压及额定励磁，拖动位能性恒转矩负载，$T_L=T_N$，由电动机运行状态分别切换到下列制动运行状态下放重物，试计算：

(1) 采用能耗制动运行，以 $n_1=-1000\ \text{r/min}$ 的转速匀速下放重物，求电枢回路应串入电阻值是多少？该电阻上的功率损耗是多少？

(2) 采用电动势反接制动运行，以 $n_2=-500\ \text{r/min}$ 的转速下放重物，求电枢回路应串入电阻值是多少？该电阻上的功率损耗是多少？

(3) 采用反向回馈制动运行，电枢回路不串入电阻，求电动机转速，此时回馈给电网的功率多大？

4-32 一台他励直流电动机的数据为：$P_N=29\ \text{kW}$，$U_N=440\ \text{V}$，$I_N=76.2\ \text{A}$，$n_N=1500\ \text{r/min}$，$R_a=0.39\ \Omega$，求带位能性负载时：

(1) 电动机在回馈制动下运行，设 $I_a=60\ \text{A}$，电枢回路不串接电阻，电机的转速是多少？

(2) 电动机在能耗制动下工作，转速 $n=500\ \text{r/min}$，电枢电流为额定值，求电枢回路中串接电阻值和电机轴上的电磁转矩。

(3) 电动机在电动势反接制动下工作，转速 $n=-600\ \text{r/min}$，电枢电流 $I_a=50\ \text{A}$，求电枢回路内的串接电阻、电机轴上的电磁转矩、电网供给的功率、电机从轴上输出的功率及在电枢回路内电阻上消耗的功率。

4-33 一台他励直流电动机的数据为：$P_N=5.6\ \text{kW}$，$U_N=220\ \text{V}$，$I_N=31\ \text{A}$，$n_N=1000\ \text{r/min}$，$R_a=0.4\ \Omega$，系统总惯性 $GD^2=9.8\ \text{N}\cdot\text{m}^2$，$T_L=49\ \text{N}\cdot\text{m}$，系统在转速为 n_N 时电枢反接，反接制动的起始电流为 $2\ I_N$，试求在带反抗性负载和位能性负载（恒转矩）两种情况下：

(1) 反接制动自转速 $n=n_N$ 到 $n=0$ 的制动时间；

(2) 整个电枢反接过程的 $n=f(t)$ 及 $I_a=f(t)$ 曲线。

4-34 一台他励直流电动机数据为：$P_N=12\ \text{kW}$，$U_N=220\ \text{V}$，$I_N=62\ \text{A}$，$n_N=1340\ \text{r/min}$，$R_a=0.25\ \Omega$，试求：

(1) $T_L=T_N$，在电动状态下运行，为使电机降低速度采用电压反接，$T_{max}=2T_N$，应串入的制动电阻是多少？

(2) 电压反接后，当 $n=0.2n_N$ 时，换成能耗制动，此时也是 $T_{max}=2T_N$，串入的电阻值是多少？

(3) 画出上述情况的机械特性。

4-35 一台他励直流电动机采用弱磁调速，数据为：$P_N=18.5\ \text{kW}$，$U_N=220\ \text{V}$，$I_N=103\ \text{A}$，$n_N=500\ \text{r/min}$，最高允许转速 $n_{max}=1500\ \text{r/min}$，$R_a=0.18\ \Omega$。

(1) 若电动机带恒转矩负载 $T_L = T_N$,求当磁通减弱至 $\Phi = \dfrac{1}{3}\Phi_N$ 时电动机的稳定转速和电枢电流。能否长期运行? 为什么?

(2) 若电动机带恒功率负载 $P_L = P_N$,求 $\Phi = \dfrac{1}{3}\Phi_N$ 时,电动机的稳定转速和电枢电流。能否长期运行? 为什么?

4-36 一台直流发电机-电动机组,电枢回路总电阻 $\sum R_a = 0.1\ \Omega$,发电机的额定数据为: $P_N = 90\ \text{kW}, U_N = 230\ \text{V}, I_N = 305\ \text{A}, n_N = 1450\ \text{r/min}$;电动机的额定数据为: $P_N = 60\ \text{kW}, U_N = 220\ \text{V}, I_N = 305\ \text{A}, n_N = 1000\ \text{r/min}$。

(1) 若发电机电动势 $E = 230\ \text{V}$,电流 $I_a = 305\ \text{A}$,求电动机转速 n 及静差率 δ。若生产机械要求静差率不超过 5%,则此发电机-电动机组能否满足要求?

(2) 电动机的励磁电流和负载转矩保持不变,将发电机的电势降到 30.5 V,求此时电动机的静差率。电动机处于什么状态?

4-37 一台串励直流电动机,铭牌数据为: $U_N = 220\ \text{V}, I_N = 40\ \text{A}, n_N = 1000\ \text{r/min}$,电枢回路总电阻 $\sum R_a = 0.5\ \Omega$,忽略电枢反应作用,试问:

(1) 当 $I_a = 20\ \text{A}$ 时,电动机的转速及电磁转矩是多大?

(2) 若电磁转矩保持上述值不变,而电压下降到 110 V,此时电动机的转速及电流各是多大?

第5章

三相异步电动机的电力拖动

5.1 三相异步电动机的机械特性

三相异步电动机的机械特性,是指在恒定电压、恒定频率,以及参数等不变的条件下,电动机的电磁转矩 T 与转子转速 n 之间的关系,即 $T = f(n)$。由于三相异步电动机的转差率 $s = \dfrac{n_1 - n}{n_1}$,对已选定的电动机,同步转速 n_1 为常数,因此转差率 s 也可以表征转速。所以,三相异步电动机的机械特性,也可以用 s 作为参数来表示,即 $T = f(s)$。用曲线表示时,常以转速 n 或转差率 s 为纵坐标,以电磁转矩 T 为横坐标,简称 T-s 曲线。

5.1.1 三相异步电动机机械特性的三种表达式

1. 物理表达式

由第 2 章的分析可知,三相异步电动机的电磁转矩 T 有以下表达式:

$$T = C_T \Phi_m I_2' \cos \varphi_2 \tag{5-1}$$

根据三相异步电动机的 T 形等效电路,有

$$I_2' = \frac{E_2'}{\sqrt{\left(\dfrac{R_2'}{s}\right)^2 + (X_{2\sigma}')^2}}$$

$$\cos \varphi_2 = \frac{\dfrac{R_2'}{s}}{\sqrt{\left(\dfrac{R_2'}{s}\right)^2 + (X_{2\sigma}')^2}} = \frac{R_2'}{\sqrt{R_2'^2 + (sX_{2\sigma}')^2}}$$

由以上两式可以看出,I_2' 和 $\cos \varphi_2$ 均为转差率 s 的函数,故式(5-1)为三相异步电动机机械特性 $T = f(s)$ 的一种隐函数表达式。由于式(5-1)具有较明显的物理含义,反映了电磁转矩 T 是由转子电流和气隙基波磁通相互作用产生的这一物理本质,因此称为三相异步电动机机械特性的物理表达式。

2. 参数表达式

三相异步电动机电磁转矩 T 的表达式,还可由电磁功率的另一种表达式推导得出。

根据三相异步电动机的简化等效电路可知

$$I_2' = \frac{U_1}{\sqrt{\left(R_1 + \dfrac{R_2'}{s}\right)^2 + (X_{1\sigma} + X_{2\sigma}')^2}}$$

且 $n_1 = \dfrac{60f_1}{p}$。

由于

$$T = \frac{P_{em}}{\Omega_1} = \frac{m_1 I_2'^2 \dfrac{R_2'}{s}}{\dfrac{2\pi n_1}{60}}$$

于是可得

$$T = \frac{m_1 p U_1^2 \dfrac{R_2'}{s}}{2\pi f_1 \left[\left(R_1 + \dfrac{R_2'}{s}\right)^2 + (X_{1\sigma} + X_{2\sigma}')^2\right]} \tag{5-2}$$

显然,式(5-2)反映了电磁转矩 T 与转差率 s 之间的函数关系。因此,它是三相异步电动机机械特性 $T = f(s)$ 的又一种表达式。由于式(5-2)与定子电压、频率及电动机参数等有关,故称为机械特性的参数表达式。

将式(5-2)中的电磁转矩 T 对转差率 s 求微分,并令 $\dfrac{\mathrm{d}T}{\mathrm{d}s} = 0$,求得对应于最大转矩 T_{max} 的转差率为

$$s_m = \pm \frac{R_2'}{\sqrt{R_1^2 + (X_{1\sigma} + X_{2\sigma}')^2}} \tag{5-3}$$

式中,s_m 称为临界转差率,电动机运行时取"+"号,发电机运行时取"－"号。

将 s_m 代入式(5-2),可求出最大电磁转矩 T_{max} 为

$$T_{max} = \pm \frac{m_1 p U_1^2}{4\pi f_1 \left[\pm R_1 + \sqrt{R_1^2 + (X_{1\sigma} + X_{2\sigma}')^2}\right]} \tag{5-4}$$

最大电磁转矩 T_{max} 和临界转差率 s_m 是三相异步电动机运行分析及应用中的十分重要的参数。最大电磁转矩 T_{max} 越大,电动机的过载能力越强。因此,将 T_{max} 与电动机的额定转矩之比,称为电动机的过载能力,用 K_M 表示,即

$$K_M = \frac{T_{max}}{T_N} \tag{5-5}$$

式中的额定转矩 T_N,可由电动机的额定功率 P_N(单位为 kW)和额定转速 n_N 求得。即

$$T_N = \frac{P_N}{\Omega_N} = \frac{P_N}{\dfrac{2\pi n_N}{60}} = 9550 \frac{P_N}{n_N}$$

过载能力是三相异步电动机的一项重要性能指标,它反映了电动机的短时过载极限。对于常用的 Y 系列三相异步电动机,$K_M = 1.8 \sim 2.3$,供起重和冶金用的异步电动机,$K_M = 2.5 \sim 3.7$。

除 T_{max} 外,三相异步电动机还有另一重要参数,即起动转矩 T_{st},为三相异步电动机接至电源开始起动时的电磁转矩。起动时,$n = 0$,$s = 1$,代入式(5-2),得

$$T_{st} = \frac{m_1 p U_1^2 R_2'}{2\pi f_1 \left[(R_1 + R_2')^2 + (X_{1\sigma} + X_{2\sigma}')^2\right]} \tag{5-6}$$

由式(5-6)可见,对于绕线型三相异步电动机,通过在转子回路串接附加电阻(即增大 R'_2),即可增大 T_{st},从而可改善电动机的起动性能。而对于笼型的三相异步电动机,则不能用转子电路串接电阻的方法来改善起动性能。T_{st} 与 T_N 的比值称为起动转矩倍数,用 K_{st} 表示,即

$$K_{st} = \frac{T_{st}}{T_N} \tag{5-7}$$

K_{st} 为笼型三相异步电动机的一个参数,它反映了电动机的起动能力。

此外,考虑到 $R_1 \ll X_{1\sigma} + X'_{2\sigma}$,式(5-3)和式(5-4)可简化成

$$s_m = \pm \frac{R'_2}{X_{1\sigma} + X'_{2\sigma}}$$

$$T_{max} = \pm \frac{m_1 p}{4\pi f_1} \frac{U_1^2}{X_{1\sigma} + X'_{2\sigma}}$$

3. 实用表达式

前面已经推导出了三相异步电动机机械特性的物理表达式和参数表达式。在实际运用中,前者需要知道电动机的主磁通、转子侧电流及功率因数等的大小,后者需要知道电动机内的各个参数。而这些数据在工程实际中往往是不易得到的。因此,人们常用近似的实用表达式来解决工程实际问题,其推导如下。

由式(5-3)可得

$$\frac{R'_2}{s_m} = \sqrt{R_1^2 + (X_{1\sigma} + X'_{2\sigma})^2} \tag{5-8}$$

将式(5-2)除以式(5-4),并利用式(5-8)的结果,可得

$$\frac{T}{T_{max}} = \frac{2R'_2 \left[R_1 + \sqrt{R_1^2 + (X_{1\sigma} + X'_{2\sigma})^2}\right]}{s\left[\left(R_1 + \frac{R'_2}{s}\right)^2 + (X_{1\sigma} + X'_{2\sigma})^2\right]} = \frac{2R'_2\left(R_1 + \frac{R'_2}{s_m}\right)}{s\left(\frac{R'_2}{s_m}\right)^2 + \frac{R_2'^2}{s} + 2R_1 R'_2}$$

$$= \frac{2\left(1 + \frac{R_1}{R'_2}s_m\right)}{\frac{s}{s_m} + \frac{s_m}{s} + 2\frac{R_1}{R'_2}s_m}$$

一般情况下,$s_m = 0.1 \sim 0.2$,所以,$\frac{2R_1}{R'_2}s_m \approx 0.2 \sim 0.4$,而 $\frac{s_m}{s} + \frac{s}{s_m}$ 总大于 2,因此,可将上式中的 $\frac{2R_1}{R'_2}s_m$ 忽略,得

$$T = \frac{2T_{max}}{\frac{s_m}{s} + \frac{s}{s_m}} \tag{5-9}$$

式(5-9)即三相异步电动机机械特性的实用表达式。在已知 T_{max} 和 s_m 的情况下,可以求出任意 s 下所对应的 T。这样,便可画出异步电动机的机械特性。由于式(5-9)简单实用,因而在工程实践中得到广泛应用。

一般来说,三相异步电动机在正常运行时,$0 < s < s_N$,转差率 s 都比较小,则有 $\frac{s_m}{s} \gg \frac{s}{s_m}$,

式(5-9)可进一步简化为

$$T = \frac{2T_{\max}}{s_m}s \qquad (5\text{-}10)$$

显然,式(5-10)中的 T 与 s 呈线性关系,因而式(5-10)称为异步电动机机械特性的近似线性公式,使用起来更为方便。此时,临界转差率 s_m 为

$$s_m = 2K_M s_N \qquad (5\text{-}11)$$

5.1.2 三相异步电动机机械特性的计算与绘制

由式(5-9)可以看出,要求取一台三相异步电动机机械特性的实用表达式,便是要计算出电动机的 $T_{\max}$ 和 s_m。

从电动机的产品目录或铭牌中,可查得 P_N、n_N、K_M 等数据。根据过载能力 K_M 的定义,有

$$\frac{1}{K_M} = \frac{2}{\dfrac{s_N}{s_m} + \dfrac{s_m}{s_N}}$$

$$s_m = s_N\left(K_M \pm \sqrt{K_M^2 - 1}\right) \qquad (5\text{-}12)$$

式中,额定转差率 s_N 可根据电动机额定转速 n_N 直接求出。这样,便可求得最大转矩时的临界转差率 s_m(求得两个解,可根据实际情况选取或舍去)。

此外,根据额定数据可求得 T_N,所以有

$$T_{\max} = K_M T_N$$

式中,T_N 的单位为 N·m。

将以上求得的 s_m 及 $T_{\max}$ 代入式(5-9),便得出了电动机机械特性的实用表达式,并可求得对应于任意 s 下的 T。这样,便可画出该电动机的机械特性曲线 $T = f(s)$。

5.1.3 三相异步电动机的固有机械特性

三相异步电动机的固有机械特性,是指在额定电压 U_N、额定频率 f_N 下,电动机按规定的接线方式接线,定、转子无外接电阻(电抗或电容)时的机械特性 $T = f(s)$,如图 5-1 所示。

由图可见,三相异步电动机的固有机械特性是一条非线性曲线。下面分析其中的几个特殊运行点。

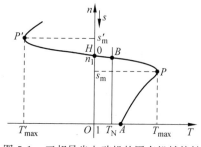

图 5-1 三相异步电动机的固有机械特性

1. 起动点

三相异步电动机固有机械特性上的起动点,如图 5-1 中的 A 点所示。在该点上,电动机刚接通电源,转子尚未转动,$n = 0$,$s = 1$,$T = T_{st}$,只有满足 $T_{st} > T_L$,电动机才能顺利地起动起来。此时的定子线电流为起动电流,用 I_{st} 表示。直接起动时,起动电流远大于额定电流,一般,$I_{st} = (4 \sim 7)I_N$。

2. 额定运行点

三相异步电动机固有机械特性上的额定运行点,如图 5-1 中的 B 点所示。该点为电动机的电压、电流、功率和转速等均为额定值时的运行状态。此时,$n=n_N,s=s_N(s_N=0.01\sim0.09),T=T_N$。一般说来,长期运行时电动机的工作范围应在 $n_1\sim n_N$,三相异步电动机的这一段特性属于硬特性,转速变化不大。

3. 同步转速点

三相异步电动机固有机械特性上的同步转速点,如图 5-1 中的 H 点所示。该点的特点是:$n=n_1,s=0,T=0$。在这点上,转子与定子磁场同步旋转,转子绕组上无感应电动势,也没有转子电流,因而不产生电磁转矩。因此,在无外力作用时,三相异步电动机是不可能在该点运行的。

4. 最大转矩点

三相异步电动机固有机械特性上的最大转矩点,如图 5-1 中的 $P(P')$ 点所示。电动机在该运行点的特点是:$n=n_m=n_1(1-s_m),s=s_m,T=T_{max}$。电动机的负载转矩绝不能大于 T_{max},一旦发生 $T_L>T_{max}$,电动机转速将急剧下降,致使电动机堵转运行,因此该点也称为临界转速点。

5.1.4　三相异步电动机的人为机械特性

由三相异步电动机机械特性的参数表达式(5-2)可知,电磁转矩与转差率之间的函数关系 $T=f(s)$,是由电源端电压、电流频率、定子极对数、定子及转子电路的阻抗等参数决定的。因此,人为地改变这些参数,便可分别得到各种与固有机械特性不同的特性,这些机械特性统称为人为机械特性。下面介绍三相异步电动机几种不同情况下的人为机械特性。

1. 降低定子端电压 U_1 的机械特性

由式(5-4)可知,当其他参数不变时,T_{max} 与 U_1^2 成正比。因此,当降低电源电压 U_1 时,T_{max} 与 U_1^2 成比例地降低。此外,起动转矩 T_{st} 亦与 U_1^2 成比例降低,而 s_m 与 U_1 无关,s_m 不变。因此,电源电压 U_1 降低时的人为机械特性,为一组过同步转速 n_1,临界转差率 s_m 不变,最大转矩 T_{max} 和起动转矩 T_{st} 均与 U_1^2 成比例下降的曲线。$U_1=U_N$、$0.8U_N$、$0.5U_N$ 时的机械特性曲线如图 5-2 所示。

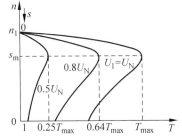

图 5-2　降压时的人为机械特性

由图 5-2 可见,电源电压降低时,人为机械特性对应线性段的特性变软,电动机起动能力和过载能力下降。此外,对电动机的正常运行影响也很大。

当 U_1 降低时,同一负载下电动机的转速降低,s 增大,使 sE_2' 增加,转子电流 I_2' 也增大。如果电动机原来运行于额定状态,此时的电流就要大于额定电流,电机出现过载,会使电机发热严重,影响电动机的寿命。同时,当电源容量较大时,电动机电流增大,会使电源电压进一步下降,后果更为严重。

2. 转子回路串接对称电阻的机械特性

对于绕线型异步电动机,当在其转子回路串接对称电阻时所得到的机械特性,称为转子回路串接对称电阻的机械特性。由于同步转速 n_1 和最大转矩 T_{max} 与转子电阻无关,因而其大小不变,而临界转差率 s_m 与转子电阻成比例变化。因此,转子电路串入不同阻值的对称电阻的人为机械特性,为一组过同步转速点 n_1,最大转矩 T_{max} 不变,临界转差率 s_m 随转子电阻增加而成比例增大的曲线,如图 5-3 所示。

由图 5-3 可见,当转子电阻刚开始增加时,起动转矩 T_{st} 随转子电阻增加而增大。当 $s=s_m=1$ 时,$T_{st}=T_{max}$,即有最大起动转矩。此时,转子回路应串入的电阻值可由式(5-3)决定,令 $s_m=1$,即

$$s_m = \frac{R_2' + R_{st}'}{\sqrt{R_1^2 + (X_{1\sigma} + X_{2\sigma}')^2}} = 1$$

$$R_{st}' = \sqrt{R_1^2 + (X_{1\sigma} + X_{2\sigma}')^2} - R_2'$$

当转子回路串入的电阻大于该值时,起动转矩 T_{st} 反而会减小。所以,对于绕线型异步电动机,在一定范围内增加转子电阻,可增加起动转矩,改善起动性能。

3. 定子电路串接对称电阻或电抗的机械特性

定子电路串接对称电阻或电抗,一般用于笼型三相异步电动机的降压起动,用来限制其起动电流。三相定子绕组串接三相电阻或电抗后,相当于 R_1 或 $X_{1\sigma}$ 变大了,如前所述,n_1 不变,s_m、T_{max} 及 T_{st} 将相应变小,其人为机械特性线如图 5-4 所示。

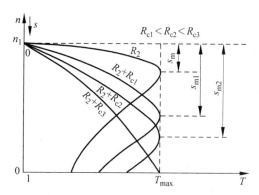
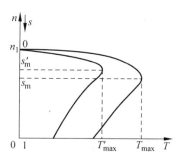

图 5-3 转子串接对称电阻时的人为机械特性   图 5-4 定子串接电阻或电抗时的人为机械特性

除以上三种最为常见的人为机械特性外,三相异步电动机还有改变定子极数、改变电源频率,以及转子回路串接对称并联阻抗等人为机械特性。这些特性将在后续的分析中结合起动、制动及调速等有关问题分别介绍。

例 5-1 一台三相异步电动机,铭牌数据如下:$2p=8$,$P_N=260$ kW,$U_N=380$ V,$f_1=50$ Hz,$n_N=725$ r/min,$K_M=2.2$,绘制固有机械特性曲线,并求 $s=0.02$ 时的电磁转矩 T。

解:(1)同步转速

$$n_1 = \frac{60 f_1}{p} = \frac{60 \times 50}{4} = 750 \text{(r/min)}$$

额定转差率

$$s_N = \frac{n_1 - n_N}{n_1} = \frac{750 - 725}{750} = 0.0333$$

临界转差率

$$s_m = s_N(K_M \pm \sqrt{K_M^2 - 1}) = 0.0333(2.2 \pm \sqrt{2.2^2 - 1}) = 0.138 \text{ 或 } 0.008(舍去)$$

额定转矩

$$T_N = 9550 \frac{P_N}{n_N} = 9550 \times \frac{260}{725} = 3425(\text{N} \cdot \text{m})$$

最大转矩

$$T_{max} = K_M T_N = 2.2 \times 3425 = 7535(\text{N} \cdot \text{m})$$

所以,该异步电动机机械特性的实用表达式为

$$T = \frac{2T_{max}}{\dfrac{s_m}{s} + \dfrac{s}{s_m}} = \frac{15\,070}{\dfrac{0.138}{s} + \dfrac{s}{0.138}}$$

当 $s=0$ 时,$n=n_1=750$ r/min,$T=0$;

当 $s=s_N$ 时,$n=n_N=725$ r/min,$T=T_N=3425$ N·m;

当 $s=s_m$ 时,$n=n_m=(1-s_m)n_1=646$ r/min,$T=T_m=7535$ N·m;

当 $s=1$ 时,$n=0$,$T=T_{st}=2041$ N·m;

根据以上各点,即可画出异步电动机的机械特性曲线(画图略)。

(2) 当 $s=0.02$ 时

$$T = \frac{15\,070}{\dfrac{0.138}{s} + \dfrac{s}{0.138}} = \frac{15\,070}{\dfrac{0.138}{0.02} + \dfrac{0.02}{0.138}} = 2139(\text{N} \cdot \text{m})$$

5.2　三相异步电动机的起动

三相异步电动机的起动是指电动机从静止状态开始转动,直至转速最终达到稳定状态的过程。在起动过程中,要求电动机有足够大的起动转矩,以便使系统尽快进入正常运行状态。此外,又要求起动电流不要过大,以免致使电动机过热,影响电动机的寿命。不仅如此,过大的起动电流还会引起电源电压下降,影响其他电气设备的正常工作。

5.2.1　三相异步电动机的起动问题及全压起动的条件

三相异步电动机在额定电压下全压起动时,由于起动瞬间 $n=0$,旋转磁场与转子之间的相对运动速度很大,转子电路的感应电动势及电流都很大。所以,起动电流远远大于额定电流,一般为额定电流的4~7倍。这么大的起动电流对起动的电动机本身及电网都会产生很大影响。此外,三相异步电动机(笼型转子)在一般情况下起动转矩比较小,而负载对起动转矩又有一定的要求,这就更加重了起动时的问题。

可见,三相异步电动机的起动,必须解决两个方面的问题:一是电动机与负载之间的问题,即电动机的起动转矩 T_{st} 与所带机械负载的负载转矩 T_L 之间,要满足 $T_{st} > T_L$。该问题与所选的电动机及所带负载的配合有关,将在"电动机的容量选择"的章节中分析讨论;另一个问题是电动机与其取电电网之间的问题,即电动机的起动电流应限制在一定的范围

之内。

就电动机与电网之间的问题而言,一方面电动机容量越小,起动电流就越小,对电网的影响也就越小;另一方面,电网本身的容量越大,电动机的起动电流对电网电压的降落造成的影响就越小。也就是说,三相异步电动机能否全压起动,还与电动机与电网容量的相对大小有关。

因而,在三相异步电动机的电力拖动系统中,一般作如下规定。

(1) 三相异步电动机的额定功率 $P_N \leqslant 6.5$ kW 时,可以全压起动。

(2) $P_N > 6.5$ kW 时,若符合以下条件,也可以全压起动:

$$K_I = \frac{I_{1st}}{I_{1N}} \leqslant \frac{1}{4}\left[3 + \frac{电源总容量(kV \cdot A)}{起动电动机容量(kV \cdot A)}\right]$$

式中,$K_I = \dfrac{I_{1st}}{I_{1N}}$ 为异步电动机起动电流倍数,可由产品目录上查得。

若三相异步电动机及电网情况不符合上述条件,则需采用降压起动或其他起动方法,以将起动电流 I_{st} 限制到允许的数值。

5.2.2 三相笼型异步电动机的降压起动

由于笼型三相电动机的转子电路已固定,不能再外接电阻。为限制起动电流,只能在定子电路中采取措施。

三相笼型异步电动机的降压起动,是在起动时先降低定子绕组上的电压,起动后,再将电压恢复到额定值。降压起动虽然可减小起动电流,但起动转矩也会减小。因此,这种起动方法,一般只适用于电动机在轻载或空载时的起动情况。

1. 定子串电阻或电抗降压起动

三相笼型异步电动机定子串接电阻或电抗降压起动原理如图 5-5 所示。起动时,将换向开关 2 转向"起动"位置。此时,起动电阻或电抗接入定子电路,与电动机分压,使电流减小。当电动机转速接近稳定转速,将开关 2 切换至"运行"位置,起动电阻或电抗被短接,电动机在满压下正常运行。

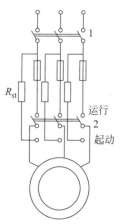

所串接起动电阻 R_{st}(以电阻为例,电抗同理)的计算方法如下。已知

$$I_{1st} = K_I I_{1N}$$
$$T_{st} = K_{st} T_N$$

式中,I_{1st}、T_{st} 分别为全压起动电流及起动转矩;K_I、K_{st} 分别为全压起动时起动电流倍数及起动转矩倍数。设

$$I'_{1st} = K'_I I_{1N}$$
$$T'_{st} = K'_{st} T_N$$

图 5-5 定子串接电阻或电抗起动

式中,I'_{1st}、T'_{st} 分别为定子串入电阻 R_{st} 后的起动电流及起动转矩;K'_I、K'_{st} 分别为定子串入电阻 R_{st} 后的起动电流倍数及起动转矩倍数。此处认为

$$\frac{I_{1st}}{I'_{1st}} = \frac{K_I}{K'_I} = a, \quad 即 \quad I_{1st} = aI'_{1st}$$

$$\frac{T_{st}}{T'_{st}} = \frac{K_{st}}{K'_{st}} = b(a,b > 1)$$

因为起动时 $s = 1$，所以其简化的等效电路如图 5-6 所示。从该图可知，$I_m \approx 0$，故 I_{1st} 与 U_1 成正比。又因为 T_{st} 正比于 U_1^2，因此 T_{st} 正比于 I_{1st}^2。故得

$$b = a^2 \tag{5-13}$$

$$\frac{U_{1N}}{\sqrt{R_k^2 + X_k^2}} = a \cdot \frac{U_{1N}}{\sqrt{(R_k + R_{st})^2 + X_k^2}}$$

整理后得

$$R_{st} = \sqrt{(a^2 - 1)X_k^2 + a^2 R_k^2} - R_k \tag{5-14}$$

根据 b 和 a 之间的关系，式(5-14)也可以表示为

$$R_{st} = \sqrt{(b-1)X_k^2 + b R_k^2} - R_k \tag{5-15}$$

式中，R_k 及 X_k 分别为三相异步电动机的短路电阻和短路电抗，可通过电动机的短路实验测取，或者根据经验公式估算得出。

可见，定子串接电阻降压起动时，若使起动电流降为全压起动时的 $1/a(a > 1)$，则其起动转矩是全压起动时的 $1/a^2$，起动转矩减小得更多。

2. Y-△降压起动

正常运行时，定子三相绕组为△(三角形)接法的三相笼型异步电动机，在起动时可将定子绕组改成 Y(星形)接法。当转速上升到一定程度，通过 Y-△转换开关或专门制成的 Y-△起动器，将定子绕组换成△接法，电动机进入正常运行。Y-△起动线路图如图 5-7 所示。

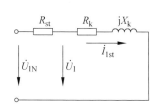

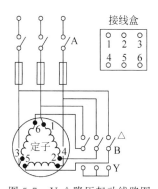

图 5-6　三相异步电动机定子串接电
阻降压起动简化等效电路

图 5-7　Y-△降压起动线路图

起动时，将开关 B 转向"Y"位置；当电动机转速接近稳定值时，将开关 B 迅速转向"△"位置，起动过程结束。

电动机停转后，可直接断开电源开关 A，并应随手断开开关 B，放在中间位置。否则，下次起动时将造成全压起动，这是不允许的。

电动机全压起动时，定子绕组为△接法，每相绕组的起动电压为 $U_1 = U_{1N}$，起动时的每相电流为 $I_\triangle$，线电流 $I_{st} = \sqrt{3} I_\triangle$。当采用 Y-△降压起动时，定子绕组为 Y 接法，其每相起动电压 $U'_1 = \dfrac{U_{1N}}{\sqrt{3}}$，每相起动电流为 I_Y，其线电流用 I'_{st} 表示。

由于每相绕组的短路阻抗不变,故两种情况下起动的相电流,各自与对应的相电压成正比。即

$$\frac{I_Y}{I_\triangle} = \frac{U_1'}{U_1} = \frac{\dfrac{U_{1N}}{\sqrt{3}}}{U_{1N}} = \frac{1}{\sqrt{3}}$$

则 Y 接法起动时的线电流为

$$I_{st}' = I_Y = \frac{I_\triangle}{\sqrt{3}}$$

两种起动方法的线电流之比为

$$\frac{I_{st}'}{I_{st}} = \frac{\dfrac{I_\triangle}{\sqrt{3}}}{\sqrt{3}\, I_\triangle} = \frac{1}{3}$$

由此看出,Y-△起动时的线电流降为全压起动时的 1/3。

设全压起动时的起动转矩为 T_{st},Y-△起动时的起动转矩为 T_{st}',其与各自的相电压平方成正比

$$\frac{T_{st}'}{T_{st}} = \frac{U_1'^2}{U_1^2} = \frac{\left(\dfrac{U_{1N}}{\sqrt{3}}\right)^2}{U_{1N}^2} = \frac{1}{3}$$

这说明,Y-△起动时的起动转矩也降为全压起动时的 1/3。

3. 自耦变压器降压起动

采用自耦变压器降压起动,可降低加在电动机定子绕组上的电压,从而减小起动电流,其接线原理图如图 5-8(a)所示。起动时,K_2 及 K_3 闭合,定子绕组接在一台降压自耦变压器二次侧。当转速上升到一定值时,K_2 及 K_3 断开,闭合 K_1,自耦变压器被切除,电动机直接接电源上全压正常运行,起动过程结束。

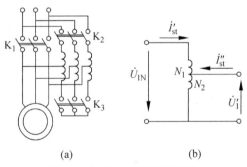

图 5-8 自耦变压器降压起动

图 5-8(b)为自耦变压器的降压原理图,图中仅画出其中一相。设电动机的起动电压下降为 U_1',与全压起动时的电压 U_{1N} 之比为

$$\frac{U_1'}{U_{1N}} = \frac{N_2}{N_1} = \frac{1}{K_A}$$

式中,K_A 为自耦变压器的变比($K_A > 1$)。

为满足不同负载的要求,自耦变压器的二次侧绕组一般有三个抽头,分别为电源电压的 40%、60% 和 80%(或 55%、64% 和 73%),选用的抽头不同,变比 K_A 也就不同。

采用自耦变压器降压起动时,电动机定子绕组上的起动电流(即自耦变压器二次侧的电流)为 I''_{st},与全压起动时的起动电流 I_{st} 之比为

$$\frac{I''_{st}}{I_{st}} = \frac{U'_1}{U_{1N}} = \frac{N_2}{N_1} = \frac{1}{K_A}$$

自耦变压器一次侧的电流 I'_{st} 与其二次侧的电流 I''_{st} 之间的关系为

$$\frac{I''_{st}}{I'_{st}} = \frac{U'_1}{U_{1N}} = \frac{N_2}{N_1} = \frac{1}{K_A}$$

由此可见,自耦变压器降压起动与全压起动时,电源提供的起动电流之比为

$$\frac{I'_{st}}{I_{st}} = \frac{1}{K_A^2}$$

这说明采用自耦变压器降压起动时,电动机本身的起动电流减小为全压起动时的 $1/K_A$,但由电源提供的起动电流减小为全压起动时的 $1/K_A^2$。

此外,自耦变压器降压起动时的起动转矩 T'_{st},与全压起动时的起动转矩 T_{st} 之间的关系为

$$\frac{T'_{st}}{T_{st}} = \left(\frac{U'_1}{U_{1N}}\right)^2 = \frac{1}{K_A^2}$$

起动转矩也降为全压起动时的 $1/K_A^2$。

自耦变压器降压起动,与定子串接电阻或电抗降压起动相比,当限定的起动电流相同时,其起动转矩降低相对较少;与 Y-△ 降压起动相比,它可有几种抽头供不同情况选用,比较灵活。这种起动方法的缺点是所需设备体积大、价格高,也不能重载起动。

此外,三相笼型异步电动机的降压起动,还有延边三角形起动等方法。

5.2.3　三相绕线型异步电动机的起动

三相绕线型异步电动机,可采用在转子回路串接电阻或串接频敏变阻器起动。这样,既可减小起动电流,又可增大起动转矩,因而可满足大中型异步电动机重载起动的要求。

1. 转子回路串接电阻起动

三相绕线型异步电动机转子回路串接电阻起动,一般采用分级起动的方法。该方法可保证整个起动过程中都有较大的起动转矩,且起动电流较小。其原理图如图 5-9(a)所示。

图 5-9(a)中,转子回路所串入的整个起动电阻 R_{st},分别由接触器 1C、2C、3C 等控制分成 R_{st1}、R_{st2}、R_{st3} 等若干段。

就其中的一相而言,三相异步电动机转子起动电阻的切除,与直流电动机起动电阻的切除是完全类似的。同时,将三相异步电动机的机械特性线性化后,分析起动电阻的计算与分析他励直流电动机分级起动的计算方法类似。

由式(5-10)可知,三相异步电动机线性化后的机械特性表达式为

$$T = \frac{2T_{max}}{s_m} s$$

改变转子回路的总电阻,则线性的机械特性斜率随之改变。电阻越大,斜率越大,如

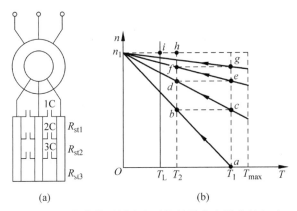

图 5-9　三相绕线型异步电动机转子串电阻分级起动

图 5-9(b)所示。下面以三级起动为例进行分析。

与他励直流电动机的分级起动类似,此处也有一个最大起动转矩和切换转矩的问题。它们按以下关系选取:

$$T_1 = (0.8 \sim 0.9)T_{max}$$
$$T_2 = (1.1 \sim 1.2)T_L$$

起动转矩比(起动电流比)

$$\beta = \frac{T_1}{T_2} \tag{5-16}$$

与直流电动机起动电阻的计算类似,β 应满足以下关系:

$$\beta = \sqrt[m]{\frac{R_{2m}}{R_2}} \tag{5-17}$$

式中,起动开始时转子回路总电阻 $R_{2m} = R_2 + R_{st1} + R_{st2} + R_{st3} + \cdots + R_{stm}$;$m$ 为分级起动的级数。

在此,R_{2m} 不便直接求出,所以应设法代换上式中的 R_{2m}/R_2。

根据前面的分析,临界转差率与转子回路总电阻成正比。因此,由图 5-9(b),有以下关系:

$$\frac{s_{ma}}{s_{mg}} = \frac{R_2 + R_{st1} + R_{st2} + R_{st3}}{R_2} = \frac{R_{2m}}{R_2} \tag{5-18}$$

由于改变转子回路电阻,最大转矩 T_{max} 不变。从三相异步电动机线性机械特性表达式 $T = \frac{2T_{max}}{s_m}s$ 可看出,在电磁转矩 T 一定的情况下,s_m 与 s 成正比,则有

$$\frac{s_{ma}}{s_{mg}} = \frac{s_a}{s_g} = \frac{1}{s_g}$$

而在线性的机械特性上,又有

$$\frac{s_N}{s_g} = \frac{T_N}{T_1}$$

所以

$$\frac{1}{s_g} = \frac{T_N}{s_N T_1} \tag{5-19}$$

故起动转矩比 β 可按以下关系计算得出：

$$\beta = \sqrt[m]{\frac{R_{2m}}{R_2}} = \sqrt[m]{\frac{s_{ma}}{s_{mg}}} = \sqrt[m]{\frac{1}{s_g}} = \sqrt[m]{\frac{T_N}{s_N T_1}} = \sqrt[m]{\frac{1}{s_N(T_1/T_N)}} \tag{5-20}$$

若已知起动转矩比 β，反过来，也可确定所需的级数 m，即

$$m = \frac{\lg \dfrac{1}{s_N(T_1/T_N)}}{\lg \beta} \quad (m\ \text{取整数}) \tag{5-21}$$

当 m 取整数后，需重新计算 β，求出对应的 T_2 并加以校验。若 T_2 不在规定的范围内，则应重新选取 m 进行计算。

当 m、β 确定后，便可运用以下类似于他励直流电动机起动电阻计算的关系式进行计算：

$$\frac{R_{2m}}{R_{2(m-1)}} = \cdots = \frac{R_{23}}{R_{22}} = \frac{R_{22}}{R_{21}} = \frac{R_{21}}{R_2} = \beta \tag{5-22}$$

然后用下式求出各段外接起动电阻：

$$R_{st1} = (\beta - 1)R_2$$
$$R_{st2} = \beta(\beta - 1)R_2$$
$$R_{st3} = \beta^2(\beta - 1)R_2$$
$$\vdots$$
$$R_{stm} = \beta^{(m-1)}(\beta - 1)R_2$$

在工程计算上，式中，转子的每相电阻 R_2 一般可按下式估算：

$$R_2 = \frac{s_N E_{2N}}{\sqrt{3}\,I_{2N}} \tag{5-23}$$

式中，s_N 为异步电动机的额定转差率；E_{2N} 为当定子绕组加额定电压、转子静止时的转子感应电动势；I_{2N} 为转子额定电流，可由产品目录查得。

2. 转子回路串接频敏变阻器起动

上述的绕线型转子回路中串接电阻起动，要在起动过程中逐段切除电阻，过程比较复杂。而且在每切除一段电阻的瞬间，电流和转矩会突然增大，从而造成机械冲击。为克服此缺点，可采用在三相绕线型异步电动机的转子回路中串接频敏变阻器的方法起动。该变阻器在起动过程中，其阻值能随着转子转速的升高而自动减小，能做到自动变阻，不必逐段切除电阻。因而，电动机能平稳地完成整个起动过程。

频敏变阻器的结构示意图如图 5-10(a)所示，它实际上是一个三相铁芯线圈。该铁芯采用几片到十几片 30～50 mm 厚的钢板或铁板制成，三个铁芯柱上绕有三相线圈。频敏变阻器一相的等效电路，如图 5-10(b)所示。其中电阻 R_1 为绕组的电阻，R_m 为反映其铁损耗的等效电阻，X_m 为带铁芯绕组的电抗。由于铁芯的涡流损耗很大，因而等效电阻 R_m 也很大。

电动机刚开始起动时，转子电流的频率 f_2 很高。由于涡流损耗与转子电流频率的平方成正比，因而频敏变阻器的铁损耗和等效电阻 R_m 较大，可限制起动电流，增大起动转矩。随着转速升高，转子电流频率 f_2 逐渐降低，反映铁损耗的等效电阻 R_m 也随着减小。当电

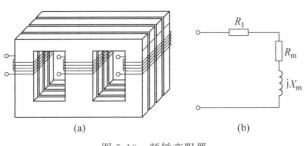

图 5-10　频敏变阻器

动机达到稳定转速时,f_2 很低,等效电阻 R_m 很小。起动过程结束,应将集电环短接,将频敏变阻器切除。

5.2.4　改善起动性能的三相笼型异步电动机

为了改善笼型电动机的起动性能,可以从转子槽形入手,设法利用集肤效应,使起动时转子电阻增大,正常运行时转子电阻又会自动减小,从而满足电动机起动和运行性能的要求。深槽型异步电动机和双笼型异步电动机,就是这种能改善起动性能的笼型异步电动机。

1. 深槽型异步电动机

深槽型转子异步电动机的特点是转子槽形设计得深而窄。通常,槽的深度与槽的宽度之比约为 10～12,或许还会更大些,以增强集肤效应的效果。

当转子中的导条里有电流通过时,槽漏磁通分布如图 5-11(a)所示。如果将整根导条看成由许多根小导条沿着槽高方向并联而成,由图可见,越靠近槽底的小导条交链的漏磁通越多,漏电抗也就越大,而槽口的小导条的漏电抗较小。电动机起动时,由于转子频率 f_2 较高,相应的漏电抗大,为转子漏阻抗中的主要成分。所以,当气隙磁场切割各小导条感应出基本相同的电动势时,各小导条中的电流大小则近似与它们的漏电抗成反比,电流密度 j 的分布沿着槽高(图 5-11(b)中用 h 表示)自上而下逐渐减小。电流大部分集中在导条的上部(即槽口处),如图 5-11(b)所示,这就是所谓集肤效应。

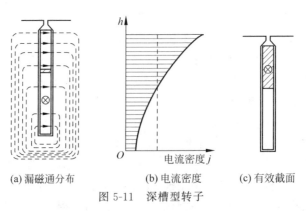

(a)漏磁通分布　　　(b)电流密度　　　(c)有效截面

图 5-11　深槽型转子

由于起动时电流大部分被挤向槽口,槽底部分的导条所起的作用很小,其效果相当于是减小了导条的有效高度和截面,如图 5-11(c)所示。因此起动时,转子电阻增大,满足了起动时的要求。

转子频率 f_2 越高,槽高越大,集肤效应越强。随着电动机转速逐渐升高,f_2 将减小,集肤效应减弱,因而转子电阻也逐渐减小。起动完毕,f_2 很低,一般为 $1\sim3$ Hz,此时转子漏电抗比电阻小得多。各小导条中电流的分配主要取决于电阻,由于各小导条的电阻相等,电流基本均匀分布,则集肤效应基本消失,转子电阻重新变小,满足电动机正常运行时的要求。

深槽型异步电动机运行时,虽然此时的集肤效应比较弱,但由于转子槽形深而窄,转子漏电抗比普通笼型转子要大一些。故这种电动机的额定功率因数和最大转矩,比普通笼型异步电动机的要略低。

2. 双笼型异步电动机

双笼型转子异步电动机的特点是其转子上安放了两套笼型绕组,分别称为上笼和下笼。上、下笼之间有一道狭窄的缝隙,转子槽形和槽漏磁通分布如图 5-12 所示。其中,上笼的导条截面较小,常用黄铜或铝、青铜等电阻率较大的材料制成,故电阻较大;下笼的导条截面较大,常用电阻率较小的紫铜制成,故电阻较小。由于缝隙的存在,上笼漏磁通也经过下笼底部闭合,故下笼交链的漏磁通较上笼的要多,这样下笼的漏电抗比上笼的要大。

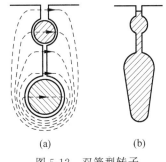

图 5-12　双笼型转子

电动机起动时,转子频率 f_2 较高,转子的漏电抗是漏阻抗中的主要成分,转子槽中上、下笼电流的分配取决于漏电抗的大小,而此时下笼漏电抗比上笼的大得多,故电流主要从上笼中流过。由于上笼电阻较大,故起动转矩大,起动电流小。由于起动时上笼起主要作用,故称上笼为起动笼。

在电动机正常运行时,转子频率 f_2 很低,转子漏电抗远小于电阻,转子中电流的分配取决于电阻,故转子电流大部分从电阻较小的下笼流过,产生正常运行时的电磁转矩。由于正常运行时下笼起主要作用,故称下笼为运行笼。

5.3　三相异步电动机的电气制动

所谓三相异步电动机的电气制动,就是产生一个与转子转向相反的电磁转矩,以使电力拖动系统降速(或停机),或者进入另一个运行点稳定运行。前者为电动机的制动过程,后者为电动机的制动运行。

当电动机处于电动运行状态时,电磁转矩的方向与转速方向相同,电磁转矩为驱动转矩。电动机从电源吸收电功率,输出机械功率,其机械特性位于第 I 象限和第 III 象限。

当电动机处于制动状态时,电磁转矩的方向与转速方向相反,电磁转矩为制动转矩。机械特性位于第 II 象限或第 IV 象限。

与直流电动机一样,异步电动机也有能耗制动、反接制动和回馈制动三种制动方法。

5.3.1　能耗制动

所谓三相异步电动机的能耗制动方式,就是将定子绕组与三相交流电源断开,且接上一直流电源,与此同时在转子回路接入一制动电阻。其电路原理如图 5-13(a)所示。

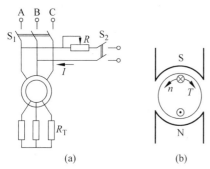

图 5-13　三相异步电动机的能耗制动

　　制动前,开关 S_1 合上,S_2 断开,电动机与三相电源接通而处于正常电动运行状态;制动时,断开 S_1,迅速合上 S_2,定子绕组与直流电源接通。直流电流通过定子绕组,将在电动机内产生一恒定不变的磁场。而转子由于机械惯性仍按原来的方向继续旋转,与固定磁场之间有相对运动。因而,在转子绕组中产生感应电动势和电流,产生电磁转矩。根据右手定则和左手定则,可分别确定电动势及电磁转矩的方向,如图 5-13(b)所示。可见,电磁转矩 T 的方向与转子旋转方向相反,为制动转矩。这样,电动机转速下降,处于制动状态。这种制动的实质是将转子中储存的动能转换成电能,并消耗在电阻上,因而称为能耗制动。

　　能耗制动时的电磁转矩是由机械惯性而继续旋转的转子与恒定的定子磁场相对运动产生的。该制动转矩的大小与方向,仅取决于转子与恒定磁场之间相对运动的速度与方向,而与该恒定磁场与定子本身是否有相对运动无关。这样,便可借助分析异步电动机电动运行的方法,来分析能耗制动状态。

　　在能耗制动时,三相异步电动机仍以转速 n 按原转动方向(设此方向为正方向)旋转,电机内的气隙磁场是不动的,如图 5-14(a)所示。若把转子看成静止不动,那么原来静止的恒定磁场便逆电机转向以转速 n 反方向旋转,如图 5-14(b)所示。进而,可将旋转的恒定磁场和静止的转子,同时顺着磁场的旋转方向增加一个转速 $\Delta n = n_1 - n$,则旋转磁场的转速变成了 $n + \Delta n = n + n_1 - n = n_1$,即为反方向的同步转速,而转子变成了以转速 Δn 反方向旋转,如图 5-14(c)所示。由于在图 5-14(a)向图(c)的转换过程之中,始终保持转子与恒定磁场相对运动的速度与方向不变,因而不会影响制动转矩。

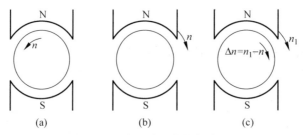

图 5-14　异步电动机能耗制动过程

　　以同步转速 n_1 旋转的恒定磁场是由直流电流产生的,其幅值不会改变,因此为一圆形旋转磁场。以图 5-13 所示的恒定磁场为例,(定子绕组 Y 连接)A、B 两相绕组通入直流电流 I 时产生的磁动势幅值为

$$F_A = F_B = \frac{4}{\pi} \times \frac{1}{2} K_{N1} N_1 I$$

式中,$K_{N1} N_1$ 为定子一相绕组的有效匝数。

　　由于两相绕组在空间互差 120°电角度,所以,电动机内的合成磁动势幅值为

$$F_- = 2F_A \cos 30° = \sqrt{3} \times \frac{4}{\pi} \times \frac{1}{2} K_{N1} N_1 I$$

如果将该幅值不变的旋转磁场看成由对称三相电流通入三相对称绕组产生的旋转磁场,设每相电流的有效值为 I_1,则由该三相对称电流产生的旋转磁动势的幅值为

$$F_\sim = \frac{3}{2} \times \frac{4}{\pi} \times \frac{\sqrt{2}}{2} K_{N1} N_1 I_1$$

令 $F_\sim = F_-$,可得

$$I_1 = \sqrt{\frac{2}{3}} I \tag{5-24}$$

上式表明了在图 5-13 所示的定子绕组 Y 连接通入直流电流 I 情况下,直流电流 I 与等效交流电流 I_1 之间的转换关系。在△连接通入直流电流时,也可进行类似的分析。

进行上述等效变换后,就能将能耗制动运行时的三相异步电动机,按照正常接线的三相异步电动机来分析了。应注意的是,此时通入电动机三相定子绕组的等效交流电流为 I_1。

若能耗制动的转差率用 γ 表示,则此时的转子的转速为 $-\Delta n$,故 γ 为

$$\gamma = \frac{-n_1 - (-\Delta n)}{-n_1} = \frac{-n_1 + n_1 - n}{-n_1} = \frac{n}{n_1} \tag{5-25}$$

转子感应电动势及其频率为

$$\dot{E}_{2\gamma} = \gamma \dot{E}_2$$
$$f_2 = \gamma f_1$$

式中,$\dot{E}_2$ 是转子与磁动势 $F_\sim$ 的转速差为 n_1(即 $n = n_1$)时的转子感应电动势。这样,便可得能耗制动时三相异步电动机的等效电路,如图 5-15(a)所示。

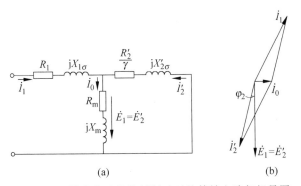

图 5-15　异步电动机能耗制动时的等效电路与相量图

异步电动机在能耗制动时,通入直流励磁电流,电动机内的铁损耗很小,可忽略 R_m。于是,可画出如图 5-15(b)所示的相量图,由图可得

$$I_1^2 = I_2'^2 + I_0^2 + 2I_2' I_0 \cos(90° + \varphi_2) = I_2'^2 + I_0^2 + 2I_2' I_0 \sin \varphi_2 \tag{5-26}$$

当忽略铁损耗($R_m = 0$)时,有

$$I_0 = \frac{E_2'}{X_m} = \frac{I_2' \sqrt{\left(\dfrac{R_2'}{\gamma}\right)^2 + X_{2\sigma}'^2}}{X_m}$$

$$\sin \varphi_2 = \frac{X'_{2\sigma}}{\sqrt{\left(\dfrac{R'_2}{\gamma}\right)^2 + X'^2_{2\sigma}}}$$

代入式(5-26),经整理得

$$I'^2_2 = \frac{I_1^2 X_m^2}{\left(\dfrac{R'_2}{\gamma}\right)^2 + (X_m + X'_{2\sigma})^2} \tag{5-27}$$

所以,能耗制动的电磁转矩可表示为

$$T = \frac{P_{em}}{\Omega_1} = \frac{m_1 I'^2_2 \dfrac{R'_2}{\gamma}}{\Omega_1} = \frac{m_1 I_1^2 X_m^2 \dfrac{R'_2}{\gamma}}{\Omega_1 \left[\left(\dfrac{R'_2}{\gamma}\right)^2 + (X_m + X'_{2\sigma})^2\right]} \tag{5-28}$$

式(5-28)即为三相异步电动机能耗制动时的机械特性表达式 $T = f(\gamma)$。可以看出,它与电动运行状态时机械特性的参数表达式是一致的。所不同的是,电动运行时 T 由电源电压 U_1 决定,而能耗制动时由等效定子电流 I_1 决定。

将式(5-28)的两边对 γ 求导,并令 $\dfrac{dT}{d\gamma} = 0$,可得到

$$T_{max\,\gamma} = \frac{m_1 I_1^2 X_m^2}{2\Omega_1 (X_m + X'_{2\sigma})} \tag{5-29}$$

$$\gamma_m = \frac{R'_2}{X_m + X'_{2\sigma}} \tag{5-30}$$

可见,最大制动转矩 $T_{max\,\gamma}$ 与等效电流 I_1(或直流励磁电流)的平方成正比,γ_m 与转子回路电阻成正比。因此,改变直流励磁电流的大小,或改变绕线型异步电动机转子回路所串入的电阻,均可改变能耗制动时制动转矩的大小,如图5-16(a)中的曲线1所示。曲线2为在曲线1的基础上,增大励磁电流所得的机械特性;曲线3为在曲线1的基础上,增大转子回路电阻所得的机械特性。

将式(5-28)除以式(5-29),整理后可得异步电动机能耗制动机械特性的实用表达式

$$T = \frac{2T_{max\,\gamma}}{\dfrac{\gamma}{\gamma_m} + \dfrac{\gamma_m}{\gamma}} \tag{5-31}$$

当采用能耗制动时,既要有较大的制动转矩,又不能使定、转子电流过大。根据经验,对于笼型异步电动机,按照图5-13中所示的接线,直流励磁电流 I 一般为

$$I = (4 \sim 5)I_0$$

采用绕线型异步电动机时,直流励磁电流 I 和转子所串入的电阻 R_T 一般取为

$$\left.\begin{array}{l} I = (2 \sim 3)I_0 \\[2mm] R_T = (0.2 \sim 0.4)\dfrac{E_{2N}}{\sqrt{3}\,I_{2N}} - R_2 \end{array}\right\} \tag{5-32}$$

式中,I_0 为异步电动机空载电流,一般 $I_0 = (0.2 \sim 0.4)I_{1N}$;$R_2$ 为转子每相电阻,可按式(5-23)估算。

按以上方法选取后,最大制动转矩 $T_{max\,\gamma} = (1.25 \sim 2.2)T_N$。

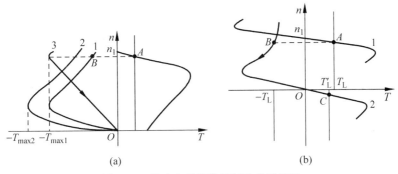

图 5-16 异步电动机能耗制动机械特性

能耗制动常用于以下两种情况。

（1）拖动反抗性恒转矩负载时的制动停车。

与直流电动机能耗制动一样，对于反抗性负载，能耗制动可实现准确停车，如图 5-16(b)所示。

（2）拖动位能性恒转矩负载时匀速下放重物。

对于位能性负载，如欲停车，需在 $n=0$ 时，采用机械刹车。否则，电机将在位能负载作用下反向起动并加速，直至电磁转矩与负载转矩相等时，获得稳定下放速度。所以，能耗制动也可用于匀速下放位能性负载，实现制动运行，如图 5-16(b)所示。

能耗制动运行可得到较低而稳定的下放速度，其下放速度可通过改变直流励磁电流 I 及转子附加电阻 $R_{\rm T}$ 的大小来调节。重物下放过程中减少的位能，作为机械功率从电动机转轴上输入，转换成电能后消耗在转子回路的电阻上。

5.3.2 反接制动

三相异步电动机运行时，如果使转子转向与气隙磁通转向相反，即 $s>1$，则电磁转矩 T 与转速 n 方向相反，这种方法称为反接制动。实现反接制动有两种方法，即定子两相反接的反接制动和位能性负载倒拉反转的转速反向反接制动。

1. 定子两相反接的反接制动

三相异步电动机拖动系统在电动状态下稳定运行，如图 5-17 所示，它运行在图 5-17(b)中 A 点。现要令它停车或反转，可将定子三相电源的任意两相对调，如图 5-17(a)所示。这时相序与前相反，旋转磁场的旋转方向也随之与前相反，因而其转速此时便为 $-n_1$。

此时转子转向因机械惯性而不能突变，电动机在原转速下的转差率为

$$s = \frac{-n_1 - n}{-n_1} = \frac{n_1 + n}{n_1} > 1$$

可见，转子绕组切割磁场的方向与原来相反，故 $\dot{E}_2$ 的方向发生了变化，致使 $s\dot{E}_2$、$\dot{I}_2$、T 的方向也都发生了变化。这时，T 与 n 方向相反，电动机处于制动状态。

此时电动机的机械功率为

$$P_{\rm mec} = m_1 I_2'^2 \left(\frac{1-s}{s} \right) R_2' < 0$$

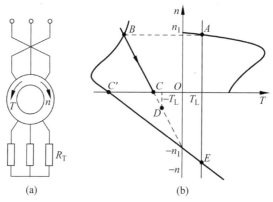

图 5-17　异步电动机两相反接的反接制动

电磁功率为

$$P_{em} = m_1 I_2'^2 \frac{R_2'}{s} > 0$$

这说明,此时的功率 P_{mec} 的传输方向与原来在电动状态时的相反,即负载向电动机转子输入机械功率。而 P_{em} 的传输方向与电动状态时相同,即说明此时是由定子向转子传递电功率。这样,输入转子的功率共有两部分,即

$$P_{em} + P_{mec} = m_1 I_2'^2 \frac{R_2'}{s} - m_1 I_2'^2 \left(\frac{1-s}{s}\right) R_2' = m_1 I_2'^2 R_2' = p_{Cu2}$$

可见,传递到转子的两部分功率全部转换成了转子上的铜损耗。这时,为了使电动机不至于因过热而损坏,反接制动时需在转子回路中串入较大的制动电阻。该制动电阻还兼有限流和调速的作用,改变转子回路电阻的大小,可获得不同的制动转矩。

在改变两相接线的瞬间,由于机械上的惯性作用,此时电动机运行点从图 5-17(b)中的 A 点跳到 B 点。在制动转矩作用下,电动机转速逐渐下降。如果制动的目的是为了停车,就应在转速接近零时及时切断电源,否则电动机很可能反转。

而究竟会出现哪种情况,要视负载的性质而定。

(1)若电动机拖动的是反抗性负载,电动机能否反转取决于电机制动到 $n=0$ 时的转矩(反向起动转矩)。如若该转矩的绝对值大于负载转矩,电动机将反向起动并加速,直至 $T=T_L$ 时,电动机稳定工作在某一转速上,如图 5-17(b)中 D 点。此时,电动机工作于反向电动状态;如若该转矩的绝对值小于负载转矩,电动机只能堵转运行,电动机的发热会很严重。

(2)若电动机拖动的是位能性负载,电动机在位能负载作用下,反向起动并加速,直至 $T=T_L$ 时,电动机稳定运行在其转速高于反向同步转速($-n_1$)的某一点上,如图 5-17(b)中 E 点。此时,电动机已工作在第Ⅳ象限了。

从上面分析可以看出,两相反接制动的机械特性实际上是电动机反向电动运行的机械特性位于第Ⅱ象限的部分,如图 5-17(b)中 BC、BC' 段。

这种制动方法制动效果好,但损耗较大,停车时须采用自动转速控制和切除电源装置。

2. 转速反向的反接制动

由三相异步电动机转子串接电阻的人为机械特性可知,当转子电阻增加时,最大转矩

$T_{\max}$ 不变,临界转差率 s_m 与转子电阻成比例变化。对于绕线型异步电动机带位能性负载 T_L 的电力拖动系统,当转子串入电阻超过一定数值时,起动转矩 $T_{st} < T_L$,已无力使电动机正向旋转;相反,在位能负载作用下,倒拉电机反转,直到 $T = T_L$,以转速 $-n_2$ 下放重物。此时旋转磁场的旋转方向并未改变,转差率为

$$s = \frac{n_1 - (-n)}{n_1} = \frac{n_1 + n}{n_1} > 1$$

由 $\dot{I}_2 = \dfrac{s\dot{E}_2}{R_2 + jsX_{2\sigma}}$ 可知,转子电流方向未变。所以,电磁转矩 T 方向也未变,T 与 n 方向相反,电动机处于制动运行状态。转速反向的反接制动机械特性如图 5-18(b)所示。显然,改变转子所串入的电阻值,可获得不同的下放重物的速度。

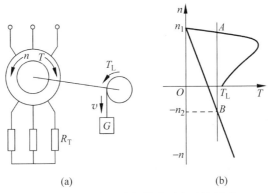

图 5-18 异步电动机转速反向反接制动

由于转子转速反向反接制动时转差率 $s > 1$,所以功率关系与定子两相反接的反接制动时相同。不过,此时输入电动机的机械功率,为重物下放过程中减少的位能。

5.3.3 回馈制动

由于某种原因,三相异步电动机的转速会高于同步转速,即 $n > n_1$。此时,转差率 $s = \dfrac{n_1 - n}{n_1} < 0$。

由于 $s < 0$,转子电流有功分量为

$$I_2' \cos \varphi_2 = \frac{sE_2'}{\sqrt{R_2'^2 + (sX_{2\sigma}')^2}} \frac{R_2'}{\sqrt{R_2'^2 + (sX_{2\sigma}')^2}} = \frac{sE_2'R_2'}{R_2'^2 + (sX_{2\sigma}')^2} < 0$$

因此,电磁转矩 $T = C_T \Phi_m I_2' \cos \varphi_2$ 改变了方向,使 T 与 n 方向相反,电动机处于制动状态。

根据电机在回馈制动状态下的相量图,即作为发电机运行时的相量图,可知 $\dot{U}_1$ 与 $\dot{I}_1$ 的夹角 $\varphi_1 > 90°$,电源输入的电功率 $P_1 = m_1 U_1 I_1 \cos \varphi_1 < 0$,这说明有电功率回馈给电源。

此时,电动机的机械功率为

$$P_{\text{mec}} = m_1 I_2'^2 \left(\frac{1-s}{s}\right) R_2' < 0$$

电磁功率为

$$P_{em} = m_1 I_2'^2 \frac{R_2'}{s} < 0$$

可见,此时功率 P_1、P_{mec}、P_{em} 均为负值,这说明电机内的功率流向与作为电动机运行时正好相反,即电动机在作为发电机运行。

此时,转子电流的无功分量为

$$I_2' \sin \varphi_2 = \frac{sE_2'}{\sqrt{R_2'^2 + (sX_{2\sigma}')^2}} \frac{sX_{2\sigma}'}{\sqrt{R_2'^2 + (sX_{2\sigma}')^2}} = \frac{s^2 E_2' X_{2\sigma}'}{R_2'^2 + (sX_{2\sigma}')^2} > 0$$

这说明在回馈制动运行状态,电机仍从电源吸收滞后的无功功率,以建立旋转磁场。

回馈制动一般又分回馈制动过程和回馈制动运行两种情况。

1. 调速过程中的回馈制动过程

在变极调速中极对数增多或变频调速中频率突然降低时,由于同步转速的突然变化,而电动机转速因机械惯性而来不及改变,从而会出现 $n > n_1$ 的情况。此时,电动机便处于回馈制动过程的状态,其机械特性如图 5-19(a)所示。

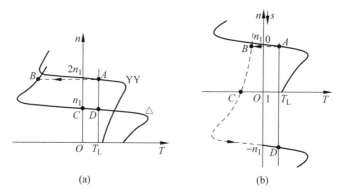

(a)   (b)

图 5-19 异步电动机回馈制动的机械特性

2. 下放重物时的回馈制动运行

当拖动系统下放重物时,如同两相反接的反接制动那样,D 点就是回馈制动状态。但须指出的是,为了使所获得的稳定下放速度不致过高,在回馈制动开始时,应及时切除在转子电路中串入的电阻。此时的机械特性,如图 5-19(b)所示。

综上所述,三相异步电动机分为电动运行,以及能耗制动、反接制动、回馈制动运行等各种运行状态,其分布于四个象限。这些运行状态下的机械特性,如图 5-20 所示。

电力拖动系统的工程实践证明,由于生产机械的生产工艺上的需要,电动机并不会只是停留在一种状态下运行,而是根据生产机械的需要,不断地改变其运行状态。

例 5-2 一台三相绕线型异步电动机:$P_N = 40$ kW,$U_N = 380$ V,$I_N = 80$ A,$n_N = 1470$ r/min,$R_2 = 0.08$ Ω,$K_M = 2$,用于拖动位能性负载,负载转矩 $T_L = 0.5T_N$。试求:

(1) 在固有机械特性上提升重物时的转速为多少?

(2) 以 1000 r/min 的转速下放重物时,每相转子回路中应串入多大电阻?

(3) 如果正向电动运行时进行反接制动,要求制动初瞬转矩 $T = 1.5T_N$,每相转子回路中应串入多大电阻?

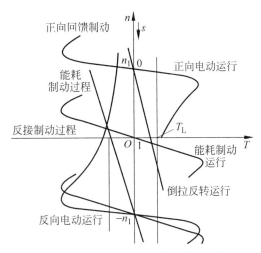

图 5-20　三相异步电动机的各种运行状态

解: $s_N = \dfrac{n_1 - n_N}{n_1} = \dfrac{1500 - 1470}{1500} = 0.02$

临界转差率

$$s_m = s_N(K_M + \sqrt{K_M^2 - 1}) = 0.075$$

额定转矩

$$T_N = 9550\frac{P_N}{n_N} = 9550 \times \frac{40}{1470} = 259.9(\text{N} \cdot \text{m})$$

最大转矩

$$T_{max} = K_M T_N = 519.8(\text{N} \cdot \text{m})$$

所以

$$T = \frac{2T_{max}}{\dfrac{s}{s_m} + \dfrac{s_m}{s}} = \frac{1040}{\dfrac{s}{0.075} + \dfrac{0.075}{s}}$$

(1) 由上式求得,当 $T = T_L = 0.5T_N = 129.9$ N·m 时,$s = 0.01$ 或 $s = 0.59$(舍去),所以

$$n = (1-s)n_1 = (1-0.01) \times 1500 = 1485(\text{r/min})$$

(2) $n = -1000$ r/min 时,容易求得

$$s' = 1.67$$

$$s'_m = s'[K_M + \sqrt{K_M^2 - 1}] = 6.23$$

根据 s_m 与转子总电阻成正比的关系,可得

$$R_c = \left(\frac{s'_m}{s_m} - 1\right)R_2 = \left(\frac{6.23}{0.075} - 1\right) \times 0.08 = 6.56(\Omega)$$

(3) 在制动初瞬,

$$s'_B = \frac{-n_1 - n}{-n_1} = \frac{-1500 - 1485}{-1500} = 1.99$$

$$T_B = -1.5T_N = -389.9 = \frac{-1040}{\dfrac{s'_B}{s_{mB}} + \dfrac{s_{mB}}{s'_B}}$$

由上式求得

$$s_{\mathrm{mB}} = 4.41 \quad 或 \quad 0.9$$

故转子每一相中应串入的电阻为 $R_c = 4.38 \ \Omega$ 或 $0.9 \ \Omega$。

5.4　三相异步电动机的调速

与直流电动机相比,三相异步电动机具有结构简单、维护方便、价格便宜、体积小、重量轻等优点。由于以往的交流调速技术的不成熟等原因,直流调速系统一直占据着调速系统的主要地位。然而,随着近年来电力电子器件和计算机控制技术的发展,交流电动机调速已取得了很大的进展,以三相异步电动机为主的交流调速系统,取代传统的直流调速系统的趋势越来越明显。

从三相异步电动机转速表达式

$$n = n_1(1-s) = \frac{60f_1}{p}(1-s)$$

可以看出,三相异步电动机的调速有如下三种方法。

(1) 改变定子极对数 p ——变极调速。

(2) 改变定子电源频率 f_1 ——变频调速。

(3) 改变电动机转差率 s ——改变定子电压调速、转子回路串接电阻调速、电磁转差离合器调速和串级调速等。

5.4.1　变极调速

1. 变极方法

三相异步电动机定子绕组极对数的改变,是通过改变定子绕组的接线方式实现的。以单相绕组为例,若一相绕组由两个半相绕组1和2组成。当将两个半相绕组首尾顺次相接,即两个半相绕组正向串联,再通入电流,如图5-21(a)所示。由右手定则判断,将得到 $2p=4$ 的磁场分布。如果将两个半相绕组的尾尾相接,即将它们反向串联再通入电流,如图5-21(b)所示,将产生 $2p=2$ 的磁场分布。如果将两个半相绕组首尾两两相接,即两个半相绕组反向并联再通入电流,如图5-21(c)所示,也产生 $2p=2$ 的磁场分布。由此可知,改变定子绕组的接法,即可成倍地改变定子极对数,同步转速也将成倍改变,故这种调速属于有级调速。

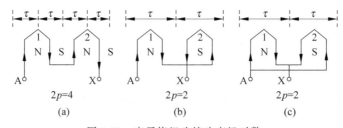

图 5-21　定子绕组改接改变极对数

变极调速仅适用于笼型三相异步电动机,因其转子感应产生的磁极对数,能自动地与定子磁极对数保持相等。而在绕线型异步电动机中,必须同时改变定子与转子接线,才能保持定、转子极对数相同,因此结构复杂、操作不便,不宜采用。

此外,变极调速时为了不改变转子的转向,在改变极数的同时,还需将接至电源的三根
导线中的任意两根相互对调。

2. 各种改接法及其机械特性

如上所述,定子绕组每相的两个半相绕组均有两种改接方法,即由原来的正向串联改为
反向串联或反向并联,而定子的三相绕组在改接前后又都可以是 Y 接法,也可以是△接法,
因此,改接的情况可能各种各样,但常用的有以下三种。

1) Y-YY 改接

该方法是将 Y 接法中每相的两个半相绕组,由正向串联改为反向并联,改接后的绕组

形成双 Y 并联,如图 5-22(a)所示。其结果是极对数 $p' = \dfrac{1}{2}p$,同步转速 $n_1' = 2n_1$。

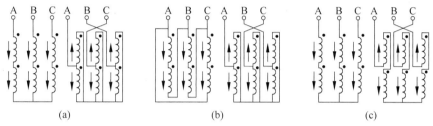

图 5-22　几种变极调速的接线方式

为使电动机能得到充分利用,调速前后应保持绕组的每一导体中均流过额定电流。而
改接后的绕组为并联,故相电流应为 $2I_N$。

设电源电压 U_1 不变,变极前后电动机功率因数和效率也不变。因而从下式

$$P_2 = \sqrt{3} U_1 I_{1N} \cos \varphi_1 \cdot \eta$$

$$T = 9550 \frac{P_2}{n}$$

可以看出,当极对数 $2p \rightarrow p$,因电动机转差率 s 很小,可认为转速 $n' = 2n$。因此,变极前后
的功率比和转矩比分别为

$$\left.\begin{array}{l} \dfrac{P_2}{P_2'} = \dfrac{U_1 I_{1N}}{U_1 (2I_{1N})} = \dfrac{1}{2} \\[4mm] \dfrac{T}{T'} = \dfrac{U_1 I_{1N} n'}{U_1 (2I_{1N}) n} = 1 \end{array}\right\} \tag{5-33}$$

这说明,Y→YY 后,极对数 $2p \rightarrow p$,同步转速 n_1 提高一倍,输出功率亦增加一倍,输出
转矩基本不变。因此,Y→YY 调速属恒转矩调速。

下面,讨论机械特性上的几个特殊点。已知三相异步电动机的最大转矩 T_{max}、临界转
差率 s_m,以及起动转矩 T_{st} 分别为

$$\left.\begin{array}{l} T_{max} = \dfrac{m_1 p U_1^2}{4\pi f_1 \left[R_1 + \sqrt{R_1^2 + (X_{1\sigma} + X_{2\sigma}')^2} \right]} \\[5mm] s_m = \dfrac{R_2'}{\sqrt{R_1^2 + (X_{1\sigma} + X_{2\sigma}')^2}} \\[5mm] T_{st} = \dfrac{m_1 p U_1^2 R_2'}{2\pi f_1 \left[(R_1 + R_2')^2 + (X_{1\sigma} + X_{2\sigma}')^2 \right]} \end{array}\right\} \tag{5-34}$$

当 Y→YY 时,每相的两个半相绕组并联,定、转子的阻抗分别是原来的 $1/4$,极对数由 $2p→p$,相电压 U_1 不变,将它们代入上式中得

$$
\left.
\begin{aligned}
T'_{\max} &= \frac{m_1 \frac{p}{2} U_1^2}{4\pi f_1 \left[\frac{R_1}{4} + \sqrt{\left(\frac{R_1}{4}\right)^2 + \left(\frac{X_{1\sigma}}{4} + \frac{X'_{2\sigma}}{4}\right)^2} \right]} = 2T_{\max} \\[2mm]
s'_{m} &= \frac{\frac{R'_2}{4}}{\sqrt{\left(\frac{R_1}{4}\right)^2 + \left(\frac{X_{1\sigma}}{4} + \frac{X'_{2\sigma}}{4}\right)^2}} = s_m \\[2mm]
T'_{st} &= \frac{m_1 \frac{p}{2} U_1^2 \frac{R'_2}{4}}{2\pi f_1 \left[\left(\frac{R_1}{4} + \frac{R'_2}{4}\right)^2 + \left(\frac{X_{1\sigma}}{4} + \frac{X'_{2\sigma}}{4}\right)^2 \right]} = 2T_{st}
\end{aligned}
\right\} \quad (5\text{-}35)
$$

由式(5-35)可见,在 Y→YY 改接后,机械特性的临界转差率 s_m 不变,最大转矩 $T_{\max}$ 和起动转矩 T_{st} 增加一倍,过载能力与起动能力提高了。其机械特性如图 5-23(a)所示。

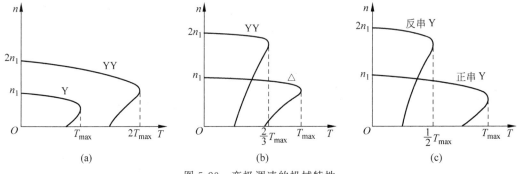

图 5-23 变极调速的机械特性

2) △-YY 改接

该方法是将原△接法中每相的两个正向串联的半相绕组,改为反向并联,其三相绕组同时改为 Y 接法。因此,改接后的绕组形成双 Y 并联,如图 5-22(b)所示。其结果是极对数 $p' = \frac{1}{2}p$,同步转速 $n'_1 = 2n_1$。

按照前面类似的方法分析,有

$$
\left.
\begin{aligned}
\frac{P_2}{P'_2} &= \frac{\sqrt{3} U_1 I_{1N}}{U_1 (2I_{1N})} = \frac{\sqrt{3}}{2} = 0.866 \\[2mm]
\frac{T}{T'} &= \frac{\sqrt{3} U_1 I_{1N} n'}{U_1 (2I_{1N}) n} = \sqrt{3}
\end{aligned}
\right\} \quad (5\text{-}36)
$$

这说明,△→YY 后,极对数 $2p→p$,同步转速 n_1 提高一倍,输出功率近似保持不变(误差为 13.4%),输出转矩是原来的 0.577 倍。因此,△→YY 调速可近似地认为是恒功率调速。

由于式(5-34)是在一相等效电路的基础上得到的,因此对△接法的电动机,必须先运用△-Y 变换,将△接法改成 Y 接法,得到一相等效电路后,才能应用式(5-34)。△-Y 变换

后的每相阻抗为△接法每相阻抗的 $1/3$,每相电压为 $U_1/\sqrt{3}$,极对数仍为 $2p$。这样,可将 $\wedge \to YY$ 等效成 $Y \to YY$,于是可得

$$\left.\begin{aligned} T'_{\max} &= \frac{2}{3} T_{\max} \\ s'_m &= s_m \\ T'_{st} &= \frac{2}{3} T_{st} \end{aligned}\right\} \tag{5-37}$$

可见,$\triangle \to YY$ 改接后,临界转差率 s_m 不变,最大转矩 $T_{\max}$ 和起动转矩 T_{st} 为原来的 $2/3$,过载能力和起动能力都下降了。其机械特性如图 5-23(b)所示。

3) 正串 Y → 反串 Y 改接

该方法是将 Y 接法中每相中的两个正向串联的半相绕组,改为反向串联。改接后的绕组形成反向串联的 Y 接法,如图 5-22(c)所示。其结果是极对数 $p' = \frac{1}{2}p$,同步转速 $n'_1 = 2n_1$。

由于这种改接只改变绕组中电流的方向,通过定子绕组的电流大小不变。因此,两种接法的输出功率不变。但是,其极对数却从 $2p \to p$,同步转速提高一倍,使输出转矩降为原来的一半,即

$$\left.\begin{aligned} \frac{P_2}{P'_2} &= \frac{U_1 I_{1N}}{U_1 I_{1N}} = 1 \\ \frac{T}{T'} &= \frac{U_1 I_{1N} n'}{U_1 I_{1N} n} = 2 \end{aligned}\right\} \tag{5-38}$$

因此,正串 Y → 反串 Y 调速属于恒功率调速。

容易证明,按该方法改接后,临界转差率 s_m 不变,$T_{\max}$ 和 T_{st} 是原来的 $1/2$,过载能力和起动能力都下降了。其机械特性如图 5-23(c)所示。

5.4.2　变频调速

三相异步电动机的转速 $n = \frac{60 f_1}{p}(1-s)$,当转差率 s 变化不大时,电动机转速与电源频率 f_1 基本成正比,因此,连续地改变电源频率,即可平滑地改变三相异步电动机的转速。

当忽略定子绕组的漏抗压降时,加在定子绕组上的电源电压近似等于反电动势 E_1,即

$$U_1 \approx E_1 = 4.44 f_1 K_{N1} N_1 \Phi_m$$

若外加定子电压 U_1 不变,而 f_1 降低,将使 Φ_m 增加。由于电动机在额定状态下工作时,磁路已接近饱和。这时若再增加磁通,势必使磁路过度饱和,引起定子电流急剧增加。除了引起电动机严重发热外,还将使电动机功率因数大大降低。而当 f_1 增加时,必使 Φ_m 减小,这又导致电磁转矩下降,电动机得不到充分利用。因此,在变频调速时,一般均要求保持气隙磁通 Φ_m 不变。所以,电源电压 U_1 应跟随电源频率 f_1 一同改变。

除此以外,在变频调速时还需维持电动机的过载倍数不变。即

$$K_M = \frac{T_{\max}}{T_N} = \frac{T'_{\max}}{T_x}$$

式中,$T_{\max}$、T_N 分别表示额定频率 f_{1N} 时的最大转矩和额定转矩,$T'_{\max}$、T_x 表示频率为 f_{1x}

时的最大转矩和额定转矩。

当 f_1 较高时，$X_{1\sigma}+X'_{2\sigma}\gg R_1$，忽略 R_1 时，异步电动机的最大转矩为

$$T_{max}=\frac{m_1 p U_1^2}{4\pi f_1(X_{1\sigma}+X'_{2\sigma})}=\frac{m_1 p U_1^2}{8\pi^2 f_1^2(L_{1\sigma}+L'_{2\sigma})}=C\left(\frac{U_1}{f_1}\right)^2 \tag{5-39}$$

式中，$L_{1\sigma}$、$L'_{2\sigma}$ 为定、转子自感系数的折算值；常数 $C=\dfrac{m_1 p}{8\pi^2(L_{1\sigma}+L'_{2\sigma})}$。

所以

$$\frac{T_x}{T_N}=\frac{T'_{max}}{T_{max}}=\frac{\left(\dfrac{U_{1x}}{f_{1x}}\right)^2}{\left(\dfrac{U_{1N}}{f_{1N}}\right)^2}=\left(\frac{U_{1x}}{U_{1N}}\right)^2\left(\frac{f_{1N}}{f_{1x}}\right)^2 \tag{5-40}$$

或

$$\frac{U_{1x}}{f_{1x}}=\frac{U_{1N}}{f_{1N}}\sqrt{\frac{T_x}{T_N}} \tag{5-41}$$

可见，在变频调速时，电源电压 U_1 随频率 f_1 变化的规律，与对电磁转矩的要求，即负载转矩的性质有关。

1. 带恒转矩负载

若电动机带的是恒转矩负载，则调速过程中所要求的是输出转矩不变，即：$T_x=T_N=$ 常数，式(5-41)变为

$$\frac{U_{1x}}{f_{1x}}=\frac{U_{1N}}{f_{1N}}=常数 \tag{5-42}$$

由此可见，若电动机带恒转矩负载，只需令电源电压与频率成比例地调节，便能使电动机的气隙磁通和过载倍数在调速的过程中保持不变。

2. 带恒功率负载

若电动机带的是恒功率负载，则调速过程中所要求的是输出功率不变，即

$$P_2=\frac{T_N n_N}{9550}=\frac{T_x n_x}{9550}=常数 \tag{5-43}$$

由于异步电动机的转速近似与电源频率成正比，式(5-43)便可写成

$$\frac{T_x}{T_N}=\frac{n_N}{n_x}=\frac{f_{1N}}{f_{1x}} \tag{5-44}$$

将式(5-44)代入式(5-41)得

$$\frac{U_{1x}}{f_{1x}}=\frac{U_{1N}}{f_{1N}}\sqrt{\frac{f_{1N}}{f_{1x}}}$$

整理上式得

$$\frac{U_{1x}}{\sqrt{f_{1x}}}=\frac{U_{1N}}{\sqrt{f_{1N}}}=常数 \tag{5-45}$$

式(5-45)说明，若电动机带的是恒功率负载，当保持电源电压与频率按 $\dfrac{U_{1x}}{\sqrt{f_{1x}}}=$ 常数的规律调节时，就能使电动机的气隙磁通和过载倍数在调速过程中保持不变。

下面,分析三相异步电动机的频率 f_1 改变时的人为机械特性。

已知三相异步电动机的同步转速

$$n_1 = \frac{60 f_1}{p} \propto f_1$$

当忽略 R_1 时,临界转差率为

$$s_{\mathrm{m}} = \frac{R_2'}{X_{1\sigma} + X_{2\sigma}'} = \frac{R_2'}{2\pi f_1 (L_{1\sigma} + L_{2\sigma}')} \propto \frac{1}{f_1}$$

对应于 s_{m} 的转速降 Δn_{m} 为

$$\Delta n_{\mathrm{m}} = s_{\mathrm{m}} n_1 = \frac{R_2'}{2\pi f_1 (L_{1\sigma} + L_{2\sigma}')} \cdot \frac{60 f_1}{p} = 常数 \tag{5-46}$$

最大转矩

$$T_{\max} = \frac{m_1 p U_1^2}{8\pi f_1^2 (L_{1\sigma} + L_{2\sigma}')} \tag{5-47}$$

由式(5-46)和式(5-47)可知,对于恒转矩负载,当按 $U_1/f_1 =$ 常数的控制规律变频调速时,最大转矩 $T_{\max}$ 及对应的转速降 Δn_{m} 均不变。其人为机械特性是一组同步转速 n_1 随频率 f_1 成正比变化,且相互平行的曲线,如图 5-24 所示。这种机械特性,与直流电动机改变电压时的人为机械特性十分相似。

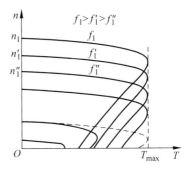

图 5-24　异步电动机变频调速时的机械特性

上述机械特性是在忽略 R_1 的情况下得出的,但当 f_1 较低,$X_{1\sigma} + X_{2\sigma}'$ 减小许多时,R_1 的影响不能忽略。此时即使保持 $U_1/f_1 =$ 常数,也因 R_1 的影响,使 $T_{\max}$ 减小。f_1 越低,$T_{\max}$ 降低越多,使低频时过载能力变差。

从图 5-24 所示的机械特性可见,若带恒转矩负载,只要按 $U_1/f_1 =$ 常数的控制规律,连续地改变电源的频率,即可实现连续平滑地调速,且调速范围广。

对于恒功率负载,需按 $U_1/\sqrt{f_1} =$ 常数的控制规律调速,其机械特性也可按上述方法讨论。

总之,变频调速具有良好的调速性能,可与直流电动机的调速相媲美。但需要专用的变频装置,初期的设备投资大,运行费用不大。随着电力电子技术和微电子技术的发展,不断出现新的控制思想和控制技术,产生了各种变频调速法。变频调速将随着技术的进步,在某些领域逐步取代直流调速系统。

5.4.3　变转差率调速

改变转差率的调速方法有:绕线型异步电动机转子串接电阻调速、降低定子电压调速、电磁转差离合器调速以及绕线型异步电动机串级调速等。除串级调速外,各种变转差率调速的经济性都较差。下面介绍这几种调速方法。

1. 绕线型异步电动机转子回路串接电阻调速

如前所述,在转子回路串接电阻的人为机械特性,为一组过同步转速点 n_1、最大转矩 $T_{\max}$ 不变、临界转差率 s_{m} 随转子电阻增加而成比例增大的曲线。

当电动机带恒转矩负载 $T=T_L$ 运行时,且在转子回路中串入附加调速电阻 R_s 后,转子电流 I_2' 减小,电磁转矩 T 也相应减小,使 $T<T_L$,致使电动机减速,转差率 s 增大。因而转子电动势 sE_2' 增大,这又使 I_2' 增大,T 增大。直至 $T=T_L$ 时,电动机达到新的平衡状态,系统以较低转速稳定运行。

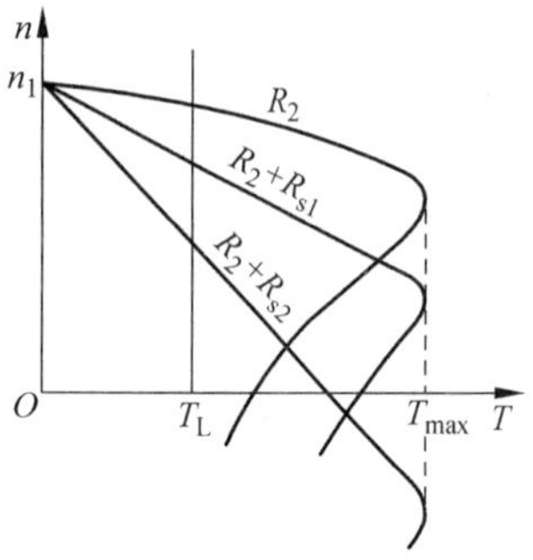

图 5-25　转子回路串电阻调速

显然,若电动机带的是恒转矩负载,当转子电路串接不同电阻时将运行在不同转速,电阻越大,机械特性越软,转速越低。因此,改变转子电路的电阻值就可达到调速的目的,如图 5-25 所示。

根据所需的转速,可很容易求出转子回路应串入的电阻值。在电力拖动系统的工程实际中,当选择起动电阻时,通常已经考虑到调速的要求,分级起动电阻即为分级调速电阻。

对于同一恒转矩负载,即 $T=$ 常数时,如要求电动机转速为 n_x,对应的转差率为

$$s_x = \frac{n_1 - n_x}{n_1}$$

进一步根据 T 和 s_x 值求出 s_{mx},则转子回路所串电阻值为

$$R_s = \left(\frac{s_{mx}}{s_m} - 1 \right) R_2 \tag{5-48}$$

转子电阻 R_2 可按式(5-23)估算。

可见,转子回路串电阻调速有如下特点。

(1) 属于有级调速,而且级数不能太多。

(2) 调速范围不大,且调速范围随负载大小而变,负载愈小,调速范围愈小。

(3) 损耗大,效率低。

随转子电阻增加,当忽略机械损耗时,有

$$P_2 = (1-s)P_{em}$$

所以,调速时转子电路的效率为

$$\eta = \frac{P_2}{P_2 + p_{Cu2}} = \frac{(1-s)P_{em}}{(1-s)P_{em} + sP_{em}} = 1-s \tag{5-49}$$

这说明,随着 s 增加,η 下降。

(4) 属于恒转矩调速。

调速过程中,定子电压 U_1 不变,说明气隙磁通 Φ_m 近似不变,而当转子电流调速前后都为额定值 I_{2N} 时,电动机得到充分利用。因此,调速时转子电流应满足下式:

$$\frac{E_2'}{\sqrt{\left(\dfrac{R_2'}{s_N}\right)^2 + X_{2\sigma}'^2}} = \frac{E_2'}{\sqrt{\left(\dfrac{R_2'+R_s'}{s_x}\right)^2 + X_{2\sigma}'^2}}$$

所以,有

$$\frac{R_2'}{s_N} = \frac{R_2'+R_s'}{s_x}$$

转子回路的功率因数

$$\cos \varphi_{2x} = \frac{\dfrac{R'_2 + R'_s}{s_x}}{\sqrt{\left(\dfrac{R'_2 + R'_s}{s_x}\right)^2 + X'^2_{2\sigma}}} = \frac{\dfrac{R'_2}{s_N}}{\sqrt{\left(\dfrac{R'_2}{s_N}\right)^2 + X'^2_{2\sigma}}} = \cos \varphi_{2N}$$

所以,电磁转矩

$$T = C_T \Phi_m I'_2 \cos \varphi_2 = 常数$$

可见,转子回路串接电阻调速属于恒转矩调速方式,适用于恒转矩负载。

转子串接电阻调速方法简单,初投资少,常用于对调速性能要求不高的起重机类负载中。

2. 降低定子电压调速

如前所述,改变定子电压 U_1 时异步电动机的人为机械特性是一组过同步转速 n_1、临界转差率 s_m 不变、电磁转矩 T 与电源电压平方成比例变化的曲线,如图 5-26 所示。若笼型异步电动机拖动恒转矩负载,降压后可降低转速,但转速下降不多,调速范围很窄,实用价值不大。对于风机类负载,可以在机械特性中从 $0 < s < 1$ 的部分调节转速,调速范围明显增大。

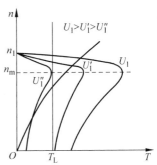

图 5-26 降低定子电压调速

由于三相异步电动机的电磁转矩为

$$T = \frac{P_{em}}{\Omega_1} = \frac{m_1}{\Omega_1} I'^2_2 \frac{R'_2}{s}$$

为使调速过程中电动机得到充分利用,在调速范围内应使转子电流 $I'_2 = I_{2N}$,且保持不变,因此

$$T \propto \frac{1}{s} = \frac{n_1}{n_1 - n} \quad 或 \quad T \propto n$$

可见,降低定子电压调速时,其电磁转矩 T 与转速 n 成正比。可见该调速方法既不属于恒转矩调速,也不属于恒功率调速。该调速方法常用于对调速性能要求不高的风机和泵类负载。

降低定子电压的方法一般有:定子绕组串接饱和电抗器、采用晶闸管调压器及改变定子绕组接线方式(△-Y)等。

例 5-3 一台绕线型三相异步电动机的技术数据为:$P_N = 75$ kW,$U_N = 380$ V,$I_N = 148$ A,$n_N = 720$ r/min,$K_M = 2.4$,$E_{2N} = 213$ V,$I_{2N} = 220$ A,拖动恒转矩负载 $T_L = 0.85 T_N$ 时欲使电动机运行在 $n = 540$ r/min,若:

(1) 采用转子回路串接电阻,求每相应串入的电阻值;

(2) 采用降压调速,求电源电压;

(3) 采用变频调速,保持 $U_1/f_1 =$ 常数,求频率与电压各为多少?

解:(1) 额定转差率

$$s_N = \frac{n_1 - n_N}{n_1} = \frac{750 - 720}{750} = 0.04$$

临界转差率

$$s_m = s_N (K_M + \sqrt{K_M^2 - 1}) = 0.04 \times (2.4 + \sqrt{2.4^2 - 1}) = 0.183$$

转子每相电阻

$$R_2 = \frac{s_N E_{2N}}{\sqrt{3} I_{2N}} = \frac{0.04 \times 213}{\sqrt{3} \times 220} = 0.0224 (\Omega)$$

$n = 540$ r/min 时的转差率 s' 为

$$s' = \frac{n_1 - n}{n_1} = \frac{750 - 540}{750} = 0.28$$

转子回路串接电阻后在其人为机械特性上的转差率 s'_m 可根据该人为机械特性上某一工作点($T = T_L, s = s'$),按下式求得(证明略):

$$s'_m = s' \left[\frac{K_M T_N}{T_L} \pm \sqrt{\left(\frac{K_M T_N}{T_L} \right)^2 - 1} \right] = 0.28 \times \left[\frac{2.4 \times T_N}{0.85 T_N} \pm \sqrt{\left(\frac{2.4 \times T_N}{0.85 T_N} \right)^2 - 1} \right]$$

$$= 1.53(另一根不合理,已舍去)$$

所以

$$\frac{R_2 + R}{R_2} = \frac{s'_m}{s_m}$$

转子回路每相应串入的调速电阻为

$$R = \left(\frac{s'_m}{s_m} - 1 \right) R_2 = \left(\frac{1.53}{0.183} - 1 \right) \times 0.0224 = 0.165(\Omega)$$

(2) 降低电源电压调速

由于 $s' > s_m$,对恒转矩负载不能稳定运行,所以不能采用降压调速方式。

(3) 变频调速,$U_1 / f_1 = $ 常数的计算

设当 $T_L = 0.85 T_N$ 时,在固有特性上运行的转差率为 s,

$$T = T_L = 0.85 T_N = \frac{2 K_M T_N}{\frac{s}{s_m} + \frac{s_m}{s}}$$

所以

$$0.85 = \frac{2 \times 2.4}{\frac{s}{0.183} + \frac{0.183}{s}}$$

解方程得

$$s = 0.033$$

运行时的转速降为

$$\Delta n = s n_1 = 0.033 \times 750 = 25(r/min)$$

变频后人为机械特性的同步转速为

$$n'_1 \approx n + \Delta n = 540 + 25 = 565(r/min)$$

变频后的频率及相应的电压为

$$f_1 = \frac{n'_1}{n_1} f_N = \frac{565}{750} \times 50 = 37.67(Hz)$$

$$U_1 = \frac{f_1}{f_N} U_N = \frac{n'_1}{n_1} U_N = \frac{565}{750} \times 380 = 286.3(V)$$

3. 电磁转差离合器调速

电磁转差离合器调速装置,实际上是由笼型异步电动机、电磁转差离合器及其控制装置组成的机电结合式调速系统,亦称滑差电机,或电磁调速异步电动机。

电磁转差离合器是一种与机械离合器的结构、原理以及作用均不同的离合器。该离合器主要由电枢与磁极两个旋转部分组成。电枢部分与调速异步电动机连接,随异步电动机

旋转,为主动部分。磁极部分与被拖动的负载相连,为从动部分。磁极上有励磁绕组,可由晶闸管控制装置供给直流电,改变该电流的大小,即可调节离合器的输出转速。

电枢转差离合器的结构多种多样,但原理基本相同。下面,以图 5-27(a)所示的电磁转差离合器为例加以说明。

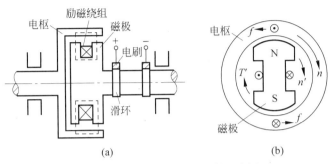

图 5-27　电磁转差离合器结构示意图

图 5-27 中的电枢部分可以是笼型导条或实心钢块。钢块可视为由无穷多根导条并联,其中的涡流可视为笼型导条中的电流。磁极上的励磁绕组固定在其转轴上,其引出线与滑环相连,通过固定的电刷与直流电源接通,以获得励磁电流。电枢与磁极间的气隙一般很小。

在图 5-27(b)中,直流电源通过电刷与滑环给励磁绕组供电,形成恒定的气隙磁场。当离合器的电枢部分随异步电动机转子以相同转速 n(设为顺时针方向)旋转时,电枢便与静止的磁场之间有相对运动,在导条上产生感应电动势和感应电流。电流方向及载流导体在磁场中受电磁力的方向,可分别运用右手定则和左手定则进行判断,如图 5-27(b)所示。

可见,产生的电磁转矩与异步电动机转向相反,为制动性质的转矩。由于电枢与异步电动机轴相连,转速不可能改变。而转差离合器磁极却没有约束,将在电枢的反作用力矩的作用下跟随电枢旋转,从而带动负载旋转。改变励磁电流 I_f 的大小,即可改变电磁转矩的大小,从而达到调速的目的。如果改变异步电动机的转向,转差离合器也将跟着反转。

可见,只有在这种调速装置的励磁绕组中通入了励磁电流后,气隙中才能建立磁场,电枢与磁极之间才能有磁的联系,最后才能使磁极随电枢一起旋转。没有励磁电流,便不会产生这一切,好似离合器一样;此外,磁极与电枢之间必须有转差,即电枢与磁极有相对运动,才能产生感应电动势和电流,也才能产生电磁转矩。因此,称之为电磁转差离合器。

电磁转差离合器与异步电动机原理相似,但其理想空载转速是异步电动机的转子转速 n,而不是同步转速 n_1。励磁电流 I_f 越大,磁场越强。若转速相同,则转矩 T 越大;若转矩相同,则转速越高。其机械特性可用以下经验公式近似表示为

$$n' = n - K\frac{T^2}{I_f^4} \qquad (5-50)$$

式中,n 为驱动电动机的转速,即电磁转差离合器的电枢转速;n' 为负载的转速,即电磁转差离合器的磁极转速;I_f 为励磁电流;K 为与离合器类型有关的系数。

根据式(5-50)画出电磁转差离合器的机械特性,如图 5-28 所示。从图中可见,对于某一固定的励磁电流,转速 n' 随负载转矩加大而减小。对

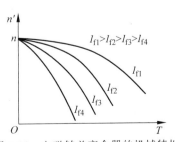

图 5-28　电磁转差离合器的机械特性

于某一固定负载,改变 I_f,即可调节负载的转速。当励磁电流 I_f 减小时,斜率较大,机械特性变软,负载能力下降,很难满足静差率要求,所以其本身调速范围一般不大。若采用速度负反馈的闭环调速系统,可提高机械特性的硬度,增大调速范围。

电磁转差离合器调速结构简单、运行可靠、起动转矩大、控制方便、能实现平滑调速,但机械特性软、相对稳定性差、自身调速范围小、低速时效率低,较适用于通风机及泵类负载的调速。

4. 串级调速

以上所介绍的几种改变转差率调速的方法,都会产生转差损耗功率,且转速越低,损耗越大。对转子串接电阻调速或改变定子电压调速,这部分损耗都消耗在转子电阻上。显然,此种调速方式损耗大、效率低。为克服这一缺点,可采用串级调速的方法。

所谓串级调速,就是在转子回路中串入一个与转子电动势频率相同、相位相同(或相反)的外加三相对称附加电动势 $\dot{E}_f$,如图 5-29 所示。改变附加电动势 $\dot{E}_f$ 的大小或相位,即可调节电动机的转速。

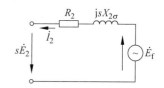

图 5-29 绕线型三相异步电动机转子回路串入电动势

串级调速时,转子电流为

$$I_2 = \frac{sE_2 \pm E_f}{\sqrt{R_2^2 + (sX_{2\sigma})^2}} \tag{5-51}$$

当 $\dot{E}_f$ 与 $s\dot{E}_2$ 频率相等、相位相同时,上式中的 E_f 与 sE_2 相加。由 $T = C_T \Phi_m I_2 \cos \varphi_2$ 可知,在串入附加电动势的瞬间,I_2 增加,使 T 增大,$T > T_L$,电动机加速,n 增加,s 减小,$sE_2 \downarrow \rightarrow I_2 \downarrow \rightarrow T \downarrow$,直至 $T = T_L$。此时,电动机已稳定运行于比原来转速高的转速上。串入的附加电动势 E_f 越大,转速 n 越高。

设此时电动机的转差率为 s',根据调速时电动机电流为额定值,电动机得到充分利用的要求,有

$$\frac{sE_2}{\sqrt{R_2^2 + (sX_{2\sigma})^2}} = \frac{s'E_2 + E_f}{\sqrt{R_2^2 + (s'X_{2\sigma})^2}} \tag{5-52}$$

由于 s、s' 都很小,$sX_{2\sigma}$、$s'X_{2\sigma}$ 比 R_2 小得多,可认为

$$\sqrt{R_2^2 + (sX_{2\sigma})^2} \approx \sqrt{R_2^2 + (s'X_{2\sigma})^2}$$

故有

$$sE_2 = s'E_2 + E_f$$

$$s' = s - \frac{E_f}{E_2} \tag{5-53}$$

显然,当 E_f 增加时,s' 将减小;当 $E_f = sE_2$ 时,$s' = 0$,电动机转速将达到同步转速;当 $E_f > sE_2$ 时,$s' < 0$,电动机转速将超过同步转速。因此,$\dot{E}_f$ 与 $s\dot{E}_2$ 同相的调速称为超同步串级调速。

当 $\dot{E}_f$ 与 $s\dot{E}_2$ 频率相等、相位相反时,式中的 E_f 与 sE_2 相减。

按照与前相同的分析方法可得

$$sE_2 = s'E_2 - E_f$$

$$s' = s + \frac{E_f}{E_2} \tag{5-54}$$

显然,当 $\dot{E}_f$ 与 $s\dot{E}_2$ 反相时,s' 将增大,电动机在低于原来的转速下运行。即改变附加电动势 E_f 的大小,可以在同步转速以下调速,因此,$\dot{E}_f$ 与 $s\dot{E}_2$ 反相的调速称为亚同步调速或次同步调速。

串级调速时的电磁转矩

$$T = C_T \Phi_m I_2 \cos\varphi_2 = C_T \Phi_m \frac{sE_2 \pm E_f}{\sqrt{R_2^2 + (sX_{2\sigma})^2}} \cdot \cos\varphi_2$$

$$= C_T \Phi_m \frac{sE_2}{\sqrt{R_2^2 + (sX_{2\sigma})^2}} \cdot \cos\varphi_2 \pm C_T \Phi_m \frac{E_f}{\sqrt{R_2^2 + (sX_{2\sigma})^2}} \cdot \cos\varphi_2$$

$$= T_1 \pm T_2 \tag{5-55}$$

式(5-55)即串入相位相同或相反的附加电动势时的串级调速的机械特性。式中,$T_1 = f(s)$ 为附加电动势 $E_f = 0$ 时的固有机械特性,$T_2 = f(s)$ 为仅由 E_f 产生的转矩所对应的机械特性,该转矩在 $s = 0$ 时为最大值。当 $\dot{E}_f$ 与 $s\dot{E}_2$ 同相时,电磁转矩 T_1 和 T_2 方向相同;当 $\dot{E}_f$ 与 $s\dot{E}_2$ 反相时,电磁转矩 T_1 和 T_2 方向相反。根据上式,将 $T_1 = f(s)$ 和 $T_2 = f(s)$ 对应相加或相减,即可画出机械特性,如图 5-30 所示。

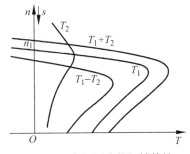

图 5-30　串级调速的机械特性

从图 5-30 中可看出,在调速过程中,理想空载转速 n_0 不断变化。理想空载转速与同步转速之间满足如下关系:

$$n_0 = n_1(1 - s_0) \tag{5-56}$$

式中,s_0 为对应理想空载转速 n_0 的转差率。因此当 $T = 0$,$I_2 = 0$ 时,故根据式(5-51)有

$$s_0 = \mp \frac{E_f}{E_2} \tag{5-57}$$

式中,$\dot{E}_f$ 与 $s\dot{E}_2$ 同相时,取"$-$";$\dot{E}_f$ 与 $s\dot{E}_2$ 反相时,取"$+$"。

串级调速具有机械特性较硬、平滑性好、效率高等优点,对大功率电机调速尤为适用,是一种很有前途的调速方法。但是串级调速也存在着低速运行时过载能力小、设备较复杂、成本高的缺点。

5.5　三相异步电动机过渡过程中的能量损耗

三相异步电动机拖动系统也存在着机械惯性和电磁惯性,在起动、制动、反转及调速过程中均存在过渡过程。由于机械惯性比电磁惯性大得多,此处仅分析由机械惯性引起的机械过渡过程。

在三相异步电动机的起动、制动及调速的过渡过程中,其定、转子电流通常比额定电流大得多。如直接起动时起动电流达到额定电流的 4～7 倍。电动机若频繁起动,会产生大量的能量损耗。一方面使拖动系统效率降低,运行经济指标变差;另一方面又使电机发热严重。为避免电动机被烧坏,不得不对其起动次数进行限制,因而影响了系统的工作效率。

研究三相异步电动机过渡过程的能量损耗,目的在于掌握其规律,找出减少能量损耗的途径。

为使分析得以简化,与直流电动机类似,忽略铁损耗与机械损耗,只考虑定、转子回路铜损耗,且仅仅分析空载时(即 $T_L=0$)的起动、制动情况。分析时,采用解析法,先获得过渡过程能量损耗的一般表达式,然后具体分析各过渡过程。

5.5.1 过渡过程能量损耗的一般表达式

在过渡过程中,定转子铜损耗为

$$\Delta A = \int_0^t 3I_1^2 R_1 \, dt + \int_0^t 3I_2'^2 R_2' \, dt \tag{5-58}$$

当忽略 I_m 时,可认为 $I_1 \approx I_2'$,上式变为

$$\Delta A = \int_0^t 3I_2'^2 R_2' \left(1 + \frac{R_1}{R_2'}\right) dt \tag{5-59}$$

由于转子铜损耗可表示为

$$3I_2'^2 R_2' = sP_{em} = sT\Omega_1 \tag{5-60}$$

将式(5-60)代入式(5-59)中,得

$$\Delta A = \int_0^t sT\Omega_1 \left(1 + \frac{R_1}{R_2'}\right) dt \tag{5-61}$$

空载($T_L=0$)时电力拖动系统的运动方程式为

$$T = J\frac{d\Omega}{dt} \tag{5-62}$$

而 $\Omega = \Omega_1(1-s)$,上式可变为

$$T\,dt = -J\Omega_1\,ds \tag{5-63}$$

将式(5-63)代入式(5-61)中,得

$$\Delta A = -\int_{s_Q}^{s_Z} J\Omega_1^2 \left(1 + \frac{R_1}{R_2'}\right) s \, ds \tag{5-64}$$

式中,s_Q 为过渡过程转差率的起始值;s_Z 为过渡过程转差率的终了值。

对式(5-64)积分得

$$\Delta A = \frac{1}{2}J\Omega_1^2 \left(1 + \frac{R_1}{R_2'}\right)(s_Q^2 - s_Z^2) \tag{5-65}$$

式(5-65)即三相异步电动机过渡过程中能量损耗的一般表达式。

5.5.2 各种过渡过程中的能量损耗

1. 空载起动

此时,$s_Q=1$,$s_Z=0$,代入式(5-65)得起动过程中电动机的能量损耗为

$$\Delta A_s = \frac{1}{2}J\Omega_1^2 \left(1 + \frac{R_1}{R_2'}\right) \tag{5-66}$$

式中,定子能量损耗为

$$\Delta A_{s1} = \frac{1}{2}J\Omega_1^2 \frac{R_1}{R_2'} \tag{5-67}$$

转子能量损耗为

$$\Delta A_{s2} = \frac{1}{2} J \Omega_1^2 \tag{5-68}$$

这说明,在空载起动加速过程中,转子电路的能量损耗等于旋转体运动质量在加速期间所储存的动能,与定、转子电路的电阻无关;而定子电路的能量损耗不仅与系统动能储存量有关,还与定、转子电阻比值有关。转子电阻越大,在同样的定子电阻和同样的转子能量损耗下,定子的能量损耗越小。这是因为 R'_2 越大,起动电流越小,而起动转矩一般还会增大,使起动时间缩短,定子能量损耗减小。

2. 空载两相反接的反接制动

此时,$s_Q = \dfrac{-n_1 - n}{-n_1} \approx 2$,$s_Z = \dfrac{-n_1 - 0}{-n_1} = 1$,代入式(5-65)得

$$\Delta A_F = \frac{1}{2} J \Omega_1^2 \left(1 + \frac{R_1}{R'_2}\right)(2^2 - 1^2) = 3\left[\frac{1}{2} J \Omega_1^2 \left(1 + \frac{R_1}{R'_2}\right)\right] = 3\Delta A_s \tag{5-69}$$

可见,空载反接制动过程中的能量损耗较大,为空载起动过程能量损耗的 3 倍。

3. 空载能耗制动

三相异步电动机能耗制动时,其电磁转矩为

$$T = \frac{3 I_2'^2 R'_2 / \gamma}{\Omega_1}$$

所以

$$3 I_2'^2 R'_2 = T \Omega_1 \gamma = T \Omega \tag{5-70}$$

空载能耗制动时的运动方程式为

$$-T = J \frac{d\Omega}{dt} \tag{5-71}$$

将式(5-71)代入式(5-70)中,得

$$3 I_2'^2 R'_2 dt = -J \Omega d\Omega \tag{5-72}$$

将式(5-72)代入式(5-59)中,得

$$\Delta A_T = \int_{\Omega_1}^{0} -J \Omega \left(1 + \frac{R_1}{R'_2}\right) d\Omega = \frac{1}{2} J \Omega_1^2 \left(1 + \frac{R_1}{R'_2}\right) \tag{5-73}$$

比较式(5-73)和式(5-66)可知

$$\Delta A_T = \Delta A_s$$

即空载能耗制动过程与空载起动过程中电动机的能量损耗相等。以上关系式还说明,起动加速过程中系统所储存的能量,在空载制动过程中全部释放出来。空载能耗制动过程中的能量损耗,仅为空载反接制动过程的 1/3。

5.5.3　减少过渡过程能量损耗的方法

1. 减少拖动系统储存的动能 $\dfrac{1}{2} J \Omega_1^2$

在满足负载需要的前提下,尽量选择容量较小的电动机,转动惯量 J 的数值相应较小。对经常起、制动的异步电动机,可采用细长转子的异步电动机,或采用双电动机拖动,以减小拖动系统的转动惯量 J。适当地选择电动机的额定转速,即选择合适的速比也是有效的

办法。

2. 选择合理的起、制动方式

综上所述,起、制动过程中的能量损耗均与 Ω_1^2 成正比。因此,改变同步转速 Ω_1 的起动方法可以减少起动过渡过程的能量损耗。例如,由多极对数变少极对数的变极起动,由频率较低至频率较高的变频起动方法,都能减少起动过程的能量损耗。

此外,尽量采用能耗制动,尤其对频繁起、制动的异步电动机,采用反接制动,将使电动机发热厉害,严重的会烧毁电动机。

3. 合理地选择电动机参数

对于经常处于起、制动状态的电动机,应尽量选择转子电阻值较大的电动机。这样,便可使定子损耗降低,以降低过渡过程中的能量损耗。对笼型异步电动机,可选择转子电阻较大,即高转差率异步电动机。对绕线型异步电动机,可在转子回路中串入适当的附加电阻,既可增加电磁转矩,缩短过渡过程时间,又可减少过渡过程的能量损耗。

习题

5-1　三相异步电动机的电磁转矩表达式有哪几种?各自与哪些参数有关?分别有什么特点?

5-2　什么是三相异步电动机的机械特性?什么是它的固有机械特性?什么是它的人为机械特性?人为机械特性有哪几种?

5-3　怎样计算与绘制三相异步电动机的机械特性?

5-4　三相异步电动机的最大转矩 T_{max} 和临界转差率 s_m 分别与哪些参数有关?

5-5　三相异步电动机拖动额定负载运行时,若电源电压下降过多,会产生什么后果?

5-6　三相笼型异步电动机全压起动的条件是什么?

5-7　三相笼型异步电动机起动电流很大,而为什么起动转矩却不大?

5-8　三相绕线型异步电动机转子回路串电阻起动,为什么起动电流不大,而起动转矩却很大?

5-9　深槽型与双笼型异步电动机有什么特点?用于哪些场合?

5-10　三相异步电动机有哪几种制动方式?各种制动的条件是什么?转差率与能量关系怎样?

5-11　三相绕线型异步电动机拖动位能性恒转矩负载运行,在电动状态下提升重物,R_2 增大,n 增加还是减小?在转子反向的反接制动状态下下放重物时,R_2 增大,n 增加还是减小?

5-12　三相异步电动机拖动反抗性恒转矩负载运行,若 $|T_L|$ 较小,在采用反接制动停车时应注意什么问题?

5-13　三相绕线型异步电动机转子回路串入电抗器能否起调速作用?试分析为什么采用串入电阻而不采用串入电抗的调速方法?

5-14　三相异步电动机变极调速时,若相序不变,电动机转向将如何?

5-15　50 Hz 的三相异步电动机能否用 60 Hz 的电源?60 Hz 的电动机能否用 50 Hz 的电

源？为什么？

5-16　在变频调速时,电源电压 U_1 随频率 f_1 如何变化?

5-17　什么是串级调速? 其原理是什么? 三相绕线型异步电动机串级调速机械特性有何特点?

5-18　某三相绕线型异步电动机, $n_N = 980$ r/min, $K_M = 2.2$,原来 $T = T_N$,现分别求下述情况下的转速:

(1) $T = 0.8 T_N$;　　　　　(2) $U_1 = 0.8 U_N$;

(3) $f_1 = 0.8 f_N$;　　　　　(4) R_2 增加至 1.2 倍。

5-19　某三相异步电动机, $P_N = 100$ kW, $n_N = 725$ r/min, $K_M = 2.8$, $E_{2N} = 304$ V, $I_{2N} = 206$ A,

(1) 试绘制固有机械特性;

(2) 设负载转矩 $T_L = 0.8 T_N$,求转速 $n = 0.3 n_1$ 时,转子电路中的附加电阻。

5-20　一台三相绕线型异步电动机的技术数据为: $P_N = 280$ kW, $U_N = 380$ V, $I_{1N} = 36.2$ A, $n_N = 490$ r/min, $\eta_N = 90.5\%$, $\cos \varphi_N = 0.78$, $E_{2N} = 484$ V, $I_{2N} = 353$ A, $K_M = 2.35$。求:

(1) 用实用表达式绘制电动机的固有特性,并求出全压起动的起动转矩;

(2) 当起动转矩倍数 $K_{st} = 2$ 时,转子串接电阻的机械特性;

(3) 转子串接多大电阻才能使起动转矩最大?

5-21　一台三相笼型异步电动机的技术数据如下: $P_N = 320$ kW, $U_N = 6000$ V, $n_N = 740$ r/min, $I_N = 40$ A, $\cos \varphi_N = 0.83$, $K_I = 5.04$, $K_{st} = 1.93$, $K_M = 2.2$,定子 Y 接法。求:

(1) 全压起动时的起动电流与起动转矩;

(2) 若把起动电流限制在 160 A 时,起动转矩是多大?

5-22　一台三相笼型异步电动机的技术数据为: $P_N = 40$ kW, $U_N = 380$ V, $n_N = 2930$ r/min, $\eta_N = 90\%$, $\cos \varphi_N = 0.85$, $K_I = 5.5$, $K_{st} = 1.2$,定子绕组 △ 接法,供电变压器允许的起动电流为 150 A 时,能否在下列情况下用 Y-△ 起动方法起动:

(1) 负载转矩 $T_L = 0.25 T_N$;

(2) 负载转矩 $T_L = 0.4 T_N$。

5-23　某三相笼型异步电动机额定功率 $P_N = 40$ kW,额定电压 $U_N = 380$ V,额定电流 $I_{1N} = 75.1$ A,定子绕组 △ 接法,起动电流倍数 $K_I = 6.05$,起动转矩倍数 $K_{st} = 1.22$,拖动负载 $T_L = 0.35 T_N$ 起动。现要求将起动电流限制在 260 A 以下,请计算能否用:

(1) 定子串电抗起动;

(2) Y-△ 起动;

(3) 若负载转矩为 $T_L = 0.4 T_N$,上述方法中可采用哪种? 若采用抽头为 40% 的自耦变压器起动可行否?

5-24　一台三相绕线型异步电动机的数据为: $P_N = 44$ kW, $n_N = 1435$ r/min, $E_{2N} = 243$ V, $I_{2N} = 110$ A。设起动时负载转矩 $T_L = 0.8 T_N$,最大允许的起动转矩 $T_1 = 1.87 T_N$,起动切换转矩 $T_2 = T_N$,求起动电阻的级数及每级电阻值(机械特性视为线性)。

5-25　某三相绕线型异步电动机技术数据为: $P_N = 75$ kW, $n_N = 720$ r/min, $I_{1N} = 148$ A, $\eta_N = 90.5\%$, $\cos \varphi_N = 0.85$, $K_M = 2.6$, $E_{2N} = 213$ V, $I_{2N} = 220$ A(转子边 Y 接法)。

(1) 用实用表达式绘制电动机的固有机械特性;

(2) 用该电动机拖动位能性负载,如下放负载时要求转速 $n_N = 300$ r/min,负载转矩 $T_L = T_N$ 时转子每相应串接多大电阻?

(3) 电动机在额定状态下运转,为了停车采用反接制动,如要求制动转矩在起始时为 $2T_N$,求转子每相串接的电阻值。

5-26 一台三相四极绕线型异步电动机,$P_N = 40$ kW,$n_N = 1470$ r/min,$R_2 = 0.08$ Ω,$K_M = 2.6$,拖动位能性负载(考虑机械特性为线性)。

(1) 用该电机来提升重物,要求起动初瞬具有 $2T_N$ 的起动转矩,转子每相应串入多大电阻?

(2) 若起动电阻不切除,当负载转矩 $T_L = 0.8T_N$ 时,电机转速为多少? 若负载转矩不变(仍为 $0.8T_N$),要求电机进入倒拉反接制动状态,此时转子总电阻至少应大于什么数值?

(3) 负载转矩仍为 $0.8T_N$,电机在固有特性上利用回馈制动下放重物时,电机的转速为多少?

5-27 一桥式起重机主钩电动机为三相绕线型异步电动机,有关数据为:$P_N = 22$ kW,$n_N = 723$ r/min,$E_{2N} = 197$ V,$I_{2N} = 70.5$ A,$K_M = 3$,作用到电动机轴上的位能性负载转矩 $T_L = 100$ N·m,将机械特性线性化,求:

(1) 在固有机械特性上提升负载时,电动机的转速是多少?

(2) 在两相反接后的特性上利用回馈制动稳定下降负载时,电动机的转速是多少?

(3) 如果要使电动机以 800 r/min 的转速回馈制动下降负载,则转子内应串入多大的附加电阻?

5-28 习题 5-27 之电机,重物作用到电动机轴上的位能性负载转矩 $T_L = 100$ N·m,求(将机械特性线性化):

(1) 电动机以 758 r/min 的转速下降重物,转子每相应串入多大的附加电阻?(接线不改变)

(2) 当转子每相中串入附加电阻 $R_f = 119R_2$ 时,重物下降时电动机的转速是多少?

(3) 当转子每相接入附加电阻 $R_f = 49R_2$,电动机转速为多少? 重物上升还是下降?

5-29 习题 5-27 之电机,原向上提升重物 $T_L = 100$ N·m,现采用电源相序反接的反接制动,反接制动转矩不超过 $2T_N$,试求(将机械特性线性化):

(1) 反接制动时,转子应串入多大的附加电阻?

(2) 在拖动 $T_L = 100$ N·m 的位能性负载时,电动机一直串入这么大的附加电阻,最终电机将运转在什么状态? 电动机的转速为多少?

5-30 一台三相笼型异步电动机,$P_N = 75$ kW,$U_N = 380$ V,$n_N = 980$ r/min,$K_M = 2.15$,采用变频调速时,若调速范围为 1.46,计算:

(1) 最大静差率;

(2) 计算 f_1 为 40 Hz,30 Hz,$T = T_N$ 时的电动机的转速。

第 **6** 章 电力拖动系统中电动机容量的选择

6.1 概述

6.1.1 电机的发热与冷却

电机在运行过程中存在发热损耗,它将导致电机各部分温度的升高。为使电机温度不超过允许的限度,必须对电机进行冷却。发热和冷却是所有电机的共同问题,也是电动机容量选择所考虑的最基本因素和出发点。

此处,首先介绍电机的温升及温升限值的含义,随后研究电机的发热和冷却过程,这对电动机容量选择具有重要意义。

电机在能量转换过程中,某些零部件中会产生损耗,损耗的能量全部转化为热量,从而引起电机的发热。存在损耗的零部件是电机中的热源,热量的出现和积累引起这些零部件的温度升高。

温度过高会影响绝缘材料的性能,大大缩短它的寿命,严重时甚至可能将电机烧毁。所以对于不同的绝缘材料,有相应的最高允许工作温度。在此温度下长期工作时,绝缘材料的电性能、机械性能和化学性能不会显著变坏;如超过此温度,则绝缘材料性能将迅速变坏或加速老化。于是电机各部分因其结构材料的不同而有一个最高工作温度的限值。

电机零部件温度升高的同时,热量不断地从高温向低温部分转移,热流所及部分的温度也将升高。当电机的温度高于周围介质的温度时,就向冷却介质散出热量。电机某部分的温度 θ 与电机周围介质的温度 θ_0 之差,称为电机该部分的温升,用 τ 表示,即

$$\tau = \theta - \theta_0 \tag{6-1}$$

温升的单位采用开尔文(简称开),用符号 K 表示,从数值的大小来看,用 K 表示与用摄氏温度差℃表示是一样的。

电机温升的高低,同电机发热量的多少及散热的快慢有关。所以,温升是电机损耗与散热情况的量度,它是评价电机性能的一个指标。

电机某部分的温度 $\theta = \theta_0 + \tau$ 是受具体运行地点的冷却介质温度 θ_0 影响的。为了制造基本上能在全国各地适用的电机,国家标准 GB/T 755—2019《旋转电机 定额和性能》根据我国各地区气候的一般情况,将周围冷却空气的最高温度规定是为 $\theta_{0max} = +40℃$。

当周围冷却介质的最高温度一定时,电机各部分的最高温度决定于它们的温升。这时,为了保证电机的安全运行和具有适当寿命,电机各部分的温升不应超过一定数值,也就是说电机各部分的允许温升有一定的最大值,简称为温升限值。国家标准 GB/T 755—2019《旋转电机 定额和性能》规定了空气冷却电机各零部件从使用地点的环境空气温度起算的温升限值。

　　虽然电机是由许多物理性质不同的零部件组成,内部的发热和传热关系也很复杂,但实验证明,可以将它作为一个均质等温体来研究其发热和冷却过程。所谓均质等温体是指该物体各点温度都相同,而且表面各点散热能力也相同。

　　设在物体发热过程的某一瞬间,物体表面对周围介质的温升为 τ ,经过一微小时间 dt 后,温升增加 $d\tau$ 度。如果每单位时间内均质等温体中产生的热量为 Q ,则根据能量守恒定律可知:在 dt 时间内,物体产生的热量 Qdt ,应等于从表面散走的热量与提高物体本身温度所需的热量之和。

　　实验表明,在通常情况下,每单位时间从表面散到周围气体中的热量 Q_s ,与散热表面积 S 和表面对周围气体的温升 τ 成正比,即

$$Q_s = \lambda S \tau = A \tau \tag{6-2}$$

式中, λ 为表面散热系数,即当温升为 1 K 时,每单位时间内单位表面上通过对流和辐射而散走的热量,其值由散热表面的性质和周围气体的流动速度而定, $A = \lambda S$ 为物体散热系数。

　　于是, dt 时间内从表面散走的热量为 $A\tau dt$ 。若均质等温体的质量为 m ,比热容(每单位质量温度每升高 1 K 时所需的热量)为 c ,则温度升高 $d\tau$ 时物体所需的热量为 $cm\,d\tau$ 。所以

$$Qdt = A\tau dt + cm\,d\tau \tag{6-3}$$

将式(6-3)两边除以 dt ,得

$$Q = cm\frac{d\tau}{dt} + A\tau \tag{6-4}$$

　　当达到稳定温度状态时, $\dfrac{d\tau}{dt} = 0$,这时物体的温升达到了稳定值 τ_∞ ,由式(6-4)得稳定温升为

$$\tau_\infty = \frac{Q}{A} \tag{6-5}$$

求解式(6-4)可得

$$\tau = \frac{Q}{A}(1 - e^{-\frac{t}{T}}) + \tau_0 e^{-\frac{t}{T}} = \tau_\infty(1 - e^{-\frac{t}{T}}) + \tau_0 e^{-\frac{t}{T}} \tag{6-6}$$

式中, τ_0 为物体的初始温升,即当 $t = 0$ 时物体的温升; T 为温升增长的时间常数,亦称发热时间常数。

$$T = \frac{cm}{A} = \frac{C}{A} \tag{6-7}$$

式中, $C = cm$,称为物体的热容量。

　　如果物体从冷态开始发热,即 $t = 0$ 时, $\tau_0 = 0$,则式(6-6)简化为

$$\tau = \tau_\infty(1 - e^{-\frac{t}{T}}) \tag{6-8}$$

相应的发热温升曲线如图 6-1 所示。

　　式(6-6)也可以用于研究物体的冷却过程。假定物体受热到温升 τ_0 之后停止受热(即 $Q = 0$),即从 τ_0 开始温升下降,最后达到冷态,温升为零。因此只要令式(6-6)中的 $\tau_\infty = 0$,便得物体冷却时温升的变化规律为

$$\tau = \tau_0 e^{-\frac{t}{T}} \tag{6-9}$$

相应的冷却曲线如图 6-2 所示,它的时间常数与同一物体的发热时间常数相同。

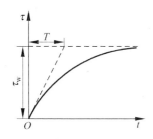

图 6-1　均质等温体的发热曲线

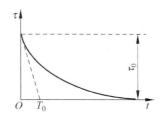

图 6-2　均质等温体的冷却曲线

上述分析表明,在均质等温体的发热(冷却)过程中,温升是按指数函数规律增长(下降)的。理论上要经过无限长时间才达到稳定温升状态。但实际上 $t=(4\sim5)T$ 时,可以认为温升已接近稳定值了。因为当 $t=4T$ 时,由式(6-8)得

$$\tau = 0.982\tau_\infty$$

如果温升曲线已知,物体的发热时间常数 T 可用作图法决定。对式(6-8)求导数,并令 $t=0$,则得

$$\left(\frac{\mathrm{d}\tau}{\mathrm{d}t}\right)_{t=0} = \frac{1}{T}\tau_\infty \tag{6-10}$$

可见过原点作温升曲线的切线便可求得时间常数 T,如图 6-1 和图 6-2 所示。

由式(6-10)和图 6-1 可看出发热时间常数 T 的物理意义为:如果温升以开始发热时的速度增长,则只要经过时间 T 便达到稳定温升。换句话说,当物体每秒钟产生的热量 Q 全部用来加热物体而没有任何散失时,则经过时间 T 便达到稳定温升对应的温度。此外,若将式(6-5)代入式(6-7),可得

$$T = \frac{C}{A} = \frac{C\tau_\infty}{Q} \tag{6-11}$$

上式便是上述物理意义的证明。

实际电机的发热和冷却情况较均质等温体复杂得多。但实验表明,电机的发热和冷却曲线与图 6-1 和图 6-2 所示曲线差别不大。因此在工程中,上述规律仍基本上适用于研究电机的发热和冷却。

由式(6-5)可见,电机的稳定温升由单位时间的发热量 Q、散热系数 A 所确定。因此要降低电机的温升可以从两方面采取措施:一方面是设法减少电机的损耗,以便减少损耗产生的热量;另一方面是提高电机的散热能力,改进冷却方法。

6.1.2　决定电动机容量的主要因素

电力拖动工程的实践证明,一个电力拖动系统能否经济、可靠地运行,正确选择电动机容量是一个非常重要的因素。如果电动机的容量选得过大,电动机得不到充分利用,经常处于轻载工况下,其运行效率必然低下。若是异步电动机,其功率因数也很低,这是不希望出现的。同时,电动机容量选择过大,也必然导致初期投资增大,造成不必要的浪费;反之,若电动机容量选得过小,由于电动机经常处于过载下运行,有可能使电动机过热而造成损坏,或使电动机绝缘提前老化而缩短电动机的使用寿命。

电动机的容量选择问题既然如此重要,那么究竟应该怎样来选择电动机呢?

首先,由于电动机的容量主要取决于电动机的发热与温升,如前所述,这与电动机运行时的损耗、电机的防护形式、冷却方式及绝缘材料等级等有关;另一方面,还与系统中负载的性质、负载所需转矩及功率的大小、运行时间的长短等有关。因此,电动机的容量选择是一项综合性很强的工作,必须从生产机械的工艺流程、负载转矩的性质、机械传动装置、电动机的工作环境以及经济性等方面进行综合考虑。

可以这样说,正确选择电动机的容量,就是在满足生产机械对电动机提出的功率、转矩、转速以及起动、调速、制动和过载等要求,使电动机在运行中能得到充分利用的前提下,使其温升不超过但接近国家标准的规定范围。也就是说,电动机容量的选择,首先就是校核电动机运行时的温升。若在某一拖动系统中,所选电动机拖动生产机械运行时,其温升不超过允许值,而是小于且接近该值,则所选电动机容量是合理的。

其次,由于在大多数情况下,拖动系统中电动机的负载是变化的,而且有时是冲击性的,这种冲击性负载可能对电动机的发热影响不大,但对电动机的过载能力则是一个考验,因此,在这种情况下,根据温升校核而确定的电动机容量,还必须核验电动机的过载能力。

最后,不少电动机还得带负载起动,有时起动后带负载运行的时间并不长,但起动次数频繁,这时还得校核其起动能力。

应该指出,一般情况下,发热温升是矛盾的主要方面。但有时过载能力和起动能力,可能成为决定电动机容量的主要因素。

综上所述,决定电动机容量主要的考虑因素如下:

(1) 电动机的发热与温升。

(2) 电动机的过载能力。

(3) 电动机的起动能力。

一般情况下,发热温升问题比较复杂,这个问题将在后述章节中详细讨论。而过载能力和起动能力的校验比较简单,下面先介绍之。

6.1.3 过载能力及起动能力的校验

校验电动机的过载能力可按下述条件判断

$$T_{max} < K_m T_N$$

式中,K_m 为电动机允许过载倍数;T_{max} 为电动机在工作中所承受的最大转矩。

(1) 对于异步电动机,K_m 主要取决于最大转矩倍数 K_M,其关系为

$$K_m = (0.8 \sim 0.85) K_M$$

式中,系数(0.8～0.85)为考虑电网电压下降10%左右时引起 T_{max} 及 K_m 下降的系数。

(2) 对于直流电动机,过载能力主要受换向所允许的最大电流值的限制。一般普通 Z_2 型及 Z 型直流电动机,在额定磁通下 K_m 可选为

$$K_m = 1.5 \sim 2$$

对于用于起重机、轧钢机和冶金辅助机械等专用直流电动机,如 ZZ、ZZY 型等,K_m 可取

$$K_m = 2.5 \sim 3$$

(3) 对于同步电动机,K_m 的值可与专用直流电动机的取值相同,即

$$K_m = 2.5 \sim 3$$

起动能力的校验可按其起动转矩是否大于起动时的负载转矩的条件判断,且仅限于起动能力较低的笼型异步电动机。对于绕线型异步电动机及直流电动机则不必校验,因其起动转矩的大小是可调的,在起动时可调至较大数值。

对于过载能力及起动能力经校验后不通过的,应另选相应能力较大的电机或另选功率较大的电机。

6.1.4　电动机的工作方式

如前所述,电动机的发热及温升不仅与负载的大小有关,还与带负载时间的长短有关。同样一台电机,工作时间的长短不同,它所能承担的负载就不同。

因此,为了使电动机能得到充分利用,电动机的生产厂家把电动机设计成三种工作制,即连续工作制、短时工作制及周期断续工作制。一般说来,设计为不同工作制的电机应与相应工作方式的负载相配合,才能充分发挥电动机容量的潜力。可见,应根据不同工作方式来考虑选择某种工作制电动机的容量。

为了更好地说明各种不同工作方式的电动机的容量选择问题,下面首先分别介绍三种工作方式及其温升的变化情况。

1. 连续工作方式

这种工作方式的电动机连续工作时间较长,其工作时间 t_g 远远大于其发热时间常数 T,达几小时甚至几昼夜,即 $t_g \gg (3\sim4)T$,故其温升可达稳定值。如通风机、水泵、造纸机及大型机床的主轴等生产机械专用电动机便是如此。此时,负载一般为常数,其简化的负载图及温升曲线如图 6-3 所示。

2. 短时工作方式

在这种工作方式下,电动机的工作时间 t_g 较短,即 $t_g < (3\sim4)T$,而停车时间 t_0 又相当长,即 $t_0 > (3\sim4)T$,电动机在停车后可以降到其环境温度,即 $\tau_w = 0$。属此类工作方式的负载有:机床的辅助运动机械及水闸闸门启闭机等。简化的功率负载图及温升曲线如图 6-4 所示。

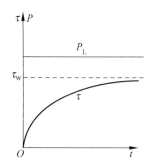

图 6-3　连续工作方式的负载图及温升曲线

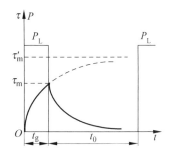

图 6-4　短时工作方式的负载图及温升曲线

图 6-4 中,P_L 是电机的负载功率,若带该负载长期运行,其温升曲线如虚线所示,稳定温升应该是 τ'_m。但由于是短时工作,其温升实际上只达到 τ_m 便开始下降,最终稳定后温升为零,即又回到环境温度。这种电机绝缘材料是按 τ_m 为允许最高温升来设计的,若带此负载 P_L 连续工作,由于 $\tau'_m > \tau_m$,显然电动机会由于温升大大超过允许值而烧坏。专门设计

为短时工作方式运行的标准短时工作制电动机,有 15 min、30 min、60 min 及 90 min 四种额定值,其工作时间分别为 15 min、30 min、60 min 及 90 min。

3. 周期性断续工作方式

在这种工作方式下,工作时间 t_g 与停车时间 t_0 轮流交替,两段时间都很短,即 $t_g <$ $(3\sim4)T$,$t_0 < (3\sim4)T$。在 t_g 期间,电机温升来不及达到稳定值,而 t_0 期间,温升又来不及降到 $\tau_w = 0$。这样,经过每一周期$(t_g + t_0)$温升会有所上升。最后,温升将在某一范围内上下波动。属于这一类工作方式的生产机械有起重机、电梯及轧钢辅助机械等,其负载图及温升曲线如图 6-5 所示。

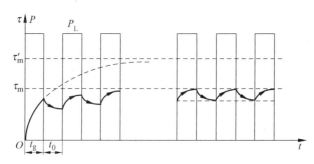

图 6-5 周期断续工作方式的负载图及温升曲线

显然,带 P_L 连续运行后的稳定温升 τ'_m 大于断续周期工作时的最高稳定温升 τ_m,因此若设计为断续周期工作制的电机在 P_L 负载下连续运行,电机也会过热甚至烧坏。

若改变工作时间 t_g 与停车时间 t_0 的比率,将会影响 τ_m 的大小,因此其比率是衡量电机运行的重要指标之一。这一指标定义为负载持续率(亦称为暂载率)ZC,即

$$ZC = \frac{t_g}{t_g + t_0} \times 100\%$$

它表明工作时间占周期时间的百分数。可见,若周期时间和负载功率不变,则 ZC 越大,τ_m 也将越大。换句话说,同一台电动机,ZC 越低,工作期间允许的负载功率就越大。

根据有关标准规定,标准周期时间$(t_g + t_0) < 10$ min,负载持续率分 15%、25%、40% 及 60% 四种标准值。为了适应各种需要,电机的生产厂家按照标准规定,专门为这种工作方式设计生产了这几种断续工作制的电动机。

6.2 连续工作方式下电动机容量的选择

连续工作方式的负载可以分两类:一类是常值负载;另一类是周期性变化负载。前者是电动机负载在运行期间保持不变,或基本不变;后者是负载的大小虽变化,但按某一规律周期性变化,且周而复始。下面分别就这两种情况讨论连续工作方式下电动机的容量选择问题。

6.2.1 连续常值负载下的电动机容量选择

所谓连续常值负载,即负载是连续运行的,且其大小 P_L 不变,或基本不变,分别如图 6-6(a)和(b)所示。

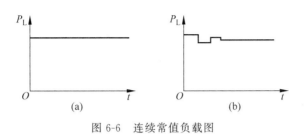

图 6-6　连续常值负载图

如前所述,在这种情况下一般应选连续工作制的电动机。连续工作制电机一般均按常值负载设计。该设计及出厂试验保证了电机在该额定功率下运行时,温升将不会超过允许值。因此,只要选择电动机容量 P_N 略大于或等于负载功率 P_L,就不必进行发热温升校验了。

此外,由于常值负载转矩是基本恒定的,且当 $P_L < P_N$ 时,必有 $T_L \ll T_{max}$,故也不必进行过载能力的校验了。

由此看来,在连续常值负载下选择电动机,首先是如何计算负载功率 P_L,然后是根据产品目录选取某一规格的电动机,令 $P_N > P_L$。其次,若遇到选用的是三相笼型异步电动机,则再校验其起动能力(直流电动机及绕线型三相异步电动机不必校验)。

所以在这种情况下,关键是求出常值负载的功率。下面介绍几种常用生产机械的功率计算方法。

(1) 直线运动机械

$$P_L = \frac{Fv}{\eta} \times 10^{-3} \text{ kW}$$

式中,F 为生产机械静阻力,单位为 N;v 为生产机械运动速度,单位为 m/s;η 为传动装置的效率,直接连接为 $0.95 \sim 1$,皮带传动为 0.9。

(2) 旋转运动的生产机械

$$P_L = \frac{Tn}{9.55\eta} \times 10^{-3} \text{ kW}$$

式中,T 为生产机械静阻转矩,单位为 N·m;n 为生产机械运动速度,单位为 r/min;η 为传动装置效率,取值同上。

(3) 泵类生产机械

$$P_L = \frac{V\gamma H}{\eta_b \eta} \times 10^{-3} \text{ kW}$$

式中,V 为液体的流量,单位为 m³/s;γ 为液体的比重,单位为 N/m³;H 为扬程,单位为 m;η_b 为泵的效率,低压泵:$\eta_b = 0.3 \sim 0.6$,高压泵:$\eta_b = 0.5 \sim 0.8$,活塞泵:$\eta_b = 0.8 \sim 0.9$;η 为传动装置的效率,取值同上。

(4) 鼓风机类生产机械

$$P_L = \frac{VP}{\eta_b \eta} \times 10^{-3} \text{ kW}$$

式中,V 为气体流量,单位为 m³/s;P 为鼓风机的单位压力,单位为 N/m²;η_b 为鼓风机的效率,大型鼓风机:$\eta_b = 0.5 \sim 0.8$,中型鼓风机:$\eta_b = 0.3 \sim 0.5$,小型鼓风机:$\eta_b = 0.2 \sim 0.35$;η 为传动装置的效率,取值同上。

最后应指出的是,由于电动机设计时是按40℃的标准环境温度考虑的,若选用的电机工作环境温度较40℃相差较远,应对其标定的额定功率进行修正,以利于电动机容量的充分利用。可按以下经验公式进行修正:

$$P = P_N \sqrt{1 + \frac{40 - \theta_0}{\tau_{wN}}(k+1)} \tag{6-12}$$

式(6-12)便是电动机的实际环境温度不同于标准环境温度时的电机功率修正公式。

式中,k为不变损耗与额定时的可变损耗之比,对于一定的电机来说,其值有一定的范围,例如,对于直流电动机,$k = 1 \sim 1.5$,对于笼型异步电动机,$k = 0.5 \sim 0.7$,其他电动机,可参阅有关资料;θ_0为实际环境温度;τ_{wN}为40℃标准环境温度时,电动机的稳定温升。

电动机额定稳定温升τ_{wN}依电机的绝缘材料而定。例如,对于E级绝缘,其最高允许温度$\theta_m = 120℃$,故在40℃环境下τ_{wN}应为80℃。

在工程实际中,有时并不按上式计算电动机功率的修正值,而是按表6-1粗略地估算。

表6-1 不同环境温度下电动机的功率修正系数

环境温度/℃	30	35	40	45	50	55
修正系数/%	+8	+5	0	-5	-12.5	-25

还应指出,电动机在高原空气稀薄地区工作时,以对流散热方式为主的电机,其散热条件将恶化。故国家标准规定,当电动机运行在海拔超过1000 m,但又低于4000 m的地区时,其最高允许温升应在1000 m的基础上每上升100 m按1%的降低率下降。

例6-1 某台电动机,其绝缘材料的允许最高温升$\tau_{wN} = 70℃$,额定时不变损耗为全部损耗的40%,可变损耗为60%,求当(1)环境温度为35℃;(2)环境温度为45℃两种情况下电动机功率的修正系数。

解:$k = \dfrac{p_0}{p_{CuN}} = \dfrac{0.4}{0.6} = 0.667$

当$\theta_0 = 35℃$时,$P = P_N \sqrt{1 + \dfrac{40 - \theta_0}{\tau_{wN}}(k+1)} = P_N \sqrt{1 + \dfrac{40-35}{70}(0.667+1)} = 1.058 P_N$

当$\theta_0 = 45℃$时,$P = P_N \sqrt{1 + \dfrac{40-45}{70}(0.667+1)} = 0.933 P_N$

可见,$\theta_0 = 35℃$时修正系数为5.8%,$\theta_0 = 45℃$时修正系数为-6.1%,与表6-1所列之值相接近。

例6-2 一台与电动机直接连接的离心式水泵,流量为90 m³/h,扬程为20 m,吸程为5 m,$n = 2900$ r/min,$\eta_B = 0.78$,$\theta_0 = 30℃$,$k = 0.6$,试选择电动机。

解:$P_L = \dfrac{V\gamma H}{\eta_b \eta} \times 10^{-3} = \dfrac{\dfrac{90}{3600} \times 9810 \times (20+5)}{0.78 \times 1} \times 10^{-3} = 7.86(kW)$

查Y系列两极电动机的有关产品目录,得以下数据:

Y132S2-2:$P_N = 7.5$ kW,$U_N = 380$ V,$I_N = 14.32$ A,$n_N = 2900$ r/min,E级绝缘

Y160M1-2:$P_N = 11$ kW,$U_N = 380$ V,$I_N = 21.24$ A,$n_N = 2910$ r/min,E级绝缘

据以上数据,若选Y160M1-2过大,选Y132S2-2稍小。

但考虑到 $\theta_0 = 30℃ < 40℃$，对电机 Y132S2-2 进行功率修正后得

$$P = P_N \sqrt{1 + \frac{40-30}{80} \times (0.6+1)} = 1.095 P_N = 1.095 \times 7.5$$

$$= 8.21 \, (\text{kW}) > 7.86 \, (\text{kW})$$

故最后选定 Y132S2-2。

6.2.2　连续周期性变化负载的电动机容量选择

所谓连续周期性变化负载，即负载是连续的，但其大小是周期变化的，如图 6-7 所示。

由于这种负载仍然属于连续工作方式，一般仍应从连续工作制的电动机中选择。只是现在负载功率是变化的，而设计为连续工作制的电动机又是按常值负载设计的。若选这种连续工作制的电动机，究竟取何时的负载值 P_L 为依据好呢？若取一个周期内的最大值 P_{L1}，显然造成电动机容量的浪费，从整体温升发热来讲选大了；若取最小值 P_{L2}，又会使整体温升发热超过允许值；若取一个周期内的平均值，即 $(P_{L1} + P_{L2} + P_{L3} + P_{L4})/4$，也没有道理。因为一周内的平均

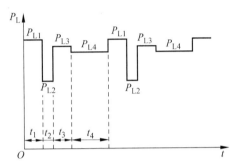

图 6-7　连续周期变化负载图

温升不仅取决于各负载值的大小，还取决于它们各自持续的时间。如果把持续时间考虑进去，取 $(P_{L1}t_1 + P_{L2}t_2 + P_{L3}t_3 + P_{L4}t_4)/(t_1 + t_2 + t_3 + t_4)$，也只能反映平均温升的水平。而要校验温升是否通过，要看最高温升 τ_m 是否小于允许值。因此，在这种情况下就只好进行温升校验了。而要进行温升校验，就要求出温升变化曲线，这又需事先知道电机的发热时间常数 T。电机发热时间常数等于电机的热容量 C 与电机的散热系数 A 之比，即 $T = C/A$。而要知道这一切，就得事先确定电动机，根据具体的电机，才能确定具体的参数。因此，要进行温升校验，只好先粗略预选一台电机，在分析出各段温升变化情况后，找出最高温升 τ_m。若它小于额定允许温升 τ_{wN}，则表明温升校核过关；否则，选大一号电机再试。若 τ_{wN} 过大，就选小一号电机再试，如此反复凑试。

1. 带周期变化的连续负载的电动机容量选择的一般步骤

综上所述，选择带周期变化的连续负载的电动机容量的一般步骤可归纳如下。

（1）计算并绘制生产机械负载图 $P_L = f(t)$ 或 $T_L = f(t)$；

（2）求出平均负载功率 P_{Ld}

$$P_{Ld} = \frac{P_{L1}t_1 + P_{L2}t_2 + P_{L3}t_3 + \cdots + P_{Ln}t_n}{t_1 + t_2 + t_3 + \cdots + t_n} = \frac{\sum P_{Li}t_i}{\sum t_i}$$

（3）按 $P_N = (1.1 \sim 1.6) P_{Ld}$ 预选电动机。其中系数的取值大小视变化负载的具体情况而定。一般若大负载运行时间长，取上限；反之，取下限；

（4）计算温升变化曲线，求出最高温升 τ_m；

（5）按 τ_m 是否略小于 τ_{wN} 校验所选电动机的温升；

（6）校验所选电动机的过载能力；

（7）必要时进行起动能力校验。

若(5)(6)(7)三项中有一项未通过，须重选电机，直至每项都通过为止。

应该指出的是，上述7个步骤，并非每次都得逐一进行，可视不同情况合并或简化。

以上7个步骤中，最关键的是求出最高温升 τ_m，也就是说要进行温升计算。而要真正算准温升是不容易的，故工程上几乎都采用间接计算法。有一种间接计算法叫平均损耗法，用一个周期内的平均损耗的大小来间接衡量温升的高低。

2. 温升的间接计算法——平均损耗法

图6-8表示一连续周期性变化负载。由于温升直接与电动机的损耗 Δp 有关，故图中已用 Δp 的变化来代表负载功率的变化，即已变成了损耗变化曲线 $\Delta p = f(t)$ 及温升曲线 $\tau = f(t)$。图6-8中

$$t_Z = \sum_{1}^{n} t_i = t_1 + t_2 + t_3 + t_4$$

为负载变化周期。若 t_Z 较小，$t_Z < 10\ \text{min}$，而电机的发热时间常数 T 又较大，当 $T \gg t_Z$ 时，稳定后温升波动不会很大，可以用图中所示的温升最大值 τ_{max} 与最小值 τ_{min} 之间的平均值 τ_d 来代替 τ_{max}。当 $\tau_d < \tau_{wN}$ 时，即认为温升校验通过了。

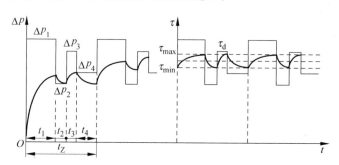

图6-8　连续周期变化负载下电动机的损耗及温升曲线

下面计算 τ_d。已知电机内的热平衡方程为

$$Q\mathrm{d}t = C\mathrm{d}\tau + A\tau\mathrm{d}t$$

式中，Q 为电机在单位时间内发热量，单位是 J/s；$Q\mathrm{d}t$ 为 $\mathrm{d}t$ 时间内的发热量；$C\mathrm{d}\tau$ 为 $\mathrm{d}\tau$ 温升电机的吸热量；$A\tau\mathrm{d}t$ 为 $\mathrm{d}t$ 时间内的散热量。

对方程两边取积分，得

$$\int_0^{t_Z} Q\mathrm{d}t = \int_{\tau_Q}^{\tau_Z} C\mathrm{d}\tau + \int_0^{t_Z} A\tau\mathrm{d}t$$

式中，τ_Q 及 τ_Z 为每一周期内温升的起始值及终了值。当温升稳定后，$\tau_Q = \tau_Z$，这样上式变成

$$\int_0^{t_Z} Q\mathrm{d}t = \int_0^{t_Z} A\tau\mathrm{d}t$$

从上式可以看出，温升稳定后，散热量就等于发热量。

上式两边同除以 t_Z，得

$$\frac{1}{t_Z}\int_0^{t_Z} Q\mathrm{d}t = A \cdot \frac{1}{t_Z}\int_0^{t_Z} \tau\mathrm{d}t$$

$$Q_d = A\tau_d$$

式中，$Q_d = \dfrac{1}{t_Z} \displaystyle\int_0^{t_Z} Q \mathrm{d}t$ 为一个周期内的平均发热量；$\tau_d = \dfrac{1}{t_Z} \displaystyle\int_0^{t_Z} \tau \mathrm{d}t$ 为一个周期内的平均温升。

而

$$Q_N = A\tau_{wN}$$

故只要 $Q_d < Q_N$，就有 $\tau_d < \tau_{wN}$。如上所述，即认为温升校验通过。

因有 $Q = 0.24\Delta p$（0.24 为功热当量），因此，又可用 $\Delta p_d < \Delta p_N$ 来代替 $Q_d < Q_N$，作为衡量温升是否通过的判据。由于其中 $\Delta p_d = \dfrac{1}{t_Z} \displaystyle\int_0^{t_Z} \Delta p \mathrm{d}t$ 为一个周期内的平均损耗，故该方法就称为平均损耗法。运用该方法校验电机的温升是否通过，只需看其温升稳定后，在一个周期内的平均损耗是否小于额定温升时的损耗。

对于如图 6-8 所示的电机损耗曲线，Δp_d 的积分形式又可写成

$$\Delta p_d = \frac{\displaystyle\sum_1^n \Delta p_i t_i}{\displaystyle\sum_1^n t_i} = \frac{1}{t_Z} \sum_1^n \Delta p_i t_i \tag{6-13}$$

显然，该方法只适用于 $t_Z < 10\ \text{min} \ll T$ 的运行条件。此外，由于在分析中是就一般情况出发，没有作任何形式的假定，故该方法适用于各种形式的电机。

可以看出，采用该方法虽比进行温升计算求取最大温升 τ_m 的方法要方便得多。但由于要得到电机运行时间内的损耗变化曲线 $\Delta p = f(t)$，而要绘制这条曲线是不怎么容易的。为了应用上的方便，往往作等效变换，将平均损耗变换成为工程上易于求取的物理量，这就是所谓等效法。

3. 平均损耗的等效法

等效法由于在不同条件下，对 Δp 的等效方式不同而得出不同的等效物理量，因此分为等效电流法、等效转矩法及等效功率法三种。下面逐一介绍。

1）等效电流法

由于电机的铜损耗与电流的平方成正比，因此电机的损耗可写成：

$$\Delta p = p_0 + p_{Cu} = p_0 + CI^2$$

式中，C 为比例常数，它由绕组的电阻及电路构成形式决定。

将上式代入式(6-13)，得

$$\Delta p_d = \frac{1}{t_Z} \sum_{i=1}^n (p_0 + CI_i^2) = p_0 + C \frac{1}{t_Z} \sum_{i=1}^n I_i^2 t_i$$

在满足平均损耗相同的条件下，用不变的等效电流 I_{eq} 来代替变化的电流 I，则

$$\Delta p_d = p_0 + CI_{eq}^2$$

比较以上两式，得

$$I_{eq} = \sqrt{\frac{1}{t_Z} \sum_{i=1}^n I_i^2 t_i} \tag{6-14}$$

因此，进行电流等效后，只要绘出电机运行时电流变化曲线 $I = f(t)$，并按式(6-14)计算出等效电流 I_{eq}，便可校验电动机温升。若 $I_{eq} < I_N$ 则温升校验通过，否则另选电机重验。

运用该方法时，除应满足平均损耗法要求的 $t_Z < 10\ \text{min} \ll T$ 的条件外，还应满足以下两个

条件:

(1) 空载损耗 p_0 不随时间变化。

(2) 绕组电阻不随时间变化,即系数 C 应为常数。由于这个条件限制,有些电机,比如深槽式或双笼型异步电动机,在经常起、制动及反转时,电阻并不是常值,故不能用等效电流法,只能采用平均损耗法。

2) 等效转矩法

在大多数情况下,已知的并不是负载电流图,而是转矩图。这时,若电机的转矩与电流成正比(如直流电机中磁通恒定、异步电机中磁通与转子侧功率因数乘积恒定等)时,可以用转矩代替电流,即

$$T_{eq} = \sqrt{\frac{1}{t_z} \sum_{i=1}^{n} T_i^2 t_i} \tag{6-15}$$

这就是等效转矩法。这时只要能绘制出电动机的转矩图 $T = f(t)$,根据式(6-15)便可求出等效转矩 T_{eq}。若 $T_{eq} < T_N$,温升校验通过。

该方法应满足的条件除等效电流法应满足的三个条件外,还应加上转矩与电流成正比这一条件。由于这一条件的限制,串励直流电动机,起、制动频繁的笼型电动机及直流电动机在弱磁调速运行阶段,异步电动机在极轻载下运行等情况,等效转矩法都不适用。在这种情况下,原则上都应采用等效电流法。

不过为了实用上的简便,在某些情况下,若采取一些修正措施,上述方法仍然适用,而不必都采用等效电流法。例如,在直流电动机运行过程中,若仅一段采用了弱磁调速,其他运行段仍是额定磁通,这时只要对该段转矩进行修正,而后将修正后能反映电机发热的转矩代入式(6-15)进行温升校验。

转矩进行修正的方法如下。

设 Φ_N 为额定磁通,Φ 为减弱后的磁通。由于在 $T = T_i$ 的弱磁段,磁通已由 Φ_N 变为 Φ,为了产生转矩 T_i,电枢电流应为额定磁通时电流的 Φ_N/Φ 倍。根据等效转矩法中转矩与电流成正比的原则,则修正后转矩 T_i' 也应为修正前 T_i 的 Φ_N/Φ 倍,即

$$T_i' = T_i \frac{\Phi_N}{\Phi} \tag{6-16}$$

上式便是用磁通进行转矩修正的公式。

若直流电动机弱磁时,其电枢电压保持不变,则有

$$U \approx E_{aN} = C_e \Phi_N n_N$$
$$U \approx E_a = C_e \Phi n$$

式中,n 为弱磁时的转速。

因此得

$$C_e \Phi_N n_N = C_e \Phi n$$
$$\frac{\Phi_N}{\Phi} = \frac{n}{n_N}$$

将上式代入式(6-16)得

$$T_i' = T_i \frac{n}{n_N}$$

这便是用转速进行转矩修正的公式。

3）等效功率法

等效功率法是指当转速 n 基本不变时，由于功率正比于转矩，因此由式（6-15）表示的等效转矩法便可写成功率的形式

$$P_{eq} = \sqrt{\frac{1}{t_Z} \sum_{i=1}^{n} P_i^2 t_i} \tag{6-17}$$

当 $P_{eq} < P_N$ 时，温升校验通过。

显然，等效功率法应满足的条件除了等效转矩法应满足的四个条件外，还应加上转速 n 基本不变这一条件。由于这一条件的限制，等效功率法应用的场合更少了，电动机起、制动，直流电动机降低电压调速等情况下转速都不是维持不变的，都不符合该条件，原则上都不能运用该方法，除非用转速进行功率修正。

功率修正方法与转矩修正方法类似，因此不难推得。在磁通不变，即 $\Phi = \Phi_N$ 时功率修正的公式为

$$P_i' = P_i \frac{n_N}{n} \tag{6-18}$$

式中，P_i' 为修正后的功率，n 为变化后的转速。

以上介绍的平均损耗法、等效电流法、等效转矩法及等效功率法均为间接校验温升的实用方法。将前面归纳的连续周期变化负载的电动机容量选择的一般步骤，与该实用方法结合起来，前述 1 中步骤（4）（5）两项在工程实际中是如下进行的：

（4）根据具体情况及可能条件，作出电动机的负载图 $\Delta p = f(t)$ 或 $I = f(t)$ 或 $T = f(t)$ 或 $P = f(t)$。

（5）根据作出的负载图，采用相应的方法校验温升。

4. 有起、制动及停车过程时校验温升公式的修正

有时，一个周期内的变化负载包括起动、制动及停车等过程，在这些情况下，如若电动机采用的是自扇的冷却方式，显然其散热条件已恶化，实际温升将会提高。在直接计算温升时，可以通过取不同的发热时间常数的办法来解决。但平均损耗法及等效法均是间接计算法，必须采用别的间接方法来加以修正。这时，往往把平均损耗或等效电流、等效转矩或等效功率的值放大一点来反映散热条件变化对温升的影响。具体说，就是把式（6-13）～式（6-15）及式（6-17）中的分母 t_Z 取得比实际数值小些，使 Δp_d、I_{eq}、T_{eq}、P_{eq} 的计算值变得大一些。计算时，在对应的起、制动时间上乘以一个系数 α，在停车时间上乘以一个系数 β，α、β 均是小于 1 的数。

对于直流电动机，取 $\alpha = 0.75$，$\beta = 0.5$；
对异步电动机，可取 $\alpha = 0.5$，$\beta = 0.25$。

显然，在他扇冷式电机中就没有这个修正问题，此时认为 $\alpha = \beta = 1$。

图 6-9 为某一负载转矩图。图中，t_1、t_2、t_3、t_4 分别为起动、稳定运行、制动及停车时间，T_1、T_2、T_3 分别为起动、稳定运行、制动过程中的转矩。图 6-9 中还给出了 $n = f(t)$

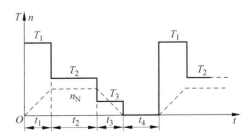

图 6-9　有起、制动及停车时间的变化负载转矩图

的曲线,如虚线所示。此时,可将等效转矩法中的公式(6-15)做如下修正:

$$T_{eq} = \sqrt{\frac{T_1^2 t_1 + T_2^2 t_2 + T_3^2 t_3}{\alpha t_1 + t_2 + \alpha t_3 + \beta t_4}}$$

5. 非恒值线段的等效求值法

如前所述,等效法中用以计算的等效电流、等效转矩及等效功率的公式(6-14)、式(6-15)及式(6-17)仅适用于如图 6-8 所示的负载呈矩形变化的负载图。在这种负载图中,尽管负载是周期变化的,但在一个周期内的几个时间段内每一时间段上的变量(如 Δp、I、T 及 P)均为恒值,这样,变量的变化图形均呈矩形形状。但是,实际的负载图多数是不规则的,如图 6-10 的曲线所示。

如果该曲线的变化规律特定,其函数表达可以写出,当然可运用式(6-14)、式(6-15)及式(6-17)的积分形式的通式

$$F_{eq} = \sqrt{\frac{\int_0^{\sum t} f^2(t)\,dt}{\sum t}} \tag{6-19}$$

来求变量的等效值 F_{eq}。但是实际上很多曲线是难以解析化的,故通常"以直带曲",将它简化为许多折线,如图 6-10 中的折线所示。这样看来,在实际负载图中,除了有像 t_2、t_3 及 t_5 区间这样的呈矩形的恒值线段外,还有像 t_1 区间那样的呈三角形及 t_4 区间那样呈梯形的非恒值线段。

对于恒值线段,可直接由式(6-14)、式(6-15)及式(6-17)进行计算。对于三角形或梯形这样的非恒值线段,则必须在某段内求取其等效值 F_{eqi}(即将非恒值线段的三角形及梯形线段等效为以 F_{eqi} 为高度的恒值矩形线段),然后方可运用以上三式求解。

现推导求取非恒值线段等效值的计算公式。由于三角形可以看成梯形的特例(即三角形是一个底边边长为零的梯形),故从分析梯形线段的等效值入手。

设某一变量 $f(t)$(该变量可以是 $\Delta p(t)$、$T(t)$ 或 $P(t)$ 三者中的任一个)在第 i 段内呈梯形变化,其上下两底分别为 F_{i-1} 及 F_i(如图 6-10 中的 F_{III} 及 F_{IV}),该段时间为 $t_i - t_{i-1}$(在图 6-10 中 $t_{IV} - t_{III}$)。由于在从 t_{i-1} 到 t_i 的梯形线段内有

$$f(t) = F_{i-1} + \frac{F_i - F_{i-1}}{t_i - t_{i-1}} t$$

代入式(6-19),得

$$F_{eq} = \sqrt{\frac{1}{t_i - t_{i-1}} \int_0^{t_i - t_{i-1}} \left(F_{i-1} + \frac{F_i - F_{i-1}}{t_i - t_{i-1}} t \right)^2 dt}$$

积分后简化得梯形线段相当于矩形线段的等效值为

$$F_{eq}(T) = \sqrt{\frac{1}{3}(F_{i-1}^2 + F_{i-1} F_i + F_i^2)} \tag{6-20}$$

运用到图 6-10 中的梯形线段,得

$$F_{eq}(T) = \sqrt{\frac{1}{3}(F_{III}^2 + F_{III} F_{IV} + F_{IV}^2)}$$

若将式(6-20)中的 F_{i-1} 以零置换,便得到三角形线段的等效值,即

$$F_{eq}(\Delta) = \sqrt{\frac{1}{3} F_i^2} = \frac{1}{\sqrt{3}} F_i \tag{6-21}$$

运行到图 6-10 中的三角形线段,得

$$F_{eq}(\Delta) = \frac{1}{\sqrt{3}} F_I$$

例 6-3　一台他励直流电动机的数据为 $P_N = 5.6 \text{ kW}, U_N = 220 \text{ V}, I_N = 31 \text{ A}, n_N = 1000 \text{ r/min}$,一个周期内的负载如图 6-11 所示。其中第 1、4 段为起动,第 3、6 段为制动,起、制动各段及第 2 段的电动机励磁均为额定值 Φ_N,而第 5 段的电动机励磁变为额定值的 75%,该电机为自扇式,试校验发热。

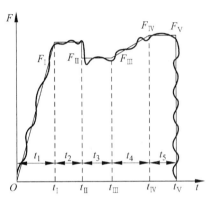

图 6-10　非恒值变量负载图的简化

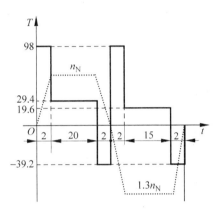

图 6-11　例 6-3 图

解:因 $t_Z = 43 \text{ s} < 10 \text{ min} \ll T$,故可用等效法。据如图 6-11 所示的已知条件可知,应采用等效转矩法。

$$T_5' = \frac{\Phi_N}{\Phi} T_5 = \frac{1}{0.75} \times T_5 = 1.33 \times 19.6 = 26.07 (\text{N} \cdot \text{m})$$

取 $\alpha = 0.75, \beta = 0.5$,则

$$\begin{aligned}
T_{eq} &= \sqrt{\frac{T_1^2 t_1 + T_2^2 t_2 + T_3^2 t_3 + T_4^2 t_4 + T_5^2 t_5 + T_6^2 t_6}{\alpha(t_1 + t_3 + t_4 + t_6) + t_2 + t_5}} \\
&= \sqrt{\frac{98^2 \times 2 + 29.4^2 \times 20 + 39.2^2 \times 2 + 98^2 \times 2 + 26.07^2 \times 15 + 39.2^2 \times 2}{0.75(2 + 2 + 2 + 2) + 20 + 15}} \\
&= 41.8 (\text{N} \cdot \text{m})
\end{aligned}$$

$$T_N = 9550 P_N / n_N = 9550 \times \frac{5.6}{1000} = 53.48 (\text{N} \cdot \text{m})$$

因 $T_{eq} < T_N$,故温升校验通过。

因 $T_{max} / T_N = 98/53.48 = 1.83 < 2$,在 K_m 的取值范围(1.5~2)之内,故过载能力也通过。因为是直流电动机,不必进行起动能力校验,故所有校验通过,该电动机可采用。

例 6-4　如图 6-12 所示,有一具有平衡尾绳的矿井卷扬机,电动机 1 直接与摩擦轮 2 连接,当它们旋转时,靠摩擦带动钢绳 4 和运载矿石车的罐笼 5,尾绳 6 系在左右两罐笼下面,以平衡罐笼上面一段钢绳的重量,已知数据如下:

井深 $H = 915 \text{ m}$;

运载重量 $G_1 = 58\ 800 \text{ N}$;

空罐笼重量 $G_3 = 77\ 150 \text{ N}$;

钢绳每米重 $g_4 = 106$ N/m；

罐笼与导轨的摩擦阻力使负载增大20%；

摩擦轮2的直径 $d_1 = 6.44$ mm；

导轮3的直径 $d_2 = 5$ m；

额定提升速度 $v_N = 16$ m/s；

提升加速度 $a_1 = 0.89$ m/s²；

减速度 $a_3 = 1$ m/s²；

摩擦轮飞轮矩 $GD_1^2 = 2\,730\,000$ N·m²；

导轮飞轮矩 $GD_2^2 = 584\,000$ N·m²；

工作周期 $t_Z = 89.2$ s；

钢绳及平衡绳总长度 $L = (2H + 90)$ m。

试选择电动机的容量。

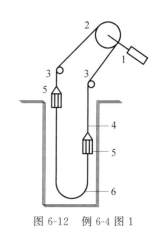

图 6-12 例 6-4 图 1

解：(1) 计算负载功率

由于两个罐笼和钢绳的重量都相互平衡，计算负载功率时，只须考虑运载的重量和摩擦力即可，所以负载力为

$$G = (1 + 20\%)G_1 = 1.2 \times 58\,800 = 70\,560 \text{(N)}$$

负载功率

$$P_L = \frac{Gv_N}{1000} = \frac{70\,560 \times 16}{1000} = 1129 \text{(kW)}$$

(2) 预选电动机

取额定功率

$$P_N = 1.2P_L = 1.2 \times 1129 = 1355 \text{(kW)}$$

由于电动机容量过大，为了减少总惯量，工程实践中常采用双电动机拖动，故选用两台 $P_N = 700$ kW，$n_N = 47.5$ r/min，飞轮矩 $GD^2 = 1\,065\,000$ N·m² 的电动机，则电动机的总飞轮矩 $GD_d^2 = 2 \times 1\,065\,000 = 2\,130\,000$ N·m²，提升速度 $v_N = \pi d_1 \frac{n_N}{60} = \pi \times 6.44 \times 47.5/60 = 16.02$ (m/s)，符合需要。

(3) 计算电动机负载图

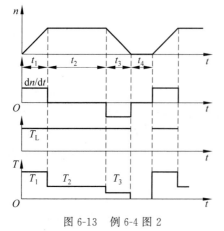

图 6-13 例 6-4 图 2

卷扬机电动机的负载图如图 6-13 所示，图中 $n = f(t)$ 是转速曲线，t_1 是起动时间，t_2 是恒速提升时间，t_3 是制动时间，t_4 是停车卸载及装载时间。在起动时间里，$dn/dt > 0$，电动机转矩 $T_1 > T_L$，在制动时间里，$dn/dt < 0$，$T_3 < T_L$，在恒转速运行阶段，$T_2 = T_L$。因此，先计算 T_L，再计算加速和减速的 dn/dt，即可求出电动机转矩图 $T = f(t)$。

负载转矩

$$T_L = 1.2G_1 \cdot \frac{d_1}{2}$$

$$= 1.2 \times 58\,800 \times \frac{6.44}{2}$$

$$= 227\,203 \text{(N·m)}$$

动态转矩为 $\dfrac{GD^2}{375}\dfrac{\mathrm{d}n}{\mathrm{d}t}$，其中 GD^2 是转动部分的总飞轮矩，包括旋转运动部分的飞轮矩 GD_x^2 和直线运动部分的飞轮矩 GD_Z^2。

折算到电机轴上的旋转部分飞轮矩为

$$GD_x^2 = GD_d^2 + GD_1^2 + 2GD_2^2\frac{n_2^2}{n_1^2}$$

$$= 2\,130\,000 + 2\,730\,000 + 2 \times 584\,000 \times \left(\frac{6.44}{5}\right)^2$$

$$= 6\,797\,647(\mathrm{N}\cdot\mathrm{m}^2)$$

直线运动部分总重量

$$G_Z = G_1 + 2G_3 + g_4(2H + 90)$$

$$= 58\,800 + 2 \times 77\,150 + 106 \times (2 \times 915 + 90)$$

$$= 416\,620(\mathrm{N})$$

值得注意的是：计算飞轮矩时，互相平衡部分的惯性并不会相互抵消，因而应逐项相加。同时，导轨上的摩擦力不应计入运动惯量。

直线运动部分飞轮矩为

$$GD_Z^2 = \frac{365 G_Z v_N^2}{n_N^2} = \frac{365 \times 416\,620 \times 16^2}{47.5} = 17\,250\,000(\mathrm{N}\cdot\mathrm{m}^2)$$

因此，总飞轮矩

$$GD^2 = GD_x^2 + GD_Z^2 = 6\,797\,647 + 17\,250\,000 = 24\,047\,647(\mathrm{N}\cdot\mathrm{m}^2)$$

加速转矩

$$T_{a1} = \frac{GD^2}{375}\left(\frac{\mathrm{d}n}{\mathrm{d}t}\right)_1 = \frac{GD^2}{375}a_1\frac{60}{\pi d_1} = \frac{24\,047\,647}{375} \times 0.89 \times \frac{60}{\pi \times 6.44}$$

$$= 169\,257(\mathrm{N}\cdot\mathrm{m})$$

减速转矩

$$T_{a3} = \frac{GD^2}{375}\left(\frac{\mathrm{d}n}{\mathrm{d}t}\right)_3 = \frac{GD^2}{375}a_3\frac{60}{\pi d_1} = \frac{24\,047\,647}{375} \times 1 \times \frac{60}{\pi \times 6.44}$$

$$= 190\,176(\mathrm{N}\cdot\mathrm{m})$$

负载图上各段转矩为

$$T_1 = T_L + T_{a1} = 227\,203 + 169\,257 = 396\,460(\mathrm{N}\cdot\mathrm{m})$$

$$T_2 = T_L = 227\,203(\mathrm{N}\cdot\mathrm{m})$$

$$T_3 = T_L - T_{a3} = 227\,203 - 190\,176 = 37\,027(\mathrm{N}\cdot\mathrm{m})$$

各段时间为

$$t_1 = \frac{v_N}{a_1} = \frac{16}{0.89} = 18(\mathrm{s})$$

$$t_3 = \frac{v_N}{a_3} = \frac{16}{1} = 16(\mathrm{s})$$

$$t_2 = \frac{h_2}{v_2} = \frac{H - h_1 - h_3}{v_N} = \frac{H - \frac{1}{2}a_1 t_1^2 - \frac{1}{2}a_3 t_3^2}{v_N}$$

$$=\frac{915-\frac{1}{2}\times0.89\times18^2-\frac{1}{2}\times1\times16^2}{16}=40.2(\mathrm{s})$$

$$t_4=t_Z-t_1-t_2-t_3=89.2-18-40.2-16=15(\mathrm{s})$$

根据以上数据绘出电动机负载图如图 6-14 所示。

(4) 温升校验

等效转矩

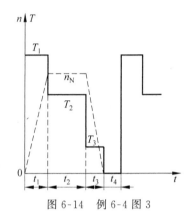

$$T_{eq}=\sqrt{\frac{T_1^2 t_1+T_2^2 t_2+T_3^2 t_3}{\alpha t_1+t_2+\alpha t_3+\beta t_4}}$$

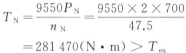

$$=\sqrt{\frac{396\,460^2\times18+227\,203^2\times40.2+37\,027^2\times16}{0.75\times18+40.2+0.75\times16+0.5\times15}}$$

$$=259\,422(\mathrm{N\cdot m})$$

电动机额定转矩

$$T_N=\frac{9550P_N}{n_N}=\frac{9550\times2\times700}{47.5}$$

$$=281\,470(\mathrm{N\cdot m})>T_{eq}$$

图 6-14 例 6-4 图 3

因此所选电动机温升通过。

(5) 考虑电动机过载能力为 $1.5T_N$，负载图 6-14 中最大转矩

$$T_1=396\,460\ \mathrm{N\cdot m}=\frac{396\,460}{281\,470}T_N=1.41T_N<1.5T_N$$

所以过载能力校验通过。

由于矿井卷扬机所用的电动机通常不是普通的笼型异步电动机，而是矿井卷扬机专用电动机，故不必进行起动能力的校验。

由(4)(5)两项计算可以看出，温升及过载能力既能通过，又没有因过大的余量而造成浪费。因此，所选电动机是合适的。

6.3 短时工作方式下电动机容量的选择

对于短时工作方式，一般宜选用专门为其设计的短时工作制电机。但在条件不具备的情况下，也可选用设计为连续工作制的电机。现将这两种情况下的选择问题分述如下。

6.3.1 短时工作方式下连续工作制电动机的容量选择

图 6-15 表示一短时工作方式的负载图，P_L 为短时负载功率，t_g 为其持续时间。这时，若选 $P_N>P_L$，由于选择的是设计为连续工作制的电机，因此，当 $t=t_g$ 时，温升只能达到 τ_g'，而达不到稳定后的最高温升 τ_{max}，如图 6-15 中曲线 1 所示。从发热的观点看，这时电机没有得到充分利用。为此，当选用连续工作制电动机时，应使 $P_N<P_L$，在工作时间 t_g 内，电动机过载运行，温升按曲线 2 上升。若 P_N 选择得当，使得到 $t=t_g$ 时，达到的温升 τ_g 刚好等于稳定温升 τ_w，也即等于绝缘允许的最高温升 τ_{max}，即 $\tau_g=\tau_w=\tau_{max}$，这样对电动机容量的利用来说就恰到好处了。

那么，P_N 在小于 P_L 范围内，取多大的值才能达到上述假定的结果呢？这正是需要讨

论的问题,这里要用到温升曲线表达式,即

$$\tau = \tau_w (1 - e^{-\frac{1}{T}}) = \frac{0.24\Delta p}{A}(1 - e^{-\frac{1}{T}})$$

式中,$\tau_w = 0.24\Delta p / A$ 为稳定温升。

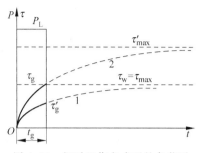

图 6-15　短时工作方式下的负载图及温升曲线

现在假设带额定负载(即 $P = P_N$,$\Delta p = \Delta p_N$)时达到稳定温升 τ_w,故

$$\tau_w = \frac{0.24\Delta p_N}{A}$$

同理,带短时负载 P_L(即 $P = P_L$,$\Delta p = \Delta p_L$),当 $t = t_g$ 时,短时工作温升 τ_g 为

$$\tau_g = \frac{0.24\Delta p_L}{A}(1 - e^{-\frac{1}{T}})$$

现已设 $\tau_g = \tau_w$,由以上两式,得

$$\frac{0.24\Delta p_N}{A} = \frac{0.24\Delta p_L}{A}(1 - e^{-\frac{1}{T}})$$

$$\Delta p_N = \Delta p_L(1 - e^{-\frac{1}{T}}) \tag{6-22}$$

又由于

$$\Delta p_N = p_0 + p_{CuN} = \frac{p_0}{p_{CuN}} p_{CuN} + p_{CuN} = k p_{CuN} + p_{CuN} = (k+1) p_{CuN}$$

同理

$$\Delta p_L = p_0 + p_{CuL} = k p_{CuN} + \frac{I_L^2}{I_N^2} p_{CuN} = \left(k + \frac{I_L^2}{I_N^2}\right) p_{CuN}$$

将以上两式代入式(6-22),得

$$(k+1) p_{CuN} = \left(k + \frac{I_L^2}{I_N^2}\right) p_{CuN}(1 - e^{-\frac{t_g}{T}})$$

$$k + 1 = k - k c^{-\frac{t_g}{T}} + \frac{I_L^2}{I_N^2}(1 - e^{-\frac{t_g}{T}})$$

$$\frac{I_L^2}{I_N^2} = \frac{1 + k e^{-\frac{t_g}{T}}}{1 - e^{-\frac{t_g}{T}}}$$

$$I_N = I_L \sqrt{\frac{1 - e^{-\frac{t_g}{T}}}{1 + k e^{-\frac{t_g}{T}}}}$$

因电流近似与功率成正比,故得

$$P_N = P_L \sqrt{\frac{1 - e^{-\frac{t_g}{T}}}{1 + k e^{-\frac{t_g}{T}}}} = P_L \sqrt{\frac{e^{\frac{t_g}{T}} - 1}{e^{\frac{t_g}{T}} + k}} \tag{6-23}$$

这便是短时工作方式下普通连续工作制电机的额定容量的计算公式。

上式中,令 $P_L / P_N = K_q$,则有

$$K_q = \frac{P_L}{P_N} = \sqrt{\frac{1 + k e^{-\frac{t_g}{T}}}{1 - e^{-\frac{t_g}{T}}}} = P_L \sqrt{\frac{k + e^{\frac{t_g}{T}}}{e^{\frac{t_g}{T}} - 1}}$$

显然，K_q 表示普通连续工作制电动机带短时负载时，按发热观点的功率过载倍数。但是，如前所述，一台电机的过载能力，不应仅从发热温升的角度考虑，还应结合转矩的过载能力，即转矩的允许过载倍数 K_m 综合考虑。因此，为了使所选电机的两种过载能力均能满足要求，在 $K_q = P_L/P_N < K_m$ 时，按温升校验方法，即按式(6-23)中所定的 P_N 选取电动机；在 $K_q > K_m$ 时，则按短时过载能力 K_m 来选择电动机的容量，即取 $P_N = P_L/K_m$。

在电力拖动的工程实际中，短时工作方式电动机容量选择，常常出现的是后一种情况，即 $K_q > K_m$。这样，为了使转矩过载能力得到满足，而电动机的温升发热上，往往留有较大的余地而不能充分利用。在这种情况下，应尽量选用专门设计的短时工作制电动机。这在下面的论述中将另作介绍。

最后应指出的是：若短时工作期间负载的功率是变化的，在按发热观点选择电动机时，应求出该工作期的等效功率 P_{eq}(方法如前所述)，然后用 P_{eq} 代替上述的 P_L 进行电动机选择。但在进行转矩过载能力校验时，又必须采用最大负载功率来校验。

6.3.2 短时工作方式下短时工作制电动机容量的选择

为了充分挖掘电动机温升发热潜力，专为短时工作方式而设计的短时工作制电动机的过载能力 K_m 较强。这种电机的标准工作时间又分 15 min、30 min、60 min 及 90 min 四种。同一台电机在不同工作时间下的标称额定功率也是不一样的。若以工作时间为额定功率的下标，则

$$P_{15} > P_{30} > P_{60} > P_{90}$$

当实际工作时间 t_{gx} 接近上述工作时间 t_{gN} 时，此时选择这种电机最为方便。但当期间有一定的差别时，应将实际的 P_{Lx} 折算到标准时间的 P_{LN}，再按 P_{LN} 选择短时工作制电机。折算的原则是两者损耗相等，即

$$\Delta p_{Lx} t_{gx} = \Delta p_{LN} t_{gN}$$

按如前所述的类似方法，作如下推导：

$$(p_0 + p_{Cux}) t_{gx} = (p_0 + p_{CuN}) t_{gN}$$

$$\left(k + \frac{p_{Cux}}{p_{CuN}}\right) p_{CuN} t_{gx} = (k+1) p_{CuN} t_{gN}$$

$$\left(k + \frac{I_{Lx}^2}{I_{LN}^2}\right) t_{gx} = (k+1) t_{gN}$$

$$\left(k + \frac{P_{Lx}^2}{P_{LN}^2}\right) t_{gx} = (k+1) t_{gN}$$

$$P_{LN} = \frac{P_{Lx}}{\sqrt{\dfrac{t_{gN}}{t_{gx}} + k\left(\dfrac{t_{gN}}{t_{gx}} - 1\right)}}$$

当 t_{gx} 选最接近的标准时间 t_{gN} 时，$t_{gx} \approx t_{gN}$，故 $(t_{gN}/t_{gx}) - 1 \approx 0$，这样上式便可简化为

$$P_{LN} \approx P_{Lx} \sqrt{\frac{t_{gx}}{t_{gN}}} \tag{6-24}$$

这便是短时工作制电机容量的折算公式。

例 6-5 某大型机床刀架的快速移动机构，其移动部分重量 $G = 5300\,\text{N}$，移动速度 $v=$

15 m/min，最大移动距离 $L_m = 10$ m，传动效率 $\eta_N = 0.1$，动摩擦系数 $\mu = 0.1$，静摩擦系数 $\mu_0 = 0.2$，传动机构的传动比 $j = 100$ r/min，试选择电动机。

解：如前所述，大型车床刀架的快速移动机构是短时工作方式，其工作时间为

$$t_g = \frac{L_m}{v} = \frac{10}{15} = 0.667(\text{min})$$

由于 t_g 与专门设计的短时工作制电机的标准工作时间相差甚远，因此，不便选用短时工作制电动机，而应在连续工作制电动机中选择。此外，由于 $t_g \ll T$，因此，温升发热不是主要矛盾，应按转矩过载能力校验电机。

电动机的负载功率为

$$P_L = \frac{\mu G v}{60 \, \eta_N} = \frac{0.1 \times 5300 \times 15}{60 \times 0.1} \times 10^{-3} = 1.325(\text{kW})$$

电动机的转速为

$$n = jv = 100 \times 15 = 1500(\text{r/min})$$

由此可得，应选用三相四极笼型异步电动机，其产品目录中的额定数据如下：

型号	P_N/kW	$n_N/(\text{r/min})$	K_{st}	K_M
Y90S-4	1.1	1410	2.2	2.2
Y90L-4	1.5	1410	2.2	2.2

由于过载能力 $K_M = 2.2$，故所选电动机容量应满足

$$P_N \gg \frac{P_L}{K_m} = \frac{P_L}{0.8 K_M} = \frac{1.325}{0.8 \times 2.2} = 0.753(\text{kW})$$

所以初选定 Y90S-4，$P_N = 1.1$ kW。

由于带刀架的电动机要在静摩擦情况下带负载起动，所选电动机又为笼型异步电动机，故须校验起动能力。

起动时负载转矩

$$T_{Lst} = \frac{\mu_0 G v}{60 \, \eta_N} \times 10^{-3} \times \frac{9550}{n}$$

$$= \frac{0.2 \times 5300 \times 15}{60 \times 0.1} \times 10^{-3} \times \frac{9550}{1500}$$

$$= 16.87(\text{N} \cdot \text{m})$$

而所选电动机的起动转矩

$$T_{st} = K_{st} \frac{P_N}{n_N} \times 9550 = 2.2 \times \frac{1.1}{1410} \times 9550$$

$$= 16.39(\text{N} \cdot \text{m})$$

由于 $T_{st} < T_{Lst}$，故起动能力不能通过。

为了提高起动转矩，改选大一号的电机，即 Y90L-4，$P_N = 1.5$ kW，其起动转矩为

$$T'_{st} = K_{st} \frac{P_N}{n_N} \times 9550 = 2.2 \times \frac{1.5}{1410} \times 9550$$

$$= 22.35(\text{N} \cdot \text{m})$$

由于 $T'_{st}>T_{Lst}$，起动能力通过。

若考虑电网电压降落 10%，则 $T''_{st}=0.9^2 T'_{st}=0.81\times22.35=18.10(\text{N}\cdot\text{m})$，仍高于 T_{Lst}，因此最后选定 Y90L-4 型电动机，$P_N=1.5\ \text{kW}$。

6.4 周期性断续工作方式的电动机容量选择

原则上说，周期性断续工作方式下也可选用普通连续工作制的电机。但是由于这种工作方式工作周期短(小于 10 min)、起制动频繁，普通型式的电动机难以胜任，故一般均应选用专为此种工作方式设计的断续工作制电动机。这种电机机械强度大，起、制动及过载能力强，转动惯量小，绝缘材料等级高，最适应断续性，起、制动频繁的工作方式。

如前所述，断续工作制按标准负载持续率分为 ZC＝15％、25％、40％及 60％ 四种。与短时工作制电机相仿，同一台电动机，在不同的 ZC 下工作时，额定功率是不一样的。ZC 越小，额定功率就越大。表 6-2 列举了断续工作制电动机的一些数据，可供参考。

表 6-2 断续工作制电动机的型号与额定值

电机种类	型　号	ZC/%	额定功率 /kW	额定电流 /A	额定转速 /(r/min)	过载能力
起重冶金用他 励直流电动机	ZZ-12 (220V)	15	3	17.5	1280	—
		25	2.5	14.2	1300	2.5
		40	1.8	10.5	1330	—
		60	1.3	7.6	1370	—
起重冶金用绕 线异步电动机	JZR-11-6 (380V)	15	2.7	8.3	855	—
		25	2.2	7.2	885	2.3
		40	1.8	6.6	910	—
		60	1.5	6.2	925	—
		100	1.1	5.8	945	—

表 6-2 中 JZR-11-6 的绕线型异步电动机有 ZC＝100％ 的一种负载持续率，由于 ZC＝100％，这说明从发热角度看，它已经是连续工作制了。但由于这种绕线型异步电动机同时又具有上述断续工作制电机所具有的那些特点，故也列在此表内。实际上它与同一栏内的其他不同持续率下不同容量级别的电机就是同一台电机，只是由于它的负载持续率高，故容量等级低一挡。或者说这种 ZC＝100％ 的 JZR-11-6 电机本来就是一台连续工作制的绕线型异步电动机，但由于结构上的特殊设计，它又能用于断续工作方式，按不同负载持续率带不同负载工作在不同功率等级上。

表 6-2 中还有一项"过载能力"。此处指的是转矩过载能力，即 $K_M=T_{max}/T_N$。一般产品目录中只列出 ZC＝25％ 时的值，其他值均不给出。这是因为对于同一台电动机，最大允许转矩 T_{max} 是一定的，而额定转矩 T_N 则因 ZC 而异。用户可根据 ZC＝25％ 时的 K_M 求出 T_{max}，再算出对应不同的 ZC 下的 T_N，便可知每一 ZC 下的 K_M 了。显然，ZC 越小，则 P_N 及 T_N 越大，过载能力就越弱。

如果实际的负载持续率恰好是标准值，即可按产品目录选择合适的电机。如果在工作时间内负载是变化的，可采用连续工作时的处理方法，即按平均损耗法或等效法校核其温升。所不同的是，此时停车时间 t_0 不得计算在内，因为在 ZC 中已涉及了。如果实际的负载持续率 ZC 与标准值不同,应将实际的功率 P_x 折算成邻近的标准 ZC 下的功率 P_N,再选择电机,校核温升。折算的原则仍然是损耗相等,即

$$\Delta p_x t_{gx} = \Delta p_N t_{gN}$$

得

$$\frac{t_{gx}}{t_{gN}} = \frac{\Delta p_N}{\Delta p_x}$$

又因是在同一个周期的时间内折算,则有

$$\frac{t_{gx}}{t_{gN}} = \frac{ZC_x}{ZC}$$

因此有

$$\frac{ZC_x}{ZC} = \frac{\Delta p_N}{\Delta p_x}$$

故

$$\Delta p_x \cdot ZC_x = \Delta p_N \cdot ZC$$

采用与短时工作制电机分析时的类似变换,得

$$P_N = \frac{P_x}{\sqrt{\dfrac{ZC}{ZC_x} + k\left(\dfrac{ZC}{ZC_x} - 1\right)}}$$

由于选择时选 ZC_x 邻近的 ZC,故可视 $ZC_x \approx ZC$,得 $ZC_x/ZC - 1 \approx 0$。这样,上式可化简为

$$P_N \approx \frac{P_x}{\sqrt{\dfrac{ZC}{ZC_x}}} \tag{6-25}$$

若 ZC_x 与 ZC 相距较远,且 $ZC_x < 1\%$ 时,可按短时工作方式处理;$ZC_x > 70\%$,可按长期工作(即视 $ZC_x \approx 100\%$)选择电机。

最后应该指出的是,在某些情况下,短时工作制电机与断续工作制电机可以相互代用。短时工作时间 t_g 与负载持续率 ZC 之间有如下近似的对应关系:$ZC = 15\%$ 相当于 $t_g = 30$ min;$ZC = 25\%$ 相当于 $t_g = 60$ min;$ZC = 40\%$ 相当于 $t_g = 90$ min。当然,这只是从温升发热角度考虑的对应关系,过载及起动能力等需另作校验。

例 6-6　已知一台断续工作制电动机曲线如图 6-16 所示。预选电动机:JZR-42-8 型他扇冷式绕线型电动机,$ZC = 25\%$,$P_N = 16$ kW,$n_N = 720$ r/min,$K_M = 3$。试校验电机温升及过载能力。

解　由图 6-16 可以看出,在工作时间 t_g 内功率是变化的,因此需计算其等效功率 P_{eq}。在第一阶段中,转速 n 是线性变化的,需按转速修正这段功率。假定起动过程中 $\Phi \cos \varphi_2$ 不变,根据式(6-18)有

$$P' = \frac{P}{n} \cdot n_N$$

n 为变化后的转速,由图可见 $n = n_N$,故有

$$P' = \frac{P}{n_N} \times n_N = P = 25 \text{ kW}$$

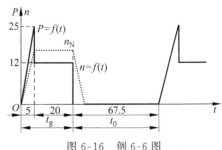

图 6-16　例 6-6 图

由于电机是他扇冷式,在起动过程中散热能力不变,因此

$$P_{eq} = \sqrt{\frac{25^2 \times 5 + 12^2 \times 20}{5 + 20}} = 15.5(\text{kW})$$

由于制动方式是机械制动(即机械抱闸),在制动过程中电机断电,故制动时间应计算在停歇时间之内。这样实际负载持续率为

$$ZC_x = \frac{5+20}{5+20+67.5} \times 100\% = \frac{25}{92.5} \times 100\% = 27\%$$

换算到标准 $ZC = 25\%$ 时的等效功率为

$$P = P_{eq}\sqrt{\frac{ZC_x}{ZC}} = 15.5 \times \sqrt{\frac{27\%}{25\%}} = 16.11(\text{kW})$$

此功率已超过预选电机功率 16 kW,故温升不能通过,应选大一号的电机。

又因实际过载系数为:$\frac{25}{16} = 1.5625$,而这种电机的过载能力 $K_M = 3$。因此,过载能力能通过,当选大一号的电机时就更能满足了。

6.5 确定电动机容量的统计法和类比法

在前几节的分析中,以电动机的发热理论为基础,介绍了电动机容量选择的原理及基本方法,这些内容对电动机容量选择的工程实际工作有很重要的理论指导意义。但是,这种选择电动机容量的具体办法比较繁杂,其中电动机的负载图的求取在某些情况下又往往较为困难。加之计算公式也经过了一定的简化,因而其结果具有较大的近似性。

6.5.1 统计法

用统计法选择电动机容量,就是将同类设备所选用的电动机容量进行统计和分析,找出该生产机械的拖动电动机与该生产机械主要参数之间的关系,并根据实际情况,确定相应的指数,得出相应的计算公式。现将这些按统计法得出的计算公式分述如下。

1. 车床

$$P = 36.5D^{1.54} \text{ kW}$$

式中,D 为工件的最大直径,单位为 m。

2. 立式车床

$$P = 20D^{0.88} \text{ kW}$$

式中,D 为工件的最大直径,单位为 m。

3. 摇臂钻床

$$P = 0.0646D^{1.19} \text{ kW}$$

式中,D 为工件最大钻孔直径,单位为 m。

4. 外圆磨床

$$P = 0.1KB \text{ kW}$$

式中,B 为砂轮宽度,单位为 mm;K 为经验系数,当砂轮主轴采用滚动轴承时,K 取 0.8~

1.1,若采用滑动轴承时,K 取 1.1～1.3。

5. 卧式镗床

$$P = 0.004D^{1.7}\ \text{kW}$$

式中,D 为镗杆直径,单位为 mm。

6. 龙门铣床

$$P = \frac{B^{1.15}}{166}\ \text{kW}$$

式中,B 为工作台宽度,单位为 mm。

上述统计法存在一定的局限性,即只适用于类似以上几种能得出统计规律的生产机械。此外,由于统计法是在众多的同类事物中剔除个别差异找出来的一般规律,因此,在具体的个别事物上就不免有其近似性。尽管如此,实践证明这种方法的误差在工程允许范围之内,所以在工程上运用是可行的。

例如,我国生产的 C660 型车床加工工件的最大直径为 1250 mm,按上述公式计算主传动电动机的容量应是 $P = 36.5 \times 1.25^{1.54} = 52\ (\text{kW})$,而一般实际选用的为 60 kW,二者相近。

6.5.2　类比法

如前所述,统计法有一定的局限性。实际上,有些生产机械由于受生产工艺中的诸多因素制约,无法根据统计规律在生产机械的拖动电动机与该生产机械主要参数之间定出明确的关系指数,得出固定的计算公式。因此,在这种情况下统计法就不能奏效,只能采用另一种实用方法,即类比法。

所谓类比法,就是在调查经过长期运行考验的同类生产机械采用的电动机的容量数值的基础上,通过类比方法,确定所选用的电动机容量。

例如,某炼钢厂要安装 3 t 氧气顶吹转炉的倾炉设备,根据生产机械的负载情况,初步估算得出所需电动机容量 $P_N = 10\ \text{kW}$。但是,这个数据没有经过长期生产实践的考验,是不是靠得住还拿不准。为此,参阅兄弟单位的有关材料得到,1.5 t 的转炉倾炉设备选用 11 kW 的电动机,6 t 的转炉倾炉设备选用 22～30 kW 的电动机,因此可知原值估算偏小。显然,该值应在 11～22 kW 的范围之内。但究竟该选多大,还难以确定。

若没有进一步的资料可供类比,最好取靠近上限的值,比如 20 kW 左右的电动机。然后经一定时期的生产实践考验后再总结经验。若再进一步调查,发现有一些厂家 3 t 的转炉倾炉设备一直采用 16 kW 电动机,运行情况良好,因此,最后可选定该电动机容量 $P_N = 16\ \text{kW}$。

6.6　由特殊电源供电的电动机选择问题

随着电力电子技术的发展,在需要进行速度调节的电力拖动系统中,常常出现一些由特殊电源供电的情况。这时,电动机的选择有其特殊的问题。

6.6.1　由可控晶闸管供电的直流电动机容量的选择

可控晶闸管直流电源有许多优点,目前直流电动机由可控晶闸管供电的方式越来越得到广泛应用。但是它也有不少缺点,其中主要的是可控硅供电时,直流中的脉动分量加大,致使电动机损耗增加,温升增高。为保证温升不变,电动机的输出功率就要下降。换句话说,为了保证输出同样大小的功率,所选电动机的容量就得增大。其间关系为

$$P_N = P(\mu_I + \mu_U) \tag{6-26}$$

式中,P_N 为应选电动机的额定容量;P 为电动机实际输出功率;μ_I 为电枢电流的波形系数,电枢电流的脉动最大值 I_{amax} 及最小值 I_{amin} 按下式定出:

$$\mu_I = \frac{I_{amax} - I_{amin}}{\frac{1}{2}(I_{amax} + I_{amin})}$$

μ_U 为电枢电压波形系数,它依据整流线路形式及可控晶闸管导通角 α 而定,其大小如表 6-3 所示。

表 6-3 μ_U 与 α 的关系

导通角 $\alpha/(°)$	0	30	60	90	120	150
单相半控桥	1.11	1.11	1.33	1.57	1.97	2.82
三相半控桥	1.002	1.015	1.06	1.25	1.58	2.31
三相全控桥	1.002	1.02	1.14	1.58	—	—

由式(6-26)得

$$\frac{P_N}{P} = \mu_I + \mu_U$$

由于 $\mu_I + \mu_U > 1$,可见所选电动机的容量比电动机在可控晶闸管供电下实际输出功率要大。$\mu_I + \mu_U$ 也就是所选电动机容量的放大倍数。

当然,在实际运行中,为了减少直流的脉动分量,一般在电动机外接一平波电抗器,当该电抗器的电感值为两倍于电动机电枢回路电感值时,上述选择容量的放大倍数已基本接近于1,即选用电机时基本不需放大容量。

6.6.2 由变频电源供电的三相异步电动机选择问题

虽然目前已有少量电动机是专门为交流变频拖动系统中所采用的三相异步电动机设计的,但通常情况下,大多数仍然是从异步电动机的通用标准系列中选取的。在选取过程中,前几节所介绍的根据电动机运行方式及负载大小性质选择电动机的一般方法此处同样适用。只是由于变频调速系统的特殊性,尚有不少情况需另加考虑。现介绍如下。

1. 额定容量的选择

由于变频调速中的谐波电流及谐波磁动势的作用,使得谐波损耗大大增加,这样使电动机的效率降低约3%~5%。因此,应在根据以往选择电动机的方法所选定的电动机容量的基础之上,适当放大5%左右。

2. 起动电流倍数的选择

通常在选择工频电源下工作的电动机时,对起动电流有一定的要求,即应小于所在电网的允许值。但在变频调速系统中,一般不存在这个问题。这是因为变频调速时总是降频降

压起动,起动电流不是很大。转差控制和矢量控制时,起动电流是可控的。当为恒转矩调速时,起动电流一般不超过额定电流。即使是电压频率恒定比控制,一般起动电流也不超过额定电流的 1.5~2.5 倍。从这方面看来,起动电流倍数的问题似乎没有考虑的必要。

但是,从另一角度来说,由于起动电流倍数是定转子漏抗大小的一个度量,因此,对于电压型逆变器系统,出于限制谐波电流的考虑,要求定转子漏抗尽可能大,故应选择起动电流倍数小的电机。对于电流型逆变器系统,出于降低换流电容过电压、减少换流电容值的考虑,定转子漏抗要尽可能小,故应选择起动电流倍数大的电机。

3. 额定转速的选择

在一般的电力拖动系统电机额定转速的选择中,要兼顾两方面的因素:一是从电机本身来说,希望选择转速高的电机。这样电机的尺寸小、重量轻、成本低、效率高;但从系统的拖动装置来看,又希望传动比范围不要太大,否则传动机构复杂、造价高、占地面积大、效率低。在变频调速系统中,由于取消了机械传动装置,负载的调速范围由变频器的调频范围来保证,故选择中只需顾及电动机一方即可,即额定转速尽量取高限,以直接满足机械负载的最高转速为准。

4. 额定电压的选择

单就电动机本身而言,电机容量一定时选用电压高者较好。这是因为电压高的电机用铜省,单位千瓦耗材料低,价格便宜。但是,若结合逆变器系统来考虑就不一定了。就电压型逆变器而言,选择较高电压的电动机仍然有利。但对于电流型逆变器系统,则希望选用较低电压的电机。此外,还应考虑电压对变频器及中间储能环节参数的影响。故电压确定应由变频调速系统的电力电子装置与异步电机的综合经济技术指标比较来决定。

5. 额定转差的选择

一般说来,从电机运行的效率来说,应该选择转差较小的电机。因为转差大,运行时转子铜损耗大。但转差过小,如采用的是转差控制,就必须使用数字控制技术,才能保证转差控制的精度,从而增加控制电路的复杂性。一般来说,对于中等容量的异步电动机,最好额定转差选用 4% 左右。

习题

6-1　确定电动机额定容量主要考虑哪些因素?

6-2　电动机有哪几种工作方式?各有什么特点?设计制造电机时为什么要区分这些工作方式?

6-3　常值负载下电动机容量选择的原则是什么?要校验温升吗?

6-4　如何根据环境温度修正电动机的额定功率?

6-5　等效电流和等效转矩的物理意义是什么?为什么校验温升时用等效转矩而不用平均转矩?

6-6　对于短时工作的负载,可选用设计为连续工作制的电机吗?若可选用,怎样确定电机的容量?当负载变化时,怎样校验电动机的温升及过载能力?

6-7　在选择周期性断续工作方式的电动机时,若工作时间内负载是变化的,为什么停车时

间 t_0 不计入计算等效转矩的时间之内?

6-8 负载的持续率 ZC 的意义是什么? 当 ZC=15% 时,能否让电机周期性地工作15 min,休息 85 min? 为什么?

6-9 何谓确定电动机容量的统计法和类比法? 怎样用统计法及类比法确定电机容量?

6-10 由可控晶闸管供电的直流电动机容量的选择有何特殊问题? 如何进行容量选择?

6-11 由变频装置供电的异步电动机的选择应作哪些方面的考虑?

6-12 一台与电动机直接连接的低压离心式水泵,流量 $Q=50 \ m^3/h$,总扬程 $H=15 \ m$,转速 $n=1450 \ r/min$,泵的效率 $\eta=0.4$,周围环境温度不超过 30℃。试选择电动机(泵与电动机同轴连接 $\eta=1,k=0.6$)。部分 Y 系列电动机数据如下:
Y112M-4　 $P_N=4 \ kW,n_N=1440 \ r/min$,B 级绝缘,$\tau_{wN}=90℃$;
Y132S-4　 $P_N=5.5 \ kW,n_N=1440 \ r/min$,B 级绝缘,$\tau_{wN}=90℃$;
Y132M-4　 $P_N=7.5 \ kW,n_N=1450 \ r/min$,B 级绝缘,$\tau_{wN}=90℃$。

6-13 一台离心式水泵,转速 $n=1000 \ r/min$,流量 $V=720 \ m^3/h$,扬程 $H=21 \ m$,水泵效率 $\eta_b=0.78$,电动机与水泵同轴连接,传动效率 $\eta=0.98$,水的比重 $\gamma=9610 \ N/m^3$,今有一台异步电动机,$P_N=55 \ kW,U_N=380 \ V,n_N=980 \ r/min$,问能否选用该电机?

6-14 某台电动机 $P_N=10 \ kW$,已知标准的环境温度为 40℃,允许最高温升为 85℃,设可变损耗与不变损耗均为全部损耗的 50%,求在下列环境温度下电动机的额定功率应修正为多少:
(1) 环境温度 $\theta_0=50℃$;
(2) 环境温度 $\theta_0=25℃$。

6-15 某机械采用四极绕线型异步电动机拖动,已知其典型转矩曲线共分四段,各段的转矩分别为 200 N·m、120 N·m、100 N·m、-100 N·m,时间为 6 s、40 s、50 s、10 s,其中第一段是起动,第四段是制动,制动完毕停歇 20 s 再重复周期性地工作,试选择合适的电动机。部分 JR 系列的电动机数据如下:
JR62-4　 $P_N=14 \ kW,n_N=1430 \ r/min,K_M=2$;
JR71-4　 $P_N=20 \ kW,n_N=1420 \ r/min,K_M=2$;
JR72-4　 $P_N=25 \ kW,n_N=1420 \ r/min,K_M=2$。

6-16 一台他励直流电动机:$P_N=7.5 \ kW,n_N=1000 \ r/min$,一个周期的转矩负载图如图 6-17 所示,试就(1)他扇冷式及(2)自扇冷式二种情况校验发热。若发热不能通过,则在环境温度为多少度时电机才能连续运行? 设电机标准环境温度为 40℃,可变损耗与不变损耗各占全部损耗的一半,绝缘材料允许温升为 65℃。

6-17 某台他励直流电动机,$P_N=22 \ kW,n_N=1100 \ r/min$,由单独的可控整流装置供电,用改变可控晶闸管的输出电压来调节电动机的转速。电动机的输出功率 $P=f(t)$ 及 $n=f(t)$ 如图 6-18 所示,由于转速变化的散热恶化系数 α 按下列规律变化:

$$\alpha=0.5+0.5 \frac{n}{n_N}$$

试用等效功率法校验发热。

6-18 有一台绕线式转子异步电动机 $P_N=11 \ kW,n_N=1440 \ r/min$,它通过一转速比为 16 的传动机构去拖动一起重机的跑车车轮,跑车自重 137 500 N,载重 58 800 N,车轮直径 0.35 m,跑车移动距离总长为 70 m,重载移动时作用于电动机轴上的阻转矩为 43.1 N·m,空载移动时 31.4 N·m,往返停歇时间为 25 s,如旋转部分折算到电动机轴上的飞轮矩(包括电动机转子)为 78.5 N·m²,电动机平均起动转矩为 $1.6T_N$,平均制动转矩为 T_N。试绘制一个循环的 $T=f(t)$,并用等效转矩法校验发热。计算时可不考虑散热恶化,假定重载和空载时电动机转速 $n=n_N$。

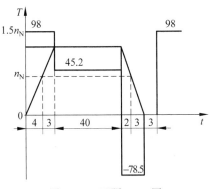

图 6-17　习题 6-16 图

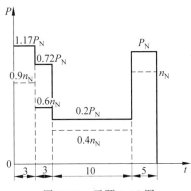

图 6-18　习题 6-17 图

6-19　一台他励直流电动机 $P_N=15$ kW,$n_N=1000$ r/min,$P=f(t)$ 及 $n=f(t)$ 如图 6-19 所示。试校验在自扇冷式时电机的发热。

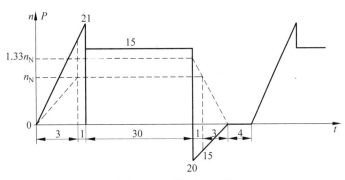

图 6-19　习题 6-19 图

6-20　两台容量相同的连续工作制电动机,$P_N=14$ kW,两台的发热时间常数不同,分别为 $T_I=20$ min,$T_{II}=30$ min,如均用作 15 min 短时工作制,则电机的使用容量最大值分别是多少(k 取 0.6)?

6-21　一台 35 kW,30 min 的短时工作电机突然发生故障,现有一台 20 kW 连续工作制电机,已知其发热时间常数 $T=90$ min,不变损耗与额定可变损耗之比 $k=0.7$,短时过载能力 $K_M=2$,这台电机能否临时代用?

6-22　试比较 ZC=15%,30 kW 和 ZC=40%,20 kW 的两台断续工作制电机,哪一台的容量大些?

6-23　一台他励直流电动机,$P_N=17$ kW,ZC=40%,$P=f(t)$ 及 $n=f(t)$ 如图 6-20 所示,电机用机械制动,如 $k=$ 不变损耗/可变损耗(ZC=40%时)$=p_0/p_{Cu}=1$,试校验电机发热。

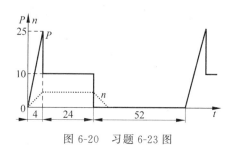

图 6-20 习题 6-23 图

6-24 一台绕线式转子异步电动机用来拖动重量为 19 620 N 的绞车,绞车的工作情况如下:以 120 m/min 的速度将重物吊起,提升高度为 20 m,然后空钩下放。空钩的重量为 981 N,下降速度与提升速度差不多相等,重物提升与空钩下放的停歇时间以及空钩下放后和重物提升前的停歇时间各为 28 s。假定提升重物和下放空钩时的传动损耗相等,各为绞车有效功率的 6%,电机的过载能力为 2,电机停歇时的散热系数为全速时的一半,如不考虑起动、制动过程,求在标准负载持续率时电机的功率。

6-25 一桥式起重机的吊钩的工作循环为空钩下放,重载提升,重载下放和空钩提升四个阶段。已知数据为:提升重量 49 000 N,提升及下放速度均为 10.5 m/min,提升高度为 16 m,空钩重量为 2943 N,负载持续率为 30%,设提升负载效率为 0.85,下放负载效率为 0.84,提升空钩效率为 0.37,下放空钩效率为 0.1,电动机经传动装置带动卷筒旋转,卷筒直径为 0.38 m,电动机与卷筒的传速比为 82,预选电动机:$P_N = 11$ kW($ZC = 25\%$),$n_N = 715$ r/min,$K_M = 2.9$,$GD_d^2 = 18.2$ N·m^2,设所有旋转部件(不包括电动机转子)的飞轮矩为 GD_d^2 的 30%,并设电动机的平均起动转矩为 $1.6T_N$,平均制动转矩为 $1.4T_N$(起制动过程中转矩为恒值)。空载提升及下放时,电动机接近空载,负载很小,转矩可修正为 $0.6T_N$(设 $I_0/I_{1N} = 0.6$)。试绘制电动机转矩负载图 $T = f(t)$,并校验电动机的发热与过载能力(设 $k = p_0/p_{Cu}(ZC = 25\%) = 1$)。

6-26 有一台电动机拟用以拖动一短时工作方式负载,负载功率为 $P_L = 16$ kW,现有下列两台电动机可供使用:

电动机 I:$P_N = 10$ kW,$n_N = 1460$ r/min,$K_M = 2.5$,起动转矩倍数 $K_{st} = 2$;

电动机 II:$P_N = 14$ kW,$n_N = 1460$ r/min,$K_M = 2.8$,起动转矩倍数 $K_{st} = 2$。

试校验过载能力及起动能力,以决定哪一台电机适用(校验时应考虑到电网电压可能降低 10%)。

第7章

特种驱动电动机

7.1 概述

前面各章分别介绍了直流电机、异步电机、同步电机和变压器,这就是通常所说的"四大电机"。这些普通电机运用量大面广,在主要性能方面能满足工农业生产及交通运输等各行各业的需要。但在某些特殊场合,还需要另一些种类的驱动用途的特种电动机,以满足某些特殊需要,这就是本章所要介绍的特种驱动电动机。

通常,特种驱动电动机分为两类:第一类是中小型特种电动机。这类电机与普通中小型电机一样,同样是以传递或转换能量为主要任务,属于驱动类电机。但它又能满足某些特殊要求,例如可实现交流调速,在无机械转换装置的情况下,直接以平动方式驱动负载等。这类电机包括无换向器电动机、转子供电式三相并励交流换向器电动机、直线电动机、开关磁阻电动机和电磁转差调速异步电动机。

第二类是驱动微电机。这类电机主要用来驱动小型负载,功率一般在 750 W 以下,最小不到 1 W。外形尺寸也较小,机壳外径不大于 160 mm。这类电机与普通电机相比,除功率小、尺寸小之外,还具有结构简单、用电方便、操作简便等特点,尤其便于民用。驱动微电机主要包括单相异步电动机、单相串励磁换向器电动机、磁阻式及磁滞式同步电动机、微型同步电动机和永磁式直流电动机等。

从原理上讲,特种电机运行时的电磁现象及所遵循的基本规律与普通电机没有不同。但这些基本现象和规律在其表现上又确实有其特殊性。可以说,它们与普通电机既有联系,又有区别。本章将以普通电机的分析原理为基础,着重分析各种特殊电机原理上的特殊性,此外,对结构和应用作一般介绍。

7.2 中小型特种电动机

7.2.1 无换向器电动机

如前所述,特种电机可以满足某些特殊要求。无换向器电动机从原理上说,就是可实现平滑调速的自控式交流同步电动机。

由同步电动机的运行原理可知,同步电动机转速恒等于定子旋转磁场的转速,即同步速度

$$n_1 = \frac{60 f_1}{p}$$

由此可见,改变定子供电频率 f_1 是同步电动机唯一的一种调速方法。以往由于可变频率电源的制造比较困难,同步电动机的调速实际运用并不多。近年来,由于电力电子技术的发展,大功率晶闸管变频装置的出现使得同步电动机的调速已越来越为人们所重视。

同步电动机的变频调速,有两类本质不同的控制方式:一类与异步电动机变频调速一样,其输出转矩唯一地由电动机外部变频电源的基准频率振荡器给定,这种变频调速电动机称为他控式。由于同步电动机当频率突变或过载时容易失步,因而这种控制方式并不实用。而另一类控制方式,其系统内部的频率不是随意由外部给定的,而是由电动机本身的转速或频率给定的,因此称为自控式。

无换向器电动机,就是这种自控式同步电动机。其电动机本体结构和同步电动机相同。但其工作原理、特性、调速方式及调速性能均与直流电动机相似。因此,这种电动机称为无换向器(无整流子)直流电动机,简称无换向器电动机。

无换向器电动机有许多突出优点,它既具有直流电动机的调速性能,又有结构简单、无换向器、不产生火花、便于维护等优点。此外,它可向大容量、高转速发展,还可简便地实现四象限运行。

无换向器电动机,按供电电源的不同可分为交、直流无换向器电动机两大类。它们之间的区别仅在于控制线路不同,而其工作原理完全相同。因此,下面仅分析直流无换向器电动机。

1. 基本结构

直流无换向器电动机由同步电机本体及一个控制晶闸管逆变器组成。该逆变器由一直流电源供电,如图 7-1 所示,电动机定子绕组的连接方法如图 7-2 所示。

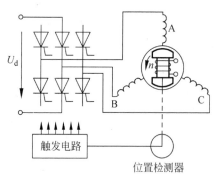
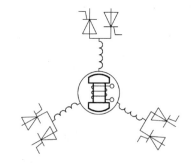

图 7-1　直流无换向器电动机示意图　　　　图 7-2　无换向器电动机定子绕组连接

如前所述,自控式同步电动机的电源频率由电动机本身的转速或频率决定。因此,在其转轴上装有位置监测器,以测定转子磁极与旋转磁场的相对位置,为可控晶闸管提供触发信号。这样,便可使定子电流频率确保定子磁动势与转子磁动势同步旋转,产生恒定的同步转矩。

2. 工作原理

无换向器电动机虽然在本体结构上是一台同步电动机,但它加上三相绕组相连的控制晶闸管逆变器后,实质上是一台具有"电子换向器"的反装式直流电动机,如图 7-3 所示。

下面分析其工作原理。

为了便于说明无换向器电动机,也即反装式直流电动机的工作原理,下面首先回顾一下传统的直流电动机(即正装式直流电动机)的工作原理。

图 7-3 所示为一个直流电动机工作原理的示意图。其定子磁极磁动势 $\bar{F}_f$ 和电枢磁动势 $\bar{F}_a$ 的方向,根据左手定则确定。两者相对静止、相互垂直,保证了电动机在最大转矩下运行。此时,根据左手定则可知电动机的电磁转矩方向为逆时针方向。因此转速 n 也为逆时针方向。可以看出,直流电动机换向器和电刷的作用,就是在于及时使电枢电流换向,以始终保持 $\bar{F}_a$ 和 $\bar{F}_f$ 相互垂直,并使定子磁动势 $\bar{F}_f$ 处于转子电枢磁动势 $\bar{F}_a$ 之前。

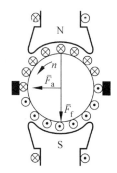

图 7-3 直流电动机工作原理

下面再看反装式直流电动机的原理,其示意图如图 7-4 所示。在反装式直流电动机中,磁极装在转子上,电枢绕组装在定子上,换向器(图 7-4 中没画出)也装在定子上。在某一瞬间,定子磁动势相对位置如图 7-4(a)所示。此时,电动机的电枢绕组受到最大电磁转矩,欲使其顺时针旋转。但现在电枢是装在定子上不动,在电磁转矩的反作用下,磁极逆时针方向旋转。其结果与正装式直流电动机一样,定子磁动势(不过此时是 $\bar{F}_a$)在前,转子磁动势(此时是 $\bar{F}_f$)在后。磁极在空间逆时针转 90°后,如图 7-4(b)所示,此时 $\bar{F}_f$ 与 $\bar{F}_a$ 方向一致,电动机不产生转矩,磁极将停止转动。但如若此时将电刷与磁极同步旋转,即当磁极逆时针转过 90°,电刷在换向器上也逆时针转过 90°,使 $\bar{F}_a$ 与 $\bar{F}_f$ 仍保持相对静止。那么,电动机还是处于产生最大转矩的状态。且还是 $\bar{F}_a$ 在前,$\bar{F}_f$ 在后,转子还会继续旋转,如图 7-4(c)所示。这就是反装式直流电动机的工作原理。可以看出,它与传统的"正装式"直流电动机工作原理无本质区别,只是结构上不同而已。由于这种结构难以实现,因此,传统上直流电动机均采用现在常用的"正装式"。

以上分析中讨论的是定子磁动势 $\bar{F}_a$ 始终领先转子磁动势 $\bar{F}_f$,并产生最大转矩的情况。实际上,只要电刷与磁极同步旋转,使 $\bar{F}_a$ 与 $\bar{F}_f$ 保持相对位置一定,即使不垂直,也能产生电磁转矩,也还会旋转,只是转矩不是最大而已。甚至 $\bar{F}_a$ 与 $\bar{F}_f$ 的相对位置在一定范围内变化,电动机也会产生平均电磁转矩。

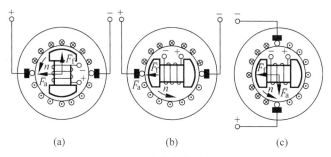

(a)   (b)   (c)

图 7-4 反装式直流电动机原理图

无换向器电动机的工作原理,就是建立在这种反装式直流电动机的基础上的。只是它用可控晶闸管电子元件,替代了机械式换向装置而已。通过可控晶闸管逆变器对电枢绕组供电,供电频率由转子转速决定,以保持 $\bar{F}_a$ 与 $\bar{F}_f$ 始终同步,并使 $\bar{F}_a$ 在空间领先 $\bar{F}_f$ 一定的电角度。而这一任务是由位置检测器来完成的。位置检测器与电动机同轴相连,随时将电动机的实际转速转换成频率信号,再通过触发电路控制变频器中各晶闸管导通,以调制供电频率。由此可见,自控式同步电动机的电枢磁场是直接由转子转速来控制的。这样如若电动机的转速降低了,位置检测器的输出信号频率也会降低,变频器的输出频率即电枢的旋转磁场转速也降低,使之始终保持与转子磁场相对位置不变的关系。因此,这种同步电动机不会有失步的问题。正是由于这种电动机的变频器的输出频率由电动机本身转子位置检测器给定,系统犹如一个频率自动控制系统。因此,这种电机便称为自控(制)变频调速同步电动机,简称为自控式同步电动机。下面,选定几个瞬时来说明可控晶闸管按控制信号的顺序导通,形成自控式旋转磁场的情况。

如图 7-2 所示,无换向器电动机三相定子电枢绕组为星形接法。每相绕组出线端连一可控晶闸管的阳极,以及另一可控晶闸管的阴极。前一晶闸管称为"负"侧晶闸管,后一晶闸管称为"正"侧晶闸管。

第一瞬间时,如图 7-5(a)所示,A 相的正侧和 B 相的负侧可控晶闸管处于导通状态(图中晶闸管符号为实心时表示导通,空心表示阻断)。电流由 A 相流入,B 相流出。若将 A 相磁动势 $\bar{F}_A$ 与 B 相磁动势 $\bar{F}_B$ 的方向,表示成与电流方向一致,合成磁动势 $\bar{F}_a$ 的大小和方向如图 7-5(a)所示。此时,定子电枢磁动势 $\bar{F}_a$ 在空间领先转子磁极磁动势 $\bar{F}_f$ 90°,产生最大电磁转矩,并由 $\bar{F}_a$ 拉着 $\bar{F}_f$ 逆时针旋转。随着转子的旋转,$\bar{F}_f$ 逐渐靠拢 $\bar{F}_a$,其夹角减少,产生的电磁转矩随之减小。但若适时地导通其他位置的可控晶闸管,比如当磁极磁动势 $\bar{F}_f$ 逆时针转过 120°电角度后,将 B 相正侧和 C 相负侧晶闸管导通,如图 7-5(b)所示。可见,电枢磁动势 $\bar{F}_a$ 也逆时针转过 120°电角度。此时,电动机又呈最大转矩状态。同理,当磁极磁动势 $\bar{F}_f$ 再转过 120°电角度后,又令 C 相的正侧及 A 相的负侧晶闸管导通,如图 7-5(c)所示。这样电枢磁动势 $\bar{F}_a$ 又转过 120°电角度,电动机又处于产生最大转矩状态。因此,只要根据磁极的不同位置,以恰当的顺序去导通和阻断各相出线端所连接的可控晶闸管,保持电枢磁动势始终领先磁极磁动势一定电角度的位置关系,便可创造出产生类似于直流电动机的电磁转矩的条件,使该电动机产生一定的电磁转矩而稳定运行。如前所述,跟踪转子位置按一定顺序适时导通各相可控晶闸管的任务,是由转子位置检测器及逆变触发电路来完成的。

以上便是无换向器电动机的工作原理。

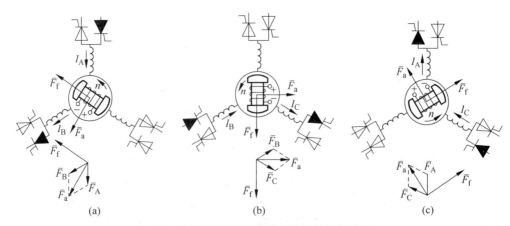

图 7-5 各相可控晶闸管依次导通的情况

3. 转速方程式及调速方法

直流无换向器电动机的主电路如图 7-6 所示。

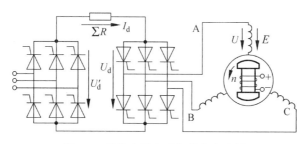

图 7-6　无换向器电动机的主电路图

U'_{d}—可控晶闸管整流器输出电压平均值；U_{d}—逆变器直流输入电压
的平均值；I_{d}—逆变器直流输入电流的平均值；U—电动机相电压
的有效值；E—电动机每相电动势的有效值；$\sum R$—主电路总等值电
阻，包括晶闸管正向电压降的等值电阻，电枢绕组的相电阻等。

根据"电力电子技术"原理可知，经逆变器换流后电动机所获得的端电压波形如图 7-7
所示。

逆变器直流输入电压的平均值为

$$U_{\mathrm{d}}=\frac{3\sqrt{6}}{\pi}U\cos\left(\nu_0-\frac{\mu}{2}\right)\cos\frac{\mu}{2} \qquad (7\text{-}1)$$

式中，ν_0 为换相超前角，自然换流位置（图 7-7 中的 M
点）提前到实际换流位置（图 7-7 中的 M' 点）的超前角
度；μ 为换流重叠角。

而电动机电枢绕组每相绕组反电动势的有效值为

$$E=4.44fN_1K_{\mathrm{N1}}\Phi=\sqrt{2}\,\pi\frac{pn}{60}N_1K_{\mathrm{N1}}\Phi$$

若忽略电动机内部的漏阻抗压降，则电动机的端电
压（及逆变器的输出电压）与电动机的反电动势相等，即

$$U=E=\sqrt{2}\,\pi\frac{pn}{60}N_1K_{\mathrm{N1}}\Phi$$

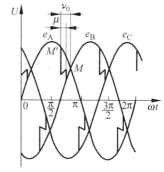

图 7-7　无换向器电动机端电压波形

将上式代入式(7-1)，经整理得

$$n=\frac{10U_{\mathrm{d}}}{\sqrt{3}\,pN_1K_{\mathrm{N1}}\Phi\cos\left(\nu_0-\dfrac{\pi}{2}\right)\cos\dfrac{\mu}{2}} \qquad (7\text{-}2)$$

据可控晶闸管整流电路原理可知，对于图 7-6 所示的三相全控桥式整流电路，其输出电
压平均值为

$$U'_{\mathrm{d}}=\frac{3\sqrt{6}}{\pi}U_2\cos\alpha=2.34U_2\cos\alpha \qquad (7\text{-}3)$$

式中，α 为可控晶闸管整流器的控制角；U_2 为三相交流相电压有效值。

根据主电路的回路电压平衡有

$$U'_d = U_d + I_d \sum R = 2.34U_2 \cos \alpha$$

即

$$U_d = 2.34U_2 \cos \alpha - I_d \sum R \tag{7-4}$$

将上式代入式(7-2)得

$$n = \frac{2.34U_2 \cos \alpha - I_d \sum R}{\left[\dfrac{\sqrt{3}}{10} p N_1 K_{N1} \cos\left(\nu_0 - \dfrac{\pi}{2}\right) \cos \dfrac{\mu}{2}\right] \varPhi} = \frac{2.34U_2 \cos \alpha - I_d \sum R}{K_E \varPhi \cos\left(\nu_0 - \dfrac{\pi}{2}\right) \cos \dfrac{\mu}{2}} \tag{7-5}$$

式中,$K_E = \dfrac{\sqrt{3}}{10} p N_1 K_{N1}$ 为电动势常数。

式(7-5)便是无换向器电动机的转速方程式。它与直流电动机的转速方程式 $n = \dfrac{U - I_a R_a}{C_e \varPhi}$ 极为相似,具有直流电动机类似的转速性能。

根据式(7-5)可知,无换向器电动机有与直流电动机类似的两种调速方法:

(1) 改变直流电压 U_d,在可控晶闸管整流器输入为交流的情况下,可通过改变控制角 α 来实现,该方法类似于直流电动机改变电枢电压调速的方法。

(2) 改变磁通 $\varPhi$ 调速。这与直流电动机改变磁通的调速方法一致。

当然,除此之外,该电动机还有一种调速方法,即改变换流超前角 ν_0,也可改变转速 n,不过,这种方法实际运用的比较少。

4. 机械特性及调速性能

无换向器电动机的平均电磁转矩,可由输入电磁功率 P_d 及转子的角速度 Ω 通过下式求出:

$$T = \frac{P_d}{\Omega} = \frac{U_d I_d}{\dfrac{2\pi n}{60}} = \frac{30 U_d I_d}{\pi n} \tag{7-6}$$

由式(7-2)得

$$U_d = \frac{\sqrt{3}}{10} p N_1 K_{N1} \varPhi n \cos\left(\nu_0 - \frac{\pi}{2}\right) \cos \frac{\mu}{2}$$

将上式代入式(7-6)得

$$\begin{aligned}
T &= \frac{\dfrac{\sqrt{3}}{10} p N_1 K_{N1} \varPhi n \cos\left(\nu_0 - \dfrac{\pi}{2}\right) \cos \dfrac{\mu}{2}}{\pi n} \times 30 I_d \\
&= \frac{3\sqrt{3}}{\pi} N_1 K_{N1} p \varPhi I_d \cos\left(\nu_0 - \frac{\pi}{2}\right) \cos \frac{\mu}{2} \\
&= K_M \varPhi I_d \cos\left(\nu_0 - \frac{\pi}{2}\right) \cos \frac{\mu}{2}
\end{aligned} \tag{7-7}$$

式中,$K_M = \dfrac{3\sqrt{3}}{\pi} N_1 K_{N1} p$ 为转矩常数。

式(7-7)便是无换向器电动机的平均转矩公式。可见,其与直流电动机的转矩公式 $T = C_T \varPhi I_a$ 也十分相似。

将式(7-7)变换成

$$I_d = \frac{T}{K_M \Phi \cos\left(\nu_0 - \frac{\pi}{2}\right)\cos\frac{\mu}{2}}$$

代入式(7-5)得

$$n = \frac{2.34 U_2 \cos\alpha}{K_E \Phi \cos\left(\nu_0 - \frac{\pi}{2}\right)\cos\frac{\mu}{2}} - \frac{\sum R}{K_E K_M \Phi^2 \cos^2\left(\nu_0 - \frac{\pi}{2}\right)\cos^2\frac{\mu}{2}} \cdot T$$

若考虑到 $U'_d = 2.34 U_2 \cos\alpha$，故上式可写成

$$n = \frac{U'_d}{K_E \Phi \cos\left(\nu_0 - \frac{\pi}{2}\right)\cos\frac{\mu}{2}} - \frac{\sum R}{K_E K_M \Phi^2 \cos^2\left(\nu_0 - \frac{\pi}{2}\right)\cos^2\frac{\mu}{2}} \cdot T \qquad (7\text{-}8)$$

上式便是无换向器电动机机械特性方程式。它与直流电动机机械特性方程极为相似。

当保持励磁磁通 Φ 一定时(类似他励直流电动机的条件)，在不同 U'_d 下的一组机械特性如图 7-8 所示。图中，曲线 1,2,3,4 分别对应 $U'_d = 250\,\text{V}$，$150\,\text{V}$，$50\,\text{V}$，$20\,\text{V}$，这与他励直流电动机改变电枢电压的人为机械特性相似，为一组平行的直线，且特性较硬。

由图 7-8 可看出，在 $U'_d = 20\,\text{V}$ 时才有可能堵转。因此这种电动机有可能在很低的转速下稳定运行，从而有较宽的调速范围。一般无换向器电动机在开环控制情况下，调速范围可达 10～20。

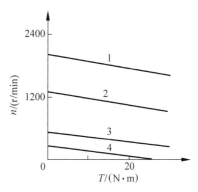

图 7-8 无换向器电动机改变电枢
电压的人为特性

无换向器电动机除了具有良好的调速性能外，还具有结构简单、维修方便、能在恶劣环境下工作以及快速性能好等优点。特别是在任何速度下都能平滑地实现电动、回馈制动以及可逆运转方式的无触点自动切换。

此外，无换向器电动机在电动机最大允许的正负转矩限制范围内，能进行稳定运转及急速地加减速控制。

总之，无换向器电动机是一种较为理想的新颖电动机，在化纤、造纸、印刷、轧钢以及国防设备等部门，有着广泛的运用前景。

7.2.2　转子供电式三相并励交流换向器电动机

交流换向器电动机有多种形式，通常按以下方式分类：

交流换向器电动机
- 按供电方式分
  - 转子供电式
  - 定子供电式
- 按供电相数分
  - 三相
  - 单相
- 按励磁方式分
  - 并励
  - 串励

在中小型特种电动机中,应用最广的是三相电源通过转子供电,且采用并励方式励磁的电动机。这种电动机即转子供电式三相并励换向器电动机。下面分析其工作原理。

1. 运行原理

转子供电式三相并励交流换向器电动机的运行原理,建立在反装式三相绕线型异步电动机的运行原理基础上。

通常,三相绕线型异步电动机,从电网吸收电能的绕组(即原边绕组)处在定子上,而感应滑差频率电动势的绕组(即副边绕组)处在转子上。而反装式三相绕线型异步电动机则与此相反,其原边绕组处在转子上,电能通过三相滑环和电刷引入。其副边绕组处在定子上,即在定子绕组中感应滑差频率 sf_1 的电动势 $\dot{E}_{2s}$。

下面分析其原理。如图 7-9 所示,转子三相绕组 Y 接(也可△接),定子三相绕组按一定

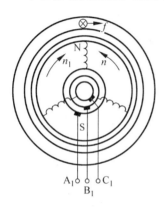

图 7-9 反装式绕形式异步
电动机的工作原理

接线方式闭合(图中未画出,仅画其中一根导线以示原理)。当三相对称电网电压加在转子三相绕组上,在电机原边绕组中便有三相对称电流通过。因而在空间产生一旋转磁场。设电机为一对极,如图所示用一对凸极 N、S 表示之,并设它以同步转速 n_1 沿顺时针方向旋转。此时,固定在定子上的副绕组边切割旋转磁场,产生切割电动势,其中某导线电动势方向如图所示。由于副边绕组是自行闭合的,因而在绕组中便有感应电流通过。该电流的有功分量与电动势方向相同,因而其电流方向也如图箭头方向所示。根据毕奥-萨伐尔电磁力定律,该导线受到一向右的作用力 F_1。由于定子固定不动,根据作用力与反作用力原理,转子受到一向左的作用力 F_2。在该力偶作用下,转子便以 n 的速度逆时针旋转起来,这便是反装式三相异步电动机的运行原理。

实际上,根据以往的异步电动机运转原理,既然转子旋转磁场 N 极顺时针旋转,因此,就有将该磁极下定子的导线带着向右旋转的趋势,但由于定子不能动,根据反作用力原理,只得转子反方向即逆时针旋转起来。

由于转子旋转磁场以 n_1 的速度相对转子本身顺时针旋转,而转子又以 n 的速度反转,因此转子旋转磁场相对定子的转速为 n_1-n,故此时的定子绕组(即副边绕组)中感应电动势的频率 f_2 为

$$f_2 = \frac{p(n_1-n)}{60} = \frac{psn_1}{60} = s\frac{pn_1}{60} = sf_1$$

可见,定子边的频率即为转差频率。这与以往的三相异步电动机副边(即转子绕组)电动势频率是一致的,只不过在反装式异步电动机中,副边为定子绕组而已。

转子供电式三相并励换向器电动机的运转原理,就是建立在上述反装式三相异步电动机运转基础上的。

由于这种反装式异步电动机由转子馈电,因此该换向器电动机就称为"转子供电式",这便是该电动机名称中"转子供电式"的来由。

2. 调速原理及转差电动势的引出

三相交流换向器电动机的调速原理,建立在三相异步电动机的串级调速的基础上。

如前所述,三相异步电动机的串级调速,就是在副绕组回路中串入一个与其频率 $f_2(f_2 = sf_1)$ 相同的三相对称附加电动势 $\dot{E}_f$,改变 $\dot{E}_f$ 的大小或使其相位相反,便可调节电动机的转速。附加电动势 $\dot{E}_f$ 的引出有各种方法,最初串级调速的附加电动势利用另一台电机提供,该电机可与原来电动机共轴,也可不共轴。正是这种由几台电机在电方面串联起来以达到调速目的,所以称为串级调速。不过,随着电力电子技术的发展,串级调速可通过一套晶闸管线路来实现。具体说就是,先将异步电动机转子回路中转差频率的交流电流,通过晶闸管整流为直流。再经过晶闸管逆变器,将直流逆变成交流,送回交流电网中。此时,逆变器的电压便相当于加到转子回路中的电动势。改变逆变器的逆变角,便可改变逆变器的电压,也即改变加于转子回路中的电动势,从而实现调速的目的。

在三相换向器电动机中,转差频率的附加电动势则通过另一种方法来获得。为了便于说明问题,先回顾一下直流发电机两电枢间电动势引出的情形。

图 7-10 所示为一直流发电机由两电刷引出一个支路电动势的情形。如前所述,该两电刷间引出的电动势为直流电动势。其实这一点并不难理解,这是由于由一对电刷引出电动势的导体,始终处于某一恒定磁极下(尽管组成该支路的导体本身在不断地轮换着)。由于磁极极性恒定,所以它感应的电动势也就为直流了。

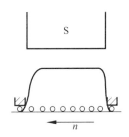

图 7-10　直流发电机两电刷间的电动势

该现象还可这样解释:由于在直流发电机中磁极与电刷之间没有相对运动,因此在特定的磁极下,一个支路中所有导体产生的感应电动势的大小和方向是不变的。那么,如果磁极与电刷之间有相对运动,情形有又怎样呢?

图 7-11 所示为一两极二支路的直流发电机。现假设其磁极以某一速度(暂且令其为 $n_1 - n$)相对电刷运动。在图 7-11(a)所示的某一瞬间,由于电刷 1、2 间所引导体均处于同一磁极 S 极下,其感应电动势方向一致,大小相加。因此,此时电刷 1、2 间引出的电动势最大。

当过了一瞬间,磁极在电刷间移过半个磁极时,如图 7-11(b)所示。此时电刷 1、2 间的导体一半电动势为进,一半电动势为出,其支路电动势合成为零,即两电刷间引出电动势为零。

当再过一瞬间,磁极在电刷间又移过半个磁极,如图 7-11(c)所示。此时电刷 1、2 之间的感应电动势又为最大,只不过方向与图 7-11(a)时正好相反。若将图 7-11(a)时的方向定为正,图 7-11(c)时的方向定为负,则图 7-11(a)时为正最大值,图 7-11(c)时为负最大值。

至此,磁极在一对电刷 1、2 之间移过了一个极面,即移过了一个极,感应电动势从正的最大变为负的最大。可以想象,当再移过一极后,电刷之间的感应电动势又回到正的最大值。也就是说,当磁极在一对电刷之间移过一对极后,感应电动势就交变一次。因此,电刷之间感应电动势的频率,就是每秒钟移过的极对数,即

$$f_f = \frac{p(n_1 - n)}{60}$$

这就是三相异步电动机串级调速,也就是在三相交流换向器电动机的副绕组中,所需要的那个附加电动势的频率。

转子供电式三相并励交流换向器电动机的附加转差频率的引出,就是基于这个道理。

若在上述反装式三相异步电动机的转子上,另装设一套附加直流绕组(该绕组与前述的直流电机绕组是完全一样的),电刷固定在定子上。如前所述,由于转子旋转磁场相对定子速度为 n_1-n,因此它相对于电刷的速度也为 n_1-n。该旋转磁场就相当于上述运动的磁极,因此在电刷间引出的电动势的频率即为上述的转差频率,即

$$f_2 = \frac{p(n_1-n)}{60} = sf_1$$

如若将该具有转差频率的附加电动势,引到定子(即副边)绕组中,如前所述,便可进行转速调节。

从图 7-11 还可看出,改变两电刷间的距离,也就改变了两电刷间所引出导线数,也就改变了所引出电动势的大小。因此,具体操作中若要改变引出感应电动势的大小,只要调节两电刷间的间隔即可。

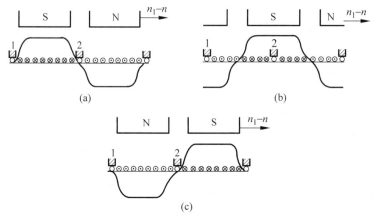

图 7-11　磁极相对电刷运动时的情形

3. 基本结构及工作原理

如前所述,转子供电式三相并励交流换向器电动机的运转原理,是建立在反装式异步电动机运转原理基础之上的,附加电动势是靠装在转子上的直流绕组引出的。该电动势引出后串入定子边(即副边)绕组中,从而实现了串级调速。因此其基本结构依据以上原理的需要而确定。如图 7-12 所示,定子上的副绕组Ⅱ是一种多相绕组(图中习惯上用三相表示,但实际上不是三相,不作星形或三角形连接)。各相彼此独立,每相两引出线分别接到换向器上的一对电刷,各相首端所接的电刷为一组(图中以 a、b、c 表示),末端为另一组(图中一般以 x、y、z 表示)。这两组电刷分别固定在两个转盘上,由一个可转动的手轮通过一套机械传动机构来控制这两个转盘。转动手轮,两转盘连同各自的电刷组沿相反的方向转动。也可用电动机带动以实现遥控。转子上装有原绕组Ⅰ和附加绕组Ⅲ,嵌放在同一槽内。原绕组是普通三相绕组,可作星形或三角形连接,通过集电环和电刷对它供电。附加绕组和换向器连接,构成闭合直流绕组。

当转动两控制手轮时,三相电刷之间的间隔就一致变化。要大同时大,要小同时小,且间隔一样。如前所述,其定子每相绕组的引出电动势也就相应一致变化。由于各相的对称性,因此下面仅以其中的一相为例,说明其工作原理。

如图 7-13(a)所示,当定子每相的二电刷置于同一换向片时,定子三相绕组各自短路,电刷间引出的附加电动势为零,这实际上就是反装式三相异步电动机的通常运行状态。此时若带额定负载,其转速 n 即为三相异步电动机的额定转速 n_N, n_N 略小于同步速 n_1。

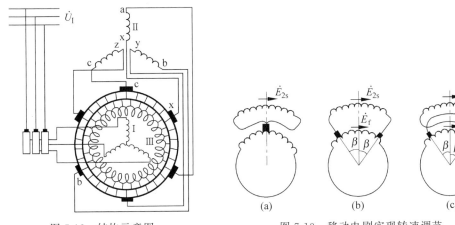

图 7-12 结构示意图　　　　　　图 7-13 移动电刷实现转速调节

当对称地拉开两电刷,并使两电刷间的一段附加绕组的中心,与所接的定子相绕组的中心点在同一空间轴线上,如图 7-13(b)所示,此时定子绕组回路的总电动势 $\dot{E}_2 = \dot{E}_{2s} - \dot{E}_f = E_{2s} - E_f$ 变小了,定子电流 I_2 也随之变小,结果使电动机的电磁转矩 T 变小而转速 n 下降。随着转速 n 的下降,转差率变大。该过程一直进行到电磁转矩恢复到原来数值,而重新与负载制动转矩 $T_2 + T_0$ 相平衡为止。此时转速不再下降,电机在某一较低转速下稳定运行。每相的两电刷展开的角度 2β 越大,则 E_f 越大,转速就越低。由于手轮可平滑均匀地转动,故转速可方便地从 n_1 往下任意调节。

若将两电刷交叉展开一角度,如图 7-13(c)所示。此时,定子绕组回路的总电动势 $\dot{E}_2 = \dot{E}_{2s} + \dot{E}_f = E_{2s} + E_f$ 变大了。因此 I_2 随之变大,致使 $T > T_2 + T_0$,而转速 n 上升。随着 n 的变大,转差率 s 变小,E_{2s} 变小,又使 I_2 重新变小,电磁转矩也随之变小。一直到 n 上升到某一数值,使电磁转矩 T 重新等于 $T_2 + T_0$ 时,又在新的运行点以较高的转速稳定运行。在这种情况下,二电刷展开的角度 2β 越大,E_f 越大,转速 n 越高。当 $n = n_1$ 达到同步转速时,转差率为零,$E_{2s} = 0$。此时定子电流 I_2 全部由 E_f 产生,并依然产生电磁转矩,电动机以同步转速稳定运行。如在此基础上再将电刷展开角加大,则 E_f 已足够大,因此仍然会使转子电流 I_2 和电磁转矩 T 回到原来的数值,使电动机在 $n > n_1$ 的情况下稳定运行。

综上所述,只要适当调节电刷在换向器上的位置,转子供电式三相并励交流换向器电动机,便能实现从低于同步转速到高于同步转速的较宽的范围内平滑而经济地调速。

4. 主要优缺点

转子供电式三相并励交流换向器电动机的主要优缺点如下:

（1）调速范围大，能实现平滑调速，操作简便。转子供电式三相并励交流换向器电动机的调速范围一般为 3：1，最高转速约为 $1.5n_1$，最低转速约为 $0.5n_1$。最大调速范围可达 30：1。

（2）功率因数较高。如前所述，该电动机采用的是三相异步电动机的串级调速方法，而在串级调速时，只要适当改变 $\dot{E}_f$ 的相位，便可改善运行时的功率因数。

（3）起动方便。三相异步电动机起动时需要一套起动设备，而这种电动机起动时只要操作手轮，将两电刷处于两边对称分开的位置，这时由于串入的反相附加电动势，使得副边的合成电动势减少，起动电流减少。也可以说，该方法是在起动时串入一个反相附加电动势限制了起动电流，而不像三相异步电动机起动时需另加起动设备。

（4）工作电压和电动机容量受到限制。由于这种电机采用转子馈电式，整个电机的全部电能经电刷和滑环从转子边输入，因此电压不能太高，一般在 500 V 之内。此外，该类电机与直流电机一样需要换向器，由于换向问题的存在，致使其容量不可以太大，一般在 20～30 kV·A 之间。

由于上述特点，转子供电式三相并励交流换向器电动机主要应用在纺织、造纸等工业部门。

7.2.3 直线电动机

传统的旋转电动机，将电能转换为旋转运动的机械能而被广泛应用。但在生产实际中还有相当多的地方需要直线运动，比如行车、传送带及电气牵引机车等。在这些场合若使用传统旋转电动机，则往往要通过联动装置等转换机构将旋转运动转变为直线运动，这就增加了设备成本，也使系统过于复杂。人们纷纷寻求能将电能直接转换成直线运动的机械能的电动机，于是直线电动机便应运而生。

直线电动机特别适用于调速或超高速运输，这是因为此时电气车辆与地面的驱动是通过空气隙来传递的，并不经过机械接触，因而不产生机械摩擦损耗。此外，设计时不受离心力或转子直径的限制，不存在转子发热的问题等。

1. 直线电动机的类型

直线电动机从运行原理来看，可分为以下三种：

（1）直线异步电动机；

（2）直线同步电动机；

（3）直线直流电动机。

若按其结构型式来分，可分为以下三种：

（1）扁平型；

（2）管型；

（3）圆盘型。

目前运用最广泛、最具有代表性的是扁平型的直线异步电动机，因此本节将主要讨论这种直线电动机。

2. 扁平型的直线异步电动机的结构特点

这种直线电动机是由普通笼型异步电动机演变而来的。设想将如图 7-14(a)所示的普通笼型异步电动机沿径向剖开，并将电机的圆周展成直线，如图 7-14(b)所示。这就是由旋转电机演变而来的最原始的扁平型异步电动机。由定子演变而来的一侧称为初级或原边，由转子演变而来的一侧叫次级或副边。

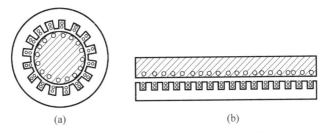

图 7-14　由旋转电机演变为直线电动机

直线电动机的运行方式不限于初级固定，次级运动。当初级固定而次级运动时，称为动次级，反之称为动初级。为了区别于旋转电机，通常将直线电动机中运动的一方称为"滑子"，另一方称为"定子"。

在如图 7-14(b)所示的直线电动机的雏形中，其初级和次级长度相等，这在实际应用中是行不通的。这是因为初级与次级之间要沿直线方向作相对运动，假使开始运动时初、次级如图 7-14(b)那样长短相等，正好对齐，那么在运动过程中，初、次级之间互相耦合的部分将越来越少，无法正常运行。因此，在实际应用上必须将初、次级做成长短不等，且使长的那一段有足够的长度，以保证在所需行程范围之内初、次级间保持不变的耦合。

在实际制造时，既可做成短初级(即次级长，初级短)，也可做成短次级(即次级短，初级长)，分别如图 7-15(a)和(b)所示。但由于短初级的制造成本和运行费用均比短次级的低得多，因此一般常用短初级，只是在特殊情况下才采用短次级。

如图 7-15 所示的直线电动机仅在次级的一侧具有初级，这种结构称为单边型。在单边型的直线电动机中，初、次级之间存在着很大的法向磁拉力，这是大多数情况下所不希望的。因此，通常在次级的两侧均装有初级，如图 7-16 所示，这样其两边的法向磁拉力相互抵消，在次级上受到的合力为零，这种结构称为双边型。

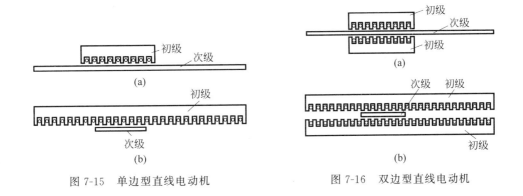

图 7-15　单边型直线电动机　　　　图 7-16　双边型直线电动机

3. 直线异步电动机的工作原理

当直线异步电动机的初级三相绕组中通入对称三相交流电流时，与传统的旋转异步电动机一样也产生一个气隙磁场。不过此处气隙磁场不再是绕圆周旋转的，而是沿图 7-17 所示的 A、B、C 相序方向直线运动。这种磁场称为行波磁场。显然,行波磁场的直线移动速度与旋转磁场在定子内圆表面上的线速度是一样的,即

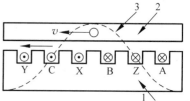

图 7-17　直线异步电动机工作原理

$$v_1 = \frac{D_a}{2} \times \frac{2\pi n_1}{60} = \frac{D_a}{2} \times \frac{2\pi}{60} \times \frac{60 f_1}{p}$$
$$= 2\tau f_1 \qquad (7\text{-}9)$$

行波磁场切割次级导条,在其中产生感应电动势及电流。根据电磁力定律,所有导条中的电流与气隙中行波磁场相互作用,便产生电磁力。在旋转异步电动机中,再由该电磁力形成电磁转矩。而在直流异步电动机中,正是在该电磁力作用下,次级随行波磁场而直线移动。设次级线速度为 v,则转差率 s 为

$$s = \frac{v_1 - v}{v_1} \qquad (7\text{-}10)$$

可见,直线异步电动机与旋转异步电动机在原理上并无本质区别,只是所得到的机械运动方程式不同而已。但是,它们在电磁现象上却存在很大的差别,这主要表现在以下几个方面:

（1）旋转电动机定子三相绕组是对称的,因此若所施三相电压是对称的,则三相绕组中电流是对称的。但直线电动机的初级三相绕组在空间位置上是不对称的,位于边缘的线圈与位于中间的线圈相比,其电感值相差很大,也就是说三相绕组电抗是不等的。因此,即使三相电压对称,三相绕组电流也不对称。

（2）旋转电机的气隙是圆形的,无头无尾,连续不断,不存在始端和末端。但直线电机中定、滑子之间的气隙是片断的,存在始端和末端。当滑子的一端进入或退出气隙时,都会在滑子导体中感生附加电流,这就是所谓的"边缘效应"。由于"边缘效应"的影响,直线异步电动机与旋转异步电动机在机理和特性上有较大区别。

（3）由于直线异步电动机定、滑子之间在直线方向延续一定长度,且法向上的电磁力往往不均匀,因此在机械结构上往往将气隙做得很大,因而其功率因数比旋转电机还要低。

直线异步电动机的工作特性,可根据计及边缘效应的等效电路(未计及边缘效应的等效电路与旋转电机的基本相同,但计算结果误差很大,没有多大实用价值)来计算,但其推导过程和计算涉及电磁物理理论,运算过程较为复杂,此处不再详细讨论,有兴趣的读者,可参阅有关专著。

7.2.4　开关磁阻电动机

开关磁阻电动机简称 SRM,是一种新型的交流调速电动机。这种电机以其调速性能好、结构简单、效率高、成本低等优点,已在迅速发展的调速电动机领域得到了广泛应用。

1. 电动机工作原理

图 7-18 表示一台典型的四相开关磁阻电动机及其一相电路的原理图。其定子上有 8 个极,每个极上绕有一个线圈,直径方向上相对的两个极上的线圈串联连接组成一相绕组。转子上沿圆周有 6 个均匀分布的转子磁极,磁极上没有线圈。定转子之间有很小的气隙,S_1、S_2 是电子开关,D_1、D_2 为二极管,E 为直流电源。

当一相绕组通电,例如当图 7-18 中定子 A 相磁极轴线 AA' 与转子磁极轴线 $11'$ 不重合时,合上开关 S_1、S_2,A 相绕组通电,B、C、D 三相绕组不通电(图中该三相未画出其绕组及相

应的电源部分)。此时,电动机内建立起以 AA′为轴
线的磁场,磁通经过定子轭、定子极、气隙、转子极、转
子轭等处闭合。由于通电时定、转子磁极轴线不重
合,因此此时通过气隙的磁力线是弯曲的。按照法拉
第力管的观点,每根磁力线都是被拉长的橡皮筋,有
纵向收缩,横向扩张的趋势。因此,此时弯曲的磁力
线纵向收缩而使被磁力线连着的定、转子沿磁力线方
向互相吸引,因而产生切向磁拉力和电磁转矩,使转
子逆时针转动,转子磁极 1 的轴线 11′向定子磁极轴

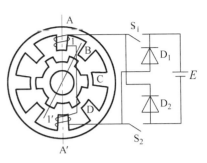

图 7-18　开关磁阻电动机原理图

线 AA′趋近。当 11′与 AA′轴线重合时,转子已达到稳定平衡位置,即 A 相定、转子极对极
时,切向磁拉力消失,转子不再转动。

图 7-19(a)表示了 A 相定、转子极对极时,电动机内各相定子磁极与转子磁极的相对位
置。可以看出,此时 B 相定子磁极轴线 BB′与转子磁极轴线 22′的相对位置,正好与 A 相通
电时相同。此时,打开 A 相开关 S_1、S_2,合上 B 相开关,即在 A 相断电的同时 B 相通电,建

立起以 BB′为轴线的磁场,电动机内磁场沿顺时针方向转过 $\dfrac{\pi}{4}$ 空间角$\left(\text{若扩大到一般,则为}\right.$

$\dfrac{2\pi}{N_s}$,其中 N_s 为定子磁极数$\left.\right)$,此时,又出现类似 A 相通电时的情形。同理,在 B 相绕组通电

期间,转子又沿逆时针方向转过一个位置,使 22′与 BB′重合,如图 7-19(b)所示。与此相类

似,当 B 相断电时,给 C 相通电建立起以 CC′为轴线的磁场,磁场又顺时针转过 $\dfrac{\pi}{4}$,转子沿逆

时针转动一位置,如图 7-19(c)所示。接着又是 C 相断电 D 相通电,情况又重复一次。最
后,当 D 相断电时,电动机内定、转子磁极的相对位置如图 7-19(d)所示,这与图 7-18 所示的

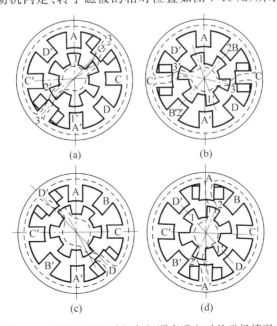

图 7-19　开关磁阻电动机各相顺序通电时的磁场情况

情况一样,只不过 A 相磁极相对的是转子磁极 2 而不是 1。这表明,定子绕组 A→B→C→D 四相轮流通电一次,转子逆时针转动了一个转子极距。在图示定子极数 $N_s=8$,转子极数 $N_r=6$ 的情况下,转子转动的极距 τ_r 为

$$\tau_r=\frac{2\pi}{N_r}=\frac{2\pi}{6}=\frac{\pi}{3}$$

定子磁极产生的磁场轴线顺时针转过的空间角度 θ_s 为

$$\theta_s=4\times\frac{2\pi}{N_s}=4\times\frac{2\pi}{8}=\pi$$

可见,只要连续不断地按 A→B→C→D 的顺序,分别给定子各相绕组通电,电动机内的磁场轴线沿 A→B→C→D 方向不断移动,转子沿 A→D′→C′→B′ 方向,即逆磁场轴线移动方向不断移动。

如果改变通电相序,即按 A→D→C→B→A 的相序轮流通电,则磁场沿 A→D′→C′→B′ 方向移动,则转子沿反方向即 A→B→C→D 方向旋转。这说明了转子转向唯一由定子通电顺序决定,而与通电相电流的方向无关。

2. 驱动系统的构成及工作原理

开关磁阻电动机是典型的机-电一体化驱动系统。该系统主要由四部分组成:开关磁阻电动机(即 SRM)、功率转换器(亦称驱动电源、功率逆变器、逆变器)、控制器及检测器等,整个系统如图 7-20 所示。

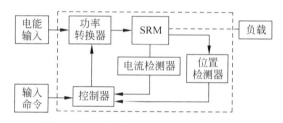

图 7-20　开关磁阻电动机驱动系统框图

1) 开关磁阻电动机

开关磁阻电动机是整个系统中的驱动元件,它担负着将电能转变为机械能,以带动负载的任务。如上所述,其结构和工作原理与传统的交、直流电动机有着根本的区别。它不像传统电机那样,依靠定、转子绕组电流产生磁场相互作用而形成转矩和转速,而是像磁阻式同步电动机和反应式步进电动机那样,遵循磁通力图沿磁阻最小路径闭合的原理,产生磁拉力形成转矩。而这种转矩属于磁阻性质的电磁转矩,因此,称为磁阻电动机。为此,它在结构上的原则是转子旋转时磁路的磁阻变化要尽可能大。所以,开关磁阻电动机的定、转子均采用凸极结构,且其极数不等。其外型及尺寸与同容量的三相异步电动机相似,如图 7-21 所示。

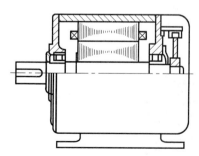

图 7-21　开关磁阻电动机结构图

开关磁阻电动机按相数分为单相、两相、三相、四相以及多相开关磁阻电动机。按气隙

方向分,有轴向式、径向式和径轴混合式三种结构。图 7-18 所示的开关磁阻电机便是径向式结构。在工业应用中,中小型驱动电动机多采用三相或四相径向式结构。

2)功率转换器

功率转换器是开关磁阻电动机运行时所需的电能的提供者,也是连接工频交流电源和电动机绕组的开关部件,包括整流器所构成的直流电源和开关元件等。功率转换器的线路有多种形式,并且与开关磁阻电动机的相数、绕组形式(单绕组或双绕组)等有密切关系。图 7-22 所示为一四相开关磁阻电动机驱动系统用的功率转换器示意图。图中,电源采用三相全波整流,$L_1 \sim L_4$ 分别表示开关磁阻电动机的四相绕组,$T_1 \sim T_4$ 分别表示与绕组相连的可控开关元件。

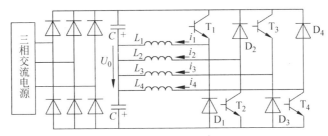

图 7-22　四相开关磁阻电动机功率转换示意图

3)控制器

控制器是开关磁阻系统的指挥中心,起决策和指挥作用。它首先综合位置检测器和电流检测器所提供的电动机转子位置、转速和电流等反馈信息,以及外部输入命令等信息。然后通过分析处理,决定控制策略,向系统的转换器发出一系列执行命令,进而控制磁阻电动机的运行。

控制器由具有较强信息处理能力的微机或数字逻辑电路及接口电路等部分构成。微机信息处理功能大部分由软件完成,因此软件是控制器的一个重要组成部分。

4)位置检测器

开关磁阻电动机系统中的位置检测器,与无换向器电动机的位置检测器一样,担负着提供转子位置及转速的任务。正是它能及时地提供定、转子极间相对位置的信号及转子运行时转速信号,控制器才能根据该信号向功率转换器发出相应的导通相电流的指令,使得电动机得以按一定转向稳定运行。

5)系统工作原理

在如图 7-20 所示的驱动系统中,当控制器接收到位置检测器提供的电动机内各相定子磁极与转子磁极相对位置信息时,即进行判断处理,向功率转换器发出指令。以决定定子绕组中哪一相绕组励磁(比如 A 相),被励磁的相绕组(A 相)的开关即导通。此时,该相绕组中便有电流 i 流过,因而产生磁通,产生磁拉力。由于磁拉力作用于转子,靠近定子励磁(A 相)的某对转子磁极就被吸引,使转子转动起来。当转子转到被吸引的转子磁极与定子励磁相(A 相)磁极重合时(这时称之为平衡位置),磁拉力消失。此时,控制器根据位置检测器的信息,在定、转子即将处于平衡位置时,向功率转换器发出指令,断开该励磁相(A 相)绕组的主开关元件。与此同时,控制器还会根据位置检测器提供的其他相定、转子磁极相对位置,以及电机运行转速等检测信号,在相应的时刻命令导通其他相绕组的主开关元件,使装置继续产生同方向的转矩,以保证转子连续不断地在一定转速下运行。同时还可看出,改变切换各相通电的频率,便可改变电动机运行的速度。

3. 开关磁阻电动机的基本特点

开关磁阻电动机是一种新型的调速电动机,可看作无换向器时代的一种发展。它们同样由带位置闭环控制的自控变频器供电,同样保持了直流电动机优良的起动和调速性能。但无换向器电动机的转子有励磁,因此定子必须由逆变器供多相交流电;而开关磁阻电动机是磁阻式,转子无需励磁,这样不仅转子结构简单,而且定子绕组也只需脉冲供电。而这种脉冲供电仅由简单的开关电路便可实现,因而功率转换器的结构较之无换向器电机又大大简化。

此外,该电动机还有以下特点。

(1) 可控参数多、调速性能好。

开关磁阻电机调速方法有改变主开关开通角、改变主开关关断角、改变相电流幅值及改变直流电源电压等多种方法。因此开关磁阻电机可控参数多且控制方便,可在四象限正、反转和制动运行,能按各种特定要求实现调节控制。

(2) 结构简单、成本低廉。

双凸极磁阻电动机是结构最简单的电机,其转子无绕组,也不加永久磁铁,定子为集中绕组,比传统电机中结构最简单的异步电机还要简单,因此制造和维护方便,高速适应性也好。

此外,由于只需要单方向供电的开关电路作为功率变换器,因此主开关元件数也比常规的逆变器少,也不会发生一般逆变器的直通短路故障,简化了控制保护单元的要求。因此电子器件功率和控制元件少、成本低。

(3) 损耗小、效率高。

首先,由于转子既无励磁绕组也无二次感应绕组,因此既无励磁损耗,也无转差损耗。其次,功率转换器主元件少,相应的损耗也少。此外,由于开关磁阻电动机可控参数多,控制灵活,因此容易在很宽的转速范围内实现高效优化控制。

当然,该电动机也有它的缺点,它主要是由于开关磁阻电动机由脉冲供电,电机气隙又小,有显著变化的径向磁拉力,因此产生振动和噪声。

7.3 驱动微电机

7.3.1 单相异步电动机

单相异步电动机常常应用于用电设备容量不大的场合。随着人民生活水平的日益提高,家用电器、医疗器械及小型电动机工具的日益增多,单相异步电动机得到越来越广泛的应用。

单相异步电动机一般容量不大,属于微型驱动电机,它小到几十瓦,如小台扇、电唱机、录音机等,大到数百瓦、上千瓦,如电冰箱、洗衣机及空调机的压缩机等。

单相异步电动机的最大优点是供电灵活、使用方便、不需要三相动力电源。但是由于它由单相电源供电,不具备三相对称电源供电时电机内部产生圆形旋转磁场的优点,因而其效率、功率因数及过载能力等都不及同容量的三相异步电动机。其单位容量的体积、用料及造价等都比三相电动机要高。比如相同机座号的单相异步电动机的输出功率仅为三相电机的50%,功率因数要低 10%～20%,效率也要低 2%～4%。可见,单相异步电动机经济及技术指标都较三相电机要差。不过,由于单相异步电动机容量往往比较小,以上缺点并不十分突出。倒是它的用电灵活、小巧适用等优点使它在日常生活及医疗器械等方面大显身手。

1. 单相异步电动机的种类及主要结构

单相异步电动机主要分五种类型:

(1)电容运行单相异步电动机。

(2)电容起动单相异步电动机。

(3)电容起动与运转单相异步电动机。

(4)电阻起动单相异步电动机。

(5)罩极起动单相异步电动机。

其中,前四种单相异步电动机在结构上与三相异步电动机没有多大差别,也分为定子、转子两大部分,转子与三相电动机完全相同,也为笼型。定子结构也与三相电机相似,在定子铁芯内部有定子槽,所不同的是槽内嵌的是两套分布式交流绕组,而不是三相分布式交流绕组。该两套绕组的轴线在空间互差 90°电角度,其中一套直接接到单相电源的绕组称为主绕组,另一套称为副绕组或起动绕组。

至于罩极起动单相异步电动机,其定子铁芯做成凸极式,定子绕组集中地套在磁极上。为了起动的需要在极靴的某一端套有短路环,转子也为笼型结构。

2. 单相异步电动机的工作原理

先讨论主绕组单独工作的情况。

如前所述,单相交流绕组通入单相交流电后在气隙中产生一单相脉振磁动势,该脉振磁动势又可分解为正负旋转磁动势,其基波表达式为

$$f_1 = F_{\Phi 1} \cos \frac{\pi}{\tau} x \cos \omega t$$

$$= \frac{1}{2} F_{\Phi 1} \cos\left(\frac{\pi}{\tau} x - \omega t\right) + \frac{1}{2} F_{\Phi 1} \cos\left(\frac{\pi}{\tau} x + \omega t\right)$$

$$= F_+ \cos\left(\frac{\pi}{\tau} x - \omega t\right) + F_- \cos\left(\frac{\pi}{\tau} x + \omega t\right)$$

$$= f_+ + f_-$$

式中,F_+ 为单相绕组基波正序旋转磁动势幅值;F_- 为单相绕组基波负序旋转磁动势幅值。

可见,两旋转磁动势幅值大小相等,均为单相脉振磁动势幅值($F_{\Phi 1}$)的一半,但其旋转方向相反。根据异步电机工作原理,该两旋转磁动势分别在气隙中产生正序和负序电磁转矩,如图 7-23 所示。

对于某一转速 n(假定其方向与正序旋转磁场相同),相对正序旋转磁场而言,其转差 s_+ 为

$$s_+ = \frac{n_1 - n}{n_1}$$

与三相异步电动机的转差率相同。

而对负序旋转磁场而言,由于其转向与之相反,因此相对负序的转差为

$$s_- = \frac{n_1 - (-n)}{n_1} = \frac{2n_1 - (n_1 - n)}{n_1} = 2 - \frac{n_1 - n}{n_1} = 2 - s_+$$

它产生的转矩曲线分别如图 7-24 中虚线所示,合成电磁转矩 $T = T_+ + T_-$,如图 7-24 中实线所示。

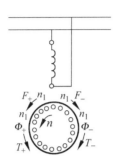

图 7-23 单相异步电动机主绕组通电时的磁场及电磁转矩

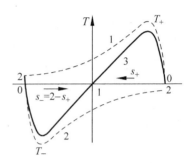

图 7-24 单相绕组供电时的 $T = f(s)$ 曲线

由此可见,单相交流绕组供电时所产生的电磁转矩有如下两个特征:

(1) 当 $n=0$ 时(即起动时),$s_+ = s_- = 1$,合成转矩 $T = T_+ + T_- = 0$。可见,交流电动机单相运行时无起动转矩。

(2) 当电动机在某种外转矩的作用下起动后,正转时,正序转矩大于负序转矩;反转时,负序转矩大于正序转矩。即运转时,合成转矩不再为零。

所以,单相异步电动机能否运行取决于起动转矩,其转向也取决于起动时的旋转方向。

3. 单相异步电动机的起动方法

如前所述,单相异步电动机有运转转矩而无起动转矩,因此单相异步电动机要运行,就要解决起动转矩的问题,而要有起动转矩,就必须变起动时的脉振磁动势为旋转磁动势。下面介绍几种起动方法。

1) 分相起动

所谓分相(也称为裂相),就是单相电源分裂成在时间相位上相差一定电角度(最好是 $90°$)的两相电流,并且在定子边增设一套与原定子绕组(称为工作绕组)相差 $90°$ 空间电角度的副绕组(单纯用于起动时称为起动绕组)。当该两相绕组通以上述两相电流时,起动时便产生一定程度的旋转磁场,因此也就解决了起动转矩的问题。

(1) 电容分相起动

所谓电容分相,就是在副绕组中串入一电容器,如图 7-25(a)所示。由于电容回路的电流 $\dot{I}_a$ 在相位上可领先电压一定角度,而主绕组电流 $\dot{I}_m$ 必落后电压一定角度,只要主副绕组设计及电容器选用适当,就有可能使两绕组电流相差 $90°$,如图 7-25(b)所示。如果再使两绕组产生的磁动势大小相等,那么起动时便可合成一圆形旋转磁动势,产生较大的起动转矩。

图 7-25 中,K 为一离心式开关,起动时闭合。当起动到某一接近额定转速时便由于离心力的作用而断开,起动绕组被切除,单相异步电动机在主绕组单独产生的运转转矩作用下继续运行。

　　这种副绕组中串有电容器,且仅在起动时工作,而起动完毕后便被切除的电机称为电容起动单相异步电动机。

　　显然,这种电动机适用于要求起动转矩较大的场合。

　　如果起动绕组回路中不装离心开关,即起动完毕后起动绕组并不被切除(当然,这种副绕组已设计为能长期接在电网工作的第二工作绕组,而不是起动绕组),这种电动机称为电容运行单相异步电动机,如图 7-26 所示。

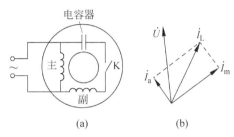

图 7-25　单相电容分相起动异步电动机

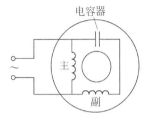

图 7-26　电容运行单相异步电动机

　　显然电容运行单相异步电动机运行时具有较好的圆形旋转磁场,因而其运行性能较好。这表现在运行平稳、噪声小、过载能力强、功率因数高等。因此,容量较大的单相异步电动机,多半采用这种电容运行单相异步电动机。

　　由于起动时所需电容器的电容值较大,而运行时所需的电容值小,为了兼顾起动和运行性能,在副绕组回路串接两个并联电容器,如图 7-27 所示。起动完毕后,利用离心开关将多余的电容器切除。这种电动机称为电容起动与运转单相异步电动机。该电机适用于起动转矩要求大,而运行性能又要求较好的场合,如压气机、空气调节器等,容量从几十瓦到几千瓦。

　　(2) 电阻起动

　　若起动绕组回路中不是串入一电容器,而是呈现一较大的电阻值,这既可通过增大副绕组本身的电阻来达到,也可在副绕组回路中串入一电阻。图 7-28(a)便是副绕组中电阻相对较大,而主绕组中电抗相对较大的一种形式。这样该主绕组电流 I_m 较副绕组电流 I_a 落后电压 $\dot{U}$ 较大的相位角,如图 7-28(b)所示。由于 I_a 与 I_m 有一定的相位差,因而也能产生一定的起动转矩,这就是电阻起动单相异步电动机。

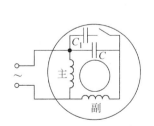

图 7-27　电容起动与运行单相异步电动机

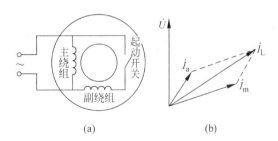

图 7-28　电阻起动单相异步电动机

　　由于该电动机的主副绕组电流相位差较小,更不可能达 90°,因而起动时的磁场椭圆度较大,起动转矩较小。所以它只适用于容量较小且对起动又要求不高的场合,如医疗器械等,容量从几十瓦到几百瓦。

2)罩极起动

罩极起动单相异步电动机简称罩极式异步电动机,其结构如图 7-29(a)所示。转子仍然是笼型结构,定子做成凸极式。在主磁极上装有集中的工作绕组,磁极的一角开有槽,槽内嵌有短路的铜环,该短路环将部分磁极面罩住,故称为罩极式。

当工作绕组接于单相交流电,便在电机内产生一脉振磁动势。该磁动势在磁极内产生的脉振磁通分两部分,一部分 Φ_1 不穿过短路环,另一部分 Φ_2 则穿过短路环,显然 Φ_1 与 Φ_2 在时间上是同相位的。由于 Φ_2 随时间脉振变化,因而在短路环中感应电动势 $\dot{E}_k$ 并产生短路电流 $\dot{I}_k$。根据电磁感应定律,$\dot{E}_k$ 在时间相位上落后 Φ_2 $90°$ 电角度。由于短路环电抗的作用,$\dot{I}_k$ 落后于 $\dot{E}_k$ 的电角度为 φ_k,忽略磁性材料的磁滞和涡流效应,$\dot{I}_k$ 产生的磁通 $\dot{\Phi}_k$ 应与之同相位,如图 7-29(b)所示。

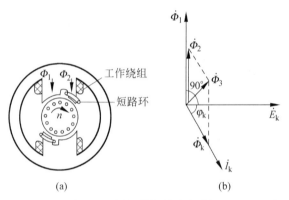

(a)　　　　　　　　(b)

图 7-29　罩极单相异步电动机

根据叠加原理,被短路环罩住的磁极部分的实际磁通,应为工作绕组提供的磁通 $\dot{\Phi}_2$ 及 $\dot{I}_k$ 产生的磁通 $\dot{\Phi}_k$ 之相量和,即 $\dot{\Phi}_2 + \dot{\Phi}_k = \dot{\Phi}_3$。显然,该磁通落后通过未被短路环罩住之极面的磁通中 $\dot{\Phi}_1$ 一时间电角度。实际上也可以说正是由于短路环的阻尼作用,使得通过被罩住的极面的磁通,要比通过未罩住极面的磁通在时间上滞后一相位角。

既然两部分磁通在时间上相差一定电角度,该两部分磁通在空间位置上又相差一定电角度,因此便产生一个向一定方向移动的"扫动磁场"。实际上这便是一种近似的椭圆旋转磁场,因而在起动时便产生转矩。

由于"扫动磁场"与圆形旋转磁场一样,总是从领前相位磁通的位置扫向落后相位磁通的位置,而被罩住极面的磁通 $\dot{\Phi}_3$ 总是落后于未被罩住极面的磁通 $\dot{\Phi}_1$ 的,因此"扫动磁场"的方向总是从未罩住的极面扫向被罩住的极面。所以这种结构的罩极电动机一旦制成,"扫动磁场"的方向也就确定,电动机的转向也就唯一确定,不可改变。

由于"扫动磁场"产生的电磁转矩较小,且有一定程度的脉动,因而运转不够平稳,噪声大,故只适用于容量很小,要求较低的场合。如小型电扇、电唱机和录音机等,容量一般在 $30 \sim 40$ W 以下。

为了克服这种电机不可改变转向的缺点,不久前英国 Aberdeen 大学研制成了一种新型的双转向罩极异步电动机。其结构如图 7-30(a)所示,转子结构仍为笼型,定子的凸极做成每一磁极均有一大一小两极身,大极身为主极,无短路环。小极身为辅极,罩有短路环,主辅磁极均套有励磁绕组。当主辅磁极绕组按某一方式连接时,其极性如图 7-30(b)中的Ⅰ所示,转向自左向右,其情形相当于Ⅱ中所示的传统结构的罩极电动机。如欲改变电流方向,只需将辅助绕组的磁极线圈接头对调,使其电流方向改变。此时,各磁极的极性关系如Ⅲ所示,相当于传统结构中的Ⅳ所表示的情况,显然这时已达到改变转向的目的。

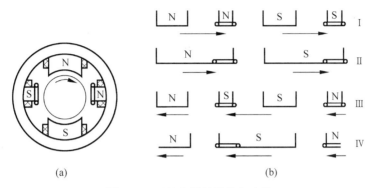

图 7-30   双转向罩极异步电动机

7.3.2   单相串励换向器电动机

如前所述,换向器电动机有多种形式,转子供电式三相并励交流换向器是常用的一种中小型特种电动机。本节介绍另一种属于微型驱动电动机的换向器电动机,它设计为单相交流供电,采用串励方式,故称为单相串励换向器电动机。这种电动机一般容量不大,大多在1 kW 以内,主要应用在手电钻、小通风机及电动缝纫机等小型电动工具和吸尘器、电吹风及搅拌器等家用电器上。

单相串励换向器电动机的工作原理,与直流串励电动机的工作原理相仿。众所周知,串励直流电动机的转向取决于电磁转矩的方向。当单独对调励磁绕组两接头时,定子励磁方向改变,电磁转矩和电机转向随之而改变;当单独对调电枢绕组两接头时,电枢电流方向改变,电磁转矩和电机转向也随之改变。但若对调电源的两接头,则励磁磁通和电枢电流方向同时改变,电机转向并不改变。这就是说,串励直流电动机的电磁转矩和旋转方向,不随电源极性的改变而变化。设某一时间内电源极性及电流方向如图 7-31(a)所示,显然此时转子的电磁转矩方向为逆时针。当电源极性相反,如图 7-31(b)所示,由于定子和转子绕组串联,主磁场和电枢电流的方向同时随电源极性而改变,转子上的电磁转矩仍为逆时针。因此,直流串励电动机在交流供电下,也可得到方向恒定不变的电磁转矩,带动负载运行,这便是单相串励电动机的基本工作原理。

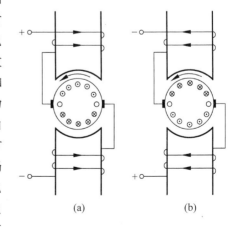

图 7-31   直流串励电动机不同极性电源供电时的情况

尽管单相串励电动机的工作原理与直流串励电动机相同,但若将直流串励电动机直接接于单相交流电源,将会出现不少问题。因此,单相串励电动机在设计时应采取相应的对策:一方面由于主磁极磁通是交变的,因此若还像直流电机一样采用普通钢片,必然产生很大的铁损耗,使电机效率下降,温升过高。所以,单相串励电动机的主磁极及整个磁路都必须用硅钢片叠成;另一方面,由于励磁电流和电枢电流都是交变的,由此而产生的交变磁场使电机中存在很大的电抗,以致使电动机的功率因数降低。为此,在交流串励电动机中励磁绕组的匝数应相应减少。但为了仍保持有适当的主磁通,应尽量采用较小气隙或采取其他措施,以减小磁路的磁阻。此外,由于交变的主磁极磁通与被电刷短路的换向元件相交链,因此,在换向元件中感应一个变压器电动势,这在直流电机中是没有的。所以,单相串励电机较直流串励电动机换向问题更为严重,应采取相应措施加以解决。但如前所述,由于属于驱动微电机范围的这种单相串励电动机一般功率较小,不可能为此增设补偿绕组和换向极,故一般采取增加槽数、采用短距线圈及恰当选择换向器和电刷的材料等措施加以补救。

与直流电动机一样,单相串励电动机也是电刷处于几何中性线处时产生最大电磁转矩。小功率单相串励电动机都采用一对极,其电枢绕组都是一对并联支路。

当单相交流电通过励磁绕组时,便在电机内产生直轴脉振励磁磁场,当通有交流电的电枢绕组处于该脉振主磁场中时,就要受到电磁转矩的作用,如图7-32所示。

设主磁通和电枢电流正弦变化

$$\Phi = \Phi_m \sin \omega t$$

$$i_a = I_{am} \sin(\omega t + \theta) = \sqrt{2} I_a \sin(\omega t + \theta)$$

式中,I_a 为电枢电流有效值;θ 为由于磁滞和涡流作用,主磁通滞后电枢电流的相位角。

电磁转矩的瞬时值为

$$T(t) = C_m \Phi i_a = C_m \Phi_m \sin \omega t \cdot \sqrt{2} I_a \sin(\omega t + \theta)$$

$$= \frac{1}{\sqrt{2}} C_m \Phi_m I_a [\cos \theta - \cos(2\omega t + \theta)]$$

式中,C_m 为电磁转矩计算常数。

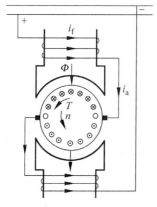

图 7-32 单相串励电动机原理图

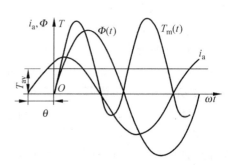

图 7-33 单相串励电动机的电磁转矩

图 7-33 画出了电枢电流 i_a、磁通 Φ 及电磁转矩 $T_m(t)$ 随时间变化的曲线。由图可知,

电磁转矩大小随时间而变化,且在大部分时间范围内转矩是正的,属驱动性质,电动机被加速;而在另一些极短的时间范围内,转矩是负的,属制动性质,电机被减速。若 $\theta = 0$,电枢电流与主磁通 Φ 同相位,则电磁转矩都是正的交变量。众所周知,转矩的交变分量只会使电机产生振动和噪声,而电机的电磁转矩等于瞬时转矩在一周内的平均值。

$$T = T_{av} = \frac{2}{T_m} \int_0^{\frac{T_f}{2}} T(t)\,dt$$

$$= \frac{\sqrt{2}}{T_m} C_m \Phi_m I_a \int_0^{\frac{T_f}{2}} \left[\cos\theta - \cos(2\omega t + \theta) \right] dt$$

$$= \frac{1}{\sqrt{2}} C_m \Phi_m I_a \cos\theta$$

式中,T_f 为电源交变周期,$T_f = \dfrac{1}{f}$。

如前所述,为了改善换向,一般单相串励电动机均采用短距线圈,若考虑绕组的短距系数 K_y,则

$$T = T_{av} = \frac{1}{\sqrt{2}} C_m K_y \Phi_m I_a \cos\theta$$

由此可以得到以下结论:

(1) 串励电动机在直流电源下工作时,电磁转矩是恒定不变的,运行平稳;在交流电源下工作时,电磁转矩是交变的,运行不如直流电源驱动时那样平稳。

(2) 单相串励换向器电动机的平均电磁转矩与气隙磁通最大值 Φ_m、电枢电流 I_a 以及它们之间的相位角 θ 的余弦成正比。由于铁磁材料涡流和磁滞现象在交流励磁情况下总是存在的,$\cos\theta$ 不可能等于 1,因此,单相串励换向器电动机电磁转矩较直流串励电动机要小一些。

(3) 除了恒定的平均电磁转矩外,单相串励电动机还存在一个二倍频的脉振转矩。不过,由于电机转子的机械惯性和该脉振转矩数值较小,不致使电机的转速发生太大的变化,但在电动机中会引起振动和噪声。相位差角 θ 越大,脉振转矩的幅值越大,产生的振动和噪声也越大。

7.3.3　磁阻式及磁滞式同步电动机

1. 磁阻式同步电动机

如前所述,同步电动机的电磁转矩 T 为

$$T = m \frac{E_0 U}{X_d \Omega_1} \sin\theta + m \frac{U^2}{2\Omega_1} \left(\frac{1}{X_q} - \frac{1}{X_d} \right) \sin 2\theta = T' + T''$$

其中

$$T'' = m \frac{U^2}{2\Omega_1} \left(\frac{1}{X_q} - \frac{1}{X_d} \right) \sin 2\theta = m \frac{U^2}{2\Omega_1} \frac{X_d - X_q}{X_d X_q} \sin 2\theta$$

为同步电动机电磁转矩的附加分量,它不需要转子励磁,只有在凸极式同步电动机中 $X_d \neq X_q$,$T'' \neq 0$,该电磁转矩分量才存在。实际上它是由于凸极式同步电动机的气隙磁阻不均匀,致使纵轴同步电抗 X_d 与横轴同步电抗 X_q 不相等而造成的。因此,这部分转矩又称为

磁阻转矩,应用该磁阻转矩制成的同步电动机,称为磁阻式同步电动机。

磁阻式同步电动机不需要转子励磁,那么其转子磁场及由此产生的电磁转矩是如何产生的呢?

如图7-34(a)所示,当对称三相交流电在同步电动机的定子电枢绕组流过时,便在气隙中产生一旋转磁场,以n_1表示之。当定子磁极的磁通通过转子时,在磁通进入转子的一端便形成了转子的S极(因为磁通在此进入转子磁极),在磁通从转子出来的一端就形成了转子的N极(因为磁通是从转子的磁极发出来的)。也就是说,在磁阻式同步电动机中,尽管没有转子励磁,由于定子磁场的作用,转子上仍然存在着相应的磁极。只是由于这时定子磁极轴线与转子磁极的轴线相重合,气隙磁场对称分布,功率角$\theta=0$,故$\sin 2\theta=0$,致使磁阻转矩为零。或者说,此时的定转子磁场仅产生径向拉力而不产生切向拉力,故而不产生转矩。

以上讨论的是理想空载时的情况。当转子被加上机械负载后,由于转矩的不平衡,转子出现瞬时减速,于是转子直轴便落后定子旋转磁场轴线θ角,如图7-34(b)所示。由于磁通总是走磁阻最小的路径,因此仍然在转子凸出的极面上形成转子磁极。由于直轴磁路的磁阻较交轴的小得多,故磁力线仍由极靴处进入转子,以上转子轴上与定子磁场之间的夹角θ,便是定子磁极之间的功率角。此时$\theta\neq 0$,$\sin 2\theta\neq 0$,于是便出现了磁阻转矩。或者说,此时由于定、转子磁极拉开了一个θ角,不仅存在径向力,还出现了切向力,正是这个切向力便产生了磁阻转矩。定、转子磁极拉开一角度后出现电磁转矩的现象,还可从法拉第力管的观点来理解。按照法拉第力管的观点,每根磁力线都是被拉长的橡皮筋,它有纵向收缩,横向扩张的趋势。当$0<\theta<90°$时,磁场发生扭斜,而定、转子之间的磁力线都有纵向收缩的趋势,因而被磁力线连着的定、转子沿着磁力线方向互相吸引,这样便产生电磁力和电磁转矩。

但当θ角继续增大到90°时,如图7-34(c)所示,此时气隙磁场又是对称分布,$\sin 2\theta=0$,不产生电磁转矩。

如果转子是圆柱形隐极结构,如图7-34(d)所示。此时气隙是均匀的,不管转子处于什么位置,转子被定子磁场磁化而产生的磁极总是正对定子异性磁极的。也就是说整个磁场总是对称分布的,不发生扭斜,定、转子磁极始终不会拉开角度,$\theta=0$,$\sin 2\theta=0$,致使电磁转矩为零。这也可理解为由于$X_d=X_q$,纵轴与横轴磁路的磁阻相等,因而不产生磁阻转矩。这就是为什么磁阻转矩仅存在于凸极结构的同步电动机之中的道理。

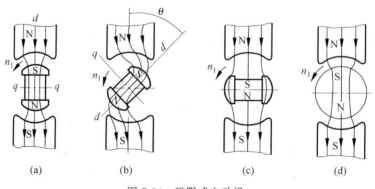

(a)　　　　(b)　　　　(c)　　　　(d)

图7-34　磁阻式电动机

实际上为产生磁阻转矩效应,并不一定要将转子做成如图7-34(a)～(c)所示的结构。事实上,由于机械结构及强度上的原因,由这种结构造成的X_d和X_q之差是不大的,工艺上往往采用钢片和非磁性材料(如铝、铜等)镶嵌而成的隐形磁极结构。如图 7-35 所示，图 7-35(a)为二极式结构，图 7-35(b)为四极式结构。定子通电产生磁场后，气隙磁场基本上只能沿钢片引导的方向进入转子直轴磁路，因而使磁场发生显著扭斜，它对应的电抗为直轴电抗 X_d；而交轴磁路由于要多次跨入非磁性材料的区域，遇到的磁阻很大，所以对应的交轴电抗 X_q 很小。

这种隐形磁极结构的磁阻电动机，其转子中的铝或铜部分，在起动时便充当笼型结构的起动绕组。

磁阻式同步电动机由于其转子无需电励磁，因而结构简单，多用于自动装置、电动仪表及电钟、电影机械中。由于纵横轴磁阻不均匀造成的电磁转矩有限，因而一般这种电动机容量都不大，在几瓦到数百瓦之间。该电动机靠交流电网提供励磁而产生旋转磁场，因而功率因数较低。此外，其转速不易调节也是缺点之一。

2. 磁滞式同步电动机

磁滞式同步电动机简称为磁滞电动机，其定子结构与磁阻式同步电动机基本相同。所不同的是其转子铁芯用硬磁材料制成，呈一圆柱体或圆环形，并装配在非磁性材料制成的套筒上。如图 7-36 所示，图中 1 为硬磁材料，其作用是形成转子磁极，产生磁滞转矩；2 为挡环，其作用是限制磁极位置，不让它脱出；3 为支撑磁极的非磁性套筒。如前所述，硬磁材料不同于一般的软磁材料，它具有比较"肥胖"的磁滞回线，剩磁 B_r 和矫顽磁力 H_c 都比较大。

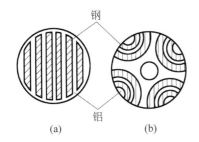
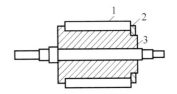

图 7-35　隐形磁极结构的磁阻式电动机转子　　　图 7-36　磁滞电动机的转子结构

从磁分子的观点来看，剩磁 B_r 和矫顽磁力 H_c 大，说明了磁分子之间的摩擦力大。当对这种材料反复进行磁化时，磁分子不能跟上外磁场变化方向即时作相序排列，在时间上有一个较大的滞后，产生较明显的磁滞现象。由这种材料做成的转子就会在旋转磁场的作用下产生较大的磁滞转矩。下面结合图 7-37 所示的原理图，分析磁滞转矩的产生。

图 7-37 中用一对显极表示旋转磁场，圆柱体表示硬磁材料制成的转子，其整个圆周上排列着无数磁分子，图中的两个小磁极即代表其中的两个。当该转子置于定子绕组所形成的旋转磁场中，且磁场以同步速 n_1 旋转时，转子中所有磁分子将跟着旋转磁场的极性进行相应的排列。当定子磁场与转子无相对运动，转子磁分子处于定子磁场的恒定磁化下，转子磁分子排列方向便与定子磁场轴线的方向一致。如图 7-37(a)所示，此时旋转磁场与磁分子之间只有径向的吸引力 f，不产生转矩。当旋转磁场顺时针转过 θ 角时，转子中的磁分子因其相互间有很大的摩擦力，而不能即时地随着旋转磁场同样转过 θ 角，在这个时间内基本还保持在原来位置上，即磁分子的转动要滞后旋转磁场一个 θ 角，这个 θ 角就是磁滞角。旋转磁场轴线与磁分子轴线间出现 θ 角以后，如图 7-37(b)所示，磁拉力 f 便出现径向和切向两

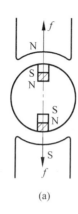
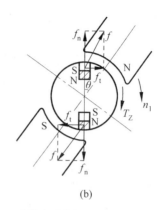

图 7-37 磁滞电动机

分量 f_n、f_t，即

$$f_n = f \cos \theta$$

$$f_t = f \sin \theta$$

该切向分量 f_t 便形成磁滞转矩 T_Z，正是这个磁滞转矩的作用下，转子便旋转起来。

这说明，磁滞转矩形成的原因是由于硬磁材料制成的转子，在旋转磁场的旋转磁化下，磁分子轴线与旋转磁场轴线出现了磁滞角。如果转子与定子旋转磁场没有相对运动，则转子磁分子便会在定子磁场的反复旋转磁化下，形成与定子磁场轴线方向一致或平行的排列，因而不出现磁滞角，也就不产生磁滞转矩。可见，磁滞转矩的形成条件是定子旋转磁场与转子要有相对运动，即出现磁滞转矩时，转子转速应低于旋转磁场的同步转速，电动机处于异步状态。

然而，磁滞角的大小仅仅取决于硬磁材料的性质，而与转子异步运行的具体转速无关。也就是说，转子在不同转速的异步运行的旋转磁化下，磁滞始终是不变的，因而磁滞转矩也是不变的，与转子转速无关。而当转子转速达到同步转速时，转子不再被旋转磁场旋转磁化，不再出现磁滞现象，因而也就不产生磁滞转矩了。磁滞转矩与转子转速之间的关系如图 7-38 所示。

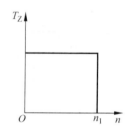

图 7-38 磁滞转矩与转子转速之间的关系

可见，磁滞电动机能自行起动，且起动转矩较大。当磁滞电动机借助于磁滞转矩起动后，便可在该转矩作用下进入异步运行。只是磁滞电动机由于转子的实心结构，在异步状态下运行会产生很大的磁滞和涡流损耗。因此，这种电机在异步状态下运行的情况是很少的。当负载转矩较小时，转子被磁滞转矩拖至接近同步转速时，旋转磁场与转子两者之间已差不多处于相对静止状态，此时转子被旋转磁场旋转磁化的进程十分缓慢，差不多已是恒定磁化了。由于转子由硬磁材料制成，具有永磁特性，因此转子便被磁化成一永磁转子。由于此时转子转速已接近同步速，因此便很快被定子磁场牵入同步运行。此时，磁滞电动机实际上已是一台永磁同步电动机。

功率较小的磁滞电动机，定子可采用与罩极式单相异步电动机相同的罩极结构，转子则可由硬磁材料的薄片叠成，设计使其直、交轴具有不同的磁阻。这样，运行时转矩既有磁滞转矩，又有磁阻转矩。其结构如图 7-39 所示，图中 1 为硬磁薄片组成

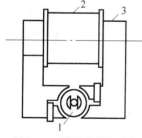

图 7-39 罩极磁滞电动机

的转子,2 为励磁线圈,3 为电机铁芯。

习题

7-1　定子磁动势和转子磁动势的相对转速在什么条件下电机才产生平均电磁转矩? 无换向器电动机的工作原理是建立在怎样的电磁关系基础上的?

7-2　为什么说电刷端所引出的电动势的频率取决于磁场对电刷的相对速度? 转子供电式三相并励交流换向器电机为什么可实现无级调速?

7-3　直线异步电动机与旋转异步电动机的主要区别是什么? 与旋转异步电动机相比在电磁方面有什么特点? 主要适用于哪些场合?

7-4　旋转式异步电动机的极数可为奇数吗? 为什么? 直线式异步电动机呢? 为什么?

7-5　简述开关磁阻电动机工作原理及整个驱动系统结构。它与无换向器电动机有什么异同?

7-6　试说明单相异步电动机的种类及其结构。

7-7　试说明分相式单相异步电动机改变旋转方向的道理。普通罩极式电动机的旋转方向能改变吗? 新罩极式电动机是如何改变转向的?

7-8　磁滞式电动机忽略涡流转矩时,为什么在转速 $n=0 \sim n_1$ 范围内电机的转矩为一常数?

7-9　磁滞式同步电动机最突出的优点是什么?

7-10　为什么磁阻式同步电动机转子上常常装笼型绕组,而磁滞电动机却没有装?

第8章 控制电机

8.1 概述

前面所介绍的各类电机,包括变压器、直流电机、异步电机、同步电机、中小型特种电机及驱动微电机等,在电力拖动系统中主要作为供电电源或机械负载的动力源使用。但是,现代电力拖动系统正向自动化方向发展。在自动化的电力拖动系统中,光有这些电源和机械动力的原动机还很不够,还必须有一些控制元件来转换和传递控制信号,这些控制元件主要是控制微电机。

8.1.1 控制电机的特点

由于控制电机在整个系统中是以实现自动控制为主要目的,即其主要任务是完成控制信号的传递或转换。其中有的是将电信号转换为机械动作,有的是将机械动作转换为电信号,有的是传递电信号,有的是传递机械动作。但不论执行哪一种功能,它都是以传递或转换信号为职能。与此相反,前面几章介绍的各类功率电机,以传递或转换能量为主要目的,有的将电能转变为机械能,以带动机械负载;有的将机械能转变为电能,以向电负载供电;有的则将电能从一个电网络传递给另一个电网络。尽管形式有多种多样,但由于它都以传递或转换能量为主要目的,因此人们所关心的,也就是考核它的主要指标,是它的能量转换或传递效率,即考核它在一定的功率输入下,能输出多少能量。也就是说,对这类电机主要考核它的力能指标,如效率、功率因数和转矩等。而控制电机则不然,它与功率电机的功能不同,其考核指标自然也就不同。对控制电机,人们所关心的是它传递或转换信号的准确性和精确度,是它的反应灵敏度和运行的可靠性等。

这就是控制电机与通常的功率电机的主要区别,也就是控制电机的主要特点。除此之外,其运行基本原理与普通电机并无多大差别。

8.1.2 控制电机的种类

控制电机的种类很多,除了直流伺服电动机和测速发电机、自整角机外,还有交流伺服电动机、交流测速发电机、旋转变压器、步进电动机等。根据它们在自动控制系统中的作用,可将控制电机分为以下两大类。

1. 执行元件

执行元件的功能是将电信号转换为转轴上的角位移、角速度、直线位移或线速度等,从而带动被控制对象运动。主要包括交流伺服电动机、直流伺服电动机和步进电动机等。

2. 信号元件

信号元件的功能是将机械转角、转角差或转速等机械量转换成电信号,或传递给下一个随动系统,一般在自动控制系统中作为敏感元件和校正元件等。主要包括交流测速发电机、直流测速发电机、自整角机和旋转变压器等。

8.1.3　控制电机的作用

控制电机已经成为现代工业自动化系统、现代科学技术,以及现代军事装备中不可缺少的重要元件。其应用范围非常广泛,例如火炮和雷达的自动定位、舰船方向舵的自动操纵、飞机的自动驾驶、遥远目标位置的显示、机床加工过程的自动控制和自动显示、阀门的遥控,以及机器人、电子计算机、自动记录仪表、医疗设备、录音录像设备中的自动控制系统等。

8.2　伺服电动机

伺服电动机又称为执行电动机。常用的伺服电动机有两大类,一类是用交流电源工作的,称为交流伺服电动机;另一类是用直流电源工作的,称为直流伺服电动机。直流伺服电动机的输出较大,有时可达数百瓦级,故可直接带动较大的控制对象,交流伺服电动机的输出则较小。

8.2.1　交流伺服电动机

1. 工作原理及结构特点

如图 8-1 所示,交流伺服电动机实际上就是一台单相分相式异步电动机。其工作原理和结构也与之相似。所不同的是,普通单相异步电动机的工作绕组在伺服电动机中作励磁之用,称为励磁绕组,接至单相交流电源上。而普通单相异步电动机的辅助绕组(即分相绕组或起动绕组),则在此接至控制信号输出端,即接收控制电压,称为控制绕组。

其转子与普通异步电动机一样,多为笼型绕组。但在某些对灵敏度要求较高的场合,也有将转子用铝做成杯形状的,称为杯形转子。在分析这种转子的作用原理时,可将它看成无穷多根导条的笼型转子进行分析。

由于转子杯重量轻,这种杯形转子伺服电动机的特点是转动惯量小、起动迅速、反应灵敏、运行平稳。当然,如图 8-2 所示,由于这种结构出现了二道气隙,因此气隙较之普通笼型的要大,励磁电流以及电机体积也随之增大。

图 8-1　交流伺服电动机

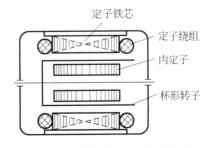

图 8-2　杯形转子交流伺服电动机

运行时,由于励磁绕组常接于交流电源,因此在电机内部总存在一单相脉振磁场。众所周知,单相脉振磁场是不产生起动转矩的。因此,在没有控制信号,即控制绕组中没有电流流过时,电机是不会旋转的。

但是,一旦控制绕组端出现电信号,也就是控制绕组中有控制电流流过时,就产生一与励磁磁动势在空间垂直的脉振磁动势,两个脉振磁动势合成,在空间形成按一定方向旋转的旋转磁场。此时电机的转子就随着该旋转磁场旋转起来。对伺服电动机来讲,也就做到了一有电信号就随之而动作。

如果交流伺服电动机的参数与普通单相异步电动机的参数设计完全一样的话,根据图 8-3(a)所示的单相励磁绕组所产生的 T-s 曲线可知,此时电机正转时转矩为正,反转时转矩为负。这说明在单相绕组励磁下,一旦起动后总有驱动转矩存在。也就是说,一旦起动后,不管朝哪个方向转动,即使控制信号电压消失,伺服电动机的转子仍然会在该单相脉振磁动势作用下继续旋转,而不会停转。

交流伺服电动机的这种失控,即控制信号消失电动机仍自行旋转的现象,称为"自转"。这种自转现象的存在对于伺服电动机是不允许的。因为它使执行元件不能做到"令行禁止"而产生误动作。

那么怎样才能避免这种现象呢?在分析异步电动机的机械特性时,已经判明异步电动机最大转矩所对应的临界转差率 s_{m1} 随转子电阻的增大而增大。若增大转子电阻,负序磁场所产生的最大转矩所对应的转差率 $s_{m2}=2-s_{m1}$ 则相应减小,即两转矩曲线相互靠拢,合成转矩随之减小,如图 8-3(b)所示。如果转子电阻足够大,使正序磁场产生的最大转矩所对应的转差率 $s_{m1} \geqslant 1$,电机的电磁转矩在正向旋转范围内便为负值,如图 8-3(c)所示。在这种情况下,控制电压消失后,处于单相运行状态下的电机由于电磁转矩的制动性质而迅速停转。因此,增大转子电阻是防止交流伺服电动机出现"自转"现象的有效措施。

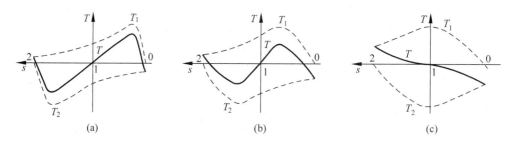

(a)　　　　　　　　　　　(b)　　　　　　　　　　　(c)

图 8-3　交流伺服电动机的自转现象及其避免

如上所述,消除自转现象转子电阻应满足的临界条件是 $s_{m1}=1$,根据异步电动机原理 $s_{m1} \approx \dfrac{r_2'}{x_1+x_2'}$,因此在设计时令 $\dfrac{r_2'}{x_1+x_2'} \geqslant 1$ 即可。

2. 控制方法

从以上分析可看出,对交流伺服电动机执行动作的控制,主要靠控制绕组。控制绕组的磁动势的大小和相位,决定着旋转磁场的大小和方向,也就决定着电动机的转速和转向。而控制绕组的磁动势,又取决于控制电压的大小和相位,因此交流伺服电动机的控制方法有以下三种。

1) 幅值控制

所谓幅值控制,就是保持控制电压 U_k 的相位不变,仅仅改变其幅值来进行控制。

幅值控制的接线如图 8-4 所示。励磁绕组直接接于交流电源,其电压为额定电压 U_N。

控制绕组所加的电压 U_k,其相位通过移相器使之与励磁绕组电压相差 90°,其大小可通过调节变阻器 R 来改变。变阻器 R 两端的电压称为控制绕组的额定电压 U_{kN},控制电压 U_k 的大小与 U_{kN} 的关系为

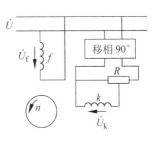

图 8-4　交流伺服电动机的幅值控制

$$U_k = \alpha U_{kN}$$

式中,α 为有效信号系数,其范围是 $0 \leqslant \alpha \leqslant 1$。

当 $\alpha = 1$ 时,控制电压等于额定电压,与励磁电压相等。若控制绕组与励磁绕组匝数相等,则控制绕组磁动势幅值与励磁绕组磁动势幅值相等。又由于两绕组电流在时间相位上相差 90°,在空间位置上差 90° 电角度。因此,此时合成磁动势为圆形磁动势,产生的电磁转矩最大。当 $\alpha = 0$ 时,控制绕组磁动势为零,合成磁动势为一脉振磁动势,在第一象限内不产生正向电磁转矩。当 $0 \leqslant \alpha \leqslant 1$ 时,其合成磁动势为椭圆,电磁转矩大小介于两者之间,且信号越大,电磁转矩越大。

采用分析单相异步电动机两相绕组通电时的相同方法,便可得出交流伺服电动机的机械特性。所谓交流伺服电动机的机械特性,是指在控制信号一定时,电磁转矩随转速变化的关系。有效信号系数 α 不同时,交流伺服电动机幅值控制的机械特性如图 8-5 所示。图中,电磁转矩和转速均采用了标么值。转矩的基值是 $\alpha = 1$(这时电机磁动势为圆形磁动势)时电机的起动转矩,转速的基值是同步转速 n_1。从图中可看出,交流伺服电动机的机械特性并不是直线。

机械特性只能反映一定控制信号下,转速与电磁转矩之间的关系,而控制电机则往往更关注转速与控制信号之间的关系。为了更清楚地表示这一关系,引入另一特性——调节特性。所谓交流伺服电动机的调节特性是指输出转矩一定时,转速与控制信号变化之间的关系,这一关系可直接从其机械特性得出。交流伺服电动机幅值控制时的调节特性曲线如图 8-6 所示。从图中可看出,当所带的负载的转矩一定时,改变控制信号大小(也即改变有效信号系数 α)便可改变伺服电动机转速。此外还可看出,交流伺服电动机幅值控制时的调节特性也不是直线。只是在转速的标么值 n^* 较小时才近似为直线。为了尽量使调节特性

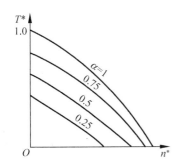

图 8-5　交流伺服电动机幅值控制时的机械特性

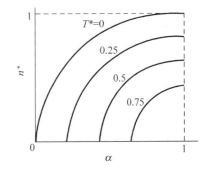

图 8-6　交流伺服电动机幅值控制时的调节特性

用在 n^* 较小区域以减小伺服系统的动态误差,许多交流伺服电动机均采用频率为 400 Hz 的中频交流电源,以提高其同步转速 n_1,进而减小转速标幺值 n^*。

2) 相位控制

所谓相位控制,就是保持控制电压 U_k 的幅值不变,仅仅改变其相位来进行控制。

相位控制的接线如图 8-7 所示,励磁绕组接在交流电源上,大小为额定电压;控制绕组所加信号电压的大小为额定值,但通过一移相器改变其相位,使相位差为 β,$\beta=0°\sim90°$。通常 $\dot{U}_k$ 落后 $\dot{U}_f$,因此 $\sin\beta=0\sim1$,$\sin\beta$ 称为相位控制的信号系数。

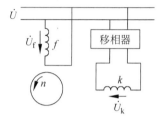

图 8-7　交流伺服电动机的相位控制

当 $\beta=90°$,$\sin\beta=1$ 时,控制绕组与励磁绕组磁动势大小相等,空间位置上差 90°,时间相位上也差 90°。因此合成磁动势为圆形磁动势,产生电磁转矩最大;当 $\beta=0°$,$\sin\beta=0$ 时,控制绕组产生的磁动势在时间上与励磁绕组磁动势同相,电机合成磁动势为脉振磁动势,在第一象限内不产生正向转矩;当 $0°<\beta<90°$,$0<\sin\beta<1$ 时,控制绕组产生的磁动势在时间上与励磁绕组磁动势相位差小于 90°。因此合成磁动势为椭圆磁动势,电磁转矩大小介于两者之间,且 β 越大,电磁转矩越大。

采用与前面同样的分析方法,便可得交流伺服电动机相位控制时的机械特性和调节特性,分别如图 8-8(a)和(b)所示。从调节特性上可看出,改变控制电压相位角 β,在一定的输出转矩下便可改变伺服电动机转速。

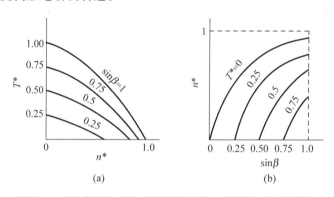

(a)　　　　　　　　　　(b)

图 8-8　交流伺服电动机相位控制时的机械特性和调节特性

作为执行元件的伺服电动机,不仅应具有起动和停止的伺服性、转速大小的可控性,还应具有旋转方向的可控性。这一可控性可在相位控制时实现。此时,只要将控制电压 U_k 的相位改变 180°,则其磁动势由原来在时间上落后励磁磁动势 90°变为领先 90°。这样,合成的旋转磁动势的转向也就发生了变化,伺服电动机的转向也就随之改变。

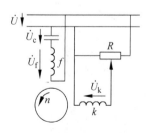

图 8-9　交流伺服电动机的
幅值-相位控制

3) 幅值-相位控制

交流伺服电动机幅值-相位控制时的接线如图 8-9 所示。励磁绕组串接一电容器后再接交流电源,控制绕组电压 $\dot{U}_k$ 与电源电压同频率、同相位,其幅值可通过变阻器 R 调节。

在励磁回路中,电源电压、励磁绕组电压及电容器两端电压的关系为

$$\dot{U}_f = \dot{U} - \dot{U}_c = \dot{U} + j\dot{I}_f X_c$$

式中,X_c 为电容器的容抗。

以上电压方程式所对应的相量图,如图 8-10 所示。当调节控制电压 $\dot{U}_k$ 的幅值来改变电动机的转速时,由于转子绕组的耦合作用,励磁绕组电流 $\dot{I}_f$ 也发生变化,以至于励磁绕组的电压 $\dot{U}_f$(及电容器电压 $\dot{U}_c$)也随之变化。这就是说,电压 $\dot{U}_k$ 与 $\dot{U}_f$ 的大小及它们之间的相位差角 β 也都随之变化,所以这是一种幅值和相位同时改变的复合控制方式,故称为幅值-相位控制。其机械特性和调节特性如图 8-11 所示。可看出,幅值-相位控制的机械特性和调节特性的线性度,均不如幅值控制和相位控制时的好。尽管如此,由于这种控制中仅用一分相电容器便可达到控制电压与励磁电压移相的目的,移相装置简单、成本低,所以是最常用的一种控制方式。

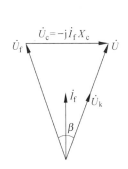

图 8-10　幅值-相位控制时的电压相量图

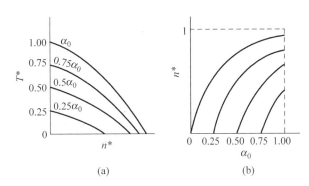

图 8-11　交流伺服电动机幅值-相位控制时的机械特性和调节特性

8.2.2　直流伺服电动机

直流伺服电动机与小型的普通直流电动机在结构上基本相同,作用原理也完全相似。只不过由于直流伺服电动机功率不大,通常其磁极做成永磁的,以省去励磁绕组。即使是电励磁的,也均采用他励式。根据直流电动机的工作原理,只要直流伺服电动机的励磁绕组中有电流流过且产生磁通,当电枢绕组中有电流时,电枢电流与磁通相互作用便产生转矩使伺服电动机执行动作。若这两个绕组中有一个断电,电动机便立即停转,不会像交流伺服电动机那样存在"自转"现象。所以,直流伺服电动机是自动控制系统中一种很好的执行元件。

从直流电动机的调速原理可知,其速度调节有两种方式,即改变电枢电压和励磁电流。因此,直流伺服电动机控制方法也就有两种,一种是电枢控制,即将信号电压加在电枢上,改变电枢信号电压的大小(励磁电流不变),伺服电动机的转速就会随之变化。另一种是磁场控制,即将信号电压加在励磁绕组上,改变励磁绕组的信号电压(电枢电流不变),伺服电动机的转速也就随之变化。

由直流电动机的调速特性可知,改变电枢电压与改变励磁电流调速时,其特性是不同

的。下面分别对这两种情况加以讨论。

1. 电枢控制时的特性

电枢控制时,直流伺服电动机的线路如图 8-12 所示。此时由励磁绕组进行励磁,即将

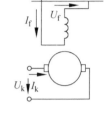

励磁绕组接于恒定电压为 U_f 的直流电源上,使流过的电流 I_f 产生磁通 Φ。电枢绕组上施加控制电压。

当直流伺服电动机的控制绕组接到控制电压后,电动机就转动。控制电压一消失,电动机就立即停转。

直流伺服电动机的机械特性,与他励式直流电动机改变电枢电压的人为机械特性相似。只是此时习惯表示成 $T=f(n)$ 的形式,且用标么值表示,现推导如下。

图 8-12 直流伺服电动机
电枢控制电路图

根据直流电机原理,若将机械特性写成 $T=f(n)$ 形式,其表达式应为

$$T = \frac{C_T \Phi U_k}{R_a} = \frac{C_T C_e \Phi^2}{R_a} n \tag{8-1}$$

式中,各量均与直流电动机中的相同,只是此时电枢电压为控制电压 U_k。

若忽略饱和,且不计电枢反应,可认为

$$\Phi \propto I_f \propto U_f$$

因此可写成

$$\Phi = C_\Phi U_f \tag{8-2}$$

式中,C_Φ 为励磁比例常数。

此外,令控制电压 U_k 与励磁电压 U_f 之比为信号系数 α,即

$$\alpha = \frac{U_k}{U_f} \tag{8-3}$$

将式(8-2)及式(8-3)代入式(8-1),得

$$T = \frac{C_T C_\Phi U_f^2}{R_a}\alpha - \frac{C_T C_e C_\Phi^2 U_f^2}{R_a}n \tag{8-4}$$

与交流伺服电动机一样,直流伺服电动机机械特性常用标么值的形式表示,其中电磁转矩的基值为控制电压等于励磁电压且转子不转(即 $n=0, \alpha=1$)时的转矩 T_b;转速的基值为控制电压等于励磁电压时的理想空载(即 $T=0$)转速 n_b。根据该两量的含义,其值可分别从式(8-4)中得出,即

$$T_b = \frac{C_T C_\Phi U_f^2}{R_a}$$

$$n_b = \frac{1}{C_e C_\Phi}$$

用上述两物理量作为基值的标么值表示的机械特性为

$$T^* = \frac{T}{T_b} = \alpha - \frac{n}{n_b} = \alpha - n^* \tag{8-5}$$

若将式(8-5)变为

$$n^* = -T^* + \alpha$$

这便是调节特性的表达式。显然,以上两特性均为线性,且与电枢电阻无关。其特性曲线分别如图 8-13(a)和(b)所示。

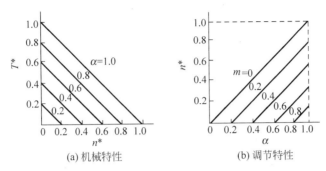

(a) 机械特性　　　　　　　(b) 调节特性

图 8-13　直流伺服电动机电枢控制时的机械特性和调节特性

2. 磁场控制时的情况

直流伺服电动机磁场控制的线路图,如图 8-14 所示。在这种控制方式中,电枢绕组作为励磁绕组,施加恒定的励磁电压 U_f。励磁绕组作为控制绕组,输入控制电压信号 U_k。

通过与电枢控制时同样的方法分析,得出用标么值表示的机械特性和调节特性分别为

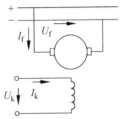

$$T^* = \frac{T}{T_b} = \alpha - \alpha^2 \frac{n}{n_b} = \alpha - \alpha^2 n^* \tag{8-6}$$

$$n^* = \frac{-T^* + \alpha}{\alpha^2} \tag{8-7}$$

图 8-14　直流伺服电动机
磁场控制电路图

其所对应的机械特性和调节特性曲线,分别如图 8-15(a)和(b)所示。

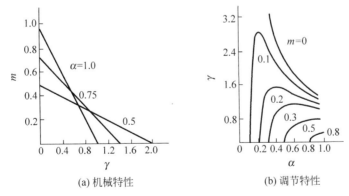

(a) 机械特性　　　　　　　(b) 调节特性

图 8-15　直流伺服电动机磁场控制时的机械特性和调节特性

从以上特性曲线可看出,尽管磁场控制时的直流伺服电动机的机械特性仍然是线性的,但它的调节特性已经是非线性了,而且在很大范围内均不是单值函数,也就是说,每个转速不止是对应一个信号系数,这种特性对控制电机来说是很不利的。

此外,磁场控制时由电枢绕组励磁,这样励磁电流大,励磁所消耗的功率大;而作为控制的励磁绕组电感大,时间常数大,因此控制时响应迟缓。所以,直流伺服电动机多采用电枢

控制方式。

8.3　测速发电机

测速发电机是一种将运动速度转换成电信号(即输出电压)的信号元件。它为伺服系统中的基础元件之一,广泛应用于各种速度或位置控制系统中。如在自动控制系统中,作为检测器自动调节电动机转速,或用来产生反馈电压以提高追随稳定性和精度;在计算解元装置中,可作为微分、积分元件,也可作为加速或延迟信号之用。此外,还可用来测量各种机械在有限范围内的摆动或非常缓慢的转速,以及有限范围内往复直线运动的速度。同时,在很多场合下还可代替测速计以直接测量速度。

测速发电机按其原理,可分为直流测速发电机和交流测速发电机两大类。

直流测速发电机按其励磁方式分,有电磁式和永磁式两种。永磁式直流测速发电机结构简单,且受温度变化影响较小;电磁式直流测速发电机的励磁磁通受环境等因素影响较大,其输出电压会随之而改变。

交流测速发电机按其工作原理分,有同步测速发电机、异步测速发电机以及霍尔效应测速发电机三种。同步测速发电机因其输出电压频率随转速而变,一般不宜用于自动控制系统中,多半作为转速的直接测量用;异步测速发电机从结构上来看,又分为笼型转子异步测速发电机和空心杯转子异步测速发电机两种。笼型转子异步测速发电机因其输出特性的线性度较差,仅用于要求不高的场合作反馈阻尼。由于空心杯转子异步测速发电机具有噪声低、无干扰、结构简单、体积小、技术指标好等优点,因此得到广泛应用。本节仅就交流空心杯转子异步测速发电机以及直流测速发电机作简要的介绍和分析。

8.3.1　交流空心杯转子异步测速发电机

1. 基本结构

空心杯转子异步测速发电机的结构如图 8-16 所示。图中 1 为空心杯转子,用电阻率较大的磷青铜制成,属非磁性材料。2 为外定子,在定子铁芯中有两相在空间相互垂直的分布绕组。其中一相为励磁绕组,另一相为输出绕组。3 为内定子,它位于杯形转子内部,也是用硅钢片叠成,其目的是为了减小主磁路的磁阻。4 和 5 分别为机座和端盖。

2. 工作原理

空心杯转子异步测速发电机的工作原理如图 8-17 所示。与交流伺服电动机一样,在空间互差 90°电角度的两相绕组嵌放在定子槽内。其中一相为励磁绕组,外施稳频稳压的交流电源励磁;另一相作为输出绕组,其两端的电压即为测速发电机的输出电压 U_2。

当测速发电机的励磁绕组外施交流电压 $\dot{U}_f$ 时,便有交流电流 $\dot{I}_f$ 流过绕组。并产生以电源频率 f 脉振的磁动势 $\bar{F}_d$ 和相应的脉振磁通 $\dot{\Phi}_d$。磁通 $\dot{\Phi}_d$ 在空间上沿励磁绕组轴线方向(称为直轴 d)脉振。

转子不动时,直轴脉振磁通只能在空心杯转子中感应出变压器电动势。又由于输出绕组轴线与励磁绕组轴线空间相差 90°电角度,因而与直轴磁通没有交链,故在输出绕组中不产生感应电动势,这时输出电压为零。

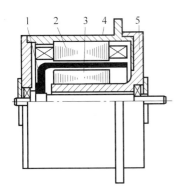

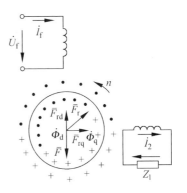

图 8-16 空心杯转子异步测速发电机结构图 　　　　图 8-17 异步测速发电机的工作原理图

当有机械量输入转子转动后,这时转子切割直轴磁通 $\dot{\Phi}_d$,并在转子杯中产生切割电动势 $\dot{E}_r$。在图 8-17 中所示的转向情况下,转子杯上的电动势 $\dot{E}_r$ 的方向如图中外圈的符号所示。由于直轴磁通 $\dot{\Phi}_d$ 为脉振磁通,所以电动势 $\dot{E}_r$ 为交变电动势,其交变频率即为磁通 $\dot{\Phi}_d$ 的脉振频率 f,其大小应为

$$E_r = C_2 n \Phi_d$$

式中,C_2 为转子绕组感应电动势常数;Φ_d 为 d 轴每极脉振磁通的幅值。若磁通的幅值 Φ_d 大小不变,则电动势 E_r 与转子转速 n 成正比。

由于空心杯转子为自行短路绕组,电动势 $\dot{E}_r$ 便在转子杯中产生短路电流 $\dot{I}_r$。显然 $\dot{I}_r$ 与 $\dot{E}_r$ 同频率,也是以频率 f 交变的交流电流,其大小正比于 E_r。由于转子绕组中漏抗的存在,电流 $\dot{I}_r$ 将在时间上滞后于 $\dot{E}_r$ 一相位角。因此,此时转子中电流方向如图 8-17 中内圈的符号所示。

转子杯中的电流 $\dot{I}_r$ 同样地产生脉振磁动势 $\overline{F}_r$,其频率也为 f,若忽略饱和,其大小正比于电流 I_r,也即正比于 E_r。此时,转子磁动势 $\overline{F}_r$ 如图 8-17 所示。将 $\overline{F}_r$ 在空间分解为两个分量,即直轴磁动势 $\overline{F}_{rd}$ 和交轴磁动势 $\overline{F}_{rq}$。其中直轴磁动势 $\overline{F}_{rd}$ 将与定子直轴磁动势 $\overline{F}_d$ 作用,影响直轴上磁通总量;而交轴磁动势 $\overline{F}_{rq}$ 则在交轴上产生频率为 f 的脉振磁通 $\dot{\Phi}_q$,忽略饱和影响,其大小有以下关系:

$$\Phi_q \propto F_{rq} \propto F_r \propto E_r \propto n$$

因交轴脉振磁通 $\dot{\Phi}_q$ 的空间位置与输出绕组的轴线方向一致,因此将在输出绕组中感应出频率为 f 的变压器电动势 $\dot{E}_2$,这就是测速发电机的输出电动势。由于

$$E_2 \propto \Phi_q$$

因此

$$E_2 \propto \Phi_q \propto n$$

若忽略励磁绕组漏阻抗,$U_1 = E_1$。只要电源电压 $\dot{U}_1$ 不变,纵轴磁通 Φ 便为常数,测速发电机的输出电动势 E_2 也就与电机转速 n 成正比。因此,输出电压 U_2 也就与转速 n 成正比。这样,便可从该电机输出电压的大小来测量该电机的转速。这便是交流异步测速发电

机的工作原理。

交流异步测速发电机的输出特性如图 8-18 曲线 1 所示。可见,其输出特性是线性的,称为理想特性。

3. 主要误差及消除办法

1)非线性误差

输出电压 U_2 与转速 n 成严格的线性关系的前提是纵轴磁通 Φ_d 的大小不变,与转速 n 无关。但实际上纵轴除了上述励磁绕组产生的脉振磁动势 $\bar{F}_\mathrm{d}$ 外,还存在着一个转子在纵轴上产生的磁动势 $\bar{F}'_\mathrm{rd}$,为由旋转的转子杯切割横轴磁通 Φ_q 在杯形绕组中感应产生电动势和电流,而由转子绕组在纵轴上建立的磁动势。由于

$$\bar{F}'_\mathrm{rd} \propto \Phi_\mathrm{q} n \propto n^2$$

因此,在纵轴的两个磁动势中,$\bar{F}_\mathrm{d}$ 的大小与转速 n 无关,$\bar{F}'_\mathrm{rd}$ 的大小与 n^2 成正比,由此建立的纵轴方向磁通 $\dot{\Phi}_\mathrm{d}$,实际上包含了与转速无关的和与转速平方成正比的两个分量。输出电压 U_2 与 n 显然不再是线性关系,输出特性实际上呈现非线性,如图 8-18 曲线 2 所示。从图中可看出,非线性误差的大小与转速有关,转速越低,理想特性与实际特性曲线越接近,转速更低时两者基本是重合的。但随着转速的升高,两曲线偏离越来越大,非线性误差越来越大。这是因为转速 n 越低,虽然 U_1 越小,但 $\bar{F}'_\mathrm{rd}$ 更小,即 Φ_d 中与 n^2 成正比的分量更小,非线性误差也就越小。转速的高低通常用其标幺值 γ 表示:

$$\gamma = \frac{n}{n_1}$$

式中,n_1 为异步测速发电机的同步转速。

通常当 $\gamma < 0.2$ 时,非线性误差就非常小了。因此提高电源频率 f,增大同步转速 n_1,从而降低相对转速 γ,便能减小非线性误差。所以,空心杯转子异步测速发电机大都采用 400 Hz 的中频电源励磁。

2)剩余电压误差

当异步测速发电机由稳频稳压的交流电源励磁,且电机的转速为零时,应该没有输出电压。但实际上,当转速为零时,却有一个很小的输出电压,称为剩余电压。剩余电压通常仅有几十毫伏,但它的存在却会产生测量误差,称为剩余误差。由于剩余误差的存在,使得输出特性曲线不再从坐标原点出发,如图 8-19 所示。

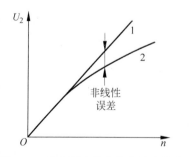

图 8-18 异步测速发电机的输出特性

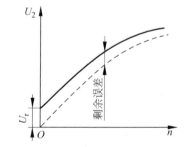

图 8-19 异步测速发电机的剩余误差

产生剩余电压误差的原因很多,一是励磁绕组与输出绕组空间不是正好相差 90°,两绕

组间存在耦合作用；二是内、外定子铁芯有椭圆度，使得 $\bar{F}_d$ 产生的磁通出现了 q 轴分量；三是其他材料和工艺等方面的原因。

减小剩余电压误差的方法，主要是提高材料质量和工艺加工水平。此外，还可采用补偿等办法，在此不一一介绍。

8.3.2　直流测速发电机

1. 结构及工作原理

直流测速发电机的结构及工作原理与普通直流发电机相同。后者的电枢绕组在测速发电机中为输出绕组，而励磁绕组仍作励磁用，只不过为了避免干扰和不分散输出信号，直流测速发电机只采用他励（包括永磁式）而不采用并励。

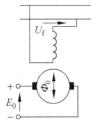

直流测速发电机的工作原理如图 8-20 所示。励磁绕组在一独立的直流电压下励磁，在测速发电机内产生一恒定磁场。当转子不转（即无机械信号输入）时，输出绕组端无感应电动势，即输出电压信号为零。

当转子以转速 n 旋转时，电枢上导体切割磁通 Φ_0，便在电刷间产生空载电动势 E_0，由直流发电机运行原理可推知

$$E_0 = \frac{pN}{60a}\Phi_0 n = C_e \Phi_0 n \tag{8-8}$$

图 8-20　直流测速发电机的工作原理

式中，p 为极对数；N 为电枢绕组总导体数；a 为电枢绕组并联支路对数。

在空载时，直流发电机的输出电压就是空载电压，即 $U_0 = E_0$，可见空载时直流测速发电机的输出电压与转速 n 呈线性关系。

当直流测速发电机带负载（设负载电阻为 R_L）后，便在其电枢回路电阻上产生电压降，若不计电枢反应，这时输出电压 U 为

$$U = E_0 - IR_a = E_0 - U\frac{R_a}{R_L} \tag{8-9}$$

式中，I 为直流测速发电机电枢电流。

将式(8-8)代入式(8-9)，经整理后得

$$U = \frac{C_e \Phi_0}{1 + \dfrac{R_a}{R_L}} n = Cn \tag{8-10}$$

式中，C 为比例常数。

由式(8-10)可看出，若 Φ_0、R_a 和 R_L 为常数，直流测速发电机的输出电压与转速 n 仍呈线性关系。由此可见，直流测速发电机与交流测速发电机一样，也能将转速 n 线性地转换为电压信号。将上述关系画成相应的曲线，这便是直流测速发电机的输出特性。不同负载时的输出特性如图 8-21 所示。图中，负载电阻 R_L 越大，R_a/R_L 越小，比例常数 C 就越大，也即直线斜率越大。因此，对应 R_{L1} 的曲线处于对应

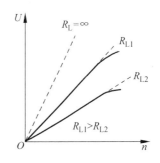

图 8-21　直流测速发电机的输出特性

R_{L2} 曲线的上方($R_{L1}>R_{L2}$)。当 $R_L=\infty$ 时,直线斜率最大,即在相同转速下输出电压最高,这便是空载时的情况。

2. 主要误差

虽然直流测速发电机不像交流测速发电机那样会因为交变磁场产生剩余误差和相位误差,但仍然会出现线性误差。这主要是因为在认定 U 与 n 之间存在线性关系时,是以假定 Φ_0、R_a 等不变为前提的,但事实上这些量并不是完全不变的,这主要表现如下。

(1) 直流测速发电机的工作温度会随运行情况而变化,而温度的变化又必将引起励磁绕组电阻的变化。实践证明,温度每升高 25℃,励磁绕组电阻 R_f 增大 10%。而励磁绕组电阻的增大,必将引起励磁电流的减小,从而引起磁通的减小,这也就是说磁通 Φ_0 并不是常数。

为了减小由于温度的变化而引起的线性误差,通常将电机的磁路设计得比较饱和。这样,即使温度变化引起励磁绕组电阻和励磁电流变化,但磁通的变化并不很大。

(2) 当直流测速发电机带上负载后,必然产生电枢反应。电枢反应的结果又将引起磁通 Φ_0 的变化而产生线性误差。由于电枢反应的作用是随负载电流的增大而增大的,而负载电阻 R_L 越小,转速越高,电流就越大,电枢反应引起的线性误差就越大。因此,为了减小电枢反应的影响,通常对负载和输入信号有所限制,即尽量采用电阻大的负载和不大的转速范围,以减小负载电流即电枢反应作用的影响。所以,通常直流测速发电机对输入信号规定了最高转速,对负载规定了最低电阻。

(3) 电枢回路总电阻 R_a 中很大一部分是电刷与换向器的接触电阻,而这种接触电阻是随负载电流变化而变化的。当输入信号(即转速)变化时,输出电压信号 U 及负载电流都会相应变化,这样电枢回路的总电阻 R_a 就会因此而发生变化,因而又一次引起线性误差。

8.4 自整角机

在自动控制系统中,常常需要实现两系统之间机械转轴上的转角的传递。这在当两系统之间相距较近时是容易实现的,只要将两系统的转轴在机械上直接相连就行了。

但是,当两系统之间的距离相距甚远时,机械上的直接连接就比较困难,甚至不可能。在这种情况下,就得采用电气上的同步联系装置。电气同步联系装置的功能,就是运用电的联系,使机械上不相连接的二轴或多轴系统,能够自动地保持相同的转角变化,实现同步跟随。

自整角机就是这样一种同步联系装置。二台或多台在电气上相联系的自整角机,其转轴上的角位移会自行调整,故称为"自整角机"。

自整角机发出机械信号的一方称为发送机,接收机械信号的一方称为接收机。

自整角机按照不同的分类方式,可分成不同的种类。

8.4.1 自整角机的种类

1. 按执行功能分

(1) 力矩式自整角机。力矩式自整角机主要用于指示系统中,以实现角位移传递为目的,即将发送机所在系统的角位移传递给接收机所在的系统。

(2) 控制式自整角机。控制式自整角机主要用于传输系统中,其功能主要是检测,即将角位移转变为电压信号。

2. 按照励磁供电电源的相数分

（1）单相自整角机。此种自整角机用单相交流电源供电励磁,因此取电方便,广泛运用于自动控制系统中,以构成同步跟随系统。

（2）三相自整角机。此种自整角机采用三相交流电源供电,因此输出功率较大,大都运用电机传动系统,以构成同步旋转系统。

8.4.2　自整角机的基本结构及工作原理

1. 基本结构

自整角机的基本结构与普通小型转场式同步电机相似。定子铁芯中嵌有一套与三相对称绕组相似的、在空间互差 120° 电角度的三个绕组,称为整步绕组。转子上放置单相的励磁绕组,转子有凸极结构,也有隐极结构。单相交流电源通过滑环和电刷对励磁绕组供电励磁。由于滑环和电刷是滑动接触,因此这种形式的自整角机又称为接触式自整角机,其基本结构如图 8-22 所示。接触式自整角机结构简单,性能良好,被广泛运用。此外,还有一种形式的自整角机,没有滑环和电刷,其励磁绕组和整步绕组都安装在定子上,结构比较复杂,但不产生无线电干扰,因此,用在一些较特殊场合。

2. 力矩式自整角机的工作原理

力矩式自整角机的接线图如图 8-23 所示。整个系统由完全相同的两种自整角机组成,左方的自整角机为发送机,其转轴与主令轴连接。右方的自整角机为接收机,它的转轴可将转角位移传给下一个随动系统,也可带上指示器直接指示角位移。

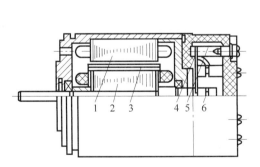

图 8-22　自整角机的基本结构

1—定子；2—转子；3—阻尼绕组；
4—电刷；5—接线柱；6—集电环

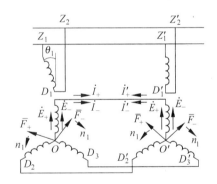

图 8-23　力矩式自整角机的接线图

两台自整角机的转子励磁均由同一单相电源供电,因此在两台自整角机的内部均产生单相脉振磁动势。该单相脉振磁动势分别分解出各自的正负序旋转磁动势 $\overline{F}_+$、$\overline{F}_-$、$\overline{F}'_+$ 和 $\overline{F}'_-$,且分别以同步转速 n_1 在空间正转(逆时针)或反转(顺时针)。当发送机的转轴上无转角信号输入时,两台自整角机的转子均处于初始位置,其各自的定转子绕组轴线重合(定子以其中一相为准),此时其励磁绕组相对本身整步绕组偏转角 $\theta_1 = \theta_2 = 0$。因此,在上述正负序旋转磁动势作用下,两台自整角机定子绕组(以轴线与转子绕组轴线重合的那一相为例,其他两相由于对称关系,可同理分析)中感应电动势 $\dot{E}_+$、$\dot{E}_-$、$\dot{E}'_+$ 和 $\dot{E}'_-$ 具有大小相等,相位对应相同的特点,即

$$\dot{E}_+ = \dot{E}'_+$$

$$\dot{E}_- = \dot{E}'_-$$

因此,在定子绕组回路中合成电动势为零,不出现电动势差,因而也就不产生循环电流,定、转子之间无力的作用,接收机转子不动作。这个位置称为协调位置。

但是当发送机的转子随主令轴转过 θ 角后,其定、转子轴线之间的偏转角已变为 $\theta_1 = \theta_0$,而接收机的转子未动作之前 θ_2 仍然为零,因此两台自整角机之间就出现了相对偏转角,该相对偏转角为 $\theta_1 - \theta_2 = \theta_0$,该相对偏转角 θ 又称为失调角。

当出现这个失调角后,尽管在这两台电机的定子绕组中感应的电动势大小是相等的,但它们的相位角并不相同。这样其合成电动势不为零,因而在两电机定子回路中产生环流,该环流引起的电磁转矩将使接收机朝着与发送机转子转角相同方向转过 θ 角,即此时 $\theta_1 = \theta_2 = \theta_0$,两自整角机重新回到协调位置,这就是自整角机通过自整步,实现同步跟随的道理。

其具体过程详细分析如下。

如前所述,转子的单相交流脉振磁动势可分别分解出正负序旋转磁动势 $\overline{F}_+$、$\overline{F}_-$、$\overline{F}'_+$、$\overline{F}'_-$,由于此时发送机的转轴偏离了定子绕组轴线 θ 角,因此 $\overline{F}_+$ 在空间领先 $\overline{F}'_+$ θ 角,$\overline{F}_-$ 在空间落后 $\overline{F}'_-$ θ 角。所以,分别在对应的定子绕组中感应产生的电动势 $\dot{E}_+$ 与 $\dot{E}'_+$、$\dot{E}_-$ 与 $\dot{E}'_-$,也分别在时间相位上相差 θ 角,且是 $\dot{E}_+$ 领先 $\dot{E}'_+$,$\dot{E}_-$ 落后 $\dot{E}'_-$,如图 8-24 所示。由于 $\dot{E}_+$ 与 $\dot{E}'_+$、$\dot{E}_-$ 与 $\dot{E}'_-$ 之间的相位差,在它们之间就存在着电动势差 $\Delta\dot{E}_+$ 和 $\Delta\dot{E}_-$,该电动势差作用于两定子绕组的回路中。由于相应的阻抗为两台电机的阻抗 $2Z$,因此产生的正负序短路电流分别为

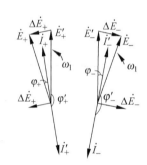

图 8-24　自整角机绕组的电动势和电流的相量图

$$\dot{I}_+ = \frac{\Delta\dot{E}_+}{2Z} = -\dot{I}'_+$$

$$\dot{I}_- = \frac{\Delta\dot{E}_-}{2Z} = -\dot{I}'_-$$

从图 8-24 中可看出,$\dot{E}_+$ 与 $\dot{I}_+$ 的夹角 φ_+ 小于 $90°$,$\dot{E}_-$ 与 $\dot{I}_-$ 的夹角 φ_- 大于 $90°$,$\dot{E}'_+$ 与 $\dot{I}'_+$ 的夹角 φ'_+ 大于 $90°$,$\dot{E}'_-$ 与 $\dot{I}'_-$ 的夹角 φ'_- 小于 $90°$,因此 $\cos\varphi_+ > 0$,$\cos\varphi_- < 0$,$\cos\varphi'_+ < 0$,$\cos\varphi'_- > 0$。从电磁关系来看,此时的自整角机将像异步电动机一样在内部产生 4 个电磁转矩,这就是

$$T_+ = C_{\mathrm{T}} E_+ I_+ \cos\varphi_+$$

$$T_- = C_{\mathrm{T}} E_- I_- \cos\varphi_-$$

$$T'_+ = C_T E'_+ I'_+ \cos \varphi'_+$$
$$T'_- = C_T E'_- I'_- \cos \varphi'_-$$

式中，C_T 为异步电动机电磁转矩计算系数。

对发送机来讲，由于 $\cos \varphi_+ > 0$，$\cos \varphi_- < 0$，因此 $T_+ > 0$，$T_- < 0$。也就是说正序转矩为正，负序转矩为负。正序转矩为正，表示与正序旋转磁场的转向相同。负序转矩为负，表示与负序旋转磁场的转向相反。这就是说，从图 8-23 上看，发送机的定子绕组所受到的转矩，都是欲使定子逆时针旋转的。由于定子在机械上固定不会转动，因此转子受到其反作用的转矩，欲使定子顺时针反向旋转，即朝缩小失调角 θ 的方向旋转。但是，发送机的转子与主令轴机相接不能逆转，因此仅从发送机一方来看，失调角 θ 并不能消失。

对接收机来讲，由于 $\cos \varphi'_+ < 0$，$\cos \varphi'_- > 0$，因此 $T'_+ < 0$，$T'_- > 0$。也就是说正序转矩为负，负序转矩为正。结果是接收机的定子绕组受到一顺时针方向的转矩。同样，由于接收机的定子在机械上固定不会转动，因此转子受到其反作用的转矩，将逆时针旋转。也就是说接收机的转子将朝与发送机同一方向出现一夹角 θ_2 的方向旋转。而且只要在 θ_2 没有达到 θ 之前，$\theta_1 - \theta_2 \neq 0$，失调角就没有消失。当整步转矩为零，系统进入新的协调位置，这时接收机的转子在空间也转过了 θ 角，从而实现了转角的传递。

3. 控制式自整角机的工作原理

从力矩式自整角机的工作原理可知，其自整角 θ_2 是直接由接收机的转子输出的。尽管与之相连的负载有时是低阻尼的轻负载，比如仅仅是带动指示器的指针偏转旋转等，但负载的阻尼总会使接收机的旋转比发送机滞后。换句话说，它们之间总会出现一个失调角 $\Delta\theta$，正是这个 $\Delta\theta$ 造成了力矩式自整角转角随动的误差。

既然力矩式自整角机的误差是由于接收机的转子直接带动机械负载而造成的，若接收机的转子输出的不是机械转矩，而是电信号，那么就不会出现这种误差。

控制式自整角机就是根据这个思路设计的。控制式自整角机的接线图如图 8-25 所示。两台自整角机的定子三相绕组仍接成闭合回路，发送机的转子绕组仍取单相交流电进行励磁，接收机的转子则不再由交流电励磁，而是与一放大器的输入绕组相连。该放大器的输出送给一交流伺服电动机的控制绕组，该伺服电动机接到接收机放大后的信号驱动转子动作。这样，自整角机的转子仅有电信号输出，而不再直接带动机械负载了。

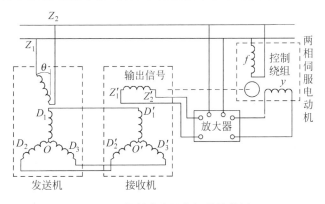

图 8-25 控制式自整角机的接线图

具体过程分析如下。

当无信号输入时,自整角机处于协调位置,此时发送机的定、转子轴线重合,接收机的定、转子轴线相互垂直,也即两台电机的转子在空间是垂直的。像力矩式自整角机一样,当发送机的转子由单相交流电源供电时,在发送机内便产生一脉振磁动势,由于发送机的定、转子绕组轴线重合,因此该转子脉振磁动势与定子绕组全交链,因而在发送机定子绕组中产生感应电动势。由于两自整角机定子绕组已自行闭合,故在该闭合回路中产生电流。该电流流经接收机定子绕组时,便在接收机内产生一脉振磁动势,由于接收机的定、转子轴线相互垂直,两者之间无耦合作用,因此接收机的转子绕组(即输出绕组)无电信号输出。

但当发送机转子随主令轴逆时针转过 θ 角后,该电机的定子绕组中正序感应的电动势与电流在时间相位上要较前领先 θ 角,而负序感应电动势及电流较前落后 θ 角,即

$$i_+(t) = \sqrt{2}\, I\cos(\omega t + \theta)$$

$$i_-(t) = \sqrt{2}\, I\cos(\omega t - \theta)$$

上述正负序电流流经接收机定子绕组时,所产生的相应的正负序旋转磁动势则为

$$f_+(x,t) = \frac{1}{2}F\cos\left[\frac{\pi}{\tau} - (\omega t + \theta)\right]$$

$$f_-(x,t) = \frac{1}{2}F\cos\left[\frac{\pi}{\tau} + (\omega t - \theta)\right]$$

可见,正负序旋转磁动势在时间相位上分别领先和落后了 θ 角。

以上两旋转磁动势在空间合成为一定子脉振磁动势,即

$$f = f_+ + f_- = \frac{1}{2}F\left\{\cos\left[\frac{\pi}{2} - (\omega t + \theta)\right] + \cos\left[\frac{\pi}{2} + (\omega t - \theta)\right]\right\}$$

运用三角公式:$\cos\alpha + \cos\beta = 2\cos\dfrac{\alpha+\beta}{2}\cos\dfrac{\alpha-\beta}{2}$,得

$$f = F\cos\left(\frac{\pi}{2}x - \theta\right)\cos\omega t$$

可见,此时接收机定子绕组产生的脉振磁动势较协调位置时在空间落后 θ 角。也就是说,此时接收机的定子磁动势与转子绕组偏离正交位置而出现了 θ 角。当 $\theta = 0°$ 时,即协调位置,定子磁动势与转子不交链,输出为零;θ 角越大,定子磁动势与转子绕组的交链越多,转子绕组的输出电压 U_2 越大。当 $\theta = 90°$ 时,定子磁动势与转子磁动势轴线重合,交链磁通最多,感应电动势最大,输出电压 U_2 最大。由于磁动势(基波)在空间正弦分布,因此其交链的磁通量与转角 θ 之间也是正弦关系,故转子输出电压随失调角 θ 而变化的关系也是正弦的,即

$$U_2 = U_{2m}\sin\theta$$

由于输出信号 U_2 与失调角 θ 之间有着以上固定关系,当发送机接到转角输入,即出现失调角 θ 时,接收机便按以上规律输出电信号。该电信号经放大后指示伺服电动机转子带动接收机转子朝着失调角 θ 缩小的方向一道转动,直到接收机转子也转过与发送机相同的转角,即失调角 θ 消失,接收机转子无信号输出时,伺服电动机停止转动,自整角机又重新处于新的协调位置。也就是说,控制式自整角机借助于交流伺服电动机,实现了两系统之间的转角传递。

由以上分析可见,控制式自整角机的转子仅输出电信号,而不输出转矩。这样,接收机

的定、转子犹如变压器的一、二次侧,实际上接收机就是在变压器工作状态下运行的,故控制式自整角机又称为自整角变压器。

4. 自整角机的误差分析

1) 力矩式自整角机的误差分析

如前所述,力矩式自整角机的误差主要是接收机的转轴上有转矩输出,因此发送机与接收机之间即使在协调位置也出现失调角,这就引起了两机之间的随动误差。

显然,自整角机的整步转矩越大,克服接收机转轴上的阻转矩的能力就越强,产生的误差也就越大。而凸极式转子会产生同步电动机中的凸极附加转矩,这将增强自整角机的整步能力,减小误差。因此,力矩式自整角机通常做成凸极式。

此外,为了减小误差,对负载转矩应有所限制,如负载转矩较大,应考虑选用控制式自整角机。

2) 控制式自整角机的误差分析

控制式自整角机主要是将转角信号转变成电信号输出,转角与输出信号之间的关系是 $U_2 = U_{2m} \sin \theta$,这就要求气隙磁场沿空间正弦分布。而凸极式转子气隙不均匀,磁通密度沿气隙分布偏离正弦太大,这将引起较大误差。因此,控制式自整角机一般都做成隐极式。

实际上,即使在隐极式自整角机中,也还存在因结构、工艺及材料等方面原因所造成的气隙磁场非正弦,从而破坏了转角与输出信号之间的正弦关系,引起误差。

此外,当控制式自整角机转速较高时,其输出绕组会切割气隙磁场而产生速度电动势 E_v。切割电动势 E_v 使得转子输出中出现附加信号 ΔU_2,即

$$\Delta U_2 = E_v = U_{2m} \sin \Delta \theta$$

该附加信号驱使伺服电动机产生误差动作而出现转角偏差 $\Delta \theta$,即

$$\Delta \theta = \arcsin \frac{E_v}{U_{2m}}$$

在一定的速率下切割电动势 E_v 是一定的。欲减小转角偏差 $\Delta \theta$,只有增大 U_{2m}。U_{2m} 是自整角变压器电动势的最大值,在气隙磁通量一定的条件下,它与供电频率成正比。因此,为了减小控制式自整角机的误差,通常不采用工频电源供电,而采用 400 Hz 的中频电源供电励磁。

8.5　旋转变压器

顾名思义,旋转变压器就是一种会旋转的变压器。其转子的输出电压与转子转角之间呈正弦、余弦或其他函数关系,在自动控制系统中可作解算元件,进行三角函数运算或作坐标变换;也可在随动系统中作同步元件,传输与角度有关的电信号,或替代控制式自整角机,也可作为移相器用。

8.5.1　旋转变压器的种类

1. 正、余弦旋转变压器

正、余弦旋转变压器的输出电压与转子转角呈正弦或余弦关系,因此而得名。

2. 线性旋转变压器

线性旋转变压器的输出电压在一定工作转角范围内与转子转角呈正比关系,因此而得名。

3. 特殊函数旋转变压器

特殊函数旋转变压器的输出电压与转子转角呈正割函数、倒数函数、对数函数、弹道修正函数等特殊函数关系,因此而得名。

旋转变压器的种类尽管很多,但其原理和结构基本相同,本节仅介绍正、余弦和线性变压器。

8.5.2 旋转变压器的基本结构和工作原理

1. 基本结构

旋转变压器的结构与绕线型异步电动机相似,一般都是一对极。只是在旋转变压器中,定、转子绕组均为两个在空间互差90°电角度的正弦绕组,且要求精度较高。无论是定子还是转子上的两个绕组,其匝数、线径和接线方式均相同。与绕线型异步电动机相同,转子绕组也由电刷和集电环引出。

2. 正、余弦旋转变压器的工作原理

正、余弦旋转变压器的原理如图 8-26 所示。其中 D_1D_2 与 D_3D_4 为定子两相互垂直的正弦绕组;Z_1Z_2 与 Z_3Z_4 为转子上两相互垂直的正弦绕组。转子可随输入信号的机构随意转动,通常以 Z_1Z_2 与 D_1D_2 的夹角表示输入角。

设定子绕组匝数为 N_D,转子绕组匝数为 N_Z,则转子绕组与定子绕组的匝比为

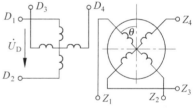

图 8-26 正、余弦旋转变压器的工作原理图

$$K = \frac{N_Z}{N_D}$$

工作时,D_3D_4 绕组开路,在 D_1D_2 绕组中加

单相交流励磁电压 $u_D = \sqrt{2}U_D \sin \omega t$(此时 D_1D_2 为励磁绕组)。由于有励磁电流在绕组中流过,便在气隙中建立一个与转子位置无关,且按正弦规律分布的脉振磁场。

空载时,Z_1Z_2 与 Z_3Z_4 开路,且 Z_1Z_2 与 D_1D_2 轴线重合(当然此时 Z_3Z_4 则与 D_1D_2 轴线正交),由 D_1D_2 绕组产生的单相脉振磁动势便在 Z_1Z_2 绕组中感应电动势。根据变压器一、二次侧电动势的关系,Z_1Z_2 绕组中感应电动势为

$$e_{Z_1Z_2} = K\sqrt{2}U_D \sin \omega t$$

由于 Z_3Z_4 与 D_1D_2 正交,故有

$$e_{Z_3Z_4} = 0$$

当转子轴接收机械信号而逆时针转过 θ 角后,由 D_1D_2 产生的脉振磁动势分解的两正负序旋转磁动势在 Z_1Z_2 绕组中分别感应电动势为

$$e_{Z_1Z_2}^+ = \frac{1}{2}K\sqrt{2}U_D \sin(\omega t - \theta)$$

$$e_{Z_1Z_2}^- = \frac{1}{2}K\sqrt{2}U_D\sin(\omega t + \theta)$$

此时,Z_1Z_2 绕组中的合成电动势 $e_{Z_1Z_2}$ 则为

$$
\begin{aligned}
e_{Z_1Z_2} &= e_{Z_1Z_2}^+ + e_{Z_1Z_2}^- \\
&= \frac{1}{2}K\sqrt{2}U_D[\sin(\omega t - \theta) + \sin(\omega t + \theta)] \\
&= K\sqrt{2}U_D\cos\theta\sin\omega t \\
&= \sqrt{2}E_{Z_1Z_2}\sin\omega t
\end{aligned}
$$

式中,$E_{Z_1Z_2}$ 为 Z_1Z_2 绕组中感应电动势的有效值,其大小为 $E_{Z_1Z_2} = KU_1\cos\theta$。由上式可看出,输出绕组 Z_1Z_2 中,感应电动势 $E_{Z_1Z_2}$ 在励磁电压 U_1 不变的情况下,为转角 θ 的余弦函数。

此外,由于 Z_3Z_4 绕组在空间落后 Z_1Z_2 绕组 90°电角度,因此气隙正、负序旋转磁动势在 Z_3Z_4 绕组中感应的电动势为

$$
\begin{aligned}
e_{Z_3Z_4}^+ &= \frac{1}{2}K\sqrt{2}U_D\sin(\omega t - \theta - 90°) \\
&= -\frac{1}{2}K\sqrt{2}U_D\cos(\omega t - \theta) \\
e_{Z_3Z_4}^- &= \frac{1}{2}K\sqrt{2}U_D\sin(\omega t + \theta + 90°) \\
&= -\frac{1}{2}K\sqrt{2}U_D\cos(\omega t + \theta)
\end{aligned}
$$

合成电动势

$$
\begin{aligned}
e_{Z_3Z_4} &= e_{Z_3Z_4}^+ + e_{Z_3Z_4}^- \\
&= -\frac{1}{2}K\sqrt{2}U_D\cos(\omega t - \theta) + \frac{1}{2}K\sqrt{2}U_D\cos(\omega t + \theta) \\
&= -\sqrt{2}KU_D\sin\theta\sin\omega t \\
&= -\sqrt{2}E_{Z_3Z_4}\sin\omega t
\end{aligned}
$$

式中,$E_{Z_3Z_4}$ 为 Z_3Z_4 绕组中感应电动势的有效值,其大小为 $E_{Z_3Z_4} = KU_1\sin\theta$。由上式可看出,输出绕组 Z_3Z_4 中感应电动势 $E_{Z_3Z_4}$ 在励磁电压 U_1 不变的情况下,为转角 θ 的正弦函数。

这样,正、余弦旋转变压器便将转子上转角 θ 的输入信号转化为输出绕组 Z_1Z_2、Z_3Z_4 两端的输出电信号,而且该电信号与转角 θ 之间的关系分别为正弦和余弦,这就是正、余弦旋转变压器的工作原理。

应该指出的是,以上结果是在输出绕组开路,也即空载的情况下分析得出的。但实际工作时转子绕组总是要带负载的,因而转子绕组中总会有电流流过。而这时转子电流也会产生转子磁动势,该磁动势作用于气隙磁场,使气隙磁动势发生畸变,从而破坏了上述转角与输出信号之间的正、余弦关系,引起测量误差。通常的办法是,一方面增大负载阻抗值,进而减小转子电流,减小气隙磁场畸变程度,以达到减小误差的目的;另一方面采取补偿办法。由于补偿办法是针对负载电流对气隙磁场的影响而采取的,因此首先分析负载电流对气隙

磁场的影响。

如图 8-27 所示,此时输出绕组 Z_1Z_2 带负载 Z_F,负载电流在该绕组中产生的脉振磁动势 $\bar{F}_Z$ 落在该绕组的轴线上,如图可沿纵横两轴将之分解为两分量 $\bar{F}_{Zd}$ 和 $\bar{F}_{Zq}$,其大小分别为

$$F_{Zd} = F_Z \cos \theta$$

$$F_{Zq} = F_Z \sin \theta$$

转子绕组磁动势的纵轴分量 $\bar{F}_{Zd}$ 与定子的励磁绕组 D_1D_2 的磁动势 $\bar{F}_{D_1D_2}$ 的关系,犹如变压器一、二次侧的磁动势关系。根据变压器的原理,$\bar{F}_{Zd}$ 的出现只会引起 $\bar{F}_{D_1D_2}$ 的变化,却对气隙磁通的影响不大,不会使气隙磁场有明显畸变或被削弱。

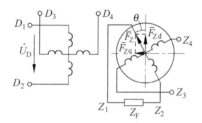

图 8-27　正、余弦旋转变压器带负载时的情况

但是转子绕组的磁动势的横轴分量 $\bar{F}_{Zq}$ 就大不相同了。从图 8-27 中可看出,它的原方没有对应的磁动势与之平衡。因此单独产生磁通,并与 Z_1Z_2、Z_3Z_4 两绕组耦合在其中感应电动势。

横轴的磁导为 λ_q,横轴方向产生的磁通最大值为 Φ_{qm},则

$$\Phi_{qm} = \lambda_q F_{Zq} = \lambda_q F_Z \sin \theta$$

该磁通分别在 Z_1Z_2、Z_3Z_4 绕组中感应的电动势 $E_{Z_1Z_2(q)}$、$E_{Z_3Z_4(q)}$ 为

$$\begin{aligned}
E_{Z_1Z_2(q)} &= 4.44f(N_Z \sin \theta)\Phi_{qm} \\
&= 4.44fN_Z \sin \theta \cdot \lambda_q F_Z \sin \theta \\
&= 4.44fN_Z \lambda_q F_Z \sin^2 \theta \\
E_{Z_3Z_4(q)} &= 4.44f(N_Z \cos \theta)\Phi_{qm} \\
&= 4.44fN_Z \cos \theta \cdot \lambda_q F_Z \cos \theta \\
&= 4.44fN_Z \lambda_q F_Z \cos^2 \theta
\end{aligned}$$

式中,$N_Z \sin \theta$ 为 Z_1Z_2 绕组在横轴上感应电动势的有效匝数;$N_Z \cos \theta$ 为 Z_3Z_4 绕组在纵轴上感应电动势的有效匝数。

由此可看出,在 Z_1Z_2 绕组中感应电动势除了 $E_{Z_1Z_2}$ 外,还存在 $E_{Z_1Z_2(q)}$。同样,在 Z_3Z_4 绕组中感应电动势除了 $E_{Z_3Z_4}$ 外,还存在 $E_{Z_3Z_4(q)}$。因此,有负载时,输出绕组 Z_1Z_2、Z_3Z_4 中感应电动势不再是转角 θ 的正、余弦函数了,造成了输出量的畸变。

显然,负载电流越大,畸变越大,引起的误差也就越大。

如前所述,为了减小误差,当然可设法增大负载阻抗。但负载阻抗往往是由负载的情况决定的,选择的余地并不很大,因此应从变压器内部寻找补救办法。

由以上分析可看出,以上误差主要是由负载电流产生的横轴磁动势 $\bar{F}_{Zq}$ 引起的,而纵轴

磁动势 $\overline{F}_{zd}$ 的影响并不大。究其原因,主要是定子侧有一与之同轴的纵轴 $\overline{F}_d$ 与之相平衡的缘故。若定子侧也有一横轴磁动势的话,就也能做到与 $\overline{F}_{zq}$ 相平衡,从而大大削弱 $\overline{F}_{zq}$ 的作用。而定子绕组 D_3D_4 正好在横轴上,因此负载时一般将 D_3D_4 短接。根据楞次定律,短路的 D_3D_4 绕组对 $\overline{F}_{zq}$ 有很强的阻尼作用。这犹如变压器二次侧短路时的情况一样,二次侧短路,变压器内合成磁动势很小,主磁通很小。D_3D_4 绕组短接能起到一定的补偿作用,从而保证输出电压为转角 θ 的正、余弦函数关系。

3. 线性旋转变压器的工作原理

若将上述正、余弦旋转变压器改成如图 8-28 所示的接法,就构成了线性旋转变压器。如图,定子绕组 D_1D_2 与转子绕组 Z_1Z_2 相串联后,加励磁电压 $\dot{U}_D$,定子绕组 D_3D_4 仍自行短接,起补偿作用,转子绕组 Z_3Z_4 为输出绕组。

当转子逆时针偏离纵轴 θ 角时,此时 Z_1Z_2 绕组轴线也偏离纵轴 θ 角。由于 Z_1Z_2 串联在励磁回路中,因此励磁电流流经 Z_1Z_2 在转子上产生纵横轴磁动势 $\overline{F}_d$、$\overline{F}_q$。由于 D_3D_4 绕组的横轴补偿作用,$\overline{F}_q$ 已大大削弱。因此,可认为转子绕组与定子绕组一样,仅

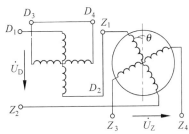

图 8-28　线性旋转变压器的原理图

有纵轴磁动势 $\overline{F}_d$,也即电机内部仅存在纵轴磁通 $\dot{\Phi}_D$。此时,处于纵轴位置的 D_1D_2 绕组中感应电动势 $\dot{E}_d$ 为

$$\dot{E}_d = -\mathrm{j}4.44 f N_D \dot{\Phi}_D \tag{8-11}$$

由于 Z_1Z_2 绕组在纵轴感应电动势的有效匝数为 $N_z\cos\theta$,Z_3Z_4 绕组在纵轴感应电动势的有效匝数为 $N_z\sin\theta$,因此,纵轴磁通在 Z_1Z_2、Z_3Z_4 绕组中感应电动势分别为

$$\dot{E}_{Z_1Z_2} = -\mathrm{j}4.44 f N_z\cos\theta\,\dot{\Phi}_D \tag{8-12}$$

$$\dot{E}_{Z_3Z_4} = -\mathrm{j}4.44 f N_z\sin\theta\,\dot{\Phi}_D \tag{8-13}$$

将式(8-12)除以式(8-11),经整理得

$$\dot{E}_{Z_1Z_2} = K\dot{E}_d\cos\theta$$

式中,$K = \dfrac{N_z}{N_D}$ 为定、转子绕组的匝比。

同理

$$\dot{E}_{Z_3Z_4} = K\dot{E}_d\sin\theta$$

若忽略 D_1D_2、Z_1Z_2 绕组内的漏阻抗压降,根据电压平衡,得

$$\dot{U}_D = -(\dot{E}_d + \dot{E}_{Z_1Z_2}) = -(\dot{E}_d + K\dot{E}_d\cos\theta) = -\dot{E}_d(1 + K\cos\theta)$$

其有效值之间的关系为

$$U_D = E_d(1 + K\cos\theta)$$

即

$$E_d = \frac{U_D}{1 + K\cos\theta} \tag{8-14}$$

在转子输出绕组 Z_3Z_4 回路中,一般负载阻抗很小,其负载电流在内阻抗上的压降可忽略不计,这样便有

$$\dot{U}_Z \approx \dot{E}_{Z_3Z_4} = K\dot{E}_d \sin\theta$$

其有效值之间的关系为

$$U_Z = KE_d \sin\theta \tag{8-15}$$

由式(8-14)及式(8-15)得

$$\frac{U_D}{1+K\cos\theta} = \frac{U_Z}{K\sin\theta}$$

即

$$U_Z = \frac{K\sin\theta}{1+K\cos\theta}U_D \tag{8-16}$$

式(8-16)便是在一定的励磁电压 U_D 下,输出电压 U_Z 与输入信号 θ 之间关系。当 K 为某一定值,比如 $K=0.52$ 时,$U_Z=f(\theta)$ 的关系如图 8-29 所示。从图示曲线可看出,在 $\theta=-60°\sim+60°$ 范围之内,输出电压 U_Z 与输入信号 θ 的关系近似是线性的,所以这类旋转变压器称为线性旋转变压器。

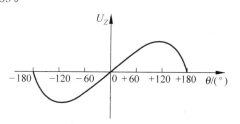

图 8-29　$K=0.52$ 时,U_Z 与 θ 的关系

8.6　步进电动机

步进电动机是一种采取特殊运行方式的同步电动机,它由专用脉冲电源供电。每输入一个脉冲,步进电动机就移一步,故也称为脉冲电动机。步进电动机是一种将电脉冲信号转变成直线位移或角位移的执行元件。其直线位移或角位移量与电脉冲数成正比,其线速度或转速与脉冲频率成正比。通过改变电脉冲频率,可在很大范围内进行调速。同时,该电动机还能快速起动、制动、反转和自锁。由于步进电动机具有上述特点,因而日益广泛地应用于数字控制系统中,如数控机床、绘画机、自动记录仪表和 A/D 变换装置等。步进电动机的步距角和转速不受电压波动和负载变化的影响,也不受诸如温度、气压、冲击和振动等环境影响,仅与脉冲频率有关。它每转一周都有固定的步数,在丢步的情况下,其步距误差不会长期积累。由于这些特点,使它特别适合于在数字控制的开环系统中用作执行元件,并使系统大为简化。

步进电动机种类繁多,按运动形式分有旋转式步进电动机和直线式步进电动机。旋转式步进电动机又分反应式、永磁式和永磁感应子式三种。其中应用最多的是反应式步进电动机,且其他二种旋转式步进电动机在基本原理上也与之极为相似,故本节仅以反应式电动机为例,分析步进电动机的基本原理和运行特性。

8.6.1　步进电动机的工作原理

三相反应式步进电动机的工作原理图如图 8-30 所示。

三相反应式步进电动机的定子上有六个极,每个极上都装有控制绕组(图 8-30 中绕组未画出),每两个相对的极组成一相。转子是四个均匀分布的齿,没有安装任何绕组。当 A

(a)　　　　　　　　　(b)　　　　　　　　　(c)

图 8-30　三相反应式步进电动机的工作原理

相控制绕组通电时,因磁通总要沿磁阻最小的路径闭合,因此使转子齿 1、3 与定子极 A、A′ 对齐,如图 8-30(a)所示。此时,由于定子极 BB′的轴线与转子齿 2、4 轴线在空间上的"错位",因此由定子极 B、B′与转子齿 2、4 所构成的磁路不是磁阻最小的路径。所以与上面同样道理,当 A 相绕组断电,B 相绕组通电时,转子齿 2、4 将与定子极 B、B′对齐,如图 8-30(b)所示。这样,转子在空间沿逆时针方向转过了 30°空间角度。以此类推,当 B 相绕组断电,C 相绕组通电时,转子齿 1、3 将与定子极 C、C′对齐,如图 8-30(c)所示。这样,转子就在空间沿逆时针方向一步一步地转动。由于这种电动机的转动是根据控制绕组与电源接通或断开的变化频率呈步进状态运行,故称为"步进电动机"。

显然,步进电动机的转向取决于通电相序。若按 A→C→B→A 相序通电,步进电动机则反向旋转。步进电动机的转速取决于通电频率,变换通电状态的频率(即脉冲电源的频率)越高,转子就转得越快。一种通电状态转换到另一种通电状态,叫作一"拍",每一拍转子就转过一个角度,这个空间角度称为步距角 θ_s。

由于上述通电方式中每次通电时仅有一相绕组通电,且每经过三次切换控制绕组的通电状态为一循环,故称为三相单三拍通电方式。显然,在这种通电方式时,三相步进电动机的步距角 $\theta_s = 30°$。

三相步进电动机除了单三拍通电方式外,还有三相单、双六拍通电方式。采取这种通电方式时,通电顺序为 A→AB→B→BC→C→CA→A,或 A→AC→CB→B→BA→A。也就是说,先 A 相绕组通电,尔后再接通 B 相绕组(这时 A 相不断开),即 AB 两绕组同时通电;此后断开 A 相,使 B 相绕组单独通电,再接通 C 相(此时 B 相不断开),即 BC 两绕组同时通电,依此规律循环往复。在这种通电方式时,定子三相控制绕组需经过六次切换才能完成一个循环,故称为"六拍"。此外在通电时,有时是单个绕组通电,有时又是两个绕组同时通电。因此,称为"单、双六拍"通电方式。

下面分析三相单、双六拍通电方式的步距角。

仍以如图 8-30 所示的步进电动机为例,现改为单、双六拍通电。当 A 相绕组通电时,与单三拍运行的情况相同,转子齿 1、3 与定子极 A、A′对齐,如图 8-31(a)所示。当 A、B 相绕组同时通电时,转子齿 2、4 将在定子极 B、B′的吸引下,使转子沿逆时针方向转动,直到转子齿 1、3 和定子极 A、A′之间的作用力与转子齿 2、4 和定子极 B、B′之间的作用力平衡为止,此时的平衡位置如图 8-31(b)所示。当断开 A 相绕组而由 B 相绕组单独通电时,转子将继续沿逆时针方向转过一个角度,使转子齿 2、4 与定子极 B、B′对齐,如图 8-31(c)所示。若继续按 BC→C→CA→A 的顺序通电,那么步进电动机便按逆时针方向连续转动。显然,若通电相序改为 A→AC→C→CB→B→BA→A 时,步进电动机将按顺时针方向转动。

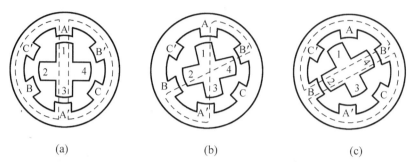

(a)　　　　　　　　　　(b)　　　　　　　　　　(c)

图 8-31　单、双六拍运行时步进电动机

如前所示,采用单三相通电方式时,步进电动机的步距角 $\theta_s = 30°$,也就是说,单三拍通电时电动机每经过一拍,转子转过 30°空间角度。采用单、双六拍通电方式后,步进电动机由 A 相绕组单独通电到 B 相绕组单独通电,中间还要再经过 A、B 两相同时通电这个状态,也就是说要经过二拍转子才转过 30°。所以这种通电方式下,三相步进电动机的步距角

$$\theta_s = \frac{30°}{2} = 15°。$$

可见,同一台步进电动机因通电方式不同。运行时的步距角 θ_s 也就不同。

在实际应用时,由于单三相通电方式在切换电时,在一相绕组断电的同时另一相绕组开始通电,容易造成失步。此外,由单一绕组通电吸引转子,也容易使转子在平衡位置附近产生振荡,运行的稳定性较差,所以很少采用。而采用较多的则为"双三拍"通电方式,即按 AB→BC→CA→AB 的顺序通电,或按 AC→CB→BA→AC 的顺序通电,"双三拍"通电方式运行时,每个通电状态均为两个控制绕组同时通电,且每次切换电时,总有一相绕组仍处于通电状态 ,故避免了上述失步和振荡现象的产生。不难看出,双三拍通电运行时,通电后所建立的磁场轴线总与未通电的一相磁极轴线重合,因而转子齿轴线总与未通电一相的磁极轴线对齐。例如 A、B 相通电时,磁场轴线与 C、C′ 齿轴线重合。这与单三相通电时磁场轴线移动的效果是一样的,故双三拍运行时步距角仍为 30°。

上述结构的三相步进电动机无论采用哪种通电方式,其步距角仍然较大,不能满足生产中某些小位移量的要求。例如,步距角较大的步进电动机在数控床中,就会直接影响加工工件的精度。因此,目前实际运用较多的步进电动机在结构上进行了一些改进。最常见的小步距角的三相反应式步进电动机,如图 8-32 所示。其定子上有六个极,上面装有控制绕组,并联成 A、B、C 三相,转子上 40 个齿均布。与上述简单结构的步进电动机不同的是,定子每段极弧上也各有五个齿,均匀分布在极弧上。定、转子的齿宽和齿距都相同。当某相通电时,比如 A 相绕组通电时,便在该相磁极的轴线方向产生磁场。由于上述已分析过的原因,转子便受到反应转矩(磁阻转矩)的作用而转动,直至转子齿与定子 A 相磁极上的齿对齐为止。因转子上共有 40 个齿,每个齿的齿距

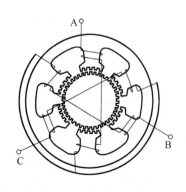

图 8-32　小步距角的三相反应式
步进电动机

应为 $\dfrac{360°}{10}=9°$，而每个定子磁极的极距为 $\dfrac{360°}{6}=60°$，所以每个极面下所占的转子齿数不是整数。从如图 8-33 所示的该步进电动机的定、转子展开图可看出，当 A 极下的定、转子齿对齐时，B 极和 C 极下的齿就分别和转子齿错开 1/3 的转子齿距，即 $\dfrac{9°}{3}=3°$ 空间角。正是这种"自动错位"，为下一拍其他相绕组通电时产生反应转矩提供了条件。

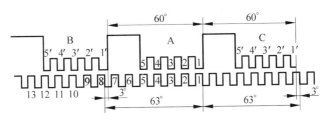

图 8-33　三相反应式步进电动机的展开图

　　反应式步进电动机的转子齿数 Z_r，基本上是由步距角的要求所决定的。但是，为了能实现"自动错位"，转子的齿数就必须满足一定的条件，而不能为任意数值。当定子的相数为 m，则要求在某一极下定、转子的齿对齐时，在相邻极下的定、转子齿之间应错开转子齿距的 $1/m$ 倍，即它们之间在空间位置上应错开 $360°/(mZ_r)$ 空间角度。据此而推之，可得转子齿数应满足的条件为

$$Z_r = 2p\left(K \pm \frac{1}{m}\right)$$

式中，$2p$ 为反应式步进电动机的定子极数；K 为正整数。

　　由于这种反应式步距电动机的错位角为 $360°/(mZ_r)$，因此当单三拍或双三拍通电时，每一拍即移动一错位角，故此时步距角 θ_s 即为错位角，即 $\theta_s=360°/(mZ_r)$。当采用单、双六拍通电运行时，据前分析可知，要每二拍才移动一错位角，即步距角 $\theta_s=360°/(2mZ_r)$。若写成通式，则有

$$\theta_s = \frac{360°}{CmZ_r}$$

式中，C 为状态系数，当采用单三拍或双三拍通电方式运行时，$C=1$，当采用单、双六拍通电方式运行时，$C=2$。

　　由上式可看出，步进电动机的相数和转子齿数越多，步距角 θ_s 就越小。但相数越多，电源就越复杂。齿数越多，转子加工越困难，成本也就越高。因此，步进电动机除极个别的外，一般最多做到六相。

8.6.2　步进电动机的特性

1. 静态运行状态

　　步进电动机在不改变通电状态下的运行，称为静态运行状态。在这种状态下，步进电动机的转矩与转角之间的关系，即 $T=f(\theta)$，称为矩角特性。矩角特性是步进电动机的基本特性。

　　如前所述，反应式步进电动机本质上就是一台反应式同步电动机。因此，该电动机的转

矩就是同步电磁转矩,转角就是通电相的定、转子齿中心线间用电角度表示的夹角 θ,如图 8-34 所示。当步进电动机的一相通电,且该相的定、转子齿对齐时,$\theta=0°$,电机转子上无切向磁拉力,转矩 $T=0$,如图 8-34(a)所示。若转子齿相对于定子齿向右错开一角度,此时便出现磁拉力,产生转矩 T。其方向为反对转子齿错开,故为负值,如图 8-34(b)所示。根据反应式同步电动机的原理,当 $\theta<90°$ 时,θ 越大,转矩 T 也越大;当 $\theta>90°$ 时,θ 越大,转矩 T 反而越小,直到当 $\theta=180°$ 时,转矩 T 又为零,如图 8-34(c)所示。θ 再增大,则转子齿又受到另一个定子齿的作用,出现与前相反的转矩,如图 8-34(d)所示。由此可见,步进电动机的转矩随转角 θ 作周期变化,变化周期是一个齿距,即 2π 电角度,其变化规律接近正弦曲线,如图 8-35 所示。

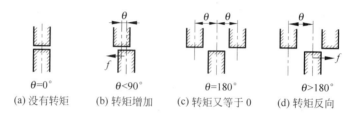

$\theta=0°$	$\theta<90°$	$\theta=180°$	$\theta>180°$
(a) 没有转矩	(b) 转矩增加	(c) 转矩又等于 0	(d) 转矩反向

图 8-34　步进电动机的转矩与转角关系

如步进电动机在空载静态稳定运行,转子必然有一个稳定平衡位置。从上面的分析可知,该位置就是通电相定、转子齿对齐位置,即 $\theta=0°$ 处。因为只有处在该位置,当有外力使转子齿偏离此处时,只要偏离角 θ 在 $0°<\theta<180°$ 的范围内,外力消除后,转子便能自动地重新回到原来位置,故该处是稳定平衡点。但当 $\theta=\pm\pi$ 时,虽然两个定子齿对着一个转子齿的磁拉力互相抵消,暂时处于平衡状态,但是只要转子向任一方向稍有偏离,磁拉力就会失去平衡,所以 $\theta=\pm\pi$ 的位置是不平衡点。反应式步进电动机的静态稳定区,正是处在这两个不稳定点之间,如图 8-35 所示。矩角特性上,电磁转矩的最大值称为最大静态转矩 $T_{\max}$。

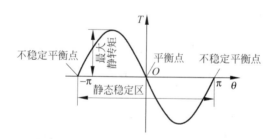

图 8-35　反应式步进电动机的矩角特性

2. 步进运行状态

步进运行状态是指脉冲频率很低,每一脉冲到来之前,转子已完成一步并且运动已经停止。在这种状态下,主要从以下两方面考虑电动机的特性。

1) 动稳定区

如步进电动机空载,且在 A 相通电状态下,其矩角特性如图 8-36 中曲线 1 所示。转子位于稳定平衡点 O_1 处,加一脉冲,A 相断电,B 相通电,矩角特性变为曲线 2。曲线 2 与曲线 1 相隔即为一个步距角 θ_s，转子新的稳定平衡位置为 O_2。改变通电状态时，只要转子位置处于 B、B' 之间，转子就能向 O_2 点运动，从而达到新的稳定平衡。因此，B、B' 称为步进电动机空载状态下的动稳定区。显然，步距角越小（或相数增加，或拍数增加），动稳定区就越接近静稳定区，步进电动机运行的稳定性便越好。

2）最大负载转矩 T_{st}

如步进电动机带有负载运行，负载转矩为 T_1。在 A 相通电状态下，电动机稳定平衡位置对应于图 8-37 曲线 1 上的 θ_1 点。当 A 相断电，B 相通电，在改变通电状态的瞬间，由于机械惯性，转子位置还来不及改变，此时运行点跳至曲线 2 上仍对应于 θ_1 的 b 点。从图上可看出，此时电动机的同步转矩大于负载转矩 T_1。因此转子加速，运行点朝着 θ 角增大的方向运动，最后到达新的稳定平衡点 θ_2。如果负载转矩很大，为图 8-37 中的 T_2，这样起始稳定平衡点就应该是曲线 1 上的 θ_1'。因此通电状态切换后，运行点将跳至矩角特性曲线 2 上的 b' 点。由于该点上的同步转矩小于此时的负载转矩 T_2，因此运行点不能向 θ 增大的方向运动，从而到达新的稳定平衡点 θ_2'，反而向 θ 减小的方向运动。在这种情况下，步进电动机不能在负载下作步进运动。显然，负载的最大允许值，就是两特性曲线的交点所对应的同步转矩的大小，即图 8-37 中的 T_{st}，T_{st} 便称为最大负载转矩。当负载转矩大于该转矩时，电动机不能作步进运动，因此最大负载转矩也称为步进转矩，有时也称为起动转矩。此外，最大负载转矩 T_{st} 比最大静态转矩 T_{max} 要小。相数或拍数越大，T_{st} 越大，越接近于 T_{max}。

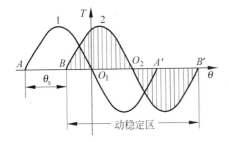

图 8-36　步进电动机的动稳定区

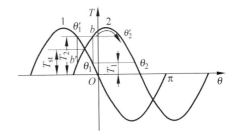

图 8-37　步进电动机的最大负载转矩

3. 高频恒频运行状态

当脉冲频率很高时，步进电动机已经不是一步一步地转动了，而是像普通同步电动机那样连续旋转。频率恒定时，电动机作匀速率旋转，这种状态就称为高频恒频运行状态。

步进电动机每一相的控制绕组为一个电感线圈，具有一定的时间常数。因此，通电状态切换时，绕组中的电流是呈指数曲线上升或下降的。当频率很高时，周期很短，电流来不及增长，电流的峰值随脉冲频率的增大而减小，励磁磁通也就随之而减小，由此而产生的平均转矩也就减小。因此，步进电动机在高频恒频旋转时所产生的平均转矩比静态时要小。脉冲频率越高，电动机转速越高，平均转矩越小。也就是说，步进电动机在高频运行状态下，其平均转矩与频率有关。这种平均转矩与频率的关系，称为转矩-频率特性，简称为矩频特性。步进电动机的矩频特性为一条下降的曲线，如图 8-38 所示。

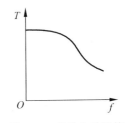

图 8-38　步进电动机的
矩频特性图

习题

8-1　交流伺服电动机的理想空载转速为何总是低于同步转速? 当控制电压变化时,电动机的转速为何能发生变化?

8-2　什么是自转现象? 如何消除?

8-3　如何从电磁关系中说明电枢控制和磁场控制直流伺服电动机的性能不同?

8-4　为什么交流伺服电动机的额定频率一般为 400 Hz,而调速范围只为 0~4000 r/min?

8-5　幅值控制和相位控制时的交流伺服电动机在什么条件下电机气隙磁动势为圆形磁动势? 其理想空载转速是多少?

8-6　交流伺服电动机幅值-相位控制时的机械特性和调节特性的线性比较差,但在实际中为什么却最常用这种控制方式?

8-7　交流伺服电动机怎样实现改变控制信号而反转?

8-8　为什么直流测速发电机的使用转速不宜超过规定的最高转速? 为什么所接负载电阻数值不宜低于规定值?

8-9　交流异步测速发电机励磁绕组与输出绕组在空间相互垂直,没有磁路的耦合作用,为什么励磁绕组接交流电源,电机旋转时,输出绕组会有电压? 若将输出绕组移到与励磁绕组同一位置上,电机工作时输出电压是多大? 还与转速有关吗?

8-10　交流异步测速发电机的输出特性存在线性误差的主要原因有哪些?

8-11　控制式自整角机的比电压是大好还是小好? 为什么?

8-12　力矩式自整角机比整步转矩数值大好还是小好? 为什么?

8-13　力矩式自整角机的动态转矩是什么? 比静态转矩数值大还是小?

8-14　为什么容量不大,定、转子齿数较少的旋转变压器,必须采用同心式正弦分布绕组?

8-15　正、余弦旋转变压器若不采取补偿措施,为什么负载运行时输出电压会产生畸变?

8-16　为消除误差,正、余弦旋转变压器是怎样采用一次侧补偿的?

8-17　步进电动机为什么必须"自动错位"? 自动错位的条件是什么?

8-18　什么叫作反应式步进电动机的静稳定及稳定平衡点?

8-19　空载时,步进运行的条件是什么? 负载时,步进运行的条件又是什么?

8-20　怎样改变步进电动机的转向?

8-21　怎样确定步进电动机的转速大小? 它与负载转矩大小有关系吗?

8-22　对于三相六极反应式步进电动机,若采用单三拍、双三拍及单、双六拍通电方式运行,其步距角是多少?

8-23　步距角为 $1.5°/0.75°$ 的反应式三相六极步进电动机的转子有多少个齿? 若运行频率为 300 Hz,求电动机运行时的速度?

参考文献

[1] 李发海,王岩.电机与拖动基础[M].北京：中央广播电视大学出版社,1986.

[2] 顾绳谷.电机与拖动基础[M].北京：机械工业出版社,1980.

[3] 戴文进.电机传动基础[M].南昌：江西高校出版社,1993.

[4] 戴文进,黄厚宪,朱世林,等.电机学[M].北京：航空工业出版社,1996.

[5] 戴文进.特种交流电机及其计算机控制与仿真[M].北京：机械工业出版社,2002.

[6] 李发海.电机学[M].北京：科学出版社,2004.

[7] 戴文进,章穗,舒志兵.电力拖动[M].北京：电子工业出版社,2004.

[8] CATHEY JIMMIE J.电机原理与设计的 MATLAB 分析[M].戴文进,译.北京：电子工业出版社,2006.